KB272526

프로그래밍 **수련법**

The Practice of Programming

The Practice of Programming

by Brian W. Kernighan, Rob Pike

프로그래밍 수련법

초판 1쇄 발행 2008년 3월 3일 **2쇄 발행** 2008년 6월 16일 **지은이** 브라이언 커니핸, 롭 파이크 **옮긴이** 김정민, 장혜식, 신성국 **펴낸이** 한기성 **펴낸곳** 인사이트 **편집** 김승호 **제작** 김강석 **출력** 경운출력 **용지** 대림지업 **인쇄** 현문인쇄 **제본** 경문제책 **등록번호** 제10-2313호 **등록일자** 2002년 2월 19일 **주소** 서울시 마포구 서교동 444-9번지 명수빌딩 401호 **전화** 02-322-5143 **팩스** 02-3143-5579 **블로그** http://blog.insightbook.co.kr **이메일** insight@insightbook.co.kr **ISBN** 978-89-91268-21-8 13560 책값은 뒤표지에 있습니다. 잘못 만들어진 책은 바꾸어 드립니다. 이 책의 정오표는 http://insightbook. springnote.com/pages/458069에서 확인하실 수 있습니다. 이 책의 국립중앙도서관 출판시도서목록(CIP)은 e-CIP 홈페이지(http://www.nl.go.kr/cip.php)에서 이용하실 수 있습니다.(CIP 제어번호 : CIP2007003409)

일러두기

이 책의 원서 「The Practice of Programming」에는 주석이 없습니다.
번역서에 등장하는 주석은 모두 역자 주석입니다.

ProgrammingInsight

The
Practice
of
Programming

프로그래밍 수련법

브라이언 W. 커니핸, 롭 파이크 지음

김정민 · 장혜식 · 신성국 옮김

인사이트
insight

차례

5장 디버깅 — 161

6장 테스트 — 191

7장 성능 — 227

역자 서문

우리는 '아름다운' 말의 홍수 속에 살고 있다. 굳이 신문의 정치면까지 들춰보지 않더라도, 모든 분야에서 불필요하게 겉멋 든 전문용어와 화려한 수사법이 넘쳐 나고, 또 그런 표현을 잘하는 사람이 대가로 대접을 받는다. 그러나 침착하게 내용을 들여다보면 대부분 진부한 과거의 화석에 몇 가지 색깔만 더 입힌 속 빈 강정인 경우가 많은 것이 현실이다.

이 책은 살아있다. 실제로 현장에서 엄청나게 많은 프로그래밍 프로젝트를 수행한 저자의 경험이 살아있고, 실제 상용 코드에서 뽑아낸 코드 예들이 살아있으며, 무엇보다 독자가 실제로 현장에서 부딪치면서 한 번씩은 고민해 봤음직한 '낯익은' 문제들에 대한 조언이 살아있다. 교육용으로 만든 예가 아니라 실제로 현장에서 쓰는 코드를 비교하면서 차근차근 개선해 나가는 과정은 아이러니하게도 훨씬 더 이해하기 쉽고 기억에도 잘 남는다. 어떤 함수는 쓰지 말고 대신 이런 함수를 쓰라는 식의 구체적인 조언은 명쾌하고 분명하여 읽는 사람도 신이 난다.

주위에 프로그래밍을 공부하는 학생부터 꽤 경험이 많은 직업 프로그래머에 이르기까지 자신 있게 추천해 줄 수 있는 좋은 책을 번역하게 되어 기쁘다. 원고를 꼼꼼히 살펴주신 곽경석, 김동률, 민창현, 장석문, 정태영, 채원석, 최미진, 최승대 님의 노고 덕분에 부족한 역자의 실력에도 불구하고 부끄럽지 않은 결과를 내놓을 수 있게 되었다. 이 책이 프로그래밍과 오랜 시간을 함께 하는 독자 여러분의 일과 생활에 울창한 풍요로움을 더해주는 생생한 단비가 되기를 기원하겠다.

2007.10.3

김정민

들어가는 글

여러분은 이런 경험이 있는가?

- 잘못된 알고리즘으로 코딩을 해서 엄청난 시간을 낭비했다.

- 지나치게 복잡한 데이터 구조를 사용했다.

- 프로그램을 테스트할 때 명백한 오류를 놓쳤다.

- 5분 안에 잡았어야 하는 버그를 찾는 데 하루를 소비했다.

- 메모리를 더 적게 쓰면서도 세 배나 빨리 돌아가게 프로그램을 만들어야 했다.

- 프로그램을 워크스테이션에서 PC로 혹은 그 반대로 옮기느라 고생했다.

- 다른 사람이 짠 프로그램을 조금 변경하려 했다.

- 도저히 이해가 되지 않아 프로그램을 완전히 다시 짰다.

그 경험이 재미있었는가?

프로그래머에겐 이런 일이 항상 일어나기 마련이다. 그러나 이런 문제들을 다루는 것은 실제 그래야 하는 것보다도 훨씬 어려운 경우가 많은데, 테스트, 디버깅, 호환성, 성능, 설계 선택과 결정, 스타일 같은 주제(이런 것들이 프로그래밍의 실제이다)는 보통 컴퓨터 과학이나 프로그래밍 강좌에서 중점적으로 다루는 바가 아니기 때문이다. 대부분의 프로그래머는 경험을 쌓으면서 되는 대로 배우며, 일부는 아예 배우지 못하는 경우조차 있다.

거대하고 복잡하게 얽혀있는 인터페이스, 계속 변하는 툴, 언어, 시스템, 모든 것이 더 나아져야 한다는 끊임없는 압력으로 가득 찬 세계에서는, 좋은 소프트웨어를 개발하는 토대가 되는 단순성(SIMPLICITY), 명확성(CLARITY), 일반성(GENERALITY) 같은 기본 원칙을 놓치기 쉽다. 게다가 소프트웨어 창조 작업의 일부를 기계화, 자동화해서 프로그래밍에 컴퓨터 그 자체를 참여시키는 툴과 표기법의 가치를 간과할 수도 있다.

이 책은 상호 밀접히 연관되어 있는 기본적인 원칙들에 기반을 두고 있으며, 이는 모든 수준의 컴퓨터 작업에 통용된다. 그 원칙에 들어가는 내용은 다음과 같다.

단순성(SIMPLICITY): 프로그램을 간결하고 관리하기 쉽게 짜는 것이다.

명확성(CLARITY): 기계 뿐 아니라 사람도 이해하기 쉽게 만드는 것이다.

일반성(GENERALITY): 다양한 상황에서 잘 동작하며, 새로운 상황이 발생해도 잘 적응하는 것이다.

자동화(AUTOMATION): 하찮은 작업에서 우리 자신을 해방시켜, 기계가 우리를 대신해 일하게 하는 것이다.

알고리즘, 데이터 구조부터 설계, 디버깅, 테스트, 성능 개선에 이르기까지, 다양한 언어로 짜인 컴퓨터 프로그램을 살펴봄으로써, 어떤 특정한 언어나 운영체제 혹은 프로그래밍 패러다임과는 상관없이 독립적으로 존재하는 보편적인 엔지니어링 개념을 그릴 수 있을 것이다.

이 책은 오랫동안 수많은 소프트웨어를 만들고 유지, 보수한 경험과 프로그래밍 교육 강좌를 통한 경험 그리고 다양한 프로그래머와 같이 일한 경험을 토대로 나오게 되었다. 우리는 여기에서 실제 현장의 이슈에서 배운 교훈을 나누고, 경험에서 얻은 통찰을 전달하며, 모든 수준의 프로그래머들이 더 능숙해지고 더 생산적으로 일할 수 있는 방법을 제시하려 한다.

이 책은 몇몇 부류의 독자를 염두에 두고 썼다. 한두 개의 프로그래밍 강의를 수강했고 더 나은 프로그래머를 꿈꾸는 학생이라면 학교에서는 충분히 배우지 못한 몇몇 주제들을 심화 학습할 수 있다. 업무의 일환으로 프로그래밍을 하고 있지만 그 자체가 목표라기보다는 다른 활동을 지원하기 위한 용도로 프로그래밍을 하는 사람이라면, 이 책에 담긴 정보가 더 효과적인 프로그래밍을 하는 데 도움이 될 것이다. 또한 직업 프로그래머지만 학교에서 이러한 주제들을 충분히 접해보지 못했거나 다시 돌아보길 원하는 경우, 또는 팀원들을 올바른 방향으로 이끌고 싶은 소프트웨어 개발팀장에게도 이 책에 실린 내용은 틀림없이 가치가 있을 것이다.

여기 담긴 충고들이 좀 더 나은 프로그래밍을 하는 데 도움이 되었으면 하는 바람이다. 이 책을 보기 위한 전제조건은 되도록이면 C나 C++ 혹은 자바 같은 언어로 프로그래밍을 해본 경험뿐이다. 물론 경험이 더 많으면 더 쉽게 읽힐 것이다(초

심자를 21일 만에 전문가로 만들 수 있는 방법은 없다). 또한 Windows나 매킨토시 시스템만 사용했던 사람보다 유닉스나 리눅스 프로그래머에게 더 친숙한 예제들이 많다. 하지만 어떤 환경에서 일하는 프로그래머라도 자신의 인생을 더 편하게 만들 것을 분명 발견할 수 있을 것이다.

이 책은 총 아홉 개 장으로 구성되어 있다. 각 장은 프로그래밍의 실제에서 중요한 측면을 하나씩 집중해서 보여준다.

1장은 프로그래밍 스타일에 대해 논한다. 스타일을 잘 선택하는 것은 좋은 프로그램을 만들기 위해 너무나 중요한 조건이기 때문에, 제일 처음 다루기로 하였다. 잘 작성한 프로그램이 엉망으로 작성한 프로그램보다 좋다. (잘 작성한 프로그램은 에러가 적고 디버깅하거나 수정하기가 쉬운 프로그램이다.) 그러므로 처음부터 스타일을 생각하는 것이 중요하다. 또한 이 장은 좋은 프로그래밍의 중요한 테마 하나를 소개하는데, 그것은 바로 사용하는 언어에 맞는 적절한 관용구(idiom)를 활용하는 것이다.

2장의 주제는 알고리즘과 데이터 구조다. 이것은 컴퓨터 과학의 핵심 커리큘럼이즈-, 프로그래밍 강좌에서 주요하게 다루는 분야다. 대부분의 독자는 이미 이 주제에 익숙할 것이기 때문에, 거의 모든 프로그램에서 나타나는 알고리즘과 데이터 구조 몇 가지를 간략하게 살펴보는 방법을 취했다. 더 복잡한 알고리즘이나 데이터 구조도 보통은 이런 기본 구성요소에서 발전한 것이기 때문에, 기본 구조들을 확실히 알아 두어야 한다.

3장에서는 실제와 유사한 환경에서 알고리즘과 데이터 구조 문제를 구체적으로 드러내주는 작은 프로그램의 설계와 구현에 대해 기술한다. 총 다섯 개의 언어로 구현하며, 각 언어 별로 똑같은 데이터 구조를 각각 어떻게 처리하는지, 언어에 따라 표현력과 성능이 어떻게 달라질 수 있는지를 비교한다.

사용자와 프로그램, 프로그램 요소들 간 인터페이스는 프로그래밍의 기본이며, 인터페이스가 얼마나 잘 설계되고 구현되었는가에 따라 소프트웨어의 성공 여부가 거의 결정될 정도다. 4장에서는 널리 사용되는 데이터 포맷을 파싱하기 위한 작은 라이브러리의 진화 과정을 선보인다. 예로 든 라이브러리는 소규모이긴 하지만 추상화, 정보 은닉, 리소스 관리, 에러 처리와 같은 인터페이스 설계에서의 여러 관심사를 잘 그려낸다.

처음부터 제대로 프로그램을 짜려고 아무리 노력해도, 버그는 발생하기 마련이고 뒤이은 디버깅도 피할 수 없다. 5장은 체계적이고 효과적으로 디버깅을 하기 위한 전략과 전술을 제공한다. 5장의 주제에는 흔한 버그의 특징과, 디버깅용 출력에 나타나는 패턴이 문제가 숨어있는 지점을 알려준다는 '수비학(數秘學, numerology)'의 중요성이 포함된다.

테스트는 프로그램이 정확하게 작동하는지, 그리고 프로그램이 진화하면서도 계속 정확한 상태로 있는지, 합리적인 확신을 쌓아나가기 위한 시도이다. 6장에서 강조하는 것은 기계(컴퓨터) 또는 수작업으로 수행하는 체계적인 테스트다. 경계 조건 테스트는 잠재적인 취약지점을 찔러본다. 기계화와 테스트 작업발판(scaffold)은 소박한 노력만으로 광범위한 테스트를 수행하기 쉽게 도와준다. 부하 테스트는 일반 사용자가 하는 테스트와는 다른 성격의 테스트이며 다른 부류의 버그를 색출해낸다.

오늘날 컴퓨터는 빨라지고 컴파일러도 좋아졌기 때문에 많은 프로그램이 막 작성했을 때도 충분히 빨리 돌아간다. 하지만 너무 느리거나 엄청 많은 메모리를 잡아먹거나, 혹은 둘 다인 프로그램도 많다. 7장에서는 리소스를 효율적으로 사용하는 프로그램을 개발하는 작업에 대한 정연한 접근법을 제공하며, 따라서 프로그램은 더 효율적으로 돌아가면서도 동시에 정확하고 견실한 상태로 있게 된다.

8장은 호환성을 다룬다. 진정 성공적인 프로그램은 환경이 변할 때까지 오래 살아남는다. 또는 분명 새로운 시스템, 새로운 하드웨어, 새로운 나라에도 옮겨가야 할 것이다. 호환성 측면에서의 목표는 프로그램을 새로운 환경에 적응시키기 위해 변경해야 하는 양을 최소화해서 유지보수 비용을 줄이는 데 있다.

컴퓨터의 세계는 프로그래밍 언어 측면에서 매우 풍족하다. 대부분의 프로그래밍에 사용할 수 있는 범용 언어뿐만 아니라 좁은 영역에 집중한 특수 목적 언어도 많다. 9장에서는 컴퓨터 프로그래밍에서 표기법의 중요성을 보여주는 몇 가지 예를 제공한다. 그리고 표기법을 사용해 어떻게 프로그램을 단순화하고, 어떻게 구현방향을 지시하는지, 심지어 어떻게 프로그램을 작성하는 프로그램 개발에 활용할 수 있는지도 설명한다.

프로그래밍에 대해서 얘기하려면 많은 코드를 보여주어야 한다. 이 책에 실린 코드는 다른 곳에서 뽑아 수정한 몇 개를 빼면, 대부분 이 책을 위해 일부러 작성한 것이다. 필자들은 좋은 코드를 작성하기 위해서 무척 열심히 노력했고, 기계가 읽을 수 있는 텍스트 파일 상태에서 바로 대여섯 개의 시스템을 통해 테스트를 거쳤다. 좀 더 자세한 정보는 이 책의 웹사이트(http://tpop.awl.com)에서 확인할 수 있다.

프로그램의 대다수는 C 언어로 작성했지만, 몇 가지 예에 한해서는 C++와 자바, 혹은 스크립트 언어로 잠시 외유하기도 했다. 가장 저수준에서 C와 C++는 거의 동일하고 여기 실린 C 프로그램은 C++ 프로그램으로서도 똑같이 유효하게 동작한다. C++나 자바는 더 풍부한 타입 시스템과 라이브러리를 추가하긴 했지만, C 언어의 일부 문법 수준을 넘어 효율성과 표현성까지 공유한 직계 자손인 것이다.

필자들은 일할 때 보통 이 세 가지 언어를 모두 사용하며 다른 언어도 많이 쓴다. 언어의 선택은 풀어야 할 문제가 무엇이냐에 달려있다. 운영체제라면 C나 C++ 같은 효율적면서도 제한이 별로 없는 언어가 알맞고, 대충 빨리 만드는 프로토타입이라면 보통 Awk나 Perl 같은 명령 해석기 언어나 스크립트 언어를 쓰는 게 제일 쉽다. 사용자 인터페이스라면, 비주얼 베이식이나 Tcl/Tk가 자바와 더불어 가장 유력한 후보가 될 것이다.

코드 예제에 쓸 언어를 선택할 때는 교육적 효과 측면에서 고민해야 할 사항들이 있다. 어떤 언어도 모든 문제를 똑같이 잘 해결할 수 없는 것과 마찬가지로, 어떤 하나의 언어가 모든 주제를 표현하는 데 최적일 수는 없다. 고수준 언어는 몇 가지 설계 차원의 의사결정을 미리 해놓은 언어다. 저수준 언어를 사용한다면 그런 의사결정 문제들에 대한 대안적인 답을 고려할 수 있다. 그리고 세부사항을 좀 더 드러내어 그것을 더 잘 설명할 수도 있을 것이다. 경험에 의하면, 고수준 언어의 기능을 활용한다 하더라도 그것이 저수준에서의 문제와 어떻게 관련되어 있는지 아는 것은 그 가치를 헤아릴 수 없을 정도로 중요하다. 이런 통찰이 없다면 성능 문제나 이해할 수 없는 동작 문제에 맞닥뜨리기 십상이다. 따라서 비록 실제 현장에서는 다른 언어를 사용할 수도 있겠지만, 우리는 이 책에서 C 언어를 예로 자주 사용할 것이다.

그러나 대개의 경우, 특정 프로그래밍 언어와 관계없이 배우고 교훈을 얻을 수 있다. 데이터 구조의 선택은 쓰는 언어에 의해서 영향을 받는다. 어떤 언어에는 데이터 구조를 선택할 자유가 거의 없는 반면, 어떤 언어는 매우 다양한 대안을 제공할 수도 있다. 하지만 그 선택에 대한 접근방식은 똑같을 것이다. 테스트와 디버깅 방식의 세부사항들은 언어마다 다르지만, 전략과 전술은 모든 언어에서 비슷하다. 프로그램을 효율적으로 만드는 기술의 대부분은 어떤 언어에서든 적용 가능하다.

어떤 언어를 사용하든, 프로그래머로서의 임무는 손 안에 있는 도구를 사용하여 최선을 다하는 것이다. 훌륭한 프로그래머는 형편없는 언어나 굼뜬 운영체제를 극복할 수 있지만, 아무리 대단한 프로그래밍 환경이라 하더라도 형편없는 프로그래머를 구제할 수는 없다. 우리는 지금 여러분의 경험과 기술 수준이 어떻든 간에, 이 책이 프로그래밍을 더 잘 하고 더 즐기는 데 도움을 줄 수 있기를 바란다.

원고 초안을 읽고 귀중한 조언을 많이 해준 친구들과 동료들에게 깊은 감사의 마음을 전한다. Jon Bentley, Russ Cox, John Lakos, John Linderman, Peter Memishian, Ian Lance Taylor, Howard Trickey, Chris Van Wyk는 한 번 이상, 비범하고 철저한 주의력으로 원고를 검토해 주었다. 그리고 우리가 신세를 진 Tom Cargill, Chris Cleeland, Steve Dewhurst, Eric Grosse, Andrew Herron, Gerard Holzmann, Doug McIlroy, Paul McNamee, Peter Nelson, Dennis Ritchie, Rich Stevens, Tom Szymanski, Kentaro Toyama, John Wait, Daniel C. Wang, Peter Weinberger, Margaret Wright와 Cliff Young은 원고 초안 상태의 여러 단계에서 매우 귀중한 조언을 해주었다. 더불어 훌륭한 조언과 사려 깊은 제안을 해준 Al Aho, Ken Arnold, Chuck Bigelow, Joshua Bloch, Bill Coughran, Bob Flandrena, Renée French, Mark Kernighan, Andy Koenig, Sape Mullender, Evi Nemeth, Marty Rabinowitz, Mark V. Shaney, Bjarne Stroustrup, Ken Thompson, Phil Wadler에게도 고마운 마음을 전한다. 모두에게 진심으로 감사한다.

브라이언 W. 커니핸(Brian W. Kernighan)

롭 파이크(Rob Pike)

1장

스타일

홀륭한 작가들이 때때로 작문법 규칙을 무시하는 일은 예부터 볼 수 있었다. 그러나 그럴 경우 독자들은 대신 틀린 작문법을 상쇄할만한 훌륭한 문장을 발견하기 마련이다. 만약 그렇게 할 자신이 없다면 규칙을 따르는 게 최상의 방책일 것이다.

\- 윌리엄 스트렁크(William Strunk)와 E. B. 화이트(White), 『The Elements of Style』

이 코드는 수년 전에 만든 방대한 프로그램에서 따온 것이다.

```
if ( (country == SING) || (country == BRNI) ||
     (country == POL) || (country == ITALY) )
{
  /*
  * country가 싱가포르거나 브루나이 또는 폴란드라면
  * 통화가 연결된 시간이 아니라 응답 시간이 현재 시간이 된다.
  * 응답 시간을 초기화하고 요일을 설정한다.
  */
  ...
```

더할 나위 없이 훌륭한 프로그램의 일부로 매우 신중하게 작성되고 구성되었으며 주석도 달려있다. 이 시스템의 개발자들은 그들이 프로그래밍한 것을 자랑스러워할 것이며 당연히 그럴만하다. 하지만 직접 개발한 사람이 아니라면 이 코드를 보고 어리둥절할 것이다. 싱가포르와 브루나이, 폴란드, 이탈리아 사이에 어떤 관계가 있단 말인가? 왜 주석에는 이탈리아를 언급하지 않았는가? 주석과 코드가

다르기 때문에, 둘 중 하나는 확실히 틀렸다. 어쩌면 둘 다 틀렸을지도 모른다. 이 코드는 정상적으로 실행되며 테스트도 되었기 때문에 올바르게 작성됐을 확률이 더 높다. 아마도 코드를 수정할 때 주석을 갱신하는 것을 잊었을지도 모른다. 주석은 언급된 세 국가의 관계를 충분히 밝히지 않는다. 여러분이 이 코드를 계속 사용하려고 한다면 좀 더 많은 정보가 필요할 것이다.

위의 코드는 실전에서 볼 수 있는 전형적인 코드다. 대체로 잘 작성됐지만 개선할 여지가 있다.

이 책은 실전에서 어떻게 프로그램을 짜는가에 대한 프로그래밍의 실제(the Practice of Programming)를 다룰 것이다. 여러분들이 이 책을 읽고 적어도 위에서 예로 든 프로그램만큼 잘 작동하면서도, 문제를 일으키는 부분과 결함을 피해서 소프트웨어를 만들 수 있도록 하는 것이 우리의 목적이다. 프로그램을 처음에 잘 만드는 것부터 코드가 진화함에 따라 계속 개선하는 방법까지 이야기하려 한다.

하지만 우선은, 좀 의외일지도 모르겠지만 프로그래밍 스타일을 먼저 짚고 넘어가겠다. 스타일의 목적은 작성자나 다른 사람들이 코드를 보기 편하게 하는 것이며 좋은 스타일은 좋은 프로그래밍에 결정적인 역할을 한다. 앞으로 여러분들이 이 책에서 코드를 볼 때 스타일에 신경을 쓸 수 있도록 미리 설명해 두고 싶다.

프로그램을 작성한다는 것은 문법에 맞게 작성한다거나 버그를 고치거나 프로그램을 더 빠르게 돌아가게 하는 것보다 더 많은 것을 의미한다. 프로그램은 컴퓨터만 읽는 것이 아니라 프로그래머들도 보기 때문이다. 잘 짠 프로그램은 그렇지 않은 것보다 훨씬 더 이해하기 쉬울뿐더러 수정하기도 쉽다. 프로그램을 잘 작성하는 훈련을 통해 정확한 코드를 짤 확률을 높일 수 있다. 다행히도 그 훈련은 그다지 어렵지 않다.

프로그래밍 스타일의 근본원리는 임의적인 규칙이 아니라, 경험에서 나온 일반적 상식에 기초를 둔다. 코드는 간단명료해야 한다. 즉, 직관적인 논리, 자연스러운 표현, 일반적인 언어의 사용, 의미 있는 이름, 깔끔한 형식, 쓸모 있는 주석을 지향해야 하며, 편법이나 비일반적인 구조는 피해야 한다. 일관성도 매우 중요하다. 계속 동일한 프로그래밍 스타일을 유지하면, 여러분이 작성한 코드를 다른 사람들이 보거나 혹은 그 반대의 경우 더 쉽게 코드를 읽을 수 있기 때문이다. 스타일의 세부 사항은 아마 팀 또는 회사의 지역적인 관례나 관리 상의 규칙 혹은 프로그램 자체에 의해 규정되겠지만, 그렇지 않다 하더라도 널리 사용되고 있는 관례를 따르는 것이 제일 좋다. 이 책에서는 『The C Programming Language』[1]에서 사용된 스타일을 따를 것이며 C++와 자바 코드에 대해서는 약간의 조정이 가미되었다.

앞으로 좋은 코드와 나쁜 코드의 예를 들어가면서 스타일의 규칙을 설명할 예정인데, 같은 것을 구현한 서로 다른 두 가지 방법을 대조해보는 방식이 이해를 돕기 때문이다. 이 예들은 단지 예시만을 위한 가상의 코드가 아니다. 특히, 나쁜 코드들은 실제 코드에서 따온 것이 많은데, 짧은 시간 내에 많은 일을 처리해야 하는 평범한 프로그래머들이 작성한 것들이다(우리가 작성한 것도 일부 있다). 일부 코드는 간결하게 표시하기 위해 압축하겠지만 오해의 여지는 없을 것이다. 그리고 나쁜 코드의 사례는 다시 고쳐 작성해서 어떻게 개선될 수 있는지를 보일 것이다. 하지만 이 코드들은 실전에서 나온 코드이기 때문에 문제점이 여러 개가 될 수 있다. 사소한 결점들을 일일이 지적하려면 주제에서 너무 벗어날 수 있기 때문에 언급하지는 않겠지만 몇몇 좋은 코드의 사례에도 결함은 남아 있게 될 것이다.

여기서는 좋은 코드와 나쁜 코드를 구별하기 위해 다음에 인용한 코드와 같이 문제가 있는 코드의 여백에 물음표를 달아놓았다.

```
?       #define ONE 1
?       #define TEN 10
?       #define TWENTY 20
```

왜 위의 #define이 나쁜 코드일까? 스무개(TWENTY)의 원소를 가진 배열을 더 확장해야 하는 경우를 생각해보라. 최소한 이름은 특정 값이 프로그램에서 하는 역할을 나타낼 수 있도록 바꿔야 한다.

```
#define INPUT_MODE 1
#define INPUT_BUFSIZE 10
#define OUTPUT_BUFSIZE 20
```

---

1 『The C Programming Language』, Brian Kernighan, Denis M. Lichie. 번역서로는 『C언어 프로그래밍 제2판』(대영사, 2004)이 있다.

1.1 이름

이름은 무엇을 의미할까? 변수나 함수의 이름은 객체들을 구분 지으며 그 목적에 관한 정보를 전달한다. 이름은 정보 면에서 유익함과 동시에 간결하고 기억하기 쉬워야하며 가능하다면 발음할 수 있어야 한다. 우리는 문맥과 유효범위(scope)에서 많은 정보를 얻을 수 있으며, 변수의 유효범위가 넓을수록 이름은 더 많은 정보를 전달해야 한다.

전역변수에는 서술적인 이름을, 지역변수에는 짧은 이름을 붙이라
전역변수(global variable)는 말 그대로 프로그램의 어디서나 나타날 수 있는 것이기 때문에, 코드를 보는 사람들이 그 의미를 떠올릴 수 있을 정도로 길고 서술적이어야 한다. 각각의 전역변수를 선언할 때 간단한 주석을 달아주는 것도 좋다.

```
int npending = 0;    // 입력 큐에서 대기 중인 원소의 수
```

전역함수나 클래스, 구조체에도 마찬가지로 프로그램 내의 역할을 설명해주는 이름을 붙여야 한다.

반대로 지역변수(local variable)에는 짧은 이름을 써도 충분하다. 함수 내에서 n정도면 충분하다고 할 수 있고 npoints도 괜찮지만 numberOfPoints는 지나치게 길다.

통상적인 용도로 사용되는 지역변수의 이름은 아주 짧아도 된다. 루프 변수에는 i와 j가, 포인터에는 p와 q가, 문자열에는 s와 t가 흔하게 쓰이기 때문에, 이름을 길게 써도 그다지 좋을 것이 없으며 오히려 낭비인 경우가 많다. 다음 두 코드를 비교해보자.

```
?     for (theElementIndex = 0; theElementIndex < numberOfElements;
?           theElementIndex++)
?         elementArray[theElementIndex] = theElementIndex;


      for (i = 0; i < nelems; i++)
          elem[i] = i;
```

프로그래머들은 때로 문맥과 상관없이 긴 변수 이름을 쓰려고 하지만, 이는 잘못된 것이다. 코드의 명료성은 간결함을 통해 얻을 수 있는 경우가 많다.

명명규칙과 지역적인 관례는 다양하다. 일반적으로 포인터에는 nodep와 같이 p로 끝나거나 시작하는 이름을 쓰고, 전역변수에는 Globals 같이 첫 글자를 대문자로 쓰거나 CONSTANTS 같이 모두 대문자로 쓰는 것과 같은 규칙들이 있다. 일부 프로그래머들은 좀 더 포괄적인 규칙을 사용하는데, 일례로 변수 이름에 타입과 사용상의 정보를 표기하는 방법이 있다. 문자에 대한 포인터를 pch로 쓰거나, 읽을 곳과 쓸 곳을 가리키는 문자열에 각각 strFrom과 strTo를 쓰는 방법이다. 규칙에서 npending 또는 numpending, num_pending 중 어떤 것을 선택할지는 취향에 따라 다를 수 있다. 세부적인 규칙의 내용보다는 정해진 규칙을 일관되게 지키는 것이 훨씬 더 중요하다.

명명규칙을 준수하면 자신의 코드는 물론 다른 사람들이 작성한 코드도 더 쉽게 이해할 수 있다. 또한 코드를 작성할 때에도 쉽게 새로운 이름을 지을 수 있다. 프로그램이 길어지면 길어질수록 서술적이고 체계화된 이름을 선택하는 것은 더 중요해진다.

C++의 네임스페이스나 자바의 패키지를 사용하면 이름의 유효범위를 관리할 수 있기 때문에 지나치게 긴 이름을 쓰지 않아도 의미를 명확하게 할 수 있다.

일관성을 지키라

서로 관련이 있는 것들에는 연관된 이름을 붙여 상관관계를 보여줌과 동시에 그 차이점이 눈에 띄도록 한다.

아래의 자바 클래스에서 각 멤버의 이름들은 모두 지나치게 길다는 것 외에 일관성은 눈 씻고도 찾아볼 수 없다.

```
?    class UserQueue {
?        int noOfItemsInQ, frontOfTheQueue, queueCapacity;
?        public int noOfUsersInQueue() {...}
?    }
```

여기에서 큐(queue)를 Q나 Queue 또는 queue로 썼다. 그러나 큐는 UserQueue 타입의 변수로만 접근이 가능하기 때문에, 멤버 이름에 큐를 표시하는 말이 굳이 들어갈 필요가 없다. 문맥으로 보아 충분하다는 뜻이다. 때문에,

```
?    queue.queueCapacity
```

는 불필요하게 반복된 것이다. 더 나은 버전을 보자.

```
class UserQueue {
    int nitems, front, capacity;
    public int nusers() {...}
}
```

이렇게 되면 다음과 같이 사용할 수 있다.

```
queue.capacity++;
n = queue.nusers();
```

이름을 줄여 썼다고 해서 명료성이 없어진 것은 아니다. 그래도 아직 손볼 곳이 남아 있는데, items와 users는 같은 것이므로 동일한 개념에는 하나의 용어만 사용하도록 해야 한다.

함수 이름에는 능동형을 쓰라

함수 이름에는 능동형 동사를 써야 하며 다음과 같이 명사가 따라올 수도 있다.

```
now = date.getTime();
putchar('\n');
```

불리언(boolean: 참 또는 거짓) 값을 돌려주는 함수에는 반환 값이 모호하지 않은 이름을 붙여야 한다.

```
?    if (checkoctal(c)) ...
```

위처럼 쓰면 8진수일 때 참을 돌려주는지 거짓을 돌려주는지 알 방법이 없다. 반면,

```
if (isoctal(c)) ...
```

와 같이 하면 인자 c가 8진수일 때 참을, 그렇지 않을 때 거짓을 돌려준다는 것이 분명해진다.

정확한 이름을 쓰라

이름은 개체들을 식별하는 역할을 할 뿐 아니라 코드를 보는 사람에게 정보를 전달하기도 한다. 부정확한 이름은 엉뚱한 버그를 낳을 수도 있다.

우리 중 한 명이 isoctal이라는 매크로를 작성하여 수 년 동안 배포한 적이 있는데, 그것은 다음과 같이 잘못 구현되어 있었다.

```
?    #define isoctal(c) ((c) >= '0' && (c) <= '8')
```

제대로 구현하자면 이렇다.

```
#define isoctal(c) ((c) >= '0' && (c) <= '7')
```

이 경우에는 이름은 목적을 정확히 전달하고 있으나 구현이 잘못된 것이다. 멀쩡한 이름이 붙어 있으면 오히려 잘못된 구현을 눈치채지 못하고 지나치기도 쉽다.

이제 이름과 코드가 완전히 모순된 예를 보도록 하겠다.

```
?    public boolean inTable(Object obj) {
?        int j = this.getIndex(obj);
?        return (j == nTable);
?    }
```

getIndex 함수는 객체를 찾은 경우 0과 nTable-1 사이의 값을 반환하고, 그렇지 않을 경우엔 nTable을 반환한다. 따라서, inTable이 반환한 불리언 값은 이름이 의미하는 것과 반대다. 처음 코드를 작성할 당시에는 문제가 되지 않았을지도 모르나, 이후 다른 프로그래머가 프로그램을 수정할 때는 분명 이름 때문에 혼란을 겪을 것이다.

연습 1-1. 아래의 코드에서 이름과 값의 선택에 대해서 평가해 보라.

```
?    #define TRUE 0
?    #define FALSE 1
?
?    if ((ch = getchar()) == EOF)
?        not_eof = FALSE;
```

연습 1-2. 이 함수를 더 좋게 고쳐보라.

```
?    int smaller(char *s, char *t) {
?        if (strcmp(s, t) < 1)
?            return 1;
?        else
?            return 0;
?    }
```

연습 1-3. 이 코드를 소리 내어 읽어보라.

```
?    if ((falloc(SMRHSHSCRTCH, S_IFEXT|0644, MAXRODDHSH)) < 0)
?        ...
```

1.2 표현식과 문장

읽는 사람들의 이해를 도울 수 있는 이름을 선택하는 것과 마찬가지로, 표현식 (expression)과 문장(statement)도 그 의미를 최대한 분명히 드러내야 한다. 제대로 동작하는 가장 명료한 코드를 쓰도록 하자. 연산 단위가 눈에 잘 띄게 연산자 주변 에 공백을 두자. 즉, 일반적으로 읽기 좋게 코드를 구성해야 한다. 사소한 일일지 모 르나 이는 물건을 쉽게 찾을 수 있게 책상을 깔끔히 치우는 것만큼 가치 있는 일이 다. 게다가 책상과는 달리, 프로그램은 다른 사람들이 자세히 들여다 볼 일도 많다.

들여쓰기로 구조를 알아 보기 쉽게 하라

일관성 있는 들여쓰기로 별다른 노력을 들이지 않고도 프로그램의 구조를 자명하 게 보여줄 수 있다. 다음은 형식이 잘못 구성된 사례다.

```
?       for(n++;n<100;field[n++]='\0');
?       *i = '\0'; return('\n');
```

다음과 같이 재구성하면 조금 개선할 수 있다.

```
?       for (n++; n < 100; field[n++] = '\0')
?           ;
?       *i = '\0';
?       return('\n');
```

더 좋은 방법은 field[n++]을 분리하여 for 루프 내부에 대입 부분을 넣고, n++만 원래 자리에 놓아두는 것이다. 이렇게 하면 관례적 형식과 더 유사한 형식을 취하 게 되고 따라서 알아보기도 쉽다.

```
for (n++; n < 100; n++)
    field[n] = '\0';
*i = '\0';
return '\n';
```

표현식을 자연스럽게 쓰라

표현식을 입 밖으로 소리 내 말하는 것처럼 자연스럽게 써라. 부정을 포함하는 조 건식은 언제나 이해하기 어렵다.

```
?       if (!(block_id < actblks) || !(block_id >= unblocks))
?           ...
```

여기서 두 비교식을 모두 not으로 감쌌지만, 사실 둘 다 부정문일 필요가 없다.
비교 연산자를 반대로 바꿔서 비교식에서 not을 없애보자.

```
if ((block_id >= actblks) || (block_id < unblocks))
        ...
```

이제 자연스럽게 코드를 읽을 수 있다.

괄호를 써서 애매함을 해소하라

괄호는 연산에서의 의미 단위를 명확히 해주며 꼭 필요하지 않은 자리라도 의도
를 분명히 하기 위해서 사용할 수 있다. 앞서 언급한 예에서 안쪽의 괄호를 꼭 쓸
필요는 없지만 써서 나쁠 것도 없다. 경험이 많은 프로그래머들은 이런 경우 괄호
를 생략하기도 하는데, 비교 연산자(< <= == != >= > 등)는 논리 연산자(&&와
||)브다 우선순위가 높기 때문이다.

관계가 없는 연산자들을 섞어 쓸 때는 괄호로 묶는 것이 좋다. C 언어와 그 사촌
뻘 되는 언어들은 연산자 우선순위 문제로 악명이 높으며, 실수하기도 쉽다.

논리 연산자가 대입 연산자보다 우선순위상 먼저 처리되기 때문에, 이 두 가지
가 도두 사용되는 대부분의 식에서 반드시 괄호로 묶어줘야 한다.

```
while ((c = getchar()) != EOF)
        ...
```

비트 연산자(bitwise operator)인 &와 |는 == 같은 비교 연산자보다 우선순위가
낮기 때문에, 아래 코드의 경우,

```
?       if (x&MASK == BITS)
?           ...
```

보이는 것과는 달리, 사실 이런 뜻으로 해석된다.

```
?       if (x & (MASK==BITS))
?           ...
```

물론 이는 프로그래머가 의도한 바가 아니다. 비트 연산자와 비교 연산자가 같
이 쓰였기 때문에 반드시 괄호로 묶어줘야 한다.

```
if ((x&MASK) == BITS)
        ...
```

괄호가 필요하지 않더라도, 연산 단위를 바로 알아볼 수 없다면 괄호가 큰 도움이 된다. 다음 코드에서는 괄호가 꼭 필요하지는 않다.

```
?    leap_year = y % 4 == 0 && y % 100 != 0 || y % 400 == 0;
```

그러나, 이렇게 괄호를 넣으면 이해하기 쉬워진다.

```
leap_year = ((y%4 == 0) && (y%100 != 0)) || (y%400 == 0);
```

더불어 빈 칸도 몇 개 삭제했는데, 우선순위가 높은 연산자에 대한 값들을 가까이 붙여주는 것도 구조를 더 빠르게 읽는 데 도움이 된다.

복잡한 표현은 잘게 쪼개라

C와 C++, 자바는 표현식을 쓰는 문법과 연산자가 풍부하기 때문에 한 문장 안에 지나치게 많은 것을 빼곡하게 집어넣는 일이 많다. 다음 식은 짧지만 한 문장에 너무 많은 연산이 들어가있다.

```
?    *x += (*xp=(2*k < (n-m) ? c[k+1] : d[k--]));
```

이를 여러 줄로 쪼개면 더 알아보기가 쉬워진다.

```
if (2*k < n-m)
    *xp = c[k+1];
else
    *xp = d[k--];
*x += *xp;
```

명료하게 쓰라

프로그래머들은 끊임없이 넘치는 창의력으로 이제껏 보지 못한 간결한 코드를 쓰기도 하고 결과를 얻을 가장 멋진 방법을 찾아내기도 한다. 때로는 이 능력을 잘못 사용하기도 하는데, 프로그래밍의 목적은 분명 멋진 코드를 작성하는 것이 아니라 명료한 코드를 쓰는 것이다.

복잡하게 얽히고 설킨 다음의 계산식은 어떤 역할을 할까?

```
?    subkey = subkey >> (bitoff - ((bitoff >> 3) << 3));
```

가장 안쪽의 괄호에서 변수 bitoff는 오른쪽으로 3비트 시프트된다. 그 결과값은 다시 왼쪽으로 시프트 되어 결국 마지막 3비트가 0으로 바뀐다. 그 다음 원래의

bitoff 값에서 그 값을 빼니 결국은 마지막 3비트를 남기는 역할을 한다. 그렇게 해서 계산된 3비트 값만큼 subkey를 오른쪽으로 시프트하는 것이 이 식의 뜻이다.

따라서 원래 표현식은 다음과 동일하다.

```
subkey = subkey >> (bitoff & 0x7);
```

첫 번째 버전은 수수께끼를 푸는 데 시간이 꽤 걸리지만, 두 번째 표현식은 더 짧으면서도 명료하다. 경험 많은 프로그래머는 대입 연산자를 사용해 식을 더 짧게 줄이기도 한다.

```
subkey >>= bitoff & 0x7;
```

어떤 코드는 보는 이를 골탕 먹이려고 작정한 듯 보이는 것도 있다. 이렇게, ?: 연산자 때문에 이해하기 어려운 코드가 나오기도 한다.

```
?    child=(!LC&&!RC)?0:(!LC?RC:LC);
```

이 표현식에서 가능한 경로를 모두 따라가 보지 않는 이상, 이것이 어떻게 작동하는지 알아내기란 거의 불가능하다. 다음과 같이 쓰면 더 길어지긴 하지만 연산 방법을 명확히 보여주기 때문에 이해하기가 훨씬 쉽다.

```
if (LC == 0 && RC == 0)
    child = 0;
else if (LC == 0)
    child = RC;
else
    child = LC;
```

?: 연산자는 짧은 식에 적합하다. 예를 들어,

```
max = (a > b) ? a : b;
```

이렇게 하면 네 줄에 걸쳐서 써야 하는 if-else 문보다 간결하게 쓸 수 있다. 또한 이런 경우에도 유용하다.

```
printf("The list has %d item%s\n", n, n==1 ? "" : "s");
```

그러나 ?: 연산자는 일반적인 모든 조건문 대신에 쓸 만한 것은 아니다.

명료성은 간결성과 동일하지 않다. 앞의 시프트 예와 같이 명료한 코드는 대개 짧은 편이지만, 조건식을 if-else로 풀어 쓰는 경우처럼 긴 것이 더 명료한 경우도

있다. 기준은 짧거나 긴 것이 아니라, 얼마나 코드를 이해하기가 쉬운지가 되어야
한다.

부수효과를 조심하라

++ 같은 연산자는 값을 반환하는 것 외에도 변수 값 자체를 바꿔버리는 부수효과가
있다. 이런 부수효과가 때로는 아주 편리하기도 하지만, 값을 얻어오는 것과 변수
값을 갱신하는 것이 동시에 일어나지 않을 수도 있다는 점에서 문제를 일으킬 수도
있다. C와 C++에서는 이런 부수효과들의 실행 순서가 정의되어 있지 않기 때문에,
다음과 같이 대입 연산자 여러 개가 붙어있는 경우엔 틀린 답을 내기 마련이다.

```
    ?    str[i++] = str[i++] = ' ';
```

본래 의도는 str의 다음 두 칸을 빈칸으로 채우는 것이었다. 그러나 i가 언제 변경
되는가에 따라, str 다음 두 칸 중 하나는 채우지 않을 수도 있고, i가 1만 증가할 수
도 있다. 이것을 두 문장으로 나눠보자.

```
    str[i++] = ' ';
    str[i++] = ' ';
```

한 문장에 증가 연산자가 단 한 개만 있는 경우에도, 대입문에서 여러 가지 다른
결과가 나올 수도 있다.

```
    ?    array[i++] = i;
```

i가 원래 3이었다면, 이 배열에는 3이 들어갈 수도 있고 4가 들어갈 수도 있다.

증가나 감소 연산자만 부수효과가 있는 것은 아니다. 일례로 입출력 루틴도 눈
에 띄지 않게 부수적인 효과를 동반한다. 다음 예에서는 연관된 두 수를 표준입력
(stdin)에서 읽는다.

```
    ?    scanf("%d %d", &yr, &profit[yr]);
```

여기서는 한쪽에서 yr의 값을 변경하는데, 다른 쪽에서 yr을 사용하기 때문에 제
대로 작동하지 않는다. 입력 받은 새 yr 값과 이전 값이 같지 않은 이상 profit[yr]의
값은 항상 틀릴 수 밖에 없다. 혹 인자 계산 순서에 따라 답이 달라진다고 생각할
지도 모르겠지만, 문제는 루틴이 호출되기 전에 scanf의 모든 인자를 계산하기 때

문에, &profit[yr]은 항상 원래 있던 yr 값을 갖고 계산하려고 하는 데 있다. 이런 문제는 거의 모든 언어에서 발생할 수 있다. 해결책은 대개 그렇듯이 코드를 쪼개는 것이다.

```
scanf("%d", &yr);
scanf("%d", &profit[yr]);
```

코드를 작성할 때는 항상 부수효과를 조심하자.

연습 1-4. 다음의 코드를 개선해 보자.

```
?    if ( !(c == 'y' || c == 'Y') )
?        return;

?    length = (length < BUFSIZE) ? length : BUFSIZE;

?    flag = flag ? 0 : 1;

?    quote = (*line == '"') ? 1 : 0;

?    if (val & 1)
?        bit = 1;
?    else
?        bit = 0;
```

연습 1-5. 어느 부분이 잘못되었을까?

```
?    int read(int *ip) {
?        scanf("%d", ip);
?        return *ip;
?    }
?        ...
?    insert(&graph[vert], read(&val), read(&ch));
```

연습 1-6. 계산 순서에 따라 이 코드의 결과로 나올 수 있는 여러 출력 값을 모두 나열해 보라.

```
?    n = 1;
?    printf("%d %d\n", n++, n++);
```

위 코드를 최대한 많은 컴파일러로 돌려 봐서 실제로 어떻게 되는지 알아보자.

1.3 일관성과 관용 표현

일관성은 좋은 프로그램으로 향하는 길이다. 코드 스타일이 예측할 수 없이 달라지거나, 배열을 도는 루프가 앞에서 뒤로 돌았다가 뒤에서 앞으로 돌거나, 문자열을 여기서는 strcpy로 복사했다가 저기서는 for 루프로 복사하거나 하면, 프로그램이 도대체 어떻게 작동하는지 알아보기 힘들 것이다. 그러나 동일한 연산은 매번 동일한 방식으로 하기로 규칙을 정한다면, 변화가 있는 부분은 정말로 다른, 주목할 가치가 있는 부분이라는 것을 파악할 수 있다.

들여쓰기와 중괄호 ‘{ }’를 쓰는 스타일에서는 일관성을 지키라

들여쓰기는 구조를 쉽게 알아볼 수 있게 해준다. 그런데, 가장 좋은 들여쓰기 스타일은 무엇일까? 중괄호를 열 때는 if 문과 같은 줄에 써야 할까 아니면 그 다음 줄에 써야 할까? 프로그래머들은 항상 이런 코드의 배치에 대해 논쟁을 하지만, 중요한 것은 일관성 있는 코드지 세부적인 스타일이 어떤 것이냐가 아니다. 한 스타일을 선택해(우리의 스타일이면 더 좋겠지만) 일관되게 사용하도록 하고, 쓸데없는 말싸움에 시간을 낭비하지 말자.

중괄호를 꼭 쓸 필요가 없을 때도 써야 할까? 괄호와 마찬가지로 중괄호는 코드의 애매함을 해결해주며 일반적으로 코드를 더 명료하게 한다. 경험 많은 프로그래머들 중 다수는 항상 루프와 if 블록을 중괄호로 묶는다. 하지만 블록 안에 문장이 하나만 들어가는 경우라면 불필요하다. 따라서 우리는 이를 생략하는 편이다. 만약 생략하기로 마음 먹었다면, 다음 예의 경우와 같이 ‘미결합 else(dangling else)’[2] 문제를 생각해야 할 때는 중괄호를 생략하지 않도록 주의해야 한다.

---

2 미결합 else(dangling else) : 프로그래밍의 모호성(ambiguity)을 설명할 때 자주 나오는 문제로, 중첩된 if 문에서 else가 어느 if 문에 연결되는지 모호한 상황을 가리킨다.

```
?       if (month == FEB) {
?           if (year%4 == 0)
?               if (day > 29)
?                   legal = FALSE;
?           else
?               if (day > 28)
?                   legal = FALSE;
?       }
```

여기서 들여쓰기는 혼란을 줄 수 있는데, 보기와는 달리 사실 else 문은 이 줄에 붙어 있기 때문이다.

```
?               if (day > 29)
```

또한 이 코드는 틀렸다. if가 다른 if 문에 연이어 등장할 때는 항상 중괄호를 쓰는 것이 좋다.

```
?       if (month == FEB) {
?           if (year%4 == 0) {
?               if (day > 29)
?                   legal = FALSE;
?           } else {
?               if (day > 28)
?                   legal = FALSE;
?           }
?       }
```

문법 강조 기능을 지원하는 에디터를 쓴다면 이런 실수를 줄일 수 있다.

버그는 수정했지만 이 코드는 알아보기 힘들다. 만약 2월의 날짜 수를 저장해 둔 변수를 쓰면 계산식을 알아보기가 더 쉬울 것이다.

```
?       if (month == FEB) {
?           int nday;
?
?           nday = 28;
?           if (year%4 == 0)
?               nday = 29;
?           if (day > nday)
?               legal = FALSE;
?       }
```

이 코드는 여전히 잘못되어 있지만 (2000년은 윤년이고 1900년과 2100년은 윤년이 아니기 때문이다) 그래도 이 구조가 본격적으로 고쳐 나가기에 훨씬 편하다.

여기서 짚고 넘어갈 것이 하나 있는데, 여러분이 작성하지 않은 프로그램을 손

볼 때는 원래 코드의 스타일을 그대로 유지하는 것이 좋다. 코드를 수정할 때, 자신만의 스타일은 절대 쓰지 않도록 한다. 코드의 일관성은 개발자 자신의 스타일보다 중요하다. 이 규칙을 따르면 삶이 더 편해지기 때문이다.

일관성을 위해 관용 표현을 사용하라

자연언어와 마찬가지로 프로그래밍 언어에도 관용 표현과 경험 많은 프로그래머들이 일반적으로 사용하는 상용 표현들이 있다. 어떤 언어를 배우든 핵심은 이런 관용 표현에 익숙해지는 것이다.

루프는 가장 흔히 사용되는 관용 표현 중의 하나다. 예를 들어 원소 n개가 들어 있는 배열을 도는 루프가 있는 C나 C++ 또는 자바 코드를 생각해보자. 어떤 이들은 이렇게 루프를 작성할 것이다.

```
?       i = 0;
?       while (i <= n-1)
?           array[i++] = 1.0;
```

또는 이렇게 할 수도 있다.

```
?       for (i = 0; i < n; )
?           array[i++] = 1.0;
```

아니면 이렇게도 작성할 수 있다.

```
?       for (i = n; --i >= 0; )
?           array[i] = 1.0;
```

위의 코드들은 모두 맞지만, 관용적인 형식은 다음과 같다.

```
        for (i = 0; i < n; i++)
            array[i] = 1.0;
```

아무렇게나 선택한 형식이 아니다. 이 코드는 0부터 n-1까지의 원소 n개를 돈다. for 문만 사용해서 루프를 제어하며, 오름차순으로 돈다. 그리고, 루프 변수를 갱신할 때 사용하는 매우 관용적인 방법인 ++ 연산자를 사용한다. 또한, 루프가 돈 마지막 루프 변수의 다음 값을 루프 변수에 남긴다. 영어를 아는 사람이면 별다른 노력을 하지 않아도 루프가 어떻게 작동하는지 알아챌 수 있고 기능 변경을 하려고 할 때 쉽게 고칠 수 있다.

C++나 자바에서는 루프 변수 선언을 안에 넣을 수 있기 때문에 주로 다음과 같이 사용한다.

```
for (int i = 0; i < n; i++)
    array[i] = 1.0;
```

C에서 연결 리스트(linked list)를 도는 루프는 이렇게 쓰는 것이 표준이다.

```
for (p = list; p != NULL; p = p->next)
    ...
```

물론 여기서도 for 문 안에서 완전히 루프를 제어한다.

우리는 무한 루프를 다음과 같이 쓰는 것을 좋아한다.

```
for (;;)
    ...
```

그러나, 이것도 널리 쓰인다.

```
while (1)
    ...
```

위 두 가지 형식 외 다른 것은 쓰지 않도록 한다.

들여쓰기 역시 관용 표현을 써야 한다. 다음과 같이 수직으로 맞춰서 쓴 특이한 레이아웃은 가독성을 떨어뜨리며 루프 하나가 아니라 세 문장처럼 보인다.

```
?       for (
?           ap = arr;
?           ap < arr + 128;
?           *ap++ = 0
?       )
?       {
?           ;
?       }
```

다음과 같이 보다 표준적인 방법으로 루프를 쓰는 것이 훨씬 읽기 편하다.

```
for (ap = arr; ap < arr+128; ap++)
    *ap = 0;
```

길게 펼쳐서 쓴 코드는 화면에서 여러 페이지로 나뉘어 보이기 때문에 가독성을 떨어뜨린다.

흔히 쓰이는 또 다른 관용 표현은 다음과 같이 루프 조건 안에 대입문을 넣는 경우다.

```
while ((c = getchar()) != EOF)
    putchar(c);
```

do-while 문은 항상 적어도 한 번은 실행되며 조건 검사가 루프의 처음이 아니라 마지막에 일어나기 때문에 for 문과 while 문보다 훨씬 더 적게 쓰인다. 위의 코드를 getchar가 본문에 가도록 고친 다음 코드의 경우처럼, do-while 문의 이런 특성은 프로그래머들을 괴롭히려고 숨어있는 악동같다.

```
?    do {
?        c = getchar();
?        putchar(c);
?    } while (c != EOF);
```

이 코드는 putchar를 호출한 다음에 조건을 확인하기 때문에 알아볼 수 없는 EOF 문자를 출력해버린다. do-while 문은 루프 안의 블록이 적어도 한 번은 반드시 실행되어야 하는 경우에만 써야 한다. 그런 경우는 나중에 살펴보도록 하겠다.

관용 표현을 일관되게 사용할 때 좋은 점 하나는 일반적이지 않은 루프를 사용해서 발생하는 문제점이 쉽게 눈에 띈다는 점이다.

```
?    int i, *iArray, nmemb;
?
?    iArray = malloc(nmemb * sizeof(int));
?    for (i = 0; i <= nmemb; i++)
?        iArray[i] = i;
```

iArray[0]부터 iArray[nmemb-1]까지 모두 nmemb개 원소를 저장하기 위한 공간을 할당하였다. 그러나, 루프의 계속 조건을 <= 연산자로 검사했기 때문에 루프가 배열을 벗어나서 그 다음 메모리의 내용이 뭐든지 그냥 덮어써 버린다. 안타깝게도 이런 오류는 손상이 발생한지 한참 뒤에서야 발견되는 편이다.[3]

C와 C++에는 문자열을 저장할 공간을 할당하는 관용 표현이 있으며, 이를 사용하지 않는 코드는 대개 버그를 수반한다.

```
?    char *p, buf[256];
?
```

---

3 이런 에러를 보통 오프바이원(off-by-one) 버그라고 한다. 이 경우 다음에 있는 메모리를 건드리지만 프로그램이 죽을 정도로 치명적인 여파가 오는 것은 보통 한참 더 진행된 뒤이기 때문에 정확히 어느 곳에서 문제가 발생했는지 찾기가 매우 어려운 편이다.

```
?       gets(buf);
?       p = malloc(strlen(buf));
?       strcpy(p, buf);
```

gets는 입력이 들어오는 양을 조절할 방법이 없기 때문에 절대로 사용해서는 안 된다. 이는 6장에서 다시 다룰 보안 문제와 관련이 있는데, 항상 gets보다 fgets를 사용하는 편이 더 좋다고 얘기할 것이다. 여기엔 보안 문제뿐만 아니라 또 다른 문제가 남아 있다. 즉, strcpy는 문자열의 끝을 표시하는 '\0'을 복사하지만, strlen는 '\0'을 문자열의 길이로 세지 않는 것이 문제다. 따라서 공간이 충분히 할당되지 않으며, strcpy는 결국 할당된 공간을 지나쳐서 덮어쓴다. 이 경우는 보통 이렇게 쓴다.

```
p = malloc(strlen(buf)+1);
strcpy(p, buf);
```

C++에서는 다음과 같이 쓰는 경우가 많다.

```
p = new char[strlen(buf)+1];
strcpy(p, buf);
```

+1이 없는 곳을 발견하면 주의하도록 하자.

자바는 이런 특수한 문제에 대해 고민할 필요가 없는데, 문자열의 끝을 '\0'으로 표시하는 방법을 쓰지 않기 때문이다. 자바에서는 배열 접근도 검사를 하기 때문에 배열의 범위 밖을 접근하는 것이 원칙적으로 불가능하다.

대부분의 C와 C++환경은 라이브러리 함수로 malloc과 strcpy를 이용해서 문자열의 복사본을 만들어주는 strdup을 제공하기 때문에, 이를 이용하면 앞의 버그를 쉽게 피할 수 있다. 그러나, 안타깝게도 strdup은 ANSI C 표준이 아니다.[4]

그런데 여기서 원래 코드는 물론 수정된 버전 또한 malloc이 반환한 값을 검사하지 않는다. 우리는 원래 말하고자 하는 바에 집중하고자 그 부분을 생략했는데 실제 프로그램에서는 malloc, realloc, strdup 등 할당 루틴에서 반환된 값은 항상 검사해야 한다.

---

4 strdup은 1997년에 발표된 『Single UNIX® Specification, Version 2』에서 POSIX 표준으로 채택되었지만, ISO/IEC C99에서는 표준에 포함되지 않았다.

다중결정이 필요할 때는 else-if를 사용하라

많은 갈래로 갈라지는 다중결정에는 보통 if … else if … else를 엮어서 쓴다.

```
if (조건1)
    문장1
else if (조건2)
    문장2
...
else if (조건n)
    문장n
else
    디폴트 문장
```

조건들은 위에서부터 아래로 실행되기 때문에, 참으로 평가되는 맨 처음 조건에 붙어있는 문장이 실행되고 다음 조건이나 문장들은 모두 건너뛴다. 위에서 각 '문장' 들은 문장 하나일 수도 있고, 문장 여러 개가 중괄호로 묶인 블록일 수도 있다. 마지막 else는 앞의 조건들이 하나도 참이 아니었을 때 '디폴트' 상황을 처리한다. 디폴트로 실행되어야 하는 동작이 없는 경우에는 마지막 else를 생략할 수 있지만, 에러 메시지를 뿌리도록 디폴트를 넣어두면 발생해서는 안 되는 상황이 발생하는 걸 알아채는데 도움이 된다.

else들은 각각에 해당되는 if에 맞춰서 쓰기보다는, 그냥 세로로 모두 같은 칸에 쓴다. 세로로 맞춰서 씀으로써 각 조건이 순서대로 검사되어서 해당되는 조건에서 빠져나간다는 것을 쉽게 알 수 있게 한다.

if 문이 중첩되어 여러 개가 등장한다면 완전히 잘못된 것은 아니더라도 코드가 이상하게 되어 간다는 경고로 볼 수 있다.

```
?    if (argc == 3)
?        if ((fin = fopen(argv[1], "r")) != NULL)
?            if ((fout = fopen(argv[2], "w")) != NULL) {
?                while ((c == getc(fin)) != EOF)
?                    putc(c, fout);
?                fclose(fin); fclose(fout);
?            } else
?                printf("출력 파일 %s을 열 수 없음\n", argv[2]);
?        else
?            printf("입력 파일 %s을 열 수 없음\n", argv[1]);
?    else
?        printf("사용법: cp 입력파일 출력파일\n");
```

이 코드에서는 if가 중첩되어서, 보는 사람은 보고 있는 부분이 어느 조건에 실행되는지 파악하기 위해서 (기억을 제대로 할 수 있다면) 조건문들을 머리에 스택처럼 쌓아가면서 생각해야 한다. 결국 이 코드에서는 각 조건에 대해서 한 가지 동작만 하도록 되어있기 때문에, else if로 고치는 것이 현명하다. 코드를 명료하게 만들기 위해 조건 결정의 순서를 바꾼 다음, 원래 코드에 있던 자원 누수(resource leak)를 수정하면 이렇다.[5]

```c
if (argv != 3)
    printf("사용법: cp 입력파일 출력파일\n");
else if ((fin = fopen(argv[1], "r")) == NULL)
    printf("입력 파일 %s을 열 수 없음\n", argv[1]);
else if ((fout = fopen(argv[2], "w")) == NULL) {
    printf("출력 파일 %s을 열 수 없음\n", argv[2]);
    fclose(fin);
} else {
    while ((c = getc(fin)) != EOF)
        putc(c, fout);
    fclose(fin);
    fclose(fout);
}
```

이제 코드를 쭉 읽어 내려가면서 맨 처음 참이라고 평가되는 조건과 그 조건에서 실행되는 동작들을 본 뒤에, 마지막 else 다음으로 넘어가면 된다. 각각의 조건문과 그 조건문에서 유발되는 동작들은 가능한 한 가까이 붙여서 써야 하는 것이 원칙이다. 아니면 아예 매번 조건 안에서 동작을 실행해버리는 방법도 있다.[6]

코드를 재활용하려고 하다 보면 다음과 같이 지나치게 꽉 짜인 프로그램이 되곤 한다.

---

5 원라 코드에는 fin을 열고, fout을 열 수 없는 경우 fin을 닫지 않는 문제점이 있었다.

6 if ((fp = fopen(...)) == NULL
       에러;
  else if (fread(fp, ...) == -1
       다른 에러;
  else
       디폴트;

```
?    switch (c) {
?    case '-':  sign = -1;
?    case '+':  c = getchar();
?    case '.':  break;
?    default:   if (!isdigit(c))
?                    return 0;
?    }
```

여기서는 코드 한 줄이 중복되는 것을 절약하기 위해서 case를 break로 닫지 않고 아래로 쭉 내리는(fall-through) 트릭을 사용한다. 이 방식은 관용 표현으로 볼 수 없다. 아주 가끔 주석으로 표시를 달고 생략하는 경우를 제외하면, case에는 항상 break로 닫는 것이 일반적이기 때문이다. 다음과 같이 쓰면, 약간 길어지기는 하지만 보다 전통적인 형식이기도 하고 읽기도 쉽다.

```
?    switch (c) {
?    case '-':
?        sign = -1;
?        /* fall through */
?    case '+':
?        c = getchar();
?        break;
?    case '.':
?        break;
?    default:
?        if (!isdigit(c))
?            return 0;
?        break;
?    }
```

그러나, 코드가 명료해진 것 이상으로 길어져 버렸다. 이런 특이한 구조보다는 그냥 else-if 문이 더 깔끔하다.

```
if (c == '-') {
    sign = -1;
    c = getchar();
} else if (c == '+') {
    c = getchar();
} else if (c != '.' && !isdigit(c)) {
    return 0;
}
```

블록 안에 문장이 한 개밖에 없는데도 중괄호로 감싼 것은 앞의 블록과 병렬적이라는 것을 강조하기 위해서다.[7]

break를 쓰지 않는 case 문을 써도 괜찮은 경우로는 완전히 똑같은 코드를 여러 경우에 쓰는 방법이 있는데, 일반적으로 이런 형식으로 쓴다.

```
case '0':
case '1':
case '2':
    ...
    break;
```

이 경우에는 break를 쓰지 않는 코드라고 주석을 달아줄 필요가 없다.[8]

연습 1-7. 다음 세 C/C++ 코드를 좀 더 명료하게 고쳐보자.

```
?    is (istty(stdin))  ;
?    else if (istty(stdout))  ;
?        else if (istty(stderr))  ;
?            else return(0);


?    if (retval != SUCCESS)
?    {
?        return (retval);
?    }
?    /* All went well! */
?    return SUCCESS;


?    for (k = 0; k++ < 5; x += dx)
?        scanf("%lf", &dx);
```

연습 1-8. 이 자바 코드에서 오류를 찾아내 루프를 관용 표현으로 고쳐보자.

```
?    int count = 0;
?    while (count < total) {
?        count++;
?        if (this.getName(count) == nametable.userName()) {
?            return (true);
?        }
?    }
```

---

7 else와 앞에 붙는 }를 항상 다른 줄에 쓰면 이런 경우에도 굳이 중괄호로 묶을 필요가 없다.

8 대부분 프로젝트의 코딩 스타일 규칙에서 이렇게 완전히 동일한 case가 아니면서 break를 쓰지 않고 아래로 내리는 case에는 원래 break를 쓸 자리에 /* FALLTHROUGH */나 /* fall-through */로 의도적임을 표시하도록 한다.

1.4 매크로 함수

예전 C 프로그래머들은 자주 실행되는 짧은 연산을 할 때 함수 대신 매크로를 사용하곤 했다. 이를테면 입출력에서 사용되는 getchar나 문자 속성을 검사하는 isdigit 같은 것이 공식적으로 많이 사용되는 매크로였다.[9] 매크로를 썼던 이유는 효율성 때문인데, 함수 호출 때 발생하는 오버헤드를 매크로를 사용하면 피할 수 있었다는 것이다. 이런 주장은 C가 처음 나온, 컴퓨터가 느리고 함수 호출 비용이 높았던 시기에도 설득력이 별로 없었지만, 오늘날에는 완전히 무의미해졌다. 현대의 빠른 컴퓨터가 있고, 좋은 컴파일러가 있는 요즘 매크로 함수는 득보다 실이 많다.

매크로 함수를 멀리하라

C++에는 인라인(inline) 함수가 있기 때문에 매크로 함수가 필요 없으며 자바에는 매크로가 없다. C에서 매크로는 문제를 해결하기보다는 문제를 일으킬 때가 더 많다.

매크로 함수의 가장 심각한 문제는 매개변수가 여러 번 쓰이는 경우에 여러 번 계산될 수 있다는 특징 때문에 발생한다. 즉, 부수효과가 있는 표현식이 인자에 포함되어 있다면 결국 찾기 힘든 심각한 버그가 생긴다. 다음 코드는 〈ctype.h〉에 있는 문자 검사 매크로와 같은 역할을 하도록 작성된 것이다.

```
?     #define isupper(c) ((c) >= 'A' && (c) <= 'Z')
```

매개변수 *c*가 정의 내용 중에 두 번 나오는 것을 눈여겨보자. 위에서 정의된 isupper를 다음 코드와 같이 호출하는 경우를 생각해보면,

```
?     while (isupper(c = getchar()))
?         ...
```

A 이상의 글자를 입력할 때마다, 입력된 글자를 무시하고 그 다음 글자를 다시 입력 받아서 Z 이하인가를 검사한다. C 표준에서는 isupper류 함수들을 매크로로

---

9 isdigit의 경우에는 1994년에 나온 ISO C Addendum 1부터 적용된 로케일(locale) API를 지원하려면 매크로로 구현하기가 어려워지기 때문에, 대부분의 표준 라이브러리에서 루틴 구현이 함수로 옮겨갔다.

구현하는 것을 허용한다. 하지만, 인자가 단 한 번만 평가(evaluate)되도록 제약을 두었기 때문에, 위의 isupper 구현은 잘못된 것이다.

언제든 ctype 함수들은 직접 유사함수를 구현하는 것보다 그냥 표준 라이브러리를 쓰는 것이 바람직하며, getchar 같이 부수효과가 있는 매크로는 섞어 쓰지 않는 것이 안전하다. 비교 부분을 하나로 뭉쳐서 쓰는 것보다, 다음과 같이 둘로 분리하는 편이 명료할 뿐만 아니라, 파일의 끝(EOF)을 잡아내는 검사도 넣을 수 있다.

```
while ((c = getchar()) != EOF && isupper(c))
        ...
```

가끔은 여러 번의 연산 때문에 노골적으로 에러가 나진 않는다 해도 성능 문제가 생긴다. 다음 경우를 보자.

```
?       #define ROUND_TO_INT(x) ((int) ((x)+(((x)>0)?0.5:-0.5)))
?           ...
?       size = ROUND_TO_INT(sqrt(dx*dx + dy*dy));
```

매크로에서 x가 두 번 사용되었기 때문에, 제곱근(sqrt) 연산이 두 번 수행된다. 인자를 간단하게 받는 경우라도, ROUND_TO_INT의 내용같이 복잡한 표현식은 많은 수의 인스트럭션(instruction)으로 변환된다. 이 정도의 코드는 별도의 함수로 빼서 필요할 때 호출할 수 있도록 하는 것이 낫다. 매크로는 사용될 때마다 풀어 쓰는 방식으로 컴파일되기 때문에 프로그램 크기를 크게 만들어버린다(C++의 인라인 함수도 같은 문제점이 있다).

매크로 전체와 각 인자를 괄호로 묶어라

매크로 함수를 정 쓰고 싶다면 주의를 기울이자. 매크로는 코드를 치환하는 방식으로 동작한다. 즉, 매크로 정의에 있는 인자로 들어온 값들을 매크로 내용에 채운 코드로 소스를 바꿔버린다. 함수와의 이런 차이점 때문에 문제가 되기도 한다.

```
1 / square(x)
```

위 표현식은 square가 함수일 때는 제대로 돌아간다. 하지만,

```
?       #define square(x)    (x) * (x)
```

이렇게 매크로로 정의된 경우에는 다음과 같이 잘못된 식으로 전개된다.

```
?    1 / (x) * (x)
```

따라서 이렇게 써야만 한다.

```
#define square(x)    ((x) * (x))
```

위 코드의 모든 괄호가 꼭 필요하다. 그러나 매크로를 괄호로 감싸더라도 인자로 들어온 식이 여러 번 실행되는 문제는 해결되지 않는다. 해당 연산이 많은 자원을 요구하거나, 따로 빼둘 정도로 흔히 쓰이는 연산이라면 함수를 쓰자.

C++에서는 인라인 함수를 사용하면 매크로의 성능상 이득을 모두 얻으면서 앞에서 논한 문법적인 문제도 없다. 따라서, 값을 하나 변경하거나 가져오는 것 같은 간단한 함수들에 적합하다.

연습 1-9. 다음 매크로 정의의 문제점을 찾아보라.

```
?    #define ISDIGIT(c) ((c >= '0') && (c <= '9')) ? 1 : 0
```

1.5 매직넘버

'매직넘버(magic numbers)'는 프로그램 내에서 쓰이는 상수, 배열의 크기, 문자열에서의 글자 위치, 변환 계수나 그 외 여러 가지 특정한 숫자 값들을 말한다.

매직넘버에 이름을 달아주라

0이나 1외의 모든 숫자는 매직넘버로 취급하고 이름을 달아줘야 한다. 소스코드에서 숫자를 그냥 쓰면 그 숫자가 어디에 쓰이고 어떻게 결정되었는지 알 수 없기 때문에, 프로그램을 이해하기 힘들고 고치기 어렵다. 다음 코드는 크기가 80×24인 터미널에 문자열 분포를 출력하는 프로그램의 일부인데, 매직넘버를 사용해서 쓸데없이 보기가 어려워졌다.

```
?    fac = lim / 20;     /* 출력 배율을 설정 */
?    if (fac < 1)
?        fac = 1;
?                        /* 분포표 생성 */
?    for (i = 0, col = 0; i < 27; i++, j++) {
?        col += 3;
?        k = 21 - (let[i] / fac);
```

```
?        star = (let[i] == 0) ? ' ' : '*';
?        for (j = k; j < 22; j++)
?            draw(j, col, star);
?    }
?    draw(23, 2, ' '); /* X축 눈금 이름 표시 */
?    for (i = 'A'; i <= 'Z'; i++)
?        printf("%c  ", i);
```

이 코드에는 20, 21, 22, 23, 27 같은 숫자들이 들어있고, 그 외에도 많이 있다. 뭔가 깊은 관련이 있긴 한 것 같은데…… 정말 그런 것일까? 사실은 세 가지 숫자만이 이 프로그램에 매우 중요한 역할을 하는데, 24는 한 화면의 줄 수를 뜻하고, 80은 화면의 폭을 의미하며, 26은 알파벳 글자 수를 나타낸다. 그러나 이런 각각의 의미가 전혀 코드에 나타나있지 않았기 때문에 이 숫자들이 모두 신비롭게 (magical) 보일 뿐이다.

주요 숫자에 이름을 붙인 다음에, 나머지 숫자들은 계산해서 쓰도록 하면 코드를 더 보기 쉽게 할 수 있다. 예를 들어, 앞의 코드에서 3은 (80-1)/26에서 온 것이고, let은 원소가 27개가 아니라 26개여야 맞다(화면 좌표가 1부터 시작하기 때문에 발생한 오프바이원 에러다). 모두 보기 좋게 고치면 이렇다.

```
enum {
    MINROW   = 1,                   /* 첫 줄 좌표 */
    MINCOL   = 1,                   /* 첫 칸 좌표 */
    MAXROW   = 24,                  /* 마지막 줄 좌표 (<=) */
    MAXCOL   = 80,                  /* 마지막 칸 좌표 (<=) */
    LABELROW = 1,                   /* 눈금 이름 표시 위치 */
    NLET     = 26,                  /* 알파벳 개수 */
    HEIGHT   = MAXROW - 4,          /* 그래프 막대 높이 */
    WIDTH    = (MAXCOL-1)/NLET      /* 그래프 막대 너비 */
};
    ...
    fac = (lim + HEIGHT-1) / HEIGHT;     /* 출력 배율 설정 */
    if (fac < 1)
        fac = 1;
    for (i = 0; i < NLET; i++) {    /* 분포표 생성 */
        if (let[i] == 0)
            continue;
        for (j = HEIGHT - let[i]/fac; j < HEIGHT; j++)
            draw(j+1 + LABELROW, (i+1)*WIDTH, '*');
    }
    draw(MAXROW-1, MINCOL+1, ' ');   /* X축 눈금 이름 표시 */
    for (i = 'A'; i <= 'Z'; i++)
        printf("%c  ", i);
```

이제 메인 루프가 하는 일이 명확해졌다. 즉, 0부터 NLET까지 자료의 원소들을 순차적으로 도는 관용적인 루프다. 그리고 그래프를 그리는 부분도 MAXROW나 MINCOL 같은 말이 인자의 순서를 알려주고 있기 때문에 코드를 이해하기 쉽게 되었다. 가장 중요한 것은, 이제 화면 크기나 자료가 바뀌어도 프로그램을 쉽게 고칠 수 있다는 점이다. 숫자들에 얽힌 신비가 풀렸고, 따라서 코드에 대한 신비도 풀렸다.

숫자는 매크로로 쓰지 말고 상수로 정의하라

C 프로그래머들은 전통적으로 매직넘버 값을 관리하기 위해 #define을 써 왔다. C 선행처리자(preprocessor)는 강력하지만 무딘 도구다. 또한, 매크로를 쓰는 것은 꽤 위험한데, 프로그램의 문법적 구조를 신경 쓰지 않고 마구 고쳐버리기 때문이다. 더 적절한 언어를 사용해서 처리하자. 앞의 예에서 보았듯이, C와 C++에서는 정수형 상수를 enum을 써서 정의할 수 있다. C++에서는 어떤 타입이든 const를 붙여서 상수로 선언할 수 있다.

```
const int MAXROW = 24, MAXCOL = 80;
```

자바에서는 final을 사용하면 된다.

```
static final int MAXROW = 24, MAXCOL = 80;
```

C도 const값을 쓸 수 있지만, 배열의 크기를 정의할 때 상수 값을 쓸 수 없기 때문에[10], enum을 쓸 수 밖에 없다.

아스키 문자는 숫자 코드 말고 문자 상수로 쓰라

⟨ctype.h⟩ 에 있는 함수들과 그 비슷한 것들은 문자의 속성을 검사하는 데 사용된다. 예를 들면,

```
?    if (c >= 65 && c <= 90)
?        ...
```

이 코드는 전적으로 한 글자의 속성을 검사하려는 것이다. 하지만,

---

10 ISO C99에서는 배열의 크기에 const로 정의된 상수는 물론이고 일반 변수도 쓸 수 있도록 바뀌었다. 하지만 이런 경우 가변 크기 배열로 간주되기 때문에, 전역 변수나 구조체를 정의하는 곳에서는 쓸 수 없다.

```
?     if (c >= 'A' && c <= 'Z')
?         ...
```

이렇게 쓰는 것이 더 좋다. 그렇지만 이것도, 사용하는 문자 세트의 인코딩 규칙에서 알파벳이 연속으로 배열된 것이 아니거나 알파벳 안에 엉뚱한 글자가 섞여 있는 경우에는 원하는 결과가 나오지 않을 수도 있다.[11] 가장 좋은 방법은 표준 라이브러리를 쓰는 것이다. C나 C++에서는 이렇게 쓴다.

```
if (isupper(c))
    ...
```

그리고, 자바에서는 이렇게 쓴다.

```
if (Character.isUpperCase(c))
    ...
```

관련 이슈로 숫자 0을 쓰임새에 따라 프로그램 안에 어떻게 표현하느냐에 대한 문제도 있다. 컴파일러는 상황에 따라서 0을 적절한 타입으로 변환해서 쓴다. 그렇지만, 타입을 명시적으로 표시해 주면 코드를 읽는 사람이 0의 역할을 이해하기 쉬워진다. 예를 들어서, C에서 널 포인터(zero pointer)를 쓸 때에는 (void *)0이나 NULL을 쓰고, 문자열의 끝을 표시할 때에는 0 대신 '\0'을 쓰자. 즉, 이렇게는 쓰지 말고,

```
?     str = 0;
?     name[i] = 0;
?     x = 0;
```

다음과 같이 쓰자.

```
str = NULL;
name[i] = '\0';
x = 0.0;
```

우리는 0은 정수 0으로만 쓰고, 다른 타입들에는 각각의 명시적 상수를 쓰는 것을 좋아한다. 그렇게 쓰게 되면, 값을 사용하는 방법을 명시적으로 표시하게 되고 따라서 문서화를 약간은 제공하는 셈이 되기 때문이다. 그러나, C++에서는 널 포

---

[11] 영어를 제외한 대부분의 유럽어 계열 언어에서는, 가장 널리 쓰이는 ISO-8859 인코딩을 사용할 때 알파벳이 여러 군데 분산되어 있고, 사전 순서대로 배열되어 있지 않다.

인터를 쓸 때 NULL보다 0으로 더 많이 쓰는 편이다.[12] 자바는 아무것도 참조하지 않는 객체 참조를 위해서 null 키워드를 제공하고 있기 때문에 가장 깔끔하게 문제를 해결했다.

언어에서 제공하는 것을 써서 객체의 크기를 계산하라

어떤 자료 타입에도 크기를 명시적으로 숫자로 쓰지 말고, 예를 들어 int 타입의 크기가 필요할 때는 2나 4를 쓰지 말고 sizeof(int)를 쓰자. 비슷한 이유로, 배열 원소의 크기가 필요할 때 sizeof(array[0])로 쓰는 것이 sizeof(int)를 쓰는 것보다 좋다. 배열의 타입이 바뀔 때 같이 바꿔야만 하는 것이 하나 줄어들기 때문이다.

sizeof 연산자는 종종 배열 크기를 별도의 상수에 갖고 있을 필요가 없게 간단한 방법으로 쓸 수 있다. 예를 들어,

```
char buf[1024];

fgets(buf, sizeof(buf), stdin);
```

버퍼의 크기가 매직넘버로 지정되긴 했지만, 딱 한 번 선언 부분에만 등장한다. 지역적으로 사용되는 배열에는 크기를 갖고 있는 변수나 상수를 따로 만들 필요는 없는 편이지만, 절대적으로 배열의 크기나 타입이 바뀌었을 때 코드 본문을 바꿀 필요가 없는 형태로 만드는 것이 좋다.

자바 배열은 원소의 개수를 length 필드에서 알아오면 된다.

```
char buf[] = new char[1024];

for (int i = 0; i < buf.length; i++)
    ....
```

C나 C++에는 .length와 같은 것이 없다. 그렇지만, 선언이 노출되어있는 배열(포인터 말고)에서는 이 매크로를 쓰면 배열의 원소 수를 계산할 수 있다.

```
#define NELEMS(array) (sizeof(array) / sizeof(array[0]))

double dbuf[100];

for (i = 0; i < NELEMS(dbuf); i++)
    ...
```

　배열 크기는 딱 한군데에서만 설정되어 있으며, 다른 코드들은 크기가 바뀌더라도 바꿀 필요가 없다. 매크로 인자가 여러 번 참조되어서 발생되는 문제가 없고 따라서 부수효과도 없으며, 사실은 이 계산은 모두 프로그램이 컴파일되는 동안에 계산되어서 들어가버린다. 위 경우는 매크로를 바람직하게 사용한 것인데, 선언을 참조해서 배열 크기를 계산하는 것은 함수로는 할 수 없기 때문이다.

연습 1-10. 다음 정의에서 잠재적으로 발생할 수 있는 에러를 최소화하려면 어떻게 만드는 것이 좋을까?

```
?       #define FT2METER     0.3048
?       #define METER2FT     3.28084
?       #define MI2FT        5280.0
?       #define MI2KM        1.609344
?       #define SQMI2SQKM    2.589988
```

1.6　주석

주석은 소스코드를 읽는 사람들을 돕기 위한 것이다. 주석이 코드만으로도 이미 충분히 설명된 것을 반복해서 얘기하거나, 코드 내용과 모순되거나, 길게 늘여 써서 읽는 사람을 방해해서는 도움이 되지 않는다. 가장 좋은 주석은 핵심적인 세부 사항을 간결하게 지적해 프로그램의 이해를 돕거나, 프로그램이 진행되는 더 넓은 관점을 제공해줘야만 한다.

명확한 코드에는 주석을 달지 말라

주석은 i++가 i를 증가시킨다는 사실과 같은 자명한 정보에 대해 설명해서는 안 된다. 우리가 가장 좋아하는 쓸데없는 주석을 몇 개 보기로 하겠다.

---

12 C++에서는 void 포인터의 암시적 변환(implicit casting)을 허용하지 않기 때문에 (void *)0 형태로는 쓸 수 없으며, NULL을 쓰기 위해서는 ⟨cstdlib⟩이나 ⟨cstddef⟩ 같은 C 호환성 헤더를 포함해야만 한다.

```
?      /*
?       * default
?       */
?      default:
?          break;

?      /* SUCCESS를 반환 */
?      return SUCCESS;

?      zerocount++;     /* zero counter를 1 올림 */

?      /* "total"을 "number_received"로 초기화함 */
?      node->total = node->number_received;
```

여기 나온 모든 주석을 삭제해야 한다. 그저 화면을 어지럽히고 있을 뿐이다.

주석은 코드에서 바로 알아볼 수 없는 정보를 덧붙이거나 소스 여기저기 흩어져있
는 정보를 한 군데로 모으는 것이다. 코드만 봐서는 알아채기 힘든 작업이 있는 경우
주석으로 해명할 수 있으나, 명백한 경우라면 다시 설명하는 것은 의미가 없다.

```
?      while ((c = getchar()) != EOF && isspace(c))
?          ;                         /* 공백은 건너뜀 */
?      if (c == EOF)                 /* 파일 끝 */
?          type = eodoffile;
?      else if (c == '(')            /* 괄호 열기 */
?          type = leftparen;
?      else if (c == ')')            /* 괄호 닫기 */
?          type = rightparen;
?      else if (c == ';')            /* 세미콜론 */
?          type = semicolon;
?      else if (is_op(c))            /* 연산자 */
?          type = operator;
?      else if (isdigit(c))          /* 숫자 */
?          ...
```

이런 주석은 모두 삭제해야 한다. 잘 지어 놓은 변수 이름들이 이미 충분히 정보
를 전달하고 있기 때문이다.

함수와 전역 데이터에 주석을 달아라

주석은 물론 유용한 경우가 많다. 우리는 함수, 전역변수, 상수 정의, 구조체와 클래
스의 필드 등 짤막한 설명이 이해에 도움을 주는 곳이라면 어디든 주석을 붙인다.

전역변수는 프로그램 여기저기서 불쑥 나타나는 경향이 있는데, 주석이 전역변
수가 사용된 부분에서, 필요한 경우 역할을 상기시켜 줄 수 있다. 이 책의 3장에 나

오는 예를 약간만 보기로 하자.

```
struct State {   /* 접두어 + 접미어 목록 */
    char      *pref[NPREF];    /* 접두어 단어들 */
    Suffix    *suf;            /* 접미어 목록 */
    State     *next;           /* 해시테이블 다음 노드 */
};
```

각 함수를 소개하는 주석은 코드를 읽기 위한 사전준비를 시켜준다. 코드가 너무 길거나 기술적인 것이 아니라면 한 줄이면 충분하다.

```
// random: [0..r-1]13 영역에 있는 정수를 반환한다
int random(int r)
{
    return (int)(Math.floor(Math.random()*r));
}
```

때로는 복잡한 알고리즘이나 데이터 구조 때문에 코드가 정말로 어려워지기도 한다. 그럴 경우, 보는 사람이 이해를 하는데 도움이 되는 것들을 주석으로 알려주는 것이 좋다. 또한, 어떤 결정을 왜 그렇게 내렸는지 알려주는 것도 유익한 주석이다. 다음은 JPEG 이미지 디코더에서 사용되는 역 이산 코사인 변환(DCT: discrete cosine transform)을 매우 효율적으로 구현한 함수를 소개하는 주석이다.

```
/*
 * idct: Chen-Wang이 고안한 역 이차원 8x8 이산 코사인 변환(DCT)의
 * 조정 정수 구현 (IEEE ASSP-32, 803-816쪽, 1984년 8월)
 *
 * 32비트 정수 연산 (8비트 계수)
 * 매 DCT마다 곱셈 연산 11회, 덧셈 연산 29회
 *
 * IEEE 1180-1990를 준수하기 위해 계수가 12비트로 확장되었음
 */

static void idct(int b[8*8])
{
    ...
}
```

쓸모 있어 보이는 이 주석에서는 참조 문서를 표시하고 있으며, 알고리즘의 성

---

13 [x..y] : 이 표기법은 프로그램이나 알고리즘을 설명하면서 영역을 표시할 때 많이 사용되는 방법인데, [와]는 경계 부분의 숫자를 포함한다는 뜻이고, (와)는 경계 부분의 숫자를 포함하지 않는다는 뜻이다. 즉, 0 이상 9 미만은 [0..9)로 표시할 수 있다.

능을 알 수 있는 요약된 자료를 알려주고, 원래 알고리즘과 어떻게 다르게 구현됐고 왜 그렇게 됐는지 알려준다.

나쁜 코드에 대해 설명하지 말고 코드를 새로 짜라

유별난 코드나 잠재적으로 헷갈릴 수도 있는 코드에는 주석을 달자. 그러나 주석이 코드보다 길 때는 코드를 고칠 필요가 있다고 생각해야 한다. 다음 예는 단 한 줄을 설명하기 위해서 길고 혼란스러운 주석과 조건적 컴파일 디버그 출력까지 쓰고 있다.

```
?        /* "result"가 0이면 맞는 것이 발견되었기 때문에 '참'(0이 아닌 값)을
?            반환한다. 그리고 "result"가 0이 아니라면 '거짓'(0)을 반환한다. */
?
?        #ifdef DEBUG
?        printf("*** isword가 리턴됨. !result = %d\n", !result);
?        fflush(stdout);
?        #endif
?
?        return(!result);
```

부정 연산(!)은 이해하기 힘들기 때문에 가급적이면 피해야 한다. 변수 이름 result에 아무런 정보도 없다는 것도 문제다. matchfound 같이 내용을 더 구체적으로 얘기해주는 이름을 쓰면 주석을 쓸 필요가 없어지고 디버그 출력문도 깨끗하게 쓸 수 있다.

```
#ifdef DEBUG
printf("*** isword 리턴. matchfound = %d\n", matchfound);
fflush(stdout);
#endif

return matchfound;
```

주석과 코드가 모순되게 하지 말라

대부분 주석은 작성하는 당시에는 코드와 제대로 맞지만, 버그가 수정되고 프로그램이 변화하면서도 주석이 원래대로 남아버리면 결국 코드와 맞지 않게 된다. 이 장의 첫 부분에 나온 예에서 주석과 코드가 일치하지 않은 건 바로 이런 이유 때문일 것이다.

불일치의 이유가 무엇이든, 주석이 코드와 맞지 않으면 혼란스럽고, 주석은 보

통 믿고 보기 때문에 디버깅이 쓸데없이 오래 걸리게 된다. 코드를 변경하면 반드시 주석이 변함없이 정확한지 확인하자.

사실 주석은 코드에 일치하는 것이 돼서는 안 되며, 코드를 보충하는 것이 돼야 한다. 다음 코드의 주석은 정확하지만(그 다음 두 줄에 있는 코드의 목적을 설명한다), 코드와는 모순된다. 즉, 주석에서는 '개행문자'를 얘기하고 있지만, 코드는 빈 칸(' ')을 얘기하고 있다.

```
?       time(&now);
?       strcpy(date, ctime(&now));
?       /* ctime에서 복사된 문자열 끝의 개행문자를 없앰 */
?       i = 0;
?       while(date[i] >= ' ') i++;
?       date[i] = 0;
```

좀 더 관용적으로 코드를 고쳐 쓰면 이렇다.

```
?       time(&now);
?       strcpy(date, ctime(&now));
?       /* ctime에서 복사된 문자열 끝의 개행문자를 없앰 */
?       for (i = 0; date[i] != '\n'; i++)
?               ;
?       date[i] = '\0';
```

이제 코드와 주석이 일치한다. 그렇지만 양쪽 모두 더 직접적으로 바꿔서 향상시킬 수 있다. 여기서 해결하는 문제는 ctime이 반환하는 문자열 끝에 달려있는 개행 문자를 지우는 것이다. 주석은 이런 배경을 설명해야 하며, 코드도 필요한 대로만 하면 된다.

```
time(&now);
strcpy(date, ctime(&now));
/* ctime()은 문자열 끝에 개행문자를 넣기 때문에, 여기서 지운다. */
date[strlen(date)-1] = '\0';
```

마지막 줄의 표현은 문자열 마지막 글자를 지우는 C 관용 표현이다. 코드는 이제 짧고 관용적이고 명료하며 주석도 왜 그런 것이 그 자리에 들어가 있는지 설명을 하는 것으로 코드를 보충한다.

혼란스럽게 하지 말고, 명확하게 하라

주석은 읽는 사람이 어려운 부분을 읽기 쉽게 하려는 것이지 장애물을 더 만들자고 쓰는 것이 아니다. 다음 예에서는 함수에 주석을 달고 예외적인 속성을 설명하도록 하는 우리의 가이드라인을 따르고 있다. 하지만, 이 함수는 더도 덜도 아닌 strcmp이며 몇몇 특이한 부분도 여기서 중심적인 일, 즉 표준적이고 잘 알려진 인터페이스를 구현하는 일에 비하면 중요하지 않다.

```
?       int strcmp(char *s1, char *s2)
?       /* 이 문자열 비교 루틴은 s1이 오름차순으로 s2 앞에 있는 경우 -1을 반환하고,*/
?       /* 같으면 0을, */
?       /* s2가 s1의 뒤에 있으면 1을 반환한다. */
?       {
?           while(*s1==*s2) {
?               if(*s1=='\0')  return(0);
?               s1++;
?               s2++;
?           }
?           if(*s1>*s2) return(1);
?           return(-1);
?       }
```

무엇을 하고 있는지 설명하는 데 긴 문장을 써야 한다면, 코드를 다시 고쳐 써야 한다는 신호로 볼 수 있다. 여기서는 코드도 개선할 여지가 있지만 진짜 문제는 코드만큼이나 길고 혼란스럽기까지 한 주석이다('앞에' 라는 것이 어느 쪽인가?). 이 루틴을 이해하기 힘들다는 것을 말하기 위해 다소 과장해서 설명했지만, 사실 그냥 표준 함수를 구현한 것이기 때문에 주석은 동작 방식을 간략히 요약하고 표준 정의가 어디에서 기반한 것인지 알려주기만 하면 된다. 더이상은 필요 없다.

```
/* strcmp: s1<s2면 음수, s1>s2면 양수, 같으면 0을 반환 */
/*         ANSI C, 4.11.4.2절 */
int strcmp(const char *s1, const char *s2)
{
    ...
}
```

학생들은 모든 것에 주석을 달라고 배운다. 직업 프로그래머들은 종종 자기 코드 전체에 주석을 달라고 지시를 받는다. 그러나, 맹목적으로 규칙을 따르다 보면 주석의 원래 목적을 잃어버리기 십상이다. 주석은 프로그램을 읽는 사람들이 코드 자체만 보고 바로 알 수 없는 부분들을 이해하도록 돕는 것이다. 코드를 가능한 한 이해하기 쉽게 짜자. 그러면 그럴수록, 주석은 조금 써도 된다. 좋은 코드는 나쁜 코드보다 주석이 적게 필요하다.

연습 1-11. 다음의 주석들에 대해서 평가하라.

```
?       void dict::insert(string& w)
?       // w가 사전에 있으면 1을 반환, 아니면 0을 반환


?       if (n > MAX || n % 2 > 0) // 짝수 검사


?       // 메시지를 쓴다
?       // 쓰는 줄 각각에 줄 번호를 붙인다

?       void write_message()
?       {
?           // 줄 번호를 증가시킴
?           line_number = line_number + 1;
?           fprintf(fout, "%d  %s\n%d  %s\n%d  %s\n",
?               line_number, HEADER,
?               line_number + 1, BODY,
?               line_number + 2, TRAILER);
?           // 줄 번호를 증가시킴
?           line_number = line_number + 2;
?       }
```

1.7 왜 그렇게 귀찮게 구는가?

이 장에서 우리는 프로그래밍 스타일의 주요 사항들 즉, 서술적인 이름, 명료한 표현식, 간단한 제어 구조, 읽기 쉬운 코드와 주석, 그리고 이 모든 것에서 규칙과 관용 표현의 일관된 적용의 중요성 같은 것들을 얘기했다. 이것들이 나쁘다고 말하기는 힘들다.

그런데 스타일에 대해서 왜 그리 걱정하는 것일까? 프로그램이 돌아가기만 한다면 소스코드가 어떻게 보이든 누가 상관하겠는가? 예쁘게 보이게 하느라고 너무 많은 시간이 들지 않겠는가? 이런 규칙들도 어차피 임의로 정한 거 아닌가?

답은 잘 짠 코드는 대충 던져놓고 한 번도 정리하지 않은 코드보다 읽기도 쉽고

이해하기도 쉬울뿐더러 대부분의 경우에 에러도 적고 분량도 적은 편이기 때문이다. 마감 시간에 맞추기 위해서 프로그램을 쥐어 짜내서 출시를 해버리면 스타일은 우선 옆으로 밀어두고 나중에 다시 걱정하기 쉽다. 그건 값비싼 결정이다. 이 장에 나온 예제들 중의 몇 개는 좋은 스타일에 대해 주의를 기울이지 않으면 어떤 문제가 생길 수 있는지를 보여준다. 지저분한 코드는 나쁜 코드다. 읽기 힘들거나 이상한 것만이 아니라, 자주 망가진다.

요점은 좋은 스타일이 습관 문제가 돼야 한다는 것이다. 원 코드를 작성하면서 스타일을 생각하고 시간을 내서 교정하고 개선을 계속한다면 좋은 습관을 계발하는 것이다. 자동으로 할 수 있게 몸에 배면, 무의식적으로 많은 스타일 세부사항들을 신경 쓰게 될 뿐만 아니라, 마감 시한의 압박이 있을 때에도 더 나은 코드가 나올 것이다.

더 읽어보기

우리가 이 장의 맨 앞에서 얘기했듯이, 좋은 코드를 짜는 것은 좋은 글을 쓰는 것과 여러모로 닮았다. 스트렁크와 화이트의 『The Elements of Style』은 지금도 글을 쓰는 방법에 대한 가장 훌륭한 짧은 책이다.

이 장은 브라이언 커니핸(Brian W. Kernighan)과 P. J. 플러저(P. J. Plauger)가 쓴 『The Elements of Programming Style』의 접근법을 활용한 것이다. 스티브 맥과이어(Steve Mcguire)의 『Writing Solid Code』는 프로그래밍에 대한 조언를 얻을 수 있는 책이다. 스타일에 대한 논의 중에서 도움이 되는 다른 책으로 스티브 맥코넬(Steve McConnell)의 『Code Complete』[14]와 피터 밴 더 린든(Peter van der Linden)의 『Expert C Programming: Deep C Secrets』가 있다.

---

14 번역서로는 Code Complete 2/E(정보문화사, 2005)이 있다.

2장

The **Practice** of **Programming**

알고리즘과 데이터 구조

결국 어떤 문제가 생겼을 때 올바른 해결책을 제시하는 것은
현장에서의 기법과 도구에 대한 숙련도뿐이며, 전문가다운 결과를
지속적으로 뽑아내는 것은 일정 수준 이상의 경험뿐이다.

- 레이먼드 필딩(Raymond Fielding), 『특수효과 촬영 기법』

알고리즘과 데이터 구조 연구는 컴퓨터 과학의 토대가 된 연구 가운데 하나이며,
우아한 기법과 정교한 수학적 분석으로 가득찬 분야다. 그리고 단순한 이론가들
의 지적유희 그 이상이기도 한데, 좋은 알고리즘이나 데이터 구조를 사용하면 몇
년이나 걸렸을지 모르는 일을 몇 초만에 끝내는 일이 가능해지기 때문이다.

그래픽, 데이터베이스, 파싱, 수치 해석, 시뮬레이션 같은 특수 분야에서 문제 해
결 능력은 주로 최첨단 알고리즘과 데이터 구조에 달려 있다. 만약 생소한 분야의
프로그램을 개발하려 한다면, '반드시' 어떤 것들이 이미 되어 있는지를 알아내
서, 다른 사람들이 이미 잘해 놓은 것을 어설프게 다시 하느라 시간을 낭비하지 않
도록 해야 한다.

모든 프로그램은 알고리즘과 데이터 구조에 의지하지만, 완전히 새로운 알고리
즘이나 데이터 구조를 발명해서 써야 하는 프로그램은 아주 드물다. 컴파일러나
웹 브라우저처럼 복잡한 프로그램이라도 내부에서 쓰는 데이터 구조는 대부분 배

열, 리스트, 트리, 해시 테이블이다. 어떤 프로그램에서 더 정교한 데이터 구조를 필요로 한다 해도, 이 단순한 구조들을 바탕으로 만들게 될 것이다. 따라서 대다수의 프로그래머들이 해야 할 일은 어떤 알고리즘과 데이터 구조를 쓸 수 있을지 파악하고, 여러 대안 중 하나를 선택하는 방법을 이해하는 것이다.

요약하면 다음과 같다. 거의 모든 프로그램에 등장하는 기본 알고리즘은(주로 검색과 정렬) 손에 꼽을 정도로 적으며, 그나마도 이미 라이브러리에 포함되어 있는 경우가 많다. 마찬가지로 거의 모든 데이터 구조도 몇 개의 기본 구조에서 파생된다. 그러므로 이 장에서 다루는 내용은 대부분의 프로그래머에게 친숙할 것이다. 이 책에서는 구체적으로 논하기 위해 실제로 돌려 볼 수 있는 프로그램들을 작성했는데, 필요하다면 이 코드들을 그대로 사용해도 상관없지만 그 전에 먼저 자신이 쓰는 프로그래밍 언어와 그 라이브러리가 무엇을 제공하는지 조사하는 것을 잊지 말자.

2.1 검색

정적 테이블 형태의 데이터를 저장하는 데는 배열을 따라갈 만한 것이 없다. 배열은 컴파일 시점에 초기화되기 때문에 만들기 쉽고 비용도 적게 든다. (사실 자바에서는 실행 시점에 초기화가 일어나지만, 배열이 너무 크지만 않다면 중요한 사실은 아니다.) 예를 들어 보자. 같은 단어를 너무 자주 반복해서 쓴 좋지 않은 글에서 그런 단어를 찾아내기 위한 프로그램이라면 다음과 같은 코드가 들어갈 수 있을 것이다.

```
char *flab[] = {
    "actually",
    "just",
    "quite",
    "really",
    NULL
};
```

검색 루틴은 위의 배열에 원소가 몇 개나 들어 있는지 알아야 한다. 배열의 길이를 함께 인자로 넘기는 방법도 있지만, 여기서는 배열의 끝에 NULL을 넣어 표시하는 방법을 사용했다.

```c
/* lookup: 배열에 들어 있는 단어를 순차 검색 */
int lookup(char *word, char *array[])
{
    int i;

    for (i = 0; array[i] != NULL; i++)
        if (strcmp(word, array[i]) == 0)
            return i;
    return -1;
}
```

C와 C++에서 문자열[1] 파라미터는 char *array[] 또는 char **array로 선언한다. 두 형태는 같은 표현이지만, 첫 번째 형태가 인자가 어떻게 사용될지 더 명확하게 알려준다.

이 검색 알고리즘은 '순차 검색(sequential search)'이라고 하는데, 그 이유는 원하는 원소가 나올 때까지 모든 원소를 차례대로(순차적으로) 살펴보기 때문이다. 데이터 개수가 적을 경우 순차 검색의 속도는 꽤 빠르다. 특정 데이터 타입을 찾기 위한 함수는 이미 표준 라이브러리가 제공한다. 예를 들어 C 또는 C++ 문자열에서 주어진 글자를 찾거나 그 글자가 처음으로 나타난 위치를 알고 싶다면 strchr나 strstr 같은 함수를 쓰면 된다. 자바의 String 클래스에는 indexOf 메서드가 있으며, C++의 범용(generic) find 알고리즘은 대부분의 데이터 타입에 바로 쓸 수 있다. 따라서 원하는 타입을 찾아주는 함수가 있다면 그대로 쓰는 것이 좋다.

순차 검색은 쉽지만, 찾을 데이터의 전체 크기와 작업량이 정비례한다. 원소 수가 두 배면 원하는 원소가 존재하지 않을 때의 검색 시간도 두 배가 된다. 실행 시간과 데이터 크기가 일차 함수 관계이기 때문에 이것은 선형 관계(linear relationship)라고 부르며, 같은 이유에서 이런 식의 검색을 '선형 검색'이라고 부른다.

아래는 HTML을 파싱하는 프로그램에서 뽑아낸, 좀 더 현실적인 크기의 배열을 사용하는 코드다. 여기에서 사용되는 배열의 크기는 100을 넘으며, 각각 HTML 글자에 대한 이름을 갖고 있다.

---

1 C/C++에서 문자열(string)은 엄밀히 말해 요소가 문자인 배열을 말한다.

```c
typedef struct Nameval Nameval;
struct Nameval {
    char *name;
    int value;
};

/* HTML 글자들. 예를 들어 AElig은 A와 E를 합쳐놓은 ligature²를 뜻함 */
/* 코드값은 Unicode/ISO10646로 인코딩됨 */
Nameval htmlchars[] = {
    "AElig",        0x00c6,
    "Aacute",       0x00c1,
    "Acirc",        0x00c2,
    /* ... */
    "zeta",         0x03b6,
};
```

이런 대규모 배열의 경우에는 '이진 검색(binary search)'을 사용하는 것이 더 낫다. 이진 검색 알고리즘은 우리가 사전에서 단어를 찾아보는 방법을 규칙적으로 만들어 놓은 것이다. 먼저, 배열의 가운데에 있는 원소를 살펴본다. 그 원소의 값이 우리가 찾고 있는 값보다 크다면 앞쪽 절반을 검색 범위로 쓰고, 그렇지 않다면 뒤쪽 절반이 검색 범위가 된다. 원하는 원소를 찾거나 그 원소가 없다고 판단될 때까지 이 과정을 반복한다.

이진 검색을 하려면 먼저 검색할 배열이 반드시 정렬되어 있어야 하며 (이것은 좋은 스타일이기도 한데, 사람들도 정렬된 테이블에서 더 빨리 찾기 때문이다) 테이블의 크기도 알고 있어야 한다. 1장에서 나온 NELEMS 매크로를 쓰면 도움이 된다.

```c
printf("The HTML table has %d words\n", NELEMS(htmlchars));
```

이 테이블을 검색하는 이진 검색 함수는 다음과 비슷할 것이다.

```c
/* lookup: 배열 tab에서 주어진 name을 검색 */
int lookup(char *name, Nameval tab[], int ntab)
{
    int low, high, mid, cmp;

    low = 0;
    high = ntab - 1;
    while (low <= high) {
        mid = (low + high) / 2;
        cmp = strcmp(name, tab[mid].name);
```

---

2 ligature: 알파벳 두 개를 합쳐놓은 문자를 뜻하며, AElig는 Æ를 말한다.

```
        if (cmp < 0)
            high = mid - 1;
        else if (cmp > 0)
            low = mid + 1;
        else      /* 찾았음 */
            return mid;
    }
    return -1; /* 일치되는 원소가 없음 */
}
```

위와 같이 만들었다면, 다음처럼 htmlchars 배열을 검색할 수 있다.

```
half = lookup("frac12", htmlchars, NELEMS(htmlchars));
```

이 코드는 ½이라는 글자의 배열 인덱스를 찾는다.

이진 검색은 매 단계마다 데이터 절반을 검색 대상에서 제외한다. 따라서 반복 횟수는 원소가 하나만 남을 때까지 n을 2로 나눌 수 있는 횟수에 비례한다. 소수 이하를 무시한다면, 이것은 $\log_2 n$이다. 만약 검색할 대상이 천 개라면 선형 검색은 천 번 검색을 해야 하지만, 이진 검색은 열 번이면 충분하다. 원소의 수가 백만 개라면 선형 검색은 백만 번이고 이진 검색은 스무 번이다. 원소 수가 많아질수록 이진 검색의 장점이 두드러질 것이다. 구현 방식에 따라 다르겠지만, 입력 값이 일정 값 이상일 경우 이진 검색이 선형 검색보다 빠르다.

2.2 정렬

이진 검색은 원소가 정렬되어 있을 때만 쓸 수 있다. 만약 어떤 데이터 집합을 여러 번 검색할 예정이라면, 처음에 한 번 정렬해 놓은 다음 이진 검색을 사용하는 것이 좋다. 데이터 집합이 미리 정해져 있다면, 프로그램을 작성할 때 정렬해 두고 컴파일 시점에 초기화 할 수 있다. 그렇지 않다면, 프로그램 실행 중에 정렬해야 한다.

1960년에 C. A. R. 호어(C. A. R. Hoare)가 고안해 낸 '퀵소트(quicksort)'는 어떤 상황에서도 무난한 최고의 정렬 알고리즘 가운데 하나다. 퀵소트는 불필요한 계산을 피하는 방법을 제시하는 좋은 예이기도 하다. 이 알고리즘은 배열의 모든 원소를 기준값보다 작거나 큰 부분으로 나누는 방식으로 작동한다.

> 배열의 한 원소를 선택한다. (이 원소가 '기준(pivot)'이다.)
> 다른 원소들을 두 집단으로 분할한다.
>> 기준보다 작은 값을 갖는 집단
>> 기준보다 크거나 같은 값을 갖는 집단
> 각 집단을 이런 식으로 반복해서 정렬한다.

이 절차가 완료되면 배열은 정렬된 상태가 된다. 퀵소트가 빠른 이유는 일단 어느 원소가 기준 원소의 값보다 작다고 판명되면, 그 원소를 기준 값보다 큰 원소들과 비교하지 않아도 되기 때문이다. 마찬가지로, 큰 원소도 작은 원소들과 비교할 필요가 없다. 이 때문에 퀵소트가 각 원소를 다른 모든 원소들과 직접 비교하는 삽입 정렬이나 버블 정렬 같은 간단한 정렬 방법보다 훨씬 빠른 것이다.

퀵소트는 실용적이며 효율적이다. 퀵소트를 대상으로 많은 연구가 진행되었으며 퀵소트의 변종도 많이 개발되었다. 여기서 제시하는 버전은 아마 가장 쉽게 구현할 수 있는 방식이지만, 가장 빠른 방식은 아니라는 것을 기억하라.

아래 quicksort 함수는 정수(integer) 배열을 정렬한다.

```c
/* quicksort: v[0]..v[n-1]을 오름차순으로 정렬한다 */
void quicksort(int v[], int n)
{
    int i, last;

    if (n <= 1)                  /* 정렬할 필요 없음 */
        return;
    swap(v, 0, rand() % n);      /* 기준 값을 v[0]으로 옮김 */
    last = 0;
    for (i = 1; i < n; i++)      /* 분할 작업 */
        if (v[i] < v[0])
            swap(v, ++last, i);
    swap(v, 0, last);            /* 기준 값 복원 */
    quicksort(v, last);          /* 각 집단을 재귀적으로 */
    quicksort(v+last+1, n-last-1); /* 정렬한다 */
}
```

두 원소의 위치를 바꾸는 swap 작업은 quicksort 함수 안에서 세 번이나 등장하므로, 따로 함수로 만드는 편이 좋다.

```
/* swap: v[i]와 v[j]의 위치를 바꾼다 */
void swap(int v[], int i, int j)
{
    int temp;

    temp = v[i];
    v[i] = v[j];
    v[j] = temp;
}
```

분할 작업은 임의의 원소를 기준(pivot)으로 선택하고 그것의 위치를 임시로 배열의 첫 번째 원소와 바꿔치기한 다음, 나머지 원소들을 차례차례 검사하면서 기준보다 작은 것들은 배열의 앞쪽에(last의 위치에) 놓고, 기준보다 큰 것들은 배열의 뒷쪽에(i의 위치에) 모은다. 분할 절차가 막 시작될 때, 즉 기준값과 배열 첫 번째 원소를 바꾼 직후에는 last = 0이며 원소 i = 1부터 n-1까지는 아직 검사되지 않은 상태다.

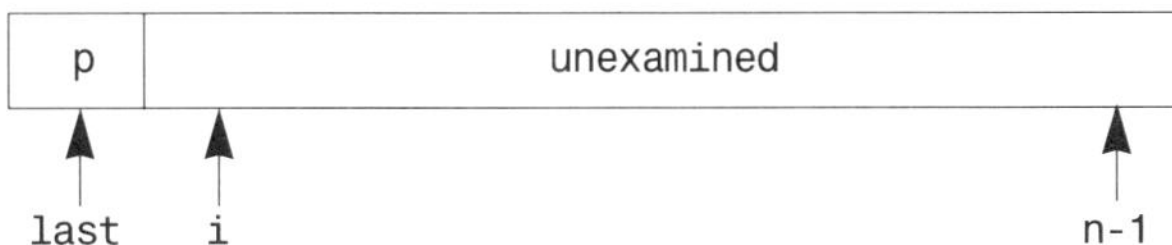

for 반복문이 시작될 때는, 원소 1번부터 last번까지는 확실히 기준보다 값이 작고, 원소 last+1번부터 i-1번까지는 기준보다 값이 크거나 같으며, 원소 i번부터 n-1번까지는 아직 검사되지 않은 상태다. 이 알고리즘은 v[i]가 v[0]보다 크거나 같아질 때까지는 v[i]를 계속 그 자신과 바꿀 수도 있다. 물론 시간낭비가 좀 있겠지만 걱정할 정도는 아니다.

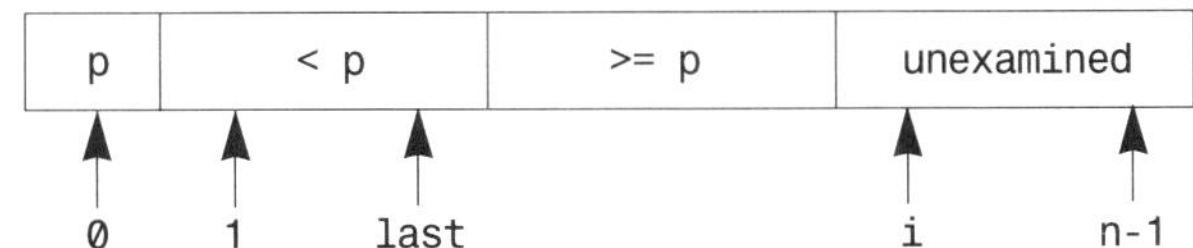

모든 원소를 두 집단으로 분할한 후에는 0번 원소와 last번 원소의 위치를 바꿔 기준을 최종 위치에 놓는다. 이렇게 해야 올바른 정렬 상태를 유지할 수 있다. 이제 배열은 다음과 같은 모습일 것이다.

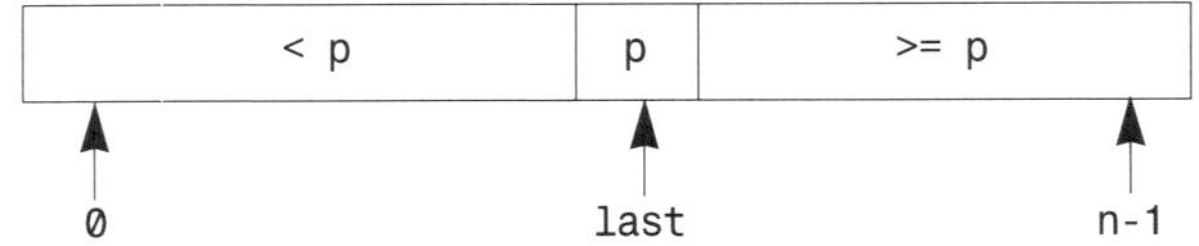

그런 다음 이것과 동일한 절차를 왼쪽 하위 배열과 오른쪽 하위 배열에 각각 적용하면 된다. 이 일이 끝날 때에는 전체 배열이 정렬된 상태가 될 것이다.

퀵소트는 얼마나 빠를까? 이상적인 상황에서는

- 첫 번째 분할 단계에서 n개의 원소가 각각 대략 $n/2$개의 원소를 가지는 두 부분으로 나뉜다.
- 두 번째 분할 단계에서는 두 $n/2$개 부분이 각각 $n/4$개의 원소를 가지는 두 부분으로 나뉘어 $n/4$개 부분이 네 개가 된다.
- 세 번째 분할 단계에서는 대략 $n/4$개의 원소를 가지는 네 부분이 또 각각 나뉘어 대략 $n/8$개의 원소를 가지는 여덟 부분으로 된다.
- 이런 식으로 계속 반복된다.

이것은 대략 $\log_2 n$번 일어나므로 이상적인 경우에서 전체 작업량은 $n + 2 \times n/2 + 4 \times n/4 + 8 \times n/8 \ldots$ (이 식의 항 개수는 $\log_2 n$개)이며, 즉 $n\log_2 n$에 비례한다. 평균적으로 이것보다 약간의 시간이 더 걸린다. 로그에서 밑이 2면 보통 생략하므로, 퀵소트의 작업시간은 $n\log n$에 비례한다고 말할 수 있다.

우리가 만든 퀵소트는 알고리즘 자체를 분명하게 보여주지만 약점도 하나 있다. 만약 기준(pivot)을 선택할 때마다 나머지 원소 값들이 크기가 같은 두 집단으로 깔끔하게 나뉜다면 정확히 우리가 예상한 대로 정렬될 것이다. 하지만 원소들이 균등하게 분할되지 않는 경우가 너무 자주 일어난다면 실행시간은 n^2에 더 가까워질지도 모른다. 우리가 사용한 방식은 입력 데이터가 특이할 때 불균등 분할이 너무 많이 일어나지 않도록 임의의 원소를 기준으로 사용한다. 하지만 입력 데이터의 모든 원소 값이 동일한 경우 분할할 때마다 두 집합 중 하나에는 오직 한 원소만 들어간다. 그럴 경우 실행시간은 n^2에 비례한다.

이렇게 몇몇 알고리즘은 입력 데이터에 따라 많은 차이가 난다. 입력 데이터가 괴상하거나 운이 좋지 않다면 원래는 잘 작동하는 알고리즘이 굉장히 느리게 돌아가거나 메모리를 많이 잡아먹을 수도 있다. 퀵소트의 경우 우리가 만든 것처럼 간단하다면 가끔씩은 느리게 돌아가는 일이 발생할 수 있다. 그러나 좀 더 신경써서 정교하게 만든다면 이런 상황이 거의 발생하지 않을 것이다.

2.3 라이브러리

C와 C++의 표준 라이브러리는 이상한 입력값도 잘 처리하고 가능한 한 가장 빠르게 실행되도록 만들어진 정렬 함수를 제공한다.

라이브러리 루틴은 어떤 데이터 타입도 정렬할 수 있게 만들어져 있지만, 그 대가로 그 루틴의 인터페이스에 적응해야만 한다. 대개 그런 인터페이스는 앞에서 우리가 만든 함수보다 훨씬 더 복잡할 것이다. C에서 퀵소트 라이브러리 함수의 이름은 qsort인데, 이 함수를 사용하려면 값 두 개를 비교하기 위한 비교 함수를 따로 제공해 주어야 한다. qsort는 정렬할 값들의 데이터 타입에 제약을 두지 않으므로, 비교 함수도 비교할 두 데이터 원소를 void* 포인터로 넘겨받는다. 따라서 비교 함수는 포인터를 적절한 타입으로 형변환(cast)하고 데이터 값을 얻어내어 그 값들을 비교하고, 결과를 (첫 번째 값이 두 번째 값보다 작으냐 크냐 아니면 같으냐에 따라 각각 음수, 양수, 0으로) 리턴해야 한다.

다음은 문자열 배열의 정렬을 위해 만든 자주 쓰이는 비교 함수다. 이 scmp 함수는 인자를 형변환한 다음에 strcmp 함수를 호출하여 비교한다.

```c
/* scmp: *p1과 *p2를 문자열로써 비교한다 */
int scmp(const void *p1, const void *p2)
{
    char *v1, *v2;

    v1 = *(char **) p1;
    v2 = *(char **) p2;
    return strcmp(v1, v2);
}
```

이 함수는 한 줄로 만들 수도 있지만, 임시 변수를 사용하여 쉽게 읽을 수 있도록 코드를 작성했다.

qsort에 strcmp를 직접 비교 함수로 사용하는 것은 불가능하다. 그 이유는 qsort

가 char* 타입인 str[i]를 인자로 넘겨주지 않고, 배열의 각 원소를 가리키는 주소, 즉 char** 타입인 &str[i]를 넘겨주기 때문이다.

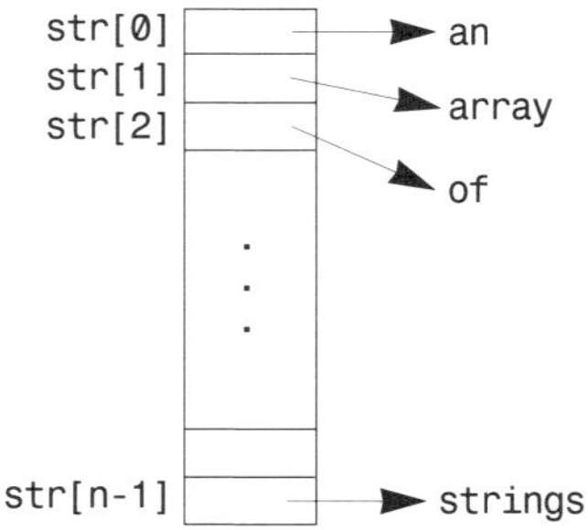

문자열 배열에서 str[0]부터 str[N-1]까지의 원소들을 정렬하려면 qsort를 호출할 때 배열, 배열 길이, 정렬할 원소의 타입 크기, 비교 함수를 넘겨주어야 한다.

```
char *str[N];

qsort(str, N, sizeof(str[0]), scmp);
```

정수를 정렬하려면 비슷한 icmp를 다음과 같이 만들어 사용하면 된다.

```
/* icmp: *p1과 *p2를 정수로 비교 */
int icmp(const void *p1, const void *p2)
{
    int v1, v2;

    v1 = *(int *) p1;
    v2 = *(int *) p2;
    if (v1 < v2)
        return -1;
    else if (v1 == v2)
        return 0;
    else
        return 1;
}
```

물론 다음처럼 쓸 수도 있다.

```
?       return v1 - v2;
```

하지만 이때 v2가 큰 숫자이고 양수인데 v1이 큰 숫자고 음수일 경우, 또는 정 반대일 경우 계산 결과가 오버플로우되어 엉뚱한 값이 나올 수 있다. 직접 비교하는 편이 코드는 더 길지만 더 안전하다.

마찬가지로 qsort를 부르려면 배열, 배열 크기, 정렬할 원소의 타입 크기, 비교 함수가 필요하다.

```
int arr[N];

qsort(arr, N, sizeof(arr[0]), icmp);
```

ANSI C는 이진 검색 루틴인 bsearch도 제공한다. qsort처럼 bsearch도 비교 함수에 대한 포인터를 제공해 주어야 한다. (이 비교 함수에 qsort용으로 만들어 놓은 함수를 그대로 써도 된다.) bsearch는 찾은 원소의 포인터를 반환하지만, 찾지 못할 경우에는 NULL을 리턴한다. 아래는 bsearch를 사용하여 다시 만든 HTML lookup 함수다.

```
/* lookup: bsearch를 사용, tab에서 name을 검색 */
int lookup(char *name, Nameval tab[], int ntab)
{
    Nameval key, *np;

    key.name = name;
    key.value = 0;   /* 사용되지 않음: 아무 값이나 상관없음 */
    np = (Nameval *) bsearch(&key, tab, ntab,
                                sizeof(tab[0]), nvcmp);
    if (np == NULL)
        return -1;
    else
        return np - tab;
}
```

qsort처럼 비교 함수는 비교할 원소들의 주소를 인자로 받으므로 key는 반드시 비교할 원소의 타입이어야 한다. 이 예제에서 우리는 비교 함수에 넘겨주기 위해 가짜 Nameval 항목을 하나 만들었다. 비교 함수는 두 Nameval 항목을 받아 그 구조체의 문자열 필드를 strcmp를 호출해 비교하고 value 필드를 무시한다.

```
/* nvcmp: 두 Nameval 이름을 비교 */
int nvcmp(const void *va, const void *vb)
{
    const Nameval *a, *b;

    a = (Nameval *) va;
    b = (Nameval *) vb;
    return strcmp(a->name, b->name);
}
```

이 함수는 scmp와 비슷하지만 문자열이 구조체의 멤버로 저장되어 있다는 점이 다르다.

bsearch는 key를 주는 방식이 깔끔하지 못하기 때문에 노력 대비 효용이 qsort보다 떨어진다고 볼 수 있다. 웬만한 범용 정렬 루틴에는 한 쪽 또는 두 쪽 분량의 코드가 필요하지만 이진 검색 코드는 직접 만들어도 bsearch를 쓰기 위한 인터페이스 코드 분량 정도만 작성하면 된다. 그렇더라도, 직접 코드를 작성하는 것보다는 bsearch를 사용하는 게 좋다. 왜냐하면 역사적으로 프로그래머들이 제대로 된 이진 검색을 만드는 일을 의외로 어려워한다는 것이 증명되었기 때문이다

C++ 표준 라이브러리에는 $O(n\log n)$ 성능을 보장하는 제네릭(generic) 알고리즘이 sort라는 이름으로 제공된다. 이 루틴은 형변환을 하거나 원소 데이터 타입 크기를 넘겨받을 필요가 없기 때문에 쉽게 코드를 작성할 수 있으며, 이미 비교 가능한 데이터 타입일 경우 비교 함수도 만들어 줄 필요가 없다.

```
int arr[N];

sort(arr, arr+N);
```

C++ 라이브러리에는 비슷한 장점을 지닌 제네릭 이진 검색 루틴도 들어 있다.

연습문제 2-1. 퀵소트는 재귀적으로 만들 때 가장 자연스럽게 표현된다. 반복문을 이용해서 퀵소트를 작성해 본 후 두 버전을 비교해 보라. (호어(Hoare)는 반복문을 이용해서 퀵소트를 만들어 내기가 얼마나 어려웠는지, 그리고 재귀적으로 해보았을 때 얼마나 깔끔하게 일이 해결되었는지 설명하고 있다.)

2.4 **자바의 퀵소트**

자바에서는 상황이 다르다. 자바의 초기 릴리스에는 표준 정렬 함수가 없어서 우리가 직접 정렬 루틴을 작성해야 했지만, 최근 버전에서는 Comparable 인터페이스를 구현하는 클래스를 대상으로 작동하는 sort 함수가 제공되므로 이제는 라이브러리를 이용하여 정렬을 할 수 있게 되었다. 하지만 자바에서 퀵소트를 구현하면서 배울 수 있는 기법들이 다른 상황에서 유용하게 쓰일 수 있으므로, 우리는 여

기에서 자바에서 퀵소트를 구현하기 위해 필요한 세부사항들을 살펴볼 것이다.

정렬할 타입마다 퀵소트를 만드는 것은 어렵지 않다. 하지만, 타입에 상관없이 어떤 오브젝트라도 쓸 수 있는 정렬 함수를 만드는 것이 더 유익하며 qsort 인터페이스와도 가깝기 때문에, 우리는 타입에 의존하지 않는 함수를 만들어 볼 것이다.

C나 C++와 자바의 큰 차이점은, 자바는 비교 함수를 다른 함수에 전달하는 일이 불가능하다는 것이다. 자바에는 함수 포인터가 없기 때문이다. 그 대신 우리는 두 오브젝트를 비교하는 함수 하나만 들어 있는 인터페이스를 만들 것이다. 그리고 정렬할 데이터 타입마다 각각 이런 인터페이스를 구현하는 멤버 함수를 포함한 클래스를 만든다. 우리가 이 클래스의 인스턴스를 정렬 함수에게 넘겨주면 정렬 함수는 그 클래스에 들어 있는 비교 함수를 사용해서 원소를 비교한다.

먼저 두 오브젝트를 비교하는 비교 함수 cmp를 멤버로 갖는 인터페이스 Cmp부터 만들어 보자.

```java
interface Cmp {
    int cmp(Object x, Object y);
}
```

그리고 이 인터페이스를 구현하는 비교 함수를 다음과 같이 만들 수 있다. 아래는 두 정수를 비교하는 함수다.

```java
// Icmp: 정수 비교
class Icmp implements Cmp {
    public int cmp(Object o1, Object o2)
    {
        int i1 = ((Integer) o1).intValue();
        int i2 = ((Integer) o2).intValue();
        if (i1 < i2)
            return -1;
        else if (i1 == i2)
            return 0;
        else
            return 1;
    }
}
```

다음 클래스는 String 두 개를 비교하는 함수를 정의하고 있다.

```java
// Scmp: String 비교
class Scmp implements Cmp {
    public int cmp(Object o1, Object o2)
    {
        String s1 = (String) o1;
        String s2 = (String) o2;
        return s1.compareTo(s2);
    }
}
```

이 메커니즘으로는 오브젝트에서 파생된 타입만 정렬할 수 있으며, int나 double 같은 기본 타입은 이 방법으로 정렬하지 못한다. 그렇기 때문에, int가 아니라 Integer를 정렬하는 것이다.

기초 작업이 끝났으니 이제 C의 퀵소트 함수를 자바용으로 변환해서 그 함수가 인자로 넘겨받은 Cmp 객체의 비교 함수를 호출하게 만들 수 있다. 가장 눈에 띄는 변화는 left와 right라는 인덱스 변수를 사용하는 것인데, 왜냐하면 자바에서는 배열을 포인터로 사용할 수 없기 때문이다.

```java
// Quicksort.sort: v[left]..v[right]를 퀵소트로 정렬
static void sort(Object[] v, int left, int right, Cmp cmp)
{
    int i, last;

    if (left >= right)   // 할일 없음, 종료
        return;
    swap(v, left, rand(left, right)); // 기준 원소를
    last = left;                      //     v[left]로 이동
    for (i = left+1; i <= right; i++) // 분할하기
        if (cmp.cmp(v[i], v[left]) < 0)
            swap(v, ++last, i);
    swap(v, left, last);              // 기준 복원
    sort(v, left, last-1, cmp);       // 각 부분을 재귀적으로
    sort(v, last+1, right, cmp);      //     정렬
}
```

Quicksort.sort는 두 객체를 비교하기 위해 cmp를 사용하고 전과 마찬가지로 배열에서 객체 위치를 교환하기 위해 swap을 부른다.

```java
// Quicksort.swap: v[i]와 v[j]의 위치를 바꿈
static void swap(Object[] v, int i, int j)
{
    Object temp;
```

```
            temp = v[i];
            v[i] = v[j];
            v[j] = temp;
        }
```

난수 생성은 left와 right 자체의 값을 포함한 두 값 사이의 범위에서 임의의 정수를 하나 생성하는 함수를 이용한다.

```
    static Random rgen = new Random();

    // Quicksort.rand: [left, right] 범위에서 임의의 정수를 리턴
    static int rand(int left, int right)
    {
        return left + Math.abs(rgen.nextInt())%(right-left+1);
    }
```

위에서 Math.abs를 이용해서 절대값을 구하는데, 그 까닭은 자바의 난수 생성기가 양수뿐 아니라 음수도 만들어 내기 때문이다.[3]

sort, swap, rand 함수와 난수 발생기 오브젝트 rgen은 Quicksort 클래스의 멤버다.

마지막으로 String 배열을 정렬하기 위해 Quicksort.sort를 쓰려면, 다음과 같이 하면 된다.

```
    String[] sarr = new String[n];

    // sarr에 n개의 원소를 채움

    Quicksort.sort(sarr, 0, sarr.length-1, new Scmp());
```

문자열을 비교하기 위해 Scmp 오브젝트를 만들어 sort 함수를 호출한다.

연습문제 2-2. 우리의 자바용 퀵소트는 원소를 (Integer 같은) 원래 타입에서 오브젝트로 바꾸고, 다시 원래 타입으로 되돌리면서 상당히 자주 형변환을 수행한다. 한 타입만 대상으로 하는 Quicksort.sort 버전을 만들어서 원래 버전과 비교하고, 타입 변환에서 성능상 손해를 얼마나 보는지 측정해 보라.

---

3 하지만 Math.abs도 특수한 경우(인자가 그 인자 타입의 최소값과 동일한 경우)에는 마이너스 값이 나올 수 있으므로, 해당 리턴 문을 다음과 같이 바꾸도록 권한다.
   return left + rgen.nextInt(right-left+1);

2.5 O 표기법

지금까지 우리는 어떤 특정한 알고리즘이 수행하는 작업량을 n(입력 데이터의 원소 수)의 함수로 표현했다. 정렬되지 않은 데이터를 검색하려면 n에 비례하는 시간이 걸린다. 정렬된 데이터에서 이진 검색을 한다면 걸리는 시간은 $\log n$에 비례할 것이다. 정렬 시간은 n^2이 걸릴 수도 있고 $n\log n$이 걸릴 수도 있다.

사실 이러한 사실을 좀 더 정확하게 표현하면서도 CPU 속도나 컴파일러의 성능(또는 프로그래머의 수준)은 제외한 표현이 필요한 경우가 많다. 또, 프로그래밍 언어, 컴파일러, 컴퓨터 구조, 프로세서 속도, 시스템 부하 정도 그리고 다른 복잡한 요소들과 독립적으로 알고리즘의 실행시간과 메모리 요구 사항을 비교할 필요도 있다.

그 결과 만들어진 것이 'O 표기법'[4]이다. O 표기법의 기본 인자는 n, 즉, 문제 인스턴스의 크기이며, 알고리즘의 복잡도나 실행시간은 n의 함수로 표현된다. O 표기법의 'O'는 수학에서 말하는 차수(order)를 가리킨다. 예를 들어 '이진 검색은 $O(\log n)$' 이란 말은, 원소가 n개인 배열을 이진 검색으로 검색할 때 필요한 단계 숫자는 $\log n$에 비례한다는 뜻이다. 따라서 $O(f(n))$ 표기법은 n이 충분히 크다면 실행시간은 대체적으로 $f(n)$, 예를 들어 $O(n^2)$ 또는 $O(n\log n)$에 비례한다는 것을 의미한다. 이러한 대략적인 측정은 이론적 분석을 할 때 매우 중요하며, 알고리즘을 대충 비교할 때도 꽤 쓸모가 있다. 현실에서는 이 표기법에서 생략된 세부사항이 차이를 낳을 수도 있다. 예를 들어 n이 작은 경우라면 오버헤드가 적은 $O(n^2)$ 알고리즘이 오버헤드가 큰 $O(n\log n)$ 알고리즘보다 빨리 실행될 수 있다. 하지만 n이 충분히 큰 경우라면 천천히 증가하는 함수(즉, 기울기가 작은)를 가진 알고리즘이 더 빠르다.

또 '최악의 경우' 와 '일반적으로 예상되는' 상황 역시 구별해 볼 필요가 있다. 무엇이 '일반적으로 예상되는(expected)' 상황인지 정의내리기는 쉽지 않다. 왜냐하면, 입력 데이터가 어떤 종류인가에 따라 달라지기 때문이다. 최악의 경우는 좀 더 정확하게 정의할 수 있지만 그것도 잘못될 때가 있다. 퀵소트는 최악의 경우 실

---

[4] O 표기법(O-notation) : 보통 'big O notation' 이라고 부른다.

행시간이 $O(n^2)$지만 일반적인 예상 시간은 $O(nlogn)$이다. 기준(pivot) 원소를 매 번 즈의깊게 고른다면 알고리즘이 $O(n^2)$만큼 시간을 소비할 가능성을 거의 0에 가깝게 낮출 수 있다. 실제로 잘 구현된 퀵소트는 거의 대부분 $O(nlogn)$ 시간만큼 만 걸린다.

다음은 O 표기법의 중요한 예다.

표기법	이름	예
$O(1)$	상수	배열을 인덱스로 참조
$O(logn)$	로그	이진 검색
$O(n)$	선형	문자열 비교
$O(nlogn)$	$nlogn$	퀵소트
$O(n^2)$	제곱	단순한 정렬 방법들
$O(n^3)$	세제곱	행렬 곱셈
$O(2^n)$	지수	집합 분할

배열에 들어 있는 원소 하나에 접근하는 연산은 고정된 시간(constant-time), 또 는 C(1) 연산이다. 이진 검색처럼 매 단계마다 입력값의 절반을 제거하는 알고리 즘은 일반적으로 $O(logn)$이 걸린다. strcmp로 n글자 문자열 두 개를 비교하려면 $O(n)$이 걸린다. 또, 일반적인 행렬 곱셈 알고리즘은 $O(n^3)$이 걸린다. 왜냐하면 각 각 n^2개의 원소가 있는 행렬들을 곱할 때는, n쌍의 부분원소들을 곱한 결과들이 더해져 결과행렬의 부분원소를 이루기 때문이다.

지수(Exponential-time) 알고리즘은 대개 모든 경우의 수를 다 계산하는 경우에 사용된다. 원소의 개수가 n인 집합의 부분집합을 찾는 알고리즘은 지수적이거나 $O(2^n)$이다. 원소가 아주 적을 때를 제외하고, 지수 알고리즘은 원소가 하나 추가되 면 시간이 두 배 걸리므로 매우 시간이 많이 소요되는 알고리즘이다. 불행하게도 유명한 '여행하는 영업사원 문제(Traveling Salesman Problem)' 같이 지수 알고리 즘으로만 해결할 수 있는 문제들이 아주 많다. 이런 경우는 대개 해답의 근사치를 찾아내는 알고리즘으로 대체하여 처리하곤 한다.

연습문제 2-3. 퀵소트가 최악으로 작동하게 만드는 입력값은 어떤 것이 있을까? 여러분의 라이브러리에 있는 퀵소트가 느리게 돌아가는 입력값을 찾아보라. 그리고 찾는 과정을 자동화해서 많은 실험을 쉽게 수행할 수 있도록 하라.

연습문제 2-4. 정수가 n개 들어 있는 배열을 최대한 느리게 정렬하는 알고리즘 하나를 설계하고 구현해 보라. 단, 정직하게 만들어야 한다. 즉, 알고리즘은 계속 진행하여 끝에 이르러 종료해야 하며, 시간을 낭비하는 반복문을 돌리는 식의 속임수를 쓰지 말고 구현해야 한다. 만든 알고리즘의 복잡도는 n의 함수로써 어떻게 표현할 수 있는가?[5]

2.6 크기가 커지는 배열들

앞에 나온 절들에서 사용한 배열들은 정적 배열이라서 크기와 내용이 컴파일 시간에 고정된다. 만약 배열에 들어갈 단어들이나 HTML 글자 테이블이 실행시간에 변경된다면, 해시 테이블이 더 적당한 데이터 구조일 것이다. 정렬된 배열에 원소 n개를 한 번에 하나씩 새로 넣어 배열 크기가 커지는 연산은 O(n^2) 연산이므로, n이 큰 경우라면 피하는 것이 좋다.

가끔이기는 하지만 원소 개수가 적은 대신 크기가 변하는 경우가 있는데, 이런 경우라면 배열도 여전히 좋은 선택이 될 수 있다. 메모리 할당에 필요한 비용을 가능한 한 줄이려면 배열 크기 변경은 일정 덩어리(chunk) 단위로 이루어져야 하며, 깨끗한 코드를 작성하기 위해서 배열과 배열을 유지하는 데 필요한 정보는 함께 다루는 것이 좋다. C++나 자바를 쓴다면, 표준 라이브러리에 있는 여러 클래스를 쓸 수 있다. C를 쓴다면 struct를 써서 비슷한 결과를 얻을 수 있다.

아래 코드는 원소 타입이 Nameval이고, 크기를 변경할 수 있는 배열을 정의한 것이다. 새 원소는 배열 끝에 추가되며, 추가 공간이 필요할 경우 배열 크기를 늘린다. 어떤 원소라도 배열 인덱스를 써서 접근할 수 있으며, 접근에 걸리는 시간은

---

5 다시 말해서 알고리즘은 지금까지 정렬된 것을 다시 흐트리거나 해서는 안 되며, 무한 반복문을 돌리거나 해서는 안 된다는 뜻이다.

고정되어 있다. 이 배열은 자바와 C++ 라이브러리에서 제공하는 vector와 형태가
비슷하다.

```
typedef struct Nameval Nameval;
struct Nameval {
    char *name;
    int  value;
};

struct NVtab {
    int     nval;          /* 현재 원소의 개수 */
    int     max;           /* 현재 할당된 공간의 크기 */
    Nameval *nameval;   /* 이름-값 쌍의 배열 */
} nbtab;

enum { NVINIT = 1, NVGROW = 2 };

/* addname: 새 이름(name)과 값(value)을 nvtab에 추가 */
int addname(Nameval newname)
{
    Nameval *nvp;

    if (nvtab.nameval == NULL) { /* 처음 호출되었을 경우 */
        nvtab.nameval =
            (Nameval *) malloc(NVINIT * sizeof(Nameval));
        if (nvtab.nameval == NULL)
            return -1;
        nvtab.max = NVINIT;
        nvtab.nval = 0;
    } else if (nvtab.nval >= nvtab.max) { /* 크기를 늘려야 할 경우 */
        nvp = (Nameval *) realloc(nvtab.nameval,
                (NVGROW*nvtab.max) * sizeof(Nameval));
        if (nvp == NULL)
            return -1;
        nvtab.max *= NVGROW;
        nvtab.nameval = nvp;
    }
    nvtab.nameval[nvtab.nval] = newname;
    return nvtab.nval++;
}
```

addname 함수는 방금 추가된 원소의 인덱스를 리턴하며, 에러가 발생했다면 -1
을 리턴한다.

위 함수는 realloc을 불러서 기존 원소들의 값을 그대로 보존하면서, 배열의 크기
를 늘린다. 즉, 메모리가 충분하다면 새로 할당한 공간을 가리키는 포인터를 리턴

하며, 메모리가 부족할 경우 NULL을 리턴한다. realloc을 써서 메모리를 두 배로 늘리는 이유는, 각 원소를 복사하는 예상 시간을 일정하게 유지하기 위해서다. 만약 realloc을 부를 때마다 배열의 크기가 1씩 커진다면 예상 성능이 $O(n^2)$이 될 수도 있다. 배열이 재할당될 때 배열의 주소가 바뀔지도 모르므로, 프로그램의 나머지 부분에서는 배열의 원소를 포인터로 접근해서는 안 되고, 인덱스를 이용해서 접근해야 한다. 그리고 다음과 같이 코드를 작성하지 않았다는 것에 주목하라.

```
?       nvtab.nameval = (Nameval *) realloc(nvtab.nameval,
?               (NVGROW*nvtab.max) * sizeof(Nameval));
```

만약 위와 같이 코드를 작성했다면 realloc이 실패할 경우 원래 배열을 잃게 된다.

처음에 시작할 때 일부러 아주 작은 크기(NVINIT = 1)로 배열을 만들었다. 그러면 프로그램이 시작하고 나서, 배열을 바로 늘릴 수밖에 없게 된다. 결국 메모리를 할당하는 부분이 반드시 실행되도록 한 것이다. 물론 나중에 코드를 완성할 단계에서 이 크기를 적당한 크기로 바꾸어야 할 것이다. 하지만, 작은 크기로 시작하는 것도 성능에 크게 영향을 미치지 않으므로 무시해도 상관없다.

C 언어는 void*를 자동으로 원하는 타입으로 형변환하기 때문에, realloc의 리턴 값을 형변환할 필요가 없다. 하지만 C++는 자동으로 형변환하지 않으므로 직접 해주어야 한다. 직접 형변환할 경우 코드가 깔끔해지고 직관적이므로 더 안전하다는 의견이 있다. 또 이와 반대로 직접 형변환하지 않는 것이 형변환에서 일어날 수 있는 에러를 바로 보여주므로 더 안전하다는 의견도 있다. 내가 직접(강제로) 형변환한 이유는 C 언어와 C++ 언어에서 동시에 쓰는 코드를 만들기 위해서다. 물론 그 결과 C 컴파일러를 쓸 경우 에러 검사 하나가 무시된다는 단점이 있지만, 이는 두 컴파일러를 사용해 별도로 체크할 수 있으므로 상쇄된다.

배열에서 한 원소를 지우는 일은 꽤 까다로운 일이 될 수 있는데, 그 이유는 원소를 없앴을 때 생기는 빈 자리를 어떻게 처리할지 결정해야 하기 때문이다. 만약 원소의 순서가 상관없다면, 배열의 마지막 원소를 가져다 빈 자리에 채우는 방식이 가장 쉽다. 하지만 순서를 유지해야 한다면, 빈 자리 이후의 원소들을 모두 한 자리씩 앞으로 당겨야 한다.

```
/* delname: nvtab에서 첫 번째로 일치하는 원소를 제거 */
int delname(char *name)
{
    int i;

    for (i = 0; i < nvtab.nval; i++)
        if (strcmp(nvtab.nameval[i].name, name) == 0) {
            memmove(nvtab.nameval+i, nvtab.nameval+i+1,
                (nvtab.nval-(i+1)) * sizeof(Nameval));
            nvtab.nval--;
            return 1;
        }
    return 0;
}
```

위 코드는 memmove를 써서 배열의 원소들을 한 자리씩 앞으로 당기며, 결과적으로 배열의 크기를 줄여준다. memmove는 원하는 크기의 메모리 블록을 다른 곳으로 복사하는 표준 라이브러리 함수다.

ANSI C 표준은 메모리를 복사하는 함수로 memcpy와 memmove를 제공한다. memcpy는 빠르게 작동하지만, 복사할 원본 메모리와 대상 메모리의 영역이 겹칠 경우 서로 덮어쓸 위험이 있다. 반대로 memmove는 memcpy보다 느리지만, 메모리 영역이 겹칠 경우에도 올바르게 작동한다. 속도보다 정확성을 선택하는 부담을 프로그래머에게 돌리는 것은 바람직하지 않다. 차라리 함수가 하나만 있었어야 했다. 여러분은 하나만 존재한다고 생각하고 항상 memmove를 쓰는 것이 좋다.

memmove 함수를 부르는 대신 다음과 같은 코드를 쓸 수도 있다.

```
int j;
for (j = i; j < nvtab.nval-1; j++)
    nvtab.nameval[j] = nvtab.nameval[j+1];
```

memmove를 쓰면 복사할 때 잘못된 순서로 배열의 원소를 복사하는 실수를 피할 수 있다. 예를 들어, 원하는 작업이 '삭제'가 아닌 '추가'라면 j의 값을 올리는 대신 내리면서 반복해야 배열의 원소를 겹쳐쓰지 않게 된다. 물론 memmove를 쓸 경우 이 문제를 알아서 처리해 주기 때문에 따로 신경쓸 필요가 없다.

배열 원소를 삭제하는 다른 방법은 빈 공간을 당겨서 채우지 않고 그냥 삭제되었다는 것을 따로 표시해 두는 것이다. 이 방법을 쓸 경우, 새 원소를 추가할 때 먼저 따로 표시한 공간이 있는지 검사하고, 이런 공간이 없을 경우에만 크기를 늘릴 수 있다. 예를 들어 위 함수의 경우, name 필드에 NULL을 대입해서 삭제된 빈 공간이라는 것을 나타낼 수 있다.

데이터를 모아두기 위한 가장 간단한 방법은 배열을 쓰는 것이다. 대부분의 언어가 인덱스로 접근할 수 있는 효율적이고 편리한 배열을 제공하고, 문자열도 문자의 배열로 취급하는 것이 우연은 아니다. 배열은 쓰기 쉽고, 어떤 원소든 접근하는 데 O(1)밖에 걸리지 않으며, 이진 검색과 퀵소트를 쉽게 구현할 수 있다. 그리고 부담 요소도 매우 적다. 고정된 크기의 데이터 집합이거나(고정된 경우, 데이터 집합을 심지어 컴파일 시점에 만들어 버릴 수도 있다) 데이터 개수가 적다는 것이 보장된다면, 배열보다 뛰어난 데이터 구조는 존재하지 않는다. 하지만 원소가 자주 바뀌는 집합이라면, 배열을 쓸 경우 큰 비용이 필요하다. 따라서 원소의 개수를 예측하기 힘들고 원소의 개수가 아주 많아질 가능성이 있다면, 다른 데이터 구조를 쓰는 것이 좋을 것이다.

연습문제 2-5. 앞에서 만든 코드에서 delname은 원소를 삭제해서 남은 메모리를 realloc을 통해 돌려주지 않는다. 남은 메모리를 돌려주는 것이 더 나은 설계인지 판단하라. 또, 그 판단 근거도 설명해 보라.

연습문제 2-6. 삭제되었다는 것을 표시하도록 addname과 delname을 고쳐보라. 프로그램의 나머지 부분이 이 변화에서 얼마나 영향을 받을 것인지도 생각해 보라.

2.7 리스트

배열 다음으로 자주 쓰는 데이터 구조는 리스트(list)다. 리스트 타입을 자체에서 제공하는 언어도 많으며, Lisp 같은 몇몇 언어는 아예 언어 자체가 리스트를 기반으로 삼고 있다. 하지만, C 언어는 따로 리스트 타입을 제공하지 않기 때문에 직접 만들어야 한다. C++와 자바는 라이브러리에서 리스트를 제공하지만, 어떻게 리스트를 만들고 언제 리스트를 쓰는 것이 좋은지 알아야 한다. 이 절에서는 C 언어를 쓸 때 리스트를 다루는 법에 대해서 알아볼 것이다. 그리고 여기에서 배운 내용은 다른 언어를 쓸 때에도 충분히 도움이 될 것이다.

'단일 연결 리스트(singly-linked list)'는 각각 데이터와 다음 아이템[6]을 가리키는 포인터를 가지는 아이템들의 집합이다. 리스트의 헤드는 첫 번째 아이템을 가리키는 포인터이며, 리스트의 끝은 널 포인터로 표시한다. 다음 그림은 노드가 네 개인 리스트다.

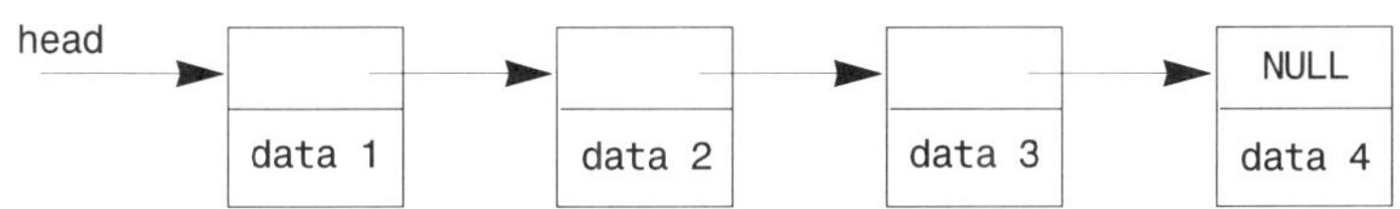

배열과 리스트에는 중요한 차이점이 여러 개 있다. 첫째, 배열은 크기가 고정되어 있지만, 리스트는 언제나 정확히 필요한 만큼만 메모리 공간을 사용하며, 노드(node)마다 다음 노드를 가리킬 포인터를 저장할 공간이 필요하기 때문에, 약간의 오버헤드가 존재한다. 둘째, 메모리를 블록 단위로 옮겨야 하는 배열에 비해, 리스트는 포인터 몇 개만 바꾸면 순서를 바꿀 수 있으므로 배열에 비해 순서를 바꾸는 데 필요한 비용이 적게 든다. 마지막으로, 리스트에서는 노드를 추가하거나 삭제할 때 다른 노드의 위치를 바꿀 필요가 없으므로, 노드에 대한 포인터를 다른 데이터 구조 안에 저장해 둔 경우라도 리스트가 변경된 다음에 그 포인터들을 그대로 쓸 수 있다.

이런 차이점들을 보면, 집합의 내용이 자주 바뀌거나 특히 전체 개수를 예상할 방법이 없을 경우에 리스트를 쓰는 것이 좋다는 것을 알 수 있다. 반면, 데이터가 상대적으로 변경되지 않고 정적이라면 배열이 더 좋다.

기본적인 리스트 관련 연산은 몇 개 되지 않는다. 리스트 맨 앞이나 맨 끝에 새로운 아이템을 추가하기, 특정한 아이템을 찾기, 새로운 아이템을 지정한 아이템 앞이나 뒤에 추가하기, 그리고 때에 따라 아이템을 지우기 등이 있다. 이토록 필요한 연산이 간단하기 때문에, 다른 연산이 필요할 경우에도 쉽게 추가할 수 있다.

---

6 이 책에서는 배열을 이루는 단위를 원소(element)라고 하며, 때에 따라서 '요소'라고도 한다. 그리고 리스트를 이루는 단위는 아이템(item) 또는 노드(node)라고 한다는 것을 기억하라.

    C에서는 보통 리스트를 쓸 때, 따로 List 타입을 만들기보다는 앞에서 만든 HTML Nameval에서처럼 원소 타입을 정의해놓고 다음 원소를 가리키는 포인터를 추가한다.

```c
typedef struct Nameval Nameval;
struct Nameval {
    char    *name;
    int     value;
    Nameval *next; /* 다음 아이템을 가리킴 */
};
```

    빈 리스트가 아닌, 리스트를 컴파일할 때 초기화하는 것은 어렵다. 따라서 리스트는 배열과는 달리 동적으로 만들어야 한다. 먼저 각 아이템을 만들 방법이 필요하다. 가장 직접적인 방법은, 적당한 함수를 불러서 공간을 할당하도록 하는 것이다. 다음과 같이 newitem 함수를 만들 수 있다.

```c
/* newitem: 주어진 name과 value로 새 아이템을 만듦 */
Nameval *newitem(char *name, int value)
{
    Nameval *newp;

    newp = (Nameval *) emalloc(sizeof(Nameval));
    newp->name = name;
    newp->value = value;
    newp->next = NULL;
    return newp;
}
```

    emalloc은 앞으로 이 책 내내 쓸 루틴이며, malloc을 불러서 메모리를 할당하고 실패할 경우 에러를 출력하고 프로그램을 끝내는 함수다. emalloc의 코드는 4장에서 다룰 것이다. 지금은 단순히 실패하지 않는 메모리 할당 함수라고 생각하면 된다.

    리스트를 작성하는 가장 단순하고 빠른 방법은 새 아이템을 리스트의 앞 부분에 추가하는 것이다.

```c
/* addfront: newp를 listp의 앞쪽에 추가 */
Nameval *addfront(Nameval *listp, Nameval *newp)
{
    newp->next = listp;
    return newp;
}
```

리스트가 변경될 때는 그 리스트의 첫 번째 원소가 달라질 수 있다. 특히 addfront가 호출되었다면 반드시 첫 번째 원소가 바뀐다. 따라서 리스트를 변경하는 함수들은 변경된 첫 번째 아이템을 가리키는 포인터를 리턴해야 하며, 프로그래머는 이 값을 리스트를 가리키는 변수에 저장해야 한다. addfront나 이 함수와 비슷한 함수들은 모두 첫 번째 아이템의 포인터를 리턴한다. 따라서 보통 다음과 같이 쓴다.

```
nvlist = addfront(nvlist, newitem("smiley", 0x263A));
```

이것은 리스트(nvlist)가 빈(null) 경우라도 작동하며, 한 수식(expression)에서 쉽게 표현할 수 있도록 설계한 것이다. 이 방식은 리스트를 가리키는 포인터에 대한 포인터를 함수의 인자로 전달하는 것보다 훨씬 자연스러워 보인다.

리스트 끝에 항목을 추가하는 연산은 O(n) 시간이 걸리는데, 그 까닭은 리스트의 끝을 찾으려면 리스트 전체를 거쳐야 하기 때문이다.

```
/* addend: newp를 listp의 끝에 추가 */
Nameval *addend(Nameval *listp, Nameval *newp)
{
    Nameval *p;

    if (listp == null)
        return newp;
    for (p = listp; p->next != NULL; p = p->next)
        ;
    p->next = newp;
    return listp;
}
```

addend를 O(1) 연산으로 만들고 싶다면, 리스트 끝을 가리키는 포인터를 따로 가지고 있으면 된다. 이 방식의 단점은 끝 포인터를 유지하는 것이 번거로울 뿐 아니라 리스트를 한 포인터로만 표현하지 못한다는 것이다. 우리는 그냥 단순한 방식을 쓸 것이다.

원하는 이름을 가진 아이템을 찾으려면 next 포인터를 따라가며 찾아보면 된다.

```c
/* lookup: listp에서 이름을 선형 검색으로 찾는다 */
Nameval *lookup(Nameval *listp, char *name)
{
    for ( ; listp != NULL; listp = listp->next)
        if (strcmp(name, listp->name) == 0)
            return listp;
    return NULL;    /* 일치하는 것이 없음 */
}
```

이 연산은 $O(n)$ 시간이 걸리며 더 간단하게 만들 방법은 없다. 리스트가 정렬된 상태라 해도 특정한 원소에 접근하려면 차례대로 각 아이템을 거쳐가야 한다. 좀 더 나은 성능을 보이는 이진 검색도 리스트에는 쓸 수 없다.

리스트의 아이템들을 화면에 출력하려면 각 아이템을 따라가며 각 아이템을 출력하는 함수를 만들어야 한다. 리스트의 길이를 계산하려면, 각 아이템을 따라가면서 아이템 개수를 세는 함수를 만들어야 한다. 어느 연산이나 리스트를 따라 아이템을 하나씩 거쳐간다는 것을 기억하라. 대부분 연산이 아이템을 순서대로 거쳐가기 때문에, 리스트를 따라가면서 아이템마다 지정한 함수를 불러주는 apply 함수를 만들 수도 있다. 또, apply가 주어진 함수를 호출할 때마다 그 함수에게 어떤 정보를 제공하도록, apply에게 인자를 하나 넘겨주면 더욱 유용하게 쓸 수 있을 것이다. 따라서 apply는 세 인자, 즉 작업할 리스트, 각 아이템에 적용될 함수, 이 함수에 넘길 인자를 받는다.

```c
/* apply: listp의 원소마다 fn을 실행 */
void apply(Nameval *listp,
        void (*fn)(Nameval*, void*), void *arg)
{
    for ( ; listp != NULL; listp = listp->next)
        (*fn)(listp, arg); /* 함수 호출 */
}
```

apply의 두 번째 인자는 인자를 두 개 받고 void를 리턴하는 함수에 대한 포인터다. 어색하게 보이지만 보통 이런 함수에 대한 포인터는 아래처럼 표현한다.

```c
void (*fn)(Nameval*, void*)
```

위 선언은 fn이 void를 리턴하는 함수의 주소를 저장하는 포인터라는 것을 나타낸다. 그리고 이 포인터가 가리키는 함수는 리스트 아이템인 Nameval*과 정보를 전달받을 포인터인 void*를 인자로 받는다.

리스트의 각 원소를 출력하기 위해 apply를 쓰고 싶다면, 다음과 같이 (printf에 쓰는 것과 같이) 포맷 문자열을 받는 함수를 만들 수 있다.

```c
/* printnv: 인자로 받은 출력 형식으로 name과 value 출력 */
void printnv(Nameval *p, void *arg)
{
    char *fmt;

    fmt = (char *) arg;
    printf(fmt, p->name, p->value);
}
```

그리고 다음과 같이 apply를 부르면 된다.

```c
apply(nvlist, printnv, "%s: %x\n");
```

아이템 개수를 세려면, 개수를 저장할 변수에 대한 포인터를 인자로 받는 함수를 만들면 된다.

```c
/* inccounter: 카운터 *arg를 하나씩 늘림 */
void inccounter(Nameval *p, void *arg)
{
    int *ip;

    /* p는 쓰이지 않음 */
    ip = (int *) arg;
    (*ip)++;
}
```

그리고 이 함수를 다음과 같이 호출한다.

```c
int n;

n = 0;
apply(nvlist, inccounter, &n);
printf("%d elements in nvlist\n", n);
```

리스트에 관한 모든 연산을 이런 방식으로 처리할 수 있는 것은 아니다. 예를 들어, 리스트를 제거할 경우에는 매우 주의해서 코드를 작성해야 한다.

```c
/* freeall: listp의 모든 아이템에 대한 메모리 할당 해제 */
void freeall(Nameval *listp)
{
    Nameval *next;

    for ( ; listp != NULL; listp = next) {
        next = listp->next;
        /* name은 다른 곳에서 해제되었다고 가정함 */
        free(listp);
    }
}
```

메모리는 할당이 해제된 후에 사용될 수 없으므로, listp 포인터가 가리키는 아이템의 메모리 할당이 해제되기 전에, listp-〉next를 반드시 지역변수(next)에 따로 저장해야 한다. 만약 다른 함수들처럼 반복문이 다음과 같이 되어 있다면,

```c
?       for ( ; listp != NULL; listp = listp->next)
?           free(listp);
```

free 때문에 listp-〉next의 값이 사라지고, 코드는 실패할 것이다.

freeall은 listp-〉name이 가리키는 메모리를 해제하지 않는다는 것에 주의하라. freeall은 각 아이템의 name 필드가 다른 곳에서 해제되었거나 아예 처음부터 메모리가 할당되지 않았다고 가정한 것이다. 그리고 원소의 할당과 해제가 올바르게 이루어졌다면, newitem을 부른 횟수와 freeall을 부른 횟수가 같아야 한다. 더이상 필요하지 않은 메모리를 해제하는 것과, 필요한 메모리가 해제되지 않도록 관리하는 것은 서로 트레이드오프(tradeoff) 관계다. 만약 이 작업을 서투르게 처리하면 버그가 발생할 확률이 높아진다. 자바 등 다른 언어들에서는 가비지 컬렉션이 이 문제를 해결한다. 이런 자원 관리에 대해서는 4장에서 다룰 것이다.

리스트에서 아이템 하나를 없애는 작업은 아이템을 추가하는 작업보다 할 일이 많다.

```c
/* delitem: listp에서 처음으로 나오는 name을 제거 */
Nameval *delitem(Nameval *listp, char *name)
{
    Nameval *p, *prev;

    prev = NULL;
    for (p = listp; p != NULL; p = p->next) {
        if (strcmp(name, p->name) == 0) {
            if (prev == NULL)
```

```
            listp = p->next;
        else
            prev->next = p->next;
        free(p);
        return listp;
    }
    prev = p;
    }
    eprintf("delitem: %s not in list", name);
    return NULL;      /* can't get here */
}
```

freeall과 마찬가지로 delitem도 name 필드가 가리키는 메모리는 해제하지 않는다.

eprintf는 에러 메시지를 출력하고 프로그램을 끝내는데, 잘 생각해 보면 좋은 방법이 아니다. 에러가 발생했을 때, 복구하는 것은 꽤 어려운 작업이며 아주 많은 주제를 다루어야 하기 때문에, 4장으로 미룬다. 또 eprintf를 만드는 방법도 4장에서 다룰 것이다.

일반적인 프로그램을 작성할 경우, 지금까지 다룬 기본적인 리스트 구조와 연산들만으로도 충분하다. 하지만 다른 방법도 많다. C++의 표준 템플릿 라이브러리(Standard Template Library, STL)를 포함한 몇몇 라이브러리는 이중 연결 리스트(doubly-linked list)를 지원한다. 이 리스트의 각 아이템은 앞 아이템을 가리키는 포인터와 뒷 아이템을 가리키는 포인터, 총 두 개의 포인터를 가진다. 이중 연결 리스트는 오버헤드가 크지만, 마지막 아이템을 찾는 연산과 현재 아이템을 제거하는 연산이 O(1)이 된다. 그리고 어떤 라이브러리는 리스트 포인터를 위한 공간과, 실제 데이터를 저장할 공간을 별도로 할당하기도 한다. 이 방법은 사용하기 힘들지만, 한 데이터가 여러 아이템에서 공유될 수 있다는 장점이 있다.

중간에 아이템을 추가하거나 삭제하는 상황에 적합하다는 장점 이외에도, 리스트는 크기가 자주 변하고 정렬이 필요없는 데이터, 특히 스택처럼 (데이터 접근 측면에서) LIFO[8] 특성을 보이는 데이터를 관리하기에 좋다. 여러 스택이 상호 독립적으로 늘어나고 줄어들어야 하는 상황이라면 리스트가 배열보다 메모리를 더 효

---

7 코드 흐름이 이 줄까지 올 수 없다는 것을 뜻한다.

8 LIFO(last-in-first-out) : 마지막으로 넣은 데이터를 가장 먼저 쓸 수 있다는 뜻이다.

율적으로 사용한다. 리스트는 문서를 구성하는 단어들처럼 정보의 구조가 본질적으로 미리 크기를 알 수 없는 항목들의 연쇄 구조인 경우에도 잘 들어맞는다. 하지만 변경이 자주 일어나며 임의 접근[9] 방식도 필요하다면, 선형(linear) 구조가 아닌 트리나 해시 테이블을 쓰는 것이 바람직할 것이다.

연습문제 2-7. 리스트 복사, 두 리스트 하나로 합치기, 한 리스트 두 개로 분리하기, 특정 원소 앞이나 뒤에 새 원소 추가하기 등의 리스트 연산을 만들어 보라. 또, 앞에 추가하는 연산과 뒤에 추가하는 연산 중 어느 것이 더 까다로운지 설명해 보라. 또, 이 글에서 다룬 함수를 얼마나 많이 써먹을 수 있는지, 또 얼마나 많은 코드를 새로 만들어야 할지 생각해 보라.

연습문제 2-8. 리스트에서 원소의 순서를 거꾸로 만드는 reverse 루틴을 만들어 보라. 이때, 재귀적 방식과 반복적 방식을 이용해서 두 버전을 만들어 보라. 새 리스트 아이템을 생성하면 안 되며, 기존 아이템만 써서 작업해야 한다.

연습문제 2-9. 아무 때나 쓸 수 있는 List 타입을 C 언어로 만들어 보라. 가장 쉬운 방법은, 리스트 아이템마다 아무 데이터나 가리킬 수 있는 void*를 가지게 하는 것이다. 또 C++에서 템플릿을 사용해서 똑같은 타입을 만들어 보라. 자바의 오브젝트 타입을 써서 같은 일을 해보라. 그리고 각 언어의 장단점은 무엇인가?

연습문제 2-10. 여러분이 작성한 리스트 루틴들이 올바로 작동하는지 검사하는 테스트를 여러 개 만들어 보라. 6장에서 우리는 테스트 방법에 대해 깊이 다룰 것이다.

2.8 트리

트리는 아이템마다 어떤 값을 가지고 있고, 0개 또는 그 이상의 다른 아이템을 가리킬 수 있지만, 자기를 가리키는 아이템은 단지 하나뿐인 원소들을 저장하는 계

---

9 임의 접근(random access) : 일정한 순서 없이 제멋대로 아무 곳에나 접근이 일어나는 경우를 말한다.

충적 데이터 구조다. 트리의 루트(root)는 좀 특별한데, 루트를 가리키는 아이템은 없다.

복잡한 구조를 표현하는 여러 종류의 트리가 있다. 예를 들어 문장이나 프로그램의 문법을 담아내는 파스 트리(parse tree), 또 친인척 관계를 기술하는 족보 등도 트리로 나타낼 수 있다. 노드(node)마다 두 링크[10]를 가지는 이진 검색 트리(binary search tree)를 써서 트리의 기본 원리를 알아보자. 이진 검색 트리는 만들기도 쉽고 트리의 중요한 특징을 모두 가지고 있다. 이진 검색 트리에서 노드는 값하나와, 자기 자식들을 가리키는 포인터 두 개(left와 right)를 가진다. 노드의 자식이 두 개보다 적을 경우에는 포인터가 널(null)일 수 있다. 이진 검색 트리에서는 노드가 지니는 값이 트리의 모양을 결정한다. 한 노드의 왼쪽에 있는 모든 자식은 그 노드보다 작은 값을 가져야 하며, 오른쪽에 있는 모든 자식들은 큰 값을 가져야한다. 이 특징을 잘 이용하면 원하는 값을 찾거나 트리에 원하는 값이 있는지 없는지 빨리 알아낼 수 있다.

이번에도 Nameval을 다음과 같이 간단한 트리로 만들 수 있다.

```c
typedef struct Nameval Nameval;
struct Nameval {
    char    *name;
    int      value;
    Nameval *left;     /* lesser: 작은 값을 갖는 노드 */
    Nameval *right;    /* greater: 큰 값을 갖는 노드 */
};
```

위에서 ‘lesser’와 ‘greater’는 각각 링크가 가리키는 노드의 속성을 나타낸다. 즉, 왼쪽(left) 자식은 이 노드보다 작은 값을 가질 것이고, 오른쪽(right) 자식은 이 노드보다 큰 값을 가질 것이다.

구체적인 예로, 다음 그림은 HTML 글자 이름 테이블의 일부가 Nameval의 이진 검색 트리 형태로 저장된 것을 나타낸다. 여기서 정렬 기준은 ASCII 문자값이다.

---

[10] 트리의 노드를 가리키는 포인터

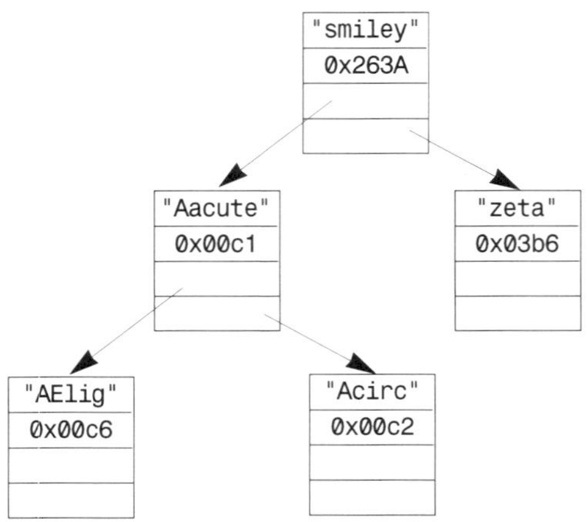

트리의 노드마다 다른 원소들을 가리키는 포인터가 여러 개이므로, 리스트나 배열에서는 $O(n)$이 걸릴 많은 연산들이 트리에서는 $O(\log n)$만 걸린다. 노드마다 포인터가 여러 개 있기 때문에, 원하는 아이템을 찾기 위해 따라가야 할 노드의 숫자가 줄어든다. 그러므로 연산에 걸리는 시간도 줄어들게 된다.

이진 검색 트리(앞으로 이 절에서는 그냥 '트리'라고만 부르겠다)를 만드는 방법은 다음과 같다. 먼저, 추가할 아이템이 적절한 위치를 찾을 때까지 왼쪽이나 오른쪽으로 트리를 타고 내려간다. 그 다음, 추가할 새 노드를 위해 Nameval 타입의 오브젝트를 적절하게 초기화한다(즉, name과 value를 설정하고, 두 링크를 널로 설정한다). 이 새로운 노드는 리프[11]라고 하는데, 자식이 하나도 없는 노드를 뜻한다.

```c
/* insert: newp를 treep에 추가하고 treep를 리턴 */
Nameval *insert(Nameval *treep, Nameval *newp)
{
    int cmp;

    if (treep == NULL)
        return newp;
    cmp = strcmp(newp->name, treep->name);
    if (cmp == 0)
        weprintf("insert: duplicate entry %s ignored",
            newp->name);  /* 중복된 값은 무시 */
    else if (cmp < 0)
```

---

[11] 리프(leaf) : 잎사귀를 뜻한다.

```
            treep->left = insert(treep->left, newp);
        else
            treep->right = insert(treep->right, newp);
        return treep;
    }
```

지금까지는 중복된 아이템에 대해서 특별히 다룬 적이 없었다. 위 insert 함수는 트리에서 중복된 항목(cmp == 0)을 넣으려고 하면 경고를 출력한다. 리스트의 insert 함수에서는 중복 원소에 대해서 따로 처리를 하지 않은 것을 기억하라. 그 이유는 중복된 것인지 판단할려면 똑같은 노드가 리스트에 이미 들어 있는지 검사해야 하는데, 그럴 경우 추가 작업이 O(1)이 아니라 O(n)이 되어 버리기 때문이다. 하지만 트리의 중복 검사는 트리의 특성상 공짜나 다름없는 데다, 중복 아이템이 존재할 경우 트리라는 데이터 구조를 명쾌하게 정의하기 힘들게 된다. 하지만 필요에 따라 중복된 아이템을 추가하는 경우도 있으며, 아예 무시해버리는 것이 바람직한 경우도 있다.

weprintf 루틴은 eprintf를 조금 바꾼 것으로, 에러 메시지 앞에 경고를 뜻하는 warning을 출력하고 에러 메시지를 출력한다. 그리고 eprintf와 달리 프로그램을 끝내지 않는다.

루트부터 모든 리프 노드까지의 길이가 거의 비슷한 트리를 균형 잡혀 있다(balanced)고 표현하며, 균형 트리(balanaced tree)라고도 한다. 이런 트리는 이진 검색처럼 단계마다 가능성이 절반씩 줄어들기 때문에 검색 시간이 O($\log n$)이라는 장점이 있다.

만약 여러 아이템이 트리에 차례대로 추가된다면, 트리가 균형을 잡지 못할 수도 있다. 사실 매우 불균형한 상태가 될 것이다. 예를 들어 아이템들이 정렬되어 순서대로 들어온다면, 우리 코드는 트리의 한쪽 방향으로만 뻗어나가 right 연결고리만 추가하게 된다. 결국 트리가 리스트와 다를 것이 없다. 그리고 리스트의 약점을 다 가지게 된다. 하지만 원소들이 특정한 순서 없이 들어온다면 이런 일이 생길 가능성은 낮으며, 완전하지는 않지만 대충 균형 잡힌 형태가 될 것이다.

균형을 보장해 주는 트리를 구현하는 일은 꽤 어렵다. 사실 어렵고 복잡하기 때문에, 트리의 종류가 많은 것이다. 글의 목적상 이 문제를 잠시 제쳐두고, 추가되

는 아이템들이 트리를 균형잡힌 상태로 유지하기에 충분할 만큼 랜덤(random)하
다고 가정하겠다.

lookup의 코드는 insert와 비슷하다.

```c
/* lookup: treep 트리에서 name을 검색 */
Nameval *lookup(Nameval *treep, char *name)
{
    int cmp;

    if (treep == NULL)
        return NULL;
    cmp = strcmp(name, treep->name);
    if (cmp == 0)
        return treep;
    else if (cmp < 0)
        return lookup(treep->left, name);
    else
        return lookup(treep->right, name);
}
```

lookup과 insert에서 눈여겨보아야 할 점이 몇 개 있다. 첫째, 이 두 함수는 앞서
다룬 이진 검색 알고리즘과 무척 비슷하다. 이 루틴들은 이진 검색과 마찬가지로
주어진 문제를 잘게 쪼개서 해결하는(divide and conquer) 방식이며, 따라서 로그
함수와 비슷한 시간을 소비한다.

둘째, 이 루틴들은 재귀적(recursive)이다. 반복문을 써서 이 두 함수를 다시 만든
다면 이진 검색과 거의 같을 정도로 비슷해진다. 사실 재귀적으로 만든 lookup에
어떤 변환 방식을 적용하면, 손쉽게 반복문을 쓴 함수로 바꿀 수 있다. 더이상 아
이템을 찾지 못한 경우 lookup은 자신이 호출되었을 때의 결과값을 반환하는데,
이런 방식을 꼬리 재귀(tail recursion)라고 한다. 꼬리 재귀 방식의 함수에서, 전달
인자 부분과 자기 자신을 호출하는 부분만 조금 바꿔주면 반복문 형태의 함수가
된다. goto를 써서 할 수도 있지만, while을 써서 구현하는 것이 좀 더 깔끔하다.

```c
/* nrlookup: 비재귀적으로 treep 트리에서 name을 검색 */
Nameval *nrlookup(Nameval *treep, char *name)
{
    int cmp;

    while (treep != NULL) {
        cmp = strcmp(name, treep->name);
        if (cmp == 0)
```

```
                return treep;
            else if (cmp < 0)
                treep = treep->left;
            else
                treep = treep->right;
        }
        return NULL;
    }
```

트리를 순회하는 방법을 알았다면, 이 방법을 이용해서 다른 연산들도 쉽게 만들 수 있다. 리스트 연산을 다룰 때 apply 함수를 만든 것과 비슷하게, 노드마다 어떤 함수를 불러서 문제를 해결하는 범용 트리순회 함수(general tree-traverser)를 만들 수 있다. 하지만 먼저 고려해야 할 사항이 있는데, 언제 아이템을 함수에 전달하고 언제 트리의 나머지 부분을 처리하는가이다. 답은 트리가 무엇을 표현하는가에 따라 달라진다. 만약 이진 검색 트리처럼 순서가 있는 데이터를 저장하고 있는 트리라면, 왼쪽 절반을 오른쪽 절반보다 먼저 방문해야 한다. 이와 달리 족보처럼 트리 구조가 어떤 본질적인 데이터 순서를 표현하는 경우도 있다. 이런 경우에 리프 노드를 방문하는 순서는 트리가 표현하는 관계에 따라 달라진다.

'중위 순회법(in-order traversal)'은 왼쪽 하위 트리를 방문한 다음에 그 노드에 대한 연산을 수행하고, 그 후에 오른쪽 하위 트리를 방문하는 방식을 쓴다.

```
/* applyinorder: treep에 fn을 중위 순회법으로 적용 */
void applyinorder(Nameval *treep,
        void (*fn)(Nameval*, void*), void *arg)
{
    if (treep == NULL)
        return;
    applyinorder(treep->left, fn, arg);
    (*fn)(treep, arg);
    applyinorder(treep->right, fn, arg);
}
```

노드를 순서대로 출력하는 일처럼, 노드를 정렬된 순서대로 처리해야 할 때 중위 순회법을 쓴다. 예를 들어 순서대로 모든 노드를 출력하고 싶다면 다음과 같이 코드를 작성하면 된다.

```
applyinorder(treep, printnv, "%s: %x\n");
```

잘 생각해 보면, 이 방식을 써서 정렬하는 것도 가능하다. 즉, 모든 아이템을 트리에 추가하고 적당한 크기의 배열을 할당한 다음 중위 순회법을 써서 아이템의 값을 배열에 순서대로 채우면 된다.

'후위 순회법(post-order traversal)'은 자식들을 모두 방문한 다음, 현재 노드에 대한 연산을 호출한다.

```c
/* applypostorder: treep에 fn을 후위 순회법으로 적용 */
void applypostorder(Nameval *treep,
        void (*fn)(Nameval*, void*), void *arg)
{
    if (treep == NULL)
        return;
    applypostorder(treep->left, fn, arg);
    applypostorder(treep->right, fn, arg);
    (*fn)(treep, arg);
}
```

후위 순회법은 노드에 대한 연산을 노드의 하위 트리에 의존할 때 사용한다. 예를 들어, 트리의 높이를 계산하는 작업(두 하위 트리의 높이 가운데 높은 쪽을 선택한 후 그것에 1을 더한다), 그림 프로그램에서 트리 모양을 그리는 작업(하위 트리마다 공간이 얼마나 필요한지 구하고 지금 노드에 필요한 공간을 그것에 더해서 그림 페이지에서 필요한 공간으로 할당한다), 저장된 데이터의 전체 용량을 구하는 작업 등에서 쓴다.

세 번째 선택인 '전위 순회법(pre-order traversal)'은 거의 쓰이지 않으므로 생략한다.

현실에서는 이진 검색 트리가 그다지 자주 쓰이지 않는다. 하지만, 한 노드가 여러 자식을 가리킬 수 있는[12] B 트리는 보조 저장장치에 정보를 저장하고 관리하는 데 널리 쓰인다. 일상적인 프로그래밍 작업에서는, 어떤 문장이나 수식을 표현할 때 트리를 자주 쓴다. 다음 명령문을 살펴보자.

```c
mid = (low + high) / 2;
```

위 명령문은 다음 그림과 같은 파스 트리(parse tree)로 나타낼 수 있다. 트리를 계산해서 값을 매기려면 후위 순회법으로 트리를 순회하면서 노드마다 적절한 연산을 하면 된다.

---

12 즉, 가지(branch)가 많은 노드다.

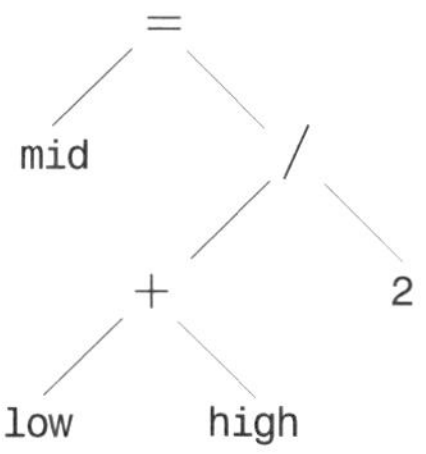

파스 트리는 9장에서 자세히 다룰 것이다.

연습문제 2-11. lookup과 nrlookup의 성능을 비교해 보라. 재귀 함수의 가동 비용은 반복 기법과 비교할 때 얼마나 더 들까?

연습문제 2-12. 중위 순회법을 이용해서 정렬 루틴을 만들어 보라. 이 루틴을 실행하는 데 걸리는 시간은 어느 정도인가? 또, 어떤 상황에서 이 루틴의 작동 속도가 느려질까? 앞에서 만든 퀵소트와 라이브러리가 제공하는 퀵소트와 비교하면 이 루틴의 성능은 어느 정도인가?

연습문제 2-13. 트리 연산들이 제대로 수행되는지 검증하기 위한 테스트 집합을 연구하고 만들어 보라.

2.9 해시 테이블

해시 테이블(hash table)은 컴퓨터 과학(computer science)의 위대한 발명품 가운데 하나다. 해시 테이블은 배열, 리스트, 약간의 수학 지식을 합쳐서 만들었으며, 동적인 데이터를 저장하고, 넣고 빼기에 효과적인 데이터 구조다. 일반적으로 해시 테이블은 '심벌 테이블(symbol table)'을 관리할 때 쓰인다. 심벌 테이블은 동적 문자열 집합의 구성 원소(키)마다 어떤 값(데이터)을 연결해 놓은 테이블이다.[13] 여러분이 즐겨 쓰는 컴파일러도 대부분 프로그램 안의 변수들에 대한 정보를 관리하기 위해 해시 테이블을 쓴다. 웹 브라우저 역시 최근 방문한 페이지들을 기억하기 위해 해시 테이블을 쓰는 경우가 많다. 인터넷 연결 역시 최근 사용한 도메인

---

[13] 즉, 심벌 테이블은 (키, 데이터) 쌍을 추가, 검색, 삭제하는 등으로 관리하는 데이터 구조다.

이름과 해당하는 IP 주소를 캐싱(cache)하기 위해 해시 테이블을 즐겨 쓴다.

해시 테이블의 핵심 아이디어는, 키를 '해시 함수(hash function)'에 넣어 적당한 정수 범위 안에서 균등하게 분포하는 '해시 값(hash value)'을 만드는 것이다. 이때 만든 해시 값은 정보가 저장된 테이블의 인덱스로 쓴다. 자바의 경우에는 해시 테이블을 위한 표준 인터페이스를 제공한다. C와 C++ 언어에서는 다음 그림처럼 같은 해시 값을 가지는 아이템들을 해시 값을 써서 리스트로 연결한다.[14]

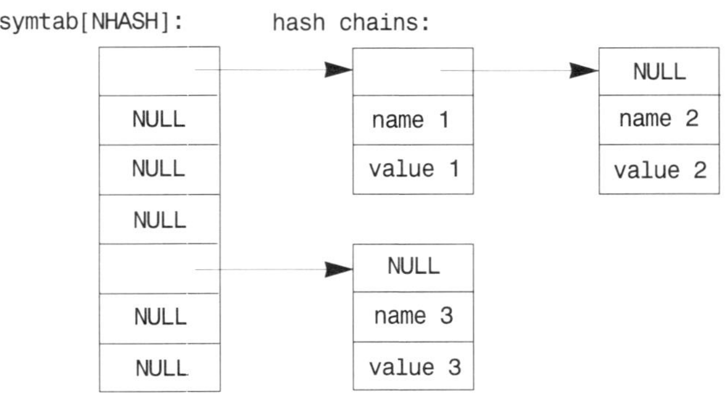

실전에서는 해시 함수로 쓸 함수를 미리 정의해 두고 적당한 크기의 배열도 미리 할당한다. 대개 이 작업은 컴파일 시점에 이루어진다. 이 배열의 각 원소는 한 해시 값을 공유하는 항목들을 '사슬(chain)'처럼 연결한 리스트다. 다른 말로 하면, 아이템이 n개 들어 있는 해시 테이블은 평균 길이가 $n/$(배열 크기)인 리스트들의 배열이다. 해시 테이블에서 어떤 아이템을 꺼내오는 일은 O(1) 연산이 된다. 물론 좋은 해시 함수를 골랐고 리스트들이 별로 길지 않다고 가정했을 때 그렇다.

해시 테이블이 리스트의 배열이기 때문에 원소의 데이터 타입은 리스트와 똑같다.

```
typedef struct Nameval Nameval;
struct Nameval {
    char    *name;
    int     value;
    Nameval *next;      /* chain의 다음 노드를 가리킴 */
};

Nameval *symtab[NHASH];  /* 심벌 테이블 */
```

---

14 이때, 해시 테이블을 이루는 리스트를 해시 체인(hash chain)이라고 하며, 해시 체인의 각 노드를 버킷 (bucket)이라고도 한다.

각 해시 체인(chain)은 리스트이기 때문에 2.7절에서 다룬 리스트 관련 연산들을 써서 관리하면 된다. 좋은 해시 함수가 있다면, 나머지는 식은 죽 먹기다. 해시 버킷을 선택한 다음, 원하는 아이템을 찾을 때까지 리스트를 따라가면 된다. 아래는 해시 테이블용 lookup/insert 루틴이다. 이 함수는 원하는 아이템을 찾았을 때 그 아이템을 리턴한다. 만약 원하는 아이템이 존재하지 않고 create 플래그가 설정되었다면 lookup 함수는 해당 아이템을 추가한다. 리스트에서와 마찬가지로, name 자체는 이미 복사했다고 가정하고 따로 사본을 유지하지 않을 것이다.

```c
/* lookup: symtab에서 name을 검색, 필요한 경우 추가 */
Nameval* lookup(char *name, int create, int value)
{
    int h;
    Nameval *sym;

    h = hash(name);
    for (sym = symtab[h]; sym != NULL; sym = sym->next)
        if (strcmp(name, sym->name) == 0)
            return sym;
    if (create) {
        sym = (Nameval *) emalloc(sizeof(Nameval));
        sym->name = name; /* 다른 곳에서 할당했다고 가정 */
        sym->value = value;
        sym->next = symtab[h];
        symtab[h] = sym;
    }
    return sym;
}
```

위 함수처럼 찾아보는 작업과 추가하는 작업을 함께 처리하는 일은 흔하다. 위와 같은 함수를 만들지 않았다면 다음과 같이 코드를 작성해야 할 것이다.

```c
if (lookup("name") == NULL)
    additem(newitem("name", value));
```

위 코드는 해시를 두 번 계산하므로 시간이 낭비된다.

배열의 크기는 얼마나 되어야 할까? 일반적으로 배열을 충분히 크게 만들어서 각 해시 체인이 가능한 한 적은 개수의 버킷을 가지게 하는 것이 좋다. 그래야만 $O(1)$의 성능을 얻을 수 있다. 예를 들어 컴파일러라면 수천 개 정도 저장할 수 있는 크기가 되어야 할 것이다. 왜냐하면 큰 소스 파일은 (한 줄에 하나 이상의 새 이름이 나오지 않는다는 가정 아래에서) 대개 몇천 줄을 훌쩍 뛰어넘기 때문이다.

이제 해시 함수 hash가 무엇을 계산해야 할지 결정해야 한다. 이 함수는 반드시 결정적(deterministic)[15]이어야 하며, 빠르고 배열 전체에 데이터를 균일하게 분산할 수 있어야 한다. 자주 쓰는 문자열 해시 알고리즘은 현재 해시 값에 특정 수치를 곱하고 이 값에 각 문자의 바이트 값을 더하는 것이다. 곱셈을 통해서 새로 들어오는 바이트의 비트들이 지금까지 만들어진 값 전체에 걸쳐 흩뿌려진다. 반복문이 끝나고 나온 해시 결과는 입력으로 들어온 바이트들이 골고루 섞인 값이 될 것이다. 경험에 따르면 31 또는 37이 ASCII 문자열의 해시 함수에서 곱하는 숫자로 쓰기에 적당하다고 알려져 있다.

```c
enum { MULTIPLIER = 31 };

/* hash: 문자열의 해시 값을 계산 */
unsigned int hash(char *str)
{
    unsigned int h;
    unsigned char *p;

    h = 0;
    for (p = (unsigned char *) str; *p != '\0'; p++)
        h = MULTIPLIER * h + *p;
    return h % NHASH;
}
```

계산할 때 unsigned char 타입을 사용한 이유는, C나 C++ 표준에는 char 타입이 부호 있는 타입인지 나타나 있지 않지만,[16] 우리가 원하는 해시 값은 무조건 양수이기 때문이다.

이 해시 함수는 앞에서 계산한 결과를 배열의 크기로 나눈 나머지(modulo)를 반환한다. 해시 함수가 키 값을 골고루 분포하는 함수라면, 배열의 정확한 크기는 문제가 되지 않는다. 하지만 해시 함수의 신뢰성을 확신할 수 없다면, 아무리 잘 만들었다 하더라도 입력에 따라서 (값을 골고루 분포하지 못하는) 문제를 일으킬 수 있다. 따라서 해시 테이블로 쓸 배열의 크기를 소수(prime number, 素數)로 만드는 것이 좋다. 그러면 배열의 크기, 해시 함수에서 곱하는 수치, 입력 데이터 사이

---

15 입력이 같으면 항상 같은 결과가 나와야 한다는 뜻이다.

16 C 언어와 C++ 언어 표준에 따르면, 시스템에 따라 char 타입은 unsigned char일 수도 있고, signed char일 수도 있다.

에 공통된 요소가 존재하기 힘들어지므로, 좀 더 골고루 분포하게 된다.

다양한 종류의 문자열을 대상으로 실험했을 때, 위 해시 함수보다 월등히 나은 성능을 보이는 해시 함수를 만드는 것은 매우 어렵다. 하지만 위 해시 함수보다 뚜렷이 성능이 떨어지는 함수를 만들기는 매우 쉽다. 초창기 자바의 문자열 해시 함수는 문자열이 길 경우 효과적으로 작동했다. 이 해시 함수는 문자열이 열여섯 글자보다 길 경우, 문자열 시작부터 일정한 간격을 두고 여덟 또는 아홉 글자 간격에 있는 문자만 조사하는 방식으로 해시 함수 계산에 걸리는 시간을 단축하였다. 불행하게도 이 함수는 빠르긴 했으나, 값이 골고루 분포되지 않는다는 치명적인 단점이 있었다. 이 함수가 문자열의 부분 부분을 건너뛰었기 때문에 문자열에서 다른 문자열과 차이가 나는 부분들을 놓치는 경우가 많았던 것이다. 예를 들어, 파일 이름은 동일한 문자열(디렉터리 이름 부분)을 앞머리에 달고 나오는 경우가 많으며, 마지막 몇 글자만 다른 경우도 있다. (.java와 .class처럼) URL도 보통 http://www.로 시작하고 .html로 끝나므로 중간 부분만 다른 경우가 많다. 자바 초기 해시 함수는 흔히 이름에서 차이가 나지 않는 부분만 사용했으며, 그 결과 해시 체인의 길이가 길어져 검색 속도가 떨어졌다. 결국 이 문제는 해시 함수가 해시 값을 계산할 때 (이 글에서 다루었던 것처럼) 문자열의 모든 글자를 다 사용하는 방식으로 고쳐서 해결되었다.

한 집합(예를 들어, 짧은 변수 이름)에 효과적인 해시 함수가 다른 입력 집합(예를 들어, URL들)에는 좋지 않은 결과를 내는 경우가 많다. 따라서 해시 함수를 만들었다면 다양한 종류의 입력 데이터를 대상으로 테스트해 보아야 한다. 예를 들어, 다음과 같은 사항들을 검사해야 한다. 짧은 문자열에도 적당한 해시 값을 만들어 내는가? 긴 문자열도 잘 처리하는가? 거의 비슷하고 조금만 다른 문자열을 주어도 충분히 다른 해시 값을 만들어 내는가?

문자열 이외의 다른 타입도 해시 함수의 입력으로 쓸 수 있다. 예를 들어 물리 시뮬레이션에서 한 입자의 삼차원 좌표를 해시 입력으로 써서, 여러 입자에 대한 정보를 삼차원 배열($O(xsize \times ysize \times zsize)$) 대신 일차원 테이블($O$(입자의 수))에 저장해서 공간을 절약할 수도 있다.

제러드 홀츠먼(Gerard Holzmann)의 Supertrace 프로그램은 프로토콜과 병렬 시스템을 분석하는 데 쓰이는데, 해시를 쓰는 가장 좋은 예라고 볼 수 있다. Supertrace는 분석 대상인 시스템에서 나타날 수 있는 모든 상태마다 그 상태에 대한 정보를 수집하고 그 정보에 대한 해시 값을 계산하고 이 해시 값을 인덱스로 써서 메모리의 한 비트에 저장한다. 이후, 이 비트가 1이라면 현재 상태는 기존에 나타난 적이 있는 상태이고, 0일 경우 처음 나타난 상태라고 판단할 수 있다. Supertrace는 메가 바이트 단위의 해시 테이블을 사용하며 버킷마다 단 한 비트만 저장한다. 그리고 해시 체인을 쓰지 않는다. 따라서 해시 값이 충돌할 경우 서로 다른 입력이라고 나타낼 방법이 없다. 즉, 이 프로그램은 충돌이 낮다고 가정하고 작성된 것이다. 또, 이 프로그램 자체가 정확도를 중시한다기보다는 확률적 분석을 위한 것이기 때문에 큰 문제가 되지 않는다. 따라서 해시 함수는 가능한 한 충돌이 발생하지 않도록 주의를 기울여 만들어야 했다. 실제 이 해시 함수는 주어진 입력을 빈틈없이 잘 섞어서 해시 값을 뽑아내는 '순환 잉여 검사(cyclic redundancy check - CRC)'를 썼다.

해시 테이블은 심벌 테이블을 만들 때 꼭 들어맞는 데이터 구조다. 왜냐하면 어떤 아이템이든 접근 시간에 걸리는 비용이 O(1)이기 때문이다. 하지만 그래도 몇 가지 약점이 있는데, 만약 해시 함수가 나쁘거나 테이블의 크기가 너무 작다면 리스트(해시 체인)가 길어질 수 있다. 그 결과 비용이 O(n)일 수도 있다. 또, 해시 테이블에 저장된 값들을 정렬된 순서대로 꺼내는 것은 불가능하다. 하지만, 전체 아이템의 개수를 세고 그만큼의 배열을 할당하고, 배열에 각 아이템을 가리키는 포인터를 채운 다음, 이 배열을 정렬하면 원하는 결과를 얻을 수 있다. 이러한 단점들도 있지만, 올바로 쓴다면 원하는 아이템 꺼내오기, 아이템 추가하기, 아이템 삭제하기 등의 연산에서 고정된 시간만 소비하기 때문에 해시 테이블은 다른 데이터 구조가 따라오기 힘든 좋은 데이터 구조에 속한다.

연습문제 2-14. 앞에서 만든 해시 함수는 문자열용으로 매우 훌륭한 해시 함수다. 하지만, 일부러 나쁜 데이터를 준다면 좋지 않은 결과를 만들어 낼 수도 있다. 이런 결과를 만들어 내는 데이터 집합을 하나 만들어 보라. 또 NHASH의 값이 바뀔 경우 그때마다 나쁜 데이터 집합을 만드는 것이 쉬워지는지 알아보라.

연습문제 2-15. 해시 테이블의 아이템들을 하나씩 접근하는 함수를 만들어 보라. 정렬된 순서대로 접근할 필요는 없다.

연습문제 2-16. lookup 함수를 바꿔서 리스트의 평균 길이가 x를 넘을 때마다 배열의 크기가 자동으로 곱하기 y만큼 커지고 그에 따라 해시 테이블이 다시 만들어지도록 하라.

연습문제 2-17. 2차원 좌표를 저장하는 목적으로 쓸 해시 함수를 만들어 보라. 좌표의 종류가 바뀔 때, 예를 들어 정수에서 부동소숫점 수로 바뀌거나, 데카르트 좌표(Cartesian coordinates)에서 극좌표[17]로 바뀌거나, 차원이 2차원에서 더 높은 차원으로 바뀔 때 해시 함수를 어떤 식으로 고쳐야 하는가?

2.10 요약

알고리즘을 선택할 때에는 여러 단계를 거쳐야 한다. 첫째, 여러 알고리즘과 데이터 구조들을 평가한다. 또, 프로그램이 처리할 데이터 양이 얼마나 많을지 예측해 봐야 한다. 문제에서 요구하는 데이터 양이 별로 크지 않다면, 간단한 기법을 선택하는 것이 좋다. 데이터 크기가 앞으로 커질지도 모른다면 큰 입력을 처리하기에 무리가 있는 설계는 제외해야 한다. 그 다음, 가능하다면 라이브러리나 언어에서 기본적으로 제공하는 기능을 사용하라. 만약 그런 기능이 없거나 쓸 수 없는 상황이라면, 짧고 단순하고 이해하기 쉽게 작성하거나 빌려 와야 한다. 그리고 만들어진 프로그램으로 시험해 봐야 한다. 기대한 만큼 작동하지 않거나 성능이 떨어진 경우에만 더 복잡하고 고급에 속하는 기법들을 써야 한다.

데이터 구조의 종류는 매우 많고, 좋은 성능을 내기 위해 어쩔 수 없이 써야 하는 데이터 구조도 여러 개이지만, 대부분 주로 배열, 리스트, 트리, 해시 테이블을 써서 프로그램을 작성할 것이다. 이 데이터 구조들은 각각 기본적인 연산을 제공하며, 새 아이템 만들기, 원하는 아이템을 찾기, 아이템을 원하는 곳에 추가하기, 그

---

[17] 극좌표(Polar coordinates) : 점의 위치를 원점에서의 거리와 각도로 나타내는 좌표 시스템

리고 추가적으로 아이템을 제거하기, 존재하는 모든 아이템에 특정 연산을 수행하기 등이 기본 연산에 속한다.

데이터 구조마다 각 연산에서 예상되는 소요 시간이 서로 다르며, 이런 특징을 기준으로 삼아, 쓰기에 적당한 데이터 구조를 선택하는 것이 좋다. 배열은 모든 원소에 접근하는 시간이 고정되어 있다는 장점이 있지만, 배열 자체의 크기를 쉽게 늘이거나 줄이지 못한다는 단점이 있다. 리스트는 아이템 추가와 삭제가 쉽지만, 아이템에 접근하는 시간이 O(n)이다. 트리와 해시 테이블은 이 중간 단계의 것으로, 적당한 균형 조건을 만족한다는 전제 아래에서, 원하는 아이템에 빠르게 접근할 수 있고, 데이터 구조의 크기도 쉽게 키우거나 줄일 수 있다.

전문적인 문제를 해결하기 위해서 존재하는 다른 데이터 구조들도 많지만, 대부분 소프트웨어를 작성하는 데에는 앞에서 다룬 기본적인 데이터 구조만으로도 충분할 것이다.

더 읽어보기

밥 세즈윅(Bob Sedgewick)의 『Algorithms』 시리즈 (Addison-Wesley)는 유용한 알고리즘들의 다양한 종류를 쉽게 찾아 볼 수 있는 좋은 책들이다. 『Algorithms in C++』의 3판(1998)은 해시 함수와 테이블 크기에 대해 자세하게 다룬다. 도널드 커누스(Don Knuth)의 『The Art of Computer Programming』[18](Addison-Wesley)은 여러 알고리즘의 엄밀한 분석이 필요할 때 반드시 필요한 참고서다. 검색과 정렬은 3권(2판, 1998)에서 다룬다.

Supertrace는 제러드 홀츠먼(Gerard Holzmann)의 『Design and Validation of Computer Protocols』(Prentice Hall, 1991)에서 소개한다.

존 벤틀리(Jon Bentley)와 덕 맥로이(Doug McIlroy)는 「Engineering a sort function」(『Software-Practice and Experience, 23, 1, pp. 1249~1265, 1993』)이라는 기사에서 빠르고 견고한 퀵소트를 만드는 법을 설명한다.

---

18 이 책의 번역서는 2008년 2월 현재 3권까지 같은 제목으로 한빛미디어에서 발간되었다.

3장

설계와 구현

여러분이 테이블을 감추고 흐름도만 보여준다면 나는 뭐가 뭔지 계속 모를 것이다.
테이블을 보여 달라. 그러면 대개 흐름도는 안 봐도 된다. 너무 뻔할 테니까.

- 프레드릭 P. 브룩스 주니어(Frederick P. Brooks, Jr.), 『The Mythical Man Month』

브룩스의 고전에 따르면 프로그램을 만들 때 가장 중요한 것은 데이터 구조의 설계다. 일단 데이터 구조를 만들었다면, 알고리즘은 보통 바로 결정할 수 있고, 그에 따른 코딩도 비교적 쉽다.

사실을 너무 단순화한 경향이 있긴 하지만, 틀린 관점은 아니다. 앞 장에서 우리는 대다수 프로그램을 구성하는 기본적인 데이터 구조에 대해 알아보았다. 이 장에서는 그런 데이터 구조를 써서 적당한 크기의 프로그램을 만들어 볼 것이다. 우리는 주어진 문제가 어떻게 데이터 구조에 영향을 주고, 데이터 구조가 결정된 다음에 코딩이 얼마나 쉬워지는지 알아볼 것이다.

이런 관점이 품고 있는 의미 중 하나가 바로 전체 설계 차원과 비교할 때 프로그래밍 언어의 선택은 상대적으로 중요하지 않다는 것이다. 따라서 일단 추상적인 수준에서 프로그램을 설계한 다음, C, 자바, C++, Awk, 펄(Perl)을 써서 프로그램을 만들어 볼 것이다. 다양한 언어로 프로그램을 만들어 보면, 각 언어들이 프로그래밍할 때 어떤 부분에 도움을 주고 어떤 부분에서 도움을 주지 못하는지 알 수 있다. 하지만 이런 부분은 사실 큰 의미가 없다. 사용하는 언어에 프로그램 설계가 영향을 받기는 하지만, 그 영향이 지배적일 정도는 아니기 때문이다.

이 장에서 우리가 해결하려는 문제는 좀 보기 드문 문제지만, 프로그램의 기본 형태는 다른 프로그램들과 큰 차이가 없다. 즉, 어떤 데이터가 입력으로 들어오고 그 입력에 따라 정교한 작업을 수행한 다음에 결과를 출력하는 구조다.

구체적으로 말해, 우리가 만들 프로그램은 그럭저럭 읽을 수 있는 영어 문장을 만들어 내야 한다. 만약 프로그램이 아무 글자나 단어를 제멋대로 출력한다면 그 결과는 전혀 의미가 없을 것이다. 예를 들어, 글자와 (단어를 구분하기 위한) 공백 문자를 제멋대로 만들어 낸다면 다음 결과를 얻게 될 것이다.

```
xptmxgn xusaja afqnzgxl lhidlwcd rjdjuvpydrlwnjy
```

알다시피 위 출력은 아무런 의미가 없다. 영단어에서, 각 글자(알파벳)가 나타나는 빈도[1]를 고려해서 글자를 출력한다면 다음과 같은 결과를 얻을 수 있다.

```
idtefoae tcs trder jcii ofdslnqetacp t ola
```

조금 더 나은 결과지만 좋은 결과라고 보기는 어렵다. 사전에서 제멋대로 단어를 선택해서 출력한다 해도 그다지 획기적인 개선이 되는 것도 아니다.

```
polydactyl equatorial splashily jowl verandah circumscribe
```

더 나은 결과를 얻으려면 더 구조화된 통계적 모델이 필요하다. 예를 들어, 단어 대신 어구(語句, phrase)를 단위로 해서, 이 어구의 빈도를 쓰면 좋을 것이다. 하지만, 어디서 그런 통계 정보를 얻을 수 있을까?

영어로 된 글을 여러 개 가져와서 자세히 연구하는 방법도 있지만 더 쉽고 재미있는 방법이 있다. 먼저 알아두어야 할 것은 하나의 예문만 분석하더라도 그 글에서 언어가 쓰인 방식에 대해 통계적 모델을 만들 수 있다는 것이다.[2] 따라서 이 모델을 써서 원본 글과 비슷한 통계적 특성을 갖는 출력을 만들어 낼 수 있다.

---

1 영어 사전을 보면 알겠지만, 's' 는 'x' 에 비해 훨씬 많은 단어에서 사용된다.

2 이런 식으로 만들어진 모델은 당연히 언어 전체를 대표할 수는 없다. 다만 그럴 듯해 보이는 가짜 영어 문장을 만드는 목적은 충분히 달성할 수 있다.

3.1 마르코프 체인 알고리즘

마르코프 체인 알고리즘(Markov chain algorithm)도 앞에서 다룬 문제를 처리하는 방법에 속한다. 영역이 서로 겹치는 어구가 순서대로 입력된다고 가정해 보자. 이 알고리즘은 각 어구를 여러 단어로 된 접두사(prefix)와 한 단어로 이루어진 접미사 (suffix)로 나눈다. 이 알고리즘은 주어진 접두사에 대해 통계적 특성에 따라 선택한 접미사를 제멋대로 만들어 낸다. 세 단어를 어구로 보고 작업하더라도 (즉, 두 단어 접두사와 한 단어 접미사를 쓰더라도) 충분히 그럴듯한 출력을 만들 수 있다.

```
원본 글의 첫 두 단어를 w1과 w2로 잡는다.
w1과 w2를 출력한다.
반복문:
    글에서 접두사 w1 w2를 따라 나오는 단어들 가운데에서 임의로 w3을 선택한다.
    w3을 출력한다.
    w1과 w2를 w2와 w3으로 바꾼다.
    반복한다.
```

예를 들어, 이 장의 앞머리에 나온 인용구를 약간 바꾼 문장을 써서, 접두사로 두 단어를 쓰기로 하고 문장을 만들어 보자. 입력 문장은 다음과 같다.

```
Show your flowcharts and conceal your tables and I will be
mystified. Show your tables and your flowcharts will be
obvious. (end)
```

다음은 입력 단어에서 접두사로 선택된 두 단어와, 그 두 단어 뒤에 접미사로 나온 단어들의 예다.

```
접두사                         그 접두사 뒤에 나오는 접미사 후보 단어들

Show your                      flowcharts tables
your flowcharts                and will
flowcharts and                 conceal
flowcharts will                be
your tables                    and and
will be                        mystified. obvious.
be mystified.                  Show
be obvious.                    (end)
```

마르코프 알고리즘은 다음과 같이 작동한다. 먼저 Show your를 출력한 다음, flowcharts나 tables 중 하나를 출력한다. 만약 flowcharts를 선택했다면 다음 접두사는 your flowcharts가 될 것이고 그 다음 단어는 and 또는 will 중 하나가 될 것이

다. 만약 처음 접미사로 tables을 선택했다면 다음 단어는 and가 될 것이다. 이런 방식으로 충분한 길이의 결과가 나왔거나 끝으로 표시해 둔 (end)가 나올 때까지 반복한다.

우리가 만들 프로그램은 영어로 된 글 하나를 읽고 나서, 마르코프 체인 알고리즘을 써서 고정된 길이로 된 어구의 등장 빈도에 따라 새로운 텍스트를 만들어 낼 것이다. 접두사로 쓸 단어 개수(앞의 예에서는 두 개였음)는 매개변수로 받는다. 일반적으로 접두사 단어 개수를 줄이면 조리없는 글이 나오며, 개수를 늘리면 입력 텍스트를 그대로 출력하는 경향이 있다. 영어로 된 글에서는 두 단어를 접두사로 쓰고 세 번째 단어를 선택하게 하면 괜찮은 성능을 낸다. 이 경우에는 입력 글과 비슷하면서 독특한 특징이 있는 글이 만들어진다.

단어란 무엇인가? 따로 생각할 필요도 없이, 알파벳 문자들을 나열한 것이라고 할 수 있다. 하지만 'words'와 'words,'가 다른 것이 되도록 단어에 붙은 문장 부호는 그대로 놔두는 편이 바람직하다. 문장 부호를 그대로 두면, 문법이 단어를 선택하는 데 간접적인 영향을 주게 되어 출력 글의 품질을 높이는 데 도움이 된다. 물론 그렇게 하면 짝이 맞지 않는 따옴표나 괄호가 끼어들게 되기도 하지만 말이다. 따라서 '단어'를 공백문자 사이에 들어 있는 모든 것으로 정의할 것이다. 이 정의는 입력 글에 쓰인 언어에 대한 제약을 없애며(따라서 영어가 아니라도 가능하다) 단어에 붙은 문장 부호도 그대로 쓸 수 있다는 것을 뜻한다. 게다가 프로그래밍 언어는 대부분 문자열을 공백문자로 구분된 단어들로 쪼개는 기능을 제공하므로, 프로그램을 작성하기가 쉬워진다.

이 알고리즘에 따르면, 출력문에 나오는 모든 단어, 모든 두 단어 어구, 모든 세 단어 어구는 이미 입력 글에 들어 있는 것들이다. 하지만 네 단어 또는 그 이상의 어구들은 알고리즘을 통해 합성된 것도 포함할 것이다. 아래 출력은 프로그램의 입력으로 어니스트 헤밍웨이(Ernest Hemingway)의 『The Sun Also Rises』 7장을 넣었을 때 출력된 내용의 일부분이다.

As I started up the undershirt onto his chest black, and big stomach muscles bulging under the light. "You see them?" Below the line where his ribs stopped were two raised white welts. "See on the forehead." "Oh, Brett, I love you." "Let's not talk. Talking's all bilge. I'm going away tomorrow." 'Tomorrow?' "Yes. Didn't I say so? I am." "Let's have a drink, then."

운 좋게도 위 출력은 문장 부호가 올바르게 나왔지만, 항상 그런 것은 아니다.

3.2 데이터 구조 후보들

프로그램이 다루어야 할 입력의 크기는 얼마나 될까? 또 얼마나 빨리 실행되어야 할까? 또 충분히 빨리 실행될까? 일반적으로 책 한 권 정도 분량을 입력하면 적당할 것이다. 따라서 십만 단어 이상의 입력을 처리할 수 있도록 프로그램을 만들어야 한다. 출력은 수백 또는 수천 개 정도의 단어가 될 것이며 분 단위가 아닌, 몇 초 수준에서 프로그램 실행이 끝나야 한다. 입력에 십만 단어가 들어올 것을 가정했기 때문에, 너무 단순한 알고리즘을 쓰면 프로그램이 느려지므로 조심해야 한다.

마르코프 알고리즘은 출력을 만들어 내기 전에 입력 데이터를 다 검토한다. 따라서 우리가 만들 프로그램은 전체 입력을 저장해야 한다. 전체 입력을 읽어들여 긴 문자열 단 하나에 저장하는 것도 한 방법이지만, 나중에 단어 단위로 쓸 것을 생각하면 별로 좋은 방법이 아니다. 단어를 가리키는 포인터를 원소로 갖는 배열을 쓴다면, 출력을 쉽게 만들 수 있다. 예컨대 출력할 단어 하나를 선택하려면, 입력 텍스트를 훑어보고 방금 출력한 접두사에 따라 나올 수 있는 접미사를 찾아보고 그 접미사 중 하나를 골라서 출력하면 된다. 하지만 잘 생각해 보면 이 방식을 쓸 때에는 단어 하나를 출력할 때마다 십만 개 이상의 입력 단어를 살펴봐야 한다. 천 개 단어로 이루어진 출력을 만들어 내려면, 문자열을 수억 번 비교해야 한다. 결국 이 방식을 쓰면 프로그램이 느려질 수밖에 없다.

또 다른 방법으로, 중복되지 않은 단어들만 저장하고 입력 글에서 이 단어가 쓰인 곳을 리스트로 기록하는 방식이 있다. 이 방식을 쓰면 한 단어 뒤에 나오는 접미사를 빠르게 찾을 수 있다. 2장에 나온 해시 테이블을 쓸 수도 있지만, 2장에서 만든 해시 테이블은 마르코프 알고리즘이 요구하는 '주어진 접두사 뒤에 올 수 있는 모든 접미사를 빠르게 찾아야 한다'를 바로 충족하지 못한다.

따라서 한 접두사와 여기에 딸린 여러 접미사를 표현해 주는 데이터 구조가 필요하다. 우리가 만들 프로그램은 두 단계로 실행되는데, 먼저 입력을 읽고 어구를 표현하는 데이터 구조를 만들어 내는 단계와, 이 데이터 구조를 써서 제멋대로 글을 만들어 내는 단계로 나눈다. 첫 번째 단계에서는 접두사를 찾아서 이 접두사 다음으로 올 수 있는 접미사를 등록할 것이고, 두 번째 단계에서는 해당 접두사를 찾아서 그에 딸린 접미사를 얻는다. 따라서 주어진 접두사를 빨리 찾아보는 것은 두 단계에 모두 꼭 필요하다. 이 결론은 접두사 단어를 키(key)로 쓰고, 접미사 목록을 값(value)으로 한 해시 테이블이 필요하다는 것을 암시한다.

간단히 설명하기 위해 일단 접두사가 두 개의 단어로 이루어진다고 가정해 보자. 따라서 출력할 단어는 바로 앞 두 단어가 무엇이냐에 달려 있다. 물론, 프로그램은 접두사를 구성하는 단어의 개수에 영향을 받지 않도록 설계해야 한다. 여기에서는 쉽게 설명하기 위해 접두사가 두 개의 단어로 구성된다고 고정할 것이다. 한 접두사와 이에 딸린 여러 접미사를 상태(state)라고 부를 것이며, 이 용어는 마르코프 알고리즘에서 널리 쓰이는 표준 용어다.

일단 한 접두사가 주어졌다면, 나중에 접근할 수 있도록 그 접두사를 따라 나오는 모든 접미사들을 저장해야 한다. 접미사들은 정렬해서 저장할 필요가 없으며, 한 번에 하나씩 추가된다. 얼마나 많은 접미사가 있을지 미리 알 수 없으므로, 데이터 구조는 쉽고 효율적으로 크기를 키울 수 있어야 한다. 따라서 리스트나 동적 배열이 적당한 데이터 구조가 된다. 나중에 출력할 때 원하는 접두사에 딸린 접미사 중 하나를 아무렇게나 선택할 수 있어야 한다. 그리고 추가된 항목을 삭제하는 기능은 필요없다.

어떤 어구가 두 번 이상 등장한다면 어떻게 해야 할까? 예를 들어, 입력 글에서 'might appear twice'는 두 번 등장하지만 'might appear once'는 한 번만 등장한다고 해보자. 이런 정보는 'might appear'의 접미사 리스트에 'twice'를 두 번 넣거나 한 번만 추가하는 대신 접미사마다 카운터를 두고 그 숫자를 2로 맞추는 방법을 쓸 수 있다. 나는 카운터를 쓰지 않는 방식과 쓰는 방식을 모두 만들어 보았는데, 쓰지 않는 편이 더 코드를 작성하기 쉬웠다. 왜냐하면 접미사를 추가할 때, 이미 같은 접미사가 존재하는지 검사할 필요가 없었기 때문이다. 게다가 실험 결과, 두 방식이 모두 비슷한 시간을 소비한다는 것을 알 수 있었기 때문에 복잡한 방식을 쓸 이유가 전혀 없었다.

간추리면, 각 상태는 한 접두사와 여러 접미사로 구성된다. 이 정보는 해시 테이블에 저장할 것이며 이때 키(key)는 접두사가 된다. 각 접두사는 고정 개수의 단어로 구성되며, 주어진 접미사가 한 번 이상 나왔을 경우에도 리스트에 중복해서 추가할 것이다.

다음으로, 단어를 어떻게 표현할지 결정해야 한다. 가장 쉬운 방법은 각 단어를 독립된 문자열로 저장하는 것이다. 하지만, 입력 글에서 같은 단어가 중복해서 나오는 경우가 많기 때문에, 단어를 저장하는 두 번째 해시 테이블을 만들고 각 단어가 한 번만 저장되도록 한다면 메모리를 절약할 수 있다. 이 방식을 쓰면 접두사 해시 값도 빨리 계산할 수 있다. 왜냐하면 문자열마다 고유한 주소를 갖기 때문에, 문자열을 구성하는 각 글자를 비교하는 대신 포인터 값을 직접 비교할 수 있기 때문이다. 이 글에서는 이 방식이 아닌, 좀 더 간단하게 문자열을 독립적으로 저장하는 방식을 쓸 것이다. 대신 이 방식을 설계하는 것은 연습문제로 남긴다.

3.3 C에서 데이터 구조를 만들기

먼저 C 언어로 만들어 보자. 첫 번째 단계는 앞으로 쓸 상수들을 정의하는 것이다.

```
enum {
    NPREF = 2, /* 접두사의 단어 수 */
    NHASH = 4093, /* 상태를 저장할 해시 테이블의 배열 크기 */
    MAXGEN = 10000 /* 생성할 수 있는 최대 단어 수 */
};
```

위 선언은 접두사 하나에 들어가는 단어의 개수(NPREF), 해시 테이블 배열의 크기(NHASH), 만들어 낼 단어의 최대 개수(MAXGEN)를 정의한다. NPREF를 실행 시간에 정해지는 변수가 아니라 컴파일 시점에 결정되는 상수로 만들면, 저장 공간 관리가 더 쉬워진다. 해시 배열의 크기를 크게 잡은 이유는 많은 분량의 입력 데이터(책 한 권이 될 수도 있다)를 처리하기 위해서다. 우리는 NHASH = 4093으로 했는데, 접두사가 10,000개일 때 평균적으로 해시 체인에 두세 개의 접두사만 들어가게 될 것이다. 즉, 배열 크기가 클수록 체인 길이가 짧아질 것이고, 검색 시간이 매우 빨라질 수 있다. 이 프로그램은 심각한 프로그램이 아니라 장난감 수준의 프로그램이기 때문에 성능이 그렇게 중요하지는 않지만, 배열 크기를 작게 만들면 우리가 처리할 입력 양을 적절한 시간에 처리하지 못할 것이다. 반대로 배열을 너무 크게 만들면 쓸 수 있는 메모리에 배열이 들어가지 않을 수도 있다.

접두사는 단어의 배열로 저장한다. 해시 테이블의 항목은 State 데이터 타입으로 만들고, 이 항목에 접미사 리스트(Suffix)를 포함시킨다.

```c
typedef struct State State;
typedef struct Suffix Suffix;
struct State {   /* 접두사 + 접미사 리스트 */
    char    *pref[NPREF] ; /* 접두사들 */
    Suffix  *suf;          /* 접미사 리스트 */
    State   *next;         /* 해시 테이블 안에서 다음 State */
};

struct Suffix { /* 접미사 리스트 */
  char *word;             /* 접미사 */
  Suffix *next;           /* 접미사 리스트 안에서 다음 Suffix */
};

State *statetab[NHASH] ;   /* State 해시 테이블 */
```

이 데이터 구조를 그림으로 나타내면 다음과 같다.

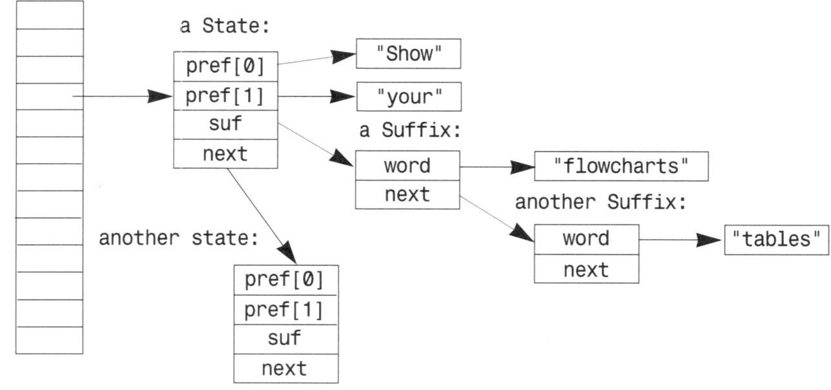

이제 접두사에 쓸 해시 함수를 만들어야 한다. 접두사는 문자열의 배열이기 때문에, 2장에서 만든 문자열 해시 함수를 고쳐서 배열 안의 문자열들을 처리하도록

하면 된다. 결국 배열 안의 문자열을 전부 붙여서 해시 값을 계산하는 것과 같은 효과를 얻을 것이다.

```c
/* hash: NPREF 개의 문자열로 구성된 배열의 해시 값을 계산 */
unsigned int hash(char *s [NPREF])
{
    unsigned int h;
    unsigned char *p;
    int i;

    h = 0;
    for (i = 0; i < NPREF; i++)
        for (p = (unsigned char *) s[i]; *p != '\0'; p++)
            h = MULTIPLIER * h + *p;
    return h % NHASH;
}
```

비슷한 방식으로 lookup 루틴을 고치면 해시 테이블을 다 만들게 된다.

```c
/* lookup: 접두사를 검색, 필요할 경우 접두사를 생성 */
/* 접두사를 찾았거나, 만들었으면 포인터를 리턴, 그 외의 경우에 NULL 리턴 */
/* 새로 만든 문자열은 strdup으로 만든 것이 아니므로 변경하면 안 됨 */
State* lookup(char *prefix[NPREF], int create)
{
    int i, h;
    State *sp;

    h = hash(prefix);
    for (sp = statetab[h]; sp != NULL; sp = sp->next) {
        for (i = 0; i < NPREF; i++)
            if (strcmp(prefix[i], sp->pref[i]) != 0)
                break;
        if (i == NPREF) /* 찾았다 */
            return sp;
    }
    if (create) {
        sp = (State *) emalloc(sizeof(State));
        for (i = 0; i < NPREF; i++)
            sp->pref[i] = prefix[i];
        sp->suf = NULL;
        sp->next = statetab[h];
        statetab[h] = sp;
    }
    return sp;
}
```

lookup은 새 State를 만들 때, 문자열에 대한 사본을 만들지 않는다는 점에 주의하기 바란다. lookup은 단순히 sp->pref[]에 포인터를 저장할 뿐이다. 따라서 lookup을 부르는 함수들은 나중에 데이터를 중복하여 사용하지 않도록 주의해야 한다. 예를 들어, 문자열이 입출력 버퍼 안에 있다면, lookup을 호출하기 전에 사본을 먼저 만들어야 한다. 그렇지 않으면 뒤에 들어오는 입력이 해시 테이블이 가리키고 있는 데이터를 덮어쓸 것이다. 자원이 인터페이스 경계를 넘어서 공유될 때에는 그 자원을 누가 관리할 것인지 결정해야 한다. 이 주제에 대해서는 다음 장에서 자세히 다룰 것이다.

그 다음으로, 파일 내용을 읽어서 해시 테이블을 채워야 한다.

```c
/* build: 입력을 읽고 해시 테이블에 저장 */
void build(char *prefix[NPREF], FILE *f)
{
    char buf[100], fmt[10];

    /* 포맷 문자열 작성, %s만 쓸 경우 buf가 오버플로우할 가능성이 있음 */
    sprintf(fmt, "%%%ds", sizeof(buf)-1);
    while (fscanf(f, fmt, buf) != EOF)
        add(prefix, estrdup(buf));
}
```

위 함수처럼 이상하게 sprintf를 쓴 이유는 fscanf를 쓸 때 발생할 수 있는 골치아픈 문제를 피해가기 위해서다. 사실 이 문제만 없다면 fscanf를 바로 쓰는 것이 가장 좋다. fscanf는 %s 포맷을 주면, 파일의 내용을 읽어서 공백으로 구분된 문자를 읽는다. 이 경우, 버퍼의 크기에 제한이 없기 때문에, 단어가 매우 길다면 입력 버퍼가 넘칠 수 있다(오버플로우). 만약 버퍼 크기가 100바이트일 때(물론 일반적인 글에서 이보다 긴 단어를 쓸 가능성은 거의 없다) 포맷 문자열로 %99s를 쓰면 fscanf가 99바이트까지만 읽도록 할 수 있다(1바이트는 문자열 종료 '\0' 를 위해 남겨둔다)[3]. 만약 더 긴 단어가 들어올 경우, 99 글자 이상은 잘려 나갈 것이다. 물론 잘려 나가는 게 좋은 일은 아니지만, 버퍼가 넘쳐서 오버플로우가 발생하는 것보다는 낫다. 비슷하게 다음처럼 해도 같은 효과를 볼 수 있다.

```c
?       enum { BUFSIZE = 100 };
?       char fmt[] = "%99s";      /* BUFSIZE-1 */
```

---

[3] "%99s"를 fscanf에 직접 쓰지 않고 sprintf를 부른 다음에 fscanf를 쓴 이유는, 나중에 buf의 크기를 쉽게 바꿀 수 있기 위해서다.

하지만, 위와 같이 했을 경우 버퍼 길이를 유지하기 위해 상수를 두 개 썼기 때문에 이 상수 사이의 관계를 계속 유지해야 한다. 앞에서와 같이 sprintf를 써서 필요할 때마다 포맷 문자열을 만들어 사용한다면 이런 문제가 발생하지 않는다. 따라서 우리는 첫 번째 방식을 사용할 것이다.

build의 두 인자는 NPREF 개의 입력 단어를 가지고 있는 접두사 배열과 FILE 포인터다. 이 함수는 접두사와 입력 단어의 사본을 add에 전달한다. 그러면 add는 해시 테이블에 새 항목을 추가하고, build는 다음 단어를 처리하게 된다.

```c
/* add: 단어를 접미사 리스트에 추가하고, 접두사를 갱신한다 */
void add(char *prefix[NPREF], char *suffix)
{
    State *sp;

    sp = lookup(prefix, 1); /* 없으면 생성한다 */
    addsuffix(sp, suffix);
    /* 접두사 배열에서 단어들을 하나씩 앞으로 당긴다 */
    memmove(prefix, prefix+1, (NPREF-1)*sizeof(prefix[0]));
    prefix[NPREF-1] = suffix;
}
```

memmove는 배열을 지울 때 자주 쓰는 함수다. 위 코드에서 memmove는 접두사 배열의 1번부터 NPREF-1번 원소를 앞으로 당겨 0번부터 NPREF-2번 원소로 만들어 준다. 따라서 배열 맨 끝에 새로운 단어를 위한 공간을 만든다.

아래 addsuffix 루틴은 새로운 접미사를 추가한다.

```c
/* addsuffix: Suffix를 state에 추가. 이때 접미사는 나중에 변경하면 안 됨 */
void addsuffix(State *sp, char *suffix)
{
    Suffix *suf;

    suf = (Suffix *) emalloc(sizeof(Suffix));
    suf->word = suffix;
    suf->next = sp->suf;
    sp->suf = suf;
}
```

State에 내용을 채워넣는 작업은 크게 두 가지로 나눌 수 있다. 하나는 접미사를 접두사에 추가하는 add 루틴이고, 또 하나는 단어를 접미사 리스트에 추가하는 addsuffix다. add 루틴은 다목적 루틴이며, build 내부에서 사용된다. 하지만 addsuffix는 add 내부에서만 쓰인다. addsuffix가 하는 일은 나중에 바뀔 수도 있으므로, add에서만 쓴다고 해도 별도 함수로 만드는 것이 좋다.

3.4 출력 생성하기

필요한 데이터 구조가 만들어졌다면, 다음으로 할 일은 출력을 만들어 내는 것이다. 기본 아이디어는 전에 말해 두었듯이, 주어진 접두사에 속한 접미사 중 하나를 임의로 선택한 다음에 출력하고, 그 다음 접두사를 처리하도록 하는 것이다. 자연스러운 처리 과정이지만 그래도 알고리즘을 어떻게 시작하고 종료해야 할지는 생각해야 한다. 출력을 시작하는 부분은 비교적 쉽다. 첫 번째 접두사를 구성한 단어들을 기억해 두었다가 그 단어들로 시작하면 된다. 끝내기도 어렵지 않은데, 알고리즘을 끝내기 위해 쓸 단어 하나를 지정해 놓으면 된다. 일반 단어들을 모두 처리한 다음, 어떤 입력에서도 절대로 등장하지 않는다고 보장하는 '단어' 하나를 추가해 놓으면 된다.

```
build(prefix, stdin);
add(prefix, NONWORD);
```

위 코드에서 NONWORD는 일반 입력에서 절대로 나올 수 없는 값이어야 한다. 입력 단어들이 공백문자로 구분된다는 것을 생각하면, 새줄문자처럼 공백문자로 구성된 단어를 쓰면 된다.

```
char NONWORD[] = "\n"; /* 일반 단어로 사용하지 못하는 단어 */
```

한 가지 더 생각해 봐야 하는 것은, 알고리즘을 수행하기에 충분한 입력이 없는 경우에 대한 것이다. 이 문제를 해결하기 위한 방법은 두 가지가 있는데, 하나는 입력이 충분하지 않을 경우 그냥 프로그램을 끝내는 것이고, 다른 하나는 신경쓸 필요가 없도록 입력을 항상 충분히 만드는 것이다. 우리가 만든 프로그램에는 두 번째 방법이 더 적합하다.

즉, 가짜 접두사를 생성해서 밑작업을 해두면, 항상 필요한 입력이 충분하다고 보장할 수 있다. 반복문을 시작하기 전에 접두사 배열을 모두 NONWORD로 초기화해 두면, 입력의 첫 번째 단어가 항상 가짜 접두사의 첫 번째 접미사가 된다. 이 방식을 사용하면 반복문에서는 직접 생성하는 접미사만 출력하면 된다.

출력 양이 방대해지는 것을 막기 위해, 지정해 놓은 개수만큼 출력을 했거나 NONWORD가 접미사로 나올 경우 알고리즘을 중단할 것이다.

데이터 끝에 NONWORD를 몇 개 추가해 놓으면 이 알고리즘의 주요 반복문이 상당히 간단해지는데, 이것은 경계를 표시하기 위해 보초값(sentinel value)[4]을 놓는 기법의 좋은 예가 된다.

원칙적으로 불규칙하거나 예외에 속하는 부분은 특수한 데이터의 경우로 처리하는 것이 좋다. 코드를 만드는 것이 데이터를 만드는 것보다 어렵기 때문에, 코드를 최대한 단순하고 일반적으로 만드는 것이 좋다.

아래 generate 함수는 앞에서 설명했던 알고리즘을 그대로 구현한 것이다. 이 함수는 한 줄당 한 단어를 출력하기 때문에, 나중에 워드 프로세서와 같은 툴을 써서 여러 줄을 한 줄로 합쳐야 할 것이다. 9장에서 이 작업을 처리할 간단한 포맷 프로그램 fmt를 다룰 것이다.

앞에서 설명한 것처럼 NONWORD를 입력의 앞뒤에 추가했기 때문에 generate는 적절하게 작업을 시작하고 끝낼 것이다.

```c
/* generate: 한 줄에 한 단어씩 출력 생성 */
void generate(int nwords)
{
    State *sp;
    Suffix *suf;
    char *prefix[NPREF], *w;
    int i, nmatch;

    for (i = 0; i < NPREF; i++)   /* 접두사 초기화 */
        prefix[i] = NONWORD;

    for (i = 0; i < nwords; i++) {
        sp = lookup(prefix, 0);
        nmatch = 0;
        for (suf = sp->suf; suf != NULL; suf = suf->next)
            if (rand() % ++nmatch == 0)   /* 확률 = 1/nmatch */
                w = suf->word;
        if (strcmp(w, NONWORD) == 0)
            break;
        printf ("%s\n", w);
```

---

4 보초값 기법 : 반복 처리를 끝내기 위해, 항상 끝나는 시점을 계산하는 대신 특정 값(보초값, sentinel value)을 입력 마지막에 추가한 다음, 이 입력이 나올 경우 반복 처리를 중단하는 기법.

```
            memmove(prefix, prefix+1, (NPREF-1)*sizeof(prefix[0]));
            prefix[NPREF-1] = w;
        }
    }
```

특히 위 코드에서 얼마나 많은 항목이 있는지 모를 때 항목을 선택하는 방식을 눈여겨 보기 바란다. 변수 nmatch는 현재까지 일치한 항목의 개수를 세는 변수다. 아래 코드는 nmatch를 증가시킨 다음, 1/nmatch의 확률로 참(true)이 된다.

```
    rand() % ++nmatch == 0
```

따라서 처음 일치한 항목은 확률 1로 선택된 것이고, 두 번째는 1/2의 확률로, 세 번째는 1/3의 확률로 선택된 것이다. 일반적으로 k번째 선택된 항목은 확률 1/k로 선택된 것이다.

위 코드는 반복을 시작하기 전에 해시 테이블에 들어 있다고 보장된 값으로 prefix를 초기화한다. 입력 글에서 맨 앞에 나오는 단어들이 우리가 발견할 최초의 Suffix 값이 되는데, 그 이유는 이 단어들이 최초 접두사에 따라나오는 유일한 단어이기 때문이다. 그 다음부터는 임의의 접미사들이 선택된다. 반복문은 lookup을 불러서 현재 접두사에 대응하는 해시 테이블 항목을 가져온 다음에 접미사를 하나 선택하고, 선택된 접미사를 출력한 다음에 prefix를 앞으로 당긴다.

만약 선택된 접미사가 NONWORD라면, 입력 데이터의 끝을 나타내므로 알고리즘이 끝난 것이다. 접미사가 NONWORD가 아니라면, 접미사를 출력하고 memmove를 호출해서 접두사에서 첫 번째 단어를 제거한 다음, 선택된 접미사를 접두사의 마지막 단어로 추가하고, 다시 이 과정을 반복한다.

이제 지금까지 한 것을 모두 종합하여 표준 입력을 읽어서 (지정한 개수 이하로) 단어들을 생성하는 main 루틴을 만들어 보자.

```
/* markov main: 마르코프 체인을 이용한 텍스트 생성 */
int main(void)
{
    int i, nwords = MAXGEN;
    char *prefix[NPREF];            /* 현재 입력 접두사 */

    for (i = 0; i < NPREF; i++)     /* 최초 접두사를 설정한다 */
        prefix[i] = NONWORD;
    build(prefix, stdin);
    add(prefix, NONWORD);
```

```
        generate(nwords);
        return 0;
    }
```

이제 C로 프로그램을 작성하는 일은 끝났다. 우리는 이 장의 끝부분에서 여러 언어로 구현된 프로그램들을 비교할 때 다시 이 내용을 다룰 것이다. C로 프로그램을 만들면, 프로그래머가 세세한 사항까지 모두 제어할 수 있고, 대체로 빠른 프로그램을 만들 수 있다. 하지만 메모리 할당과 해제, 해시 테이블과 연결 리스트 등, 프로그래머가 만들어야 할 것이 많다. 간단히 말해, C 언어는 면도날처럼 날카로운 도구다. 우아하고 효율적인 프로그램을 작성할 수도 있지만, 피투성이 난장판을 만들 수도 있다.

연습문제 3-1. 길이를 모르는 리스트에서 임의의 원소를 선택하는 알고리즘은 난수 생성기(random number generator)가 좋아야 제대로 작동한다. 어떻게 해야 실제로 잘 돌아가는 난수 생성기를 만들 수 있을지 설계하고 실험해 보자.

연습문제 3-2. 각 입력 단어를 별도의 해시 테이블에 저장한다면, 단어가 단 한 번만 저장되므로 메모리를 아낄 수 있다. 몇몇 문서를 입력 예로 삼아 얼마나 아낄 수 있는지 측정해 보라. 프로그램을 이런 방식으로 구현하면, 해시 체인에서 접두사를 찾을 때에도 문자열 비교 대신 포인터 비교만 하면 되므로, 실행 속도도 훨씬 빨라질 것이다. 이 방식을 써서 프로그램을 구현해 보고 속도와 메모리 소비량에서 얼마나 변화가 있었는지 측정해 보라.

연습문제 3-3. 데이터의 시작과 끝에 경계표시인 NONWORD들을 추가하는 문장을 제거하고, generate를 고쳐서 경계표시 없이 올바로 시작하고 끝날 수 있게 구현해 보라. 특히 입력의 길이가 0, 1, 2, 3, 4 단어일 때에도 제대로 동작하도록 만들어라. 그리고 이렇게 만든 코드와 경계표시를 쓴 코드를 비교해 보라.

3.5 자바

이번에는 자바를 써서 마르코프 체인 알고리즘을 만들어 보자. 자바와 같은 객체지향 언어를 쓸 때에는 컴포넌트 사이의 인터페이스에 관심을 기울여야 한다. 이 컴포넌트들은 캡슐화되어 독립적인 데이터 항목이 되는데, 오브젝트 또는 클래스라고 부른다. 그리고 이 오브젝트 또는 클래스에 관한 연산 함수는 메서드(method)라고 부른다.

자바는 C보다 라이브러리가 풍부해서, 여러 오브젝트를 다양한 방법으로 관리하기 위한 '컨테이너[5] 클래스' 들도 제공한다. 예를 들어 Vector는 모든 오브젝트 타입을 저장할 수 있는, 크기가 동적으로 변하는 배열 클래스다. 또, 해시 테이블(Hashtable)은 오브젝트를 키(key)로 써서, 다른 데이터 타입의 값을 저장하거나 꺼내올 수 있다.

우리가 만들 프로그램은 문자열로 된 접두사와 접미사를 저장해야 하므로, 문자열을 저장하기 위해 Vector를 쓰려고 한다. 또, 접두사 벡터를 키(key)로 하고, 접미사 벡터를 값(value)으로 하는 해시 테이블을 쓸 것이다. 이런 식으로 키를 정하고 값과 연결하는 작업을 전문 용어로 '매핑(mapping)' 이라고 한다. C 언어에서와 달리 따로 State 타입을 만들 필요가 없는 이유는 해시 테이블이 내부적으로 접두사와 접미사를 연결해서 관리하기 때문이다. 이것이 C 언어로 만든 프로그램과 가장 큰 차이점이다. 즉, C 언어에서는 접두사와 접미사를 연결하기 위해 State 타입을 만들고, 접두사를 키로 써서 State를 해시 테이블에서 얻어오는 식으로 작업했다.

해시 테이블은 키-값 쌍을 저장하는 put 메서드와, 값을 가져오는 get 메서드를 제공한다.

```
Hashtable h = new Hashtable();
h.put(key, value);
Sometype v = (Sometype) h.get(key);
```

이제 세 개의 클래스를 만들어야 한다. 먼저 접두사를 구성하는 단어를 저장할 Prefix 클래스를 만들어 보자.

```
class Prefix {
    public Vector pref; // 입력에서 서로 붙어 있는 NPREF 개의 단어들
    ...
```

---

5 컨테이너(container) : 오브젝트들을 저장하고 관리하는 집합으로 배열, 리스트, 해시 테이블, 트리 등이 이 컨테이너에 속한다.

두 번째 클래스는 입력을 읽어 해시 테이블을 만들고 출력을 생성하는 Chain 클래스다. 아래에서 이 클래스의 변수 부분을 볼 수 있다.

```
class Chain {
    static final int NPREF = 2;  // 접두사 크기
    static final String NONWORD = "\n";
                        // 등장할 수 없는 '단어'
    Hashtable statetab = new Hashtable();
                        // key = Prefix, value = 접미사인 Vector
    Prefix prefix = new Prefix(NPREF, NONWORD);
                        // 최초 접두사
    Random rand = new Random();
    ...
}
```

마지막 클래스는 main을 포함하고 Chain을 실제로 만들어 주는 퍼블릭 인터페이스 부분이다.

```
class Markov {
    static final int MAXGEN = 10000; // 생성할 수 있는 최대 단어 수
    public static void main(String[] args) throws IOException
    {
        Chain chain = new Chain();
        int nwords = MAXGEN;

        chain.build(System.in);
        chain.generate(nwords);
    }
}
```

Chain 클래스의 인스턴스가 생성되면, 다시 그 인스턴스가 해시 테이블을 만들고 최초 접두사를 NPREF 개의 NONWORD로 채운다. build 함수는 공백문자로 분리된 단어들로 입력을 파싱하기 위해 라이브러리 함수 StreamTokenizer를 사용한다. 아래 코드에서 반복문 위의 세 문장은 단어를 분리해 주는 tokenizer를 우리가 원하는 단어의 정의에 맞게 설정하는 부분이다.

```java
// Chain build: 입력 스트림에서 State 테이블을 생성
void build(InputStream in) throws IOException
{
    StreamTokenizer st = new StreamTokenizer(in);

    st.resetSyntax();                          // 기본 규칙 모두 제거
    st.wordChars(0, Character.MAX_VALUE);      // 모든 글자를 다 일반 글자로 설정
    st.whitespaceChars(0, ' ');                // 공백문자만 제외
    while (st.nextToken() != st.TT_EOF)
        add(st.sval);
    add(NONWORD);
}
```

add 함수는 현재 접두사에 해당하는 접미사 벡터를 해시 테이블에서 가져온다. 이때 접미사가 하나도 없다면(suf가 null일 경우), add는 해시 테이블에 저장하기 위한 새로운 벡터와 새로운 접두사를 만든다. 이 두 경우 모두 add는 새 단어를 접미사 벡터에 추가하고, 접두사에서 첫 번째 단어를 제거하고 새 단어를 끝에 넣음으로써 접두사를 전진시킨다.

```java
// Chain add: 단어를 접미사 리스트에 추가, 접두사를 갱신
void add(String word)
{
    Vector suf = (Vector) statetab.get(prefix);
    if (suf == null) {
        suf = new Vector();
        statetab.put(new Prefix(prefix), suf);
    }
    suf.addElement(word);
    prefix.pref.removeElementAt(0);
    prefix.pref.addElement(word);
}
```

suf가 null일 경우 add가 해시 테이블에 넣는 것이 prefix 자체가 아니라 새로운 Prefix 오브젝트라는 것에 주의하기 바란다. 그 이유는 해시 테이블 클래스가 레퍼런스로 항목을 저장하기 때문이다. 사본을 만들지 않았다면 해시 테이블 안에 있는 데이터를 겹쳐쓰는 경우가 발생할 수 있다. 이 문제는 C 프로그램을 만들 때 이미 다루었다.

generate 함수는 C 언어와 비슷하지만 좀 더 간단하게 만들 수 있다. 왜냐하면, 자바는 반복문을 써서 리스트를 훑어보는 대신 인덱스를 써서 벡터의 항목에 접근할 수 있기 때문이다.

```java
// Chain generate: 단어들을 만들고 출력
void generate(int nwords)
{
    prefix = new Prefix(NPREF, NONWORD);
    for (int i = 0; i < nwords; i++) {
        Vector s = (Vector) statetab.get(prefix);
        int r = rand.nextInt(s.size());
        String suf = (String) s.elementAt(r);
        if (suf.equals(NONWORD))
            break;
        System.out.println(suf);
        prefix.pref.removeElementAt(0);
        prefix.pref.addElement(suf);
    }
}
```

아래 코드에서 Prefix의 두 생성자는 제공받은 데이터를 써서 새로운 인스턴스를 만든다. 첫 번째 생성자는 기존 Prefix의 복사본을 만들며, 두 번째 생성자는 동일한 문자열을 n개 가지는 접두사를 만든다. 두 번째 생성자는 초기 접두사를 만들 때 NONWORD를 NPREF 개만큼 만들기 위해 사용된다.

```java
// Prefix 생성자: 기존 Prefix를 복제
Prefix(Prefix p)
{
    pref = (Vector) p.pref.clone();
}

// Prefix 생성자: str을 n번 복사
Prefix(int n, String str)
{
    pref = new Vector();
    for (int i = 0; i < n; i++)
        pref.addElement(str);
}
```

Prefix는 hashCode와 equals 메서드를 가진다. 이 둘은 프로그래머가 직접 부르는 메서드가 아니며, 해시 테이블이 테이블을 인덱싱하고 검색할 때 쓰는 메서드다. 해시 테이블에 알려주기 위한 두 메서드를 만들려면 독립적인 클래스가 필요한데, 바로 이것이 접미사처럼 그냥 Vector를 쓰지 않고 Prefix란 클래스를 따로 만든 이유다.

Prefix의 hashCode 메서드는 벡터에 들어 있는 원소들의 해시 코드를 합해서 단 하나의 해시 값으로 만들어 준다.

```
static final int MULTIPLIER = 31; // hashCode()용

// Prefix hashCode: 접두사를 구성하는 단어들에서 해시 값을 생성
public int hashCode()
{
    int h = 0;

    for (int i = 0; i < pref.size(); i++)
        h = MULTIPLIER * h + pref.elementAt(i).hashCode();
    return h;
}
```

그리고 아래 equals는 두 접두사에 들어 있는 단어들을 단어 단위로 비교한다.

```
// Prefix equals: 두 접두사에 동일한 단어들이 들어 있는지 비교
public boolean equals(Object o)
{
    Prefix p = (Prefix) o;
    for (int i = 0; i < pref.size(); i++)
        if (!pref.elementAt(i).equals(p.pref.elementAt(i)))
            return false;
    return true;
}
```

자바로 짠 프로그램은 C로 만든 프로그램보다 크기가 매우 작으며, 프로그래머가 신경써야 할 세부사항도 많지 않다. 그 이유는 라이브러리가 제공하는 Vector와 해시 테이블을 쓰기 때문이다. 필요할 때 알아서 크기가 변하는 Vector 덕택에 메모리 관리가 매우 쉬워지며, 가비지 컬렉션 덕택에 따로 메모리를 해제하지 않아도 된다. 하지만, 자바가 모든 것을 다 알아서 해주는 것은 아니다. 따라서 해시 테이블을 쓰기 위해 따로 hashCode와 equals를 만들어 주는 수고가 필요하다.

 C 프로그램과 자바 프로그램이 동일한 기본 데이터 구조를 쓰고 있으므로, 그것을 바탕으로 작동하는 방식을 비교해 보면, 자바 프로그램에서 기능이 더 잘 분할되어 있다는 것을 알게 된다. 예를 들어, 자바 프로그램에서 Vector를 배열로 바꾸는 일은 매우 쉽게 해결할 수 있다. C 프로그램에서는 모든 부분이 자기 말고 다른 부분들이 무슨 일을 하는지 죄다 알고 있다. 해시 테이블은 다양한 장소에서 사용되는 배열들을 대상으로 실행되고, lookup 함수는 State와 Suffix 구조체의 내부 구조를 알며, 누구나 접두사 배열의 크기를 알고 있다.

```
% java Markov <jr-chemistry.txt | fmt
Wash the blackboard. Watch it dry. The water goes
into the air. When water goes into the air it
evaporates. Tie a damp cloth to one end of a solid or
liquid. Look around. What are the solid things?
Chemical changes take place when something burns. If
the burning material has liquids, they are stable and
the sponge rise. It looked like dough, but it is
burning. Break up the lump of sugar into small pieces
and put them together again in the bottom of a liquid.[6]
```

연습문제 3-4. 마르코프의 자바 버전을 고쳐서 Prefix 클래스의 접두사용으로 Vector 대신 배열을 쓰도록 바꾸어 보라.

3.6 C++

세 번째로 C++ 언어로 프로그램을 만들어 보자. C++는 C 언어의 상위 집합 (superset)에 해당하므로,[7] 마치 몇 가지 기능이 더 추가되어 간단해진 C 언어처럼 코드를 작성할 수 있다. 따라서 우리가 처음에 C 언어로 작성한 마르코프 프로그램도 그 자체가 C++ 프로그램이라고 할 수 있다. 하지만, C++를 더 제대로 사용하려면 자바에서 한 것처럼 프로그램을 구성하는 오브젝트들을 클래스로 정의해야 한다. 그러면 자바처럼 구현의 세부내용을 감출 수 있다. 한걸음 더 나아가서 표준 템플릿 라이브러리(Standard Template Library, STL)도 사용할 것이다. 왜냐하면 우리가 필요한 기능 중 대부분은 STL에 이미 내장되어 있기 때문이다. C++의 ISO 표준[8]을 보면 STL도 언어 정의의 한 부분으로 포함한다.

STL은 벡터, 리스트, 집합(set) 같은 컨테이너들과 검색, 정렬, 삽입, 삭제를 위한 기본 알고리즘 연산을 제공한다. C++의 템플릿 기능 덕분에 모든 STL 알고리즘은 다양한 컨테이너에 적용될 수 있다. 또 데이터 타입에 적용되는 알고리즘도 대상

---

6 칠판을 씻어라. 마르는 것을 관찰하라. 물이 공기 중으로 간다. 물이 공기 중으로 갈 때 그것은 증발한다. 축축한 천을 고체나 액체의 한쪽 끝에 묶어라. 주위를 둘러보라. 무엇이 고체인 물체인가? 어떤 것이 연소할 때 화학적 변화가 일어난다. 타는 물질에 액체가 들어 있다면, 그것은 안정적이며 스폰지가 떠오른다. 밀가루 반죽처럼 보이지만, 그것은 타고 있다. 각설탕을 잘게 부수어 다시 액체의 바닥 부분에 함께 놓아라.

7 C++는 C 언어를 바탕으로 만들어졌지만, 엄밀히 말해 C 언어의 모든 부분을 포함한 것은 아니다. C 언어와 C++ 언어가 서로 다른 부분도 일부 존재한다.

8 C++ 공식 표준 문서의 이름은 'ISO/IEC 14882 Programming Languages – C++' 다.

데이터 타입이 사용자가 정의한 타입인지, 정수 같은 내장 타입인지 상관하지 않는다. 컨테이너들은 C++의 템플릿(template)으로 표현되며, 특정 데이터 타입용으로 인스턴스화된다. 예를 들어, vector 컨테이너가 있으면, 특정 타입의 벡터를 만들기 위해 vector⟨int⟩나 vector⟨string⟩으로 쓸 수 있다. 또, 표준 정렬 알고리즘을 포함해서 모든 vector 관련 연산이 이런 데이터 타입들에 적용될 수 있다.

STL은 자바의 Vector와 유사한 vector 컨테이너 이외에도 deque 컨테이너를 제공한다. deque('덱'이라고 읽는다)은 양쪽이 열린 큐로, 접두사용으로 필요한 기능을 빠짐없이 제공한다. 즉, deque은 NPREF 개 항목을 저장할 수 있으며, 첫 번째 원소를 꺼내는 일과 새로운 원소를 끝에 추가하는 일을 둘 다 O(1) 시간에 할 수 있다. 사실 STL의 deque은 양쪽 끝에서 다 원소를 꺼내고 추가할 수 있으므로 필요한 것보다도 많은 기능을 보유한 함수이긴 하지만, 그러면서도 성능이 보장되기 때문에 당연한 선택이라 할 수 있다.

또, STL은 map 컨테이너도 제공한다. 균형 트리(balanced tree)를 기반으로 한 STL의 map은, 키-값 쌍을 저장할 수 있는 컨테이너이며, 주어진 키와 연결된 값을 컨테이너에서 꺼내오는 데 O(log$n$) 시간만 걸린다. map은 O(1)인 해시 테이블보다는 비효율적이지만, 별도의 코드를 한 줄도 작성하지 않고 바로 쓸 수 있다는 점이 매력적이다. (몇몇 비표준 C++ 라이브러리에는 성능이 더 나을 수 있는 해시나 hash-map이 포함되어 있다.)

우리는 내장된 비교 함수를 써서 접두사에 들어 있는 문자열을 비교할 것이다.

이러한 컴포넌트들이 다 준비되었다면 코드를 작성하는 것은 매우 쉽다. 아래는 선언 부분이다.

```
typedef deque<string> Prefix;
map<Prefix, vector<string> > statetab; // 접두사 -> 접미사
```

STL은 deque을 위한 템플릿만 제공하므로, 문자열을 위한 deque을 만들기 위해서 deque⟨string⟩이라고 선언해야 한다. 이 데이터 타입은 프로그램에서 여러 번 등장하므로, Prefix라는 이름을 주기 위해 typedef를 쓰도록 한다. 접두사와 접미사들을 저장할 map 타입 선언은 단 한 번만 나오므로, 따로 이름을 만들지 않을 것이다. 위 map 선언은, 접두사와 문자열 벡터를 연결하는 statetab이라는 변수를 선

언한 것이다. 이것은 C 또는 자바보다 더 편리한 방식으로, 따로 해시 함수나 equals 메서드를 제공할 필요가 없다.

main 루틴은 다른 언어로 작성한 코드와 마찬가지로, 최초 접두사를 만들고 (표준 입력에서) 입력을 읽어들인 다음, NONWORD를 끝에 추가하고 출력을 생성한다. (C++에서 표준 입력은 iostream 라이브러리에 cin이라는 오브젝트로 들어 있다.)

```cpp
// markov main: 마르코프 체인 방식으로 임의의 글을 생성한다
int main(void)
{
    int nwords = MAXGEN;
    Prefix prefix;                      // 현재 입력 접두사

    for (int i = 0; i < NPREF; i++) // 최초 접두사 초기화
        add(prefix , NONWORD);
    build(prefix, cin);
    add(prefix, NONWORD);
    generate(nwords);
    return 0;
}
```

build 함수는 iostream 라이브러리를 써서 입력을 한 단어씩 읽어온다.

```cpp
// build: 입력 글에서 단어들을 읽어 state 테이블을 생성
void build(Prefix& prefix, istream& in)
{
    string buf;

    while (in >> buf)
        add(prefix, buf);
}
```

문자열 buf는 필요한 경우에 알아서 크기가 커진다.

아래 add 함수를 보면 STL을 써서 얻은 다른 장점도 볼 수 있다.

```cpp
// add: 접미사 리스트에 단어 추가, 접두사 갱신
void add(Prefix& prefix, const string& s)
{
    if (prefix.size() == NPREF) {
        statetab[prefix].push_back(s) ;
        prefix.pop_front();
    }
    prefix.push_back(s);
}
```

위 코드는 겉으로 보기에 매우 간단한 문장으로 이루어졌지만, 사실 그 내부에서 상당히 많은 일이 일어난다. map 컨테이너는 첨자(subscript) 연산자([])를 오버로드(overload)해서 lookup 함수처럼 검색 연산을 수행한다. 즉 statetab[prefix]는 statetab에서 prefix를 키로 갖는 항목에 대한 레퍼런스를 리턴한다. 이때 해당 vector가 존재하지 않을 경우, 새로 생성한다. vector, deque의 push_back 멤버 함수는 새로운 항목을 끝 부분에 추가한다. pop_front는 첫 번째 항목을 얻어오는 함수다.

출력을 만들어 내는 부분은 앞 버전과 비슷하다.

```cpp
// generate: 한 줄에 한 단어씩 출력 생성
void generate(int nwords)
{
    Prefix prefix;
    int i;

    for (i = 0; i < NPREF; i++) // 최초 접두사 초기화
        add(prefix, NONWORD);

    for (i = 0; i < nwords; i++) {
        vector<string>& suf = statetab[prefix];
        const string& w = suf[rand() % suf.size()];
        if (w == NONWORD)
            break;
        cout << w << "\n";
        prefix.pop_front();     // 접두사를
        prefix.push_back(w);    // 전진시킴
    }
}
```

전반적으로 C++로 만든 코드가 더 명료하고 우아해 보인다. 코드도 간결하고, 데이터 구조도 눈에 쉽게 들어오며, 알고리즘도 이해하기가 쉽다. 안타깝지만, 이 장점에 따른 단점도 존재한다. C++ 언어로 만든 프로그램은 C로 만든 프로그램보

다 훨씬 느릴 것이다. 그렇다고 C++로 만든 프로그램이 가장 느린 것은 아니다. 성능 평가는 잠시 후에 다룰 것이다.

연습문제 3-5. 다양한 데이터 구조를 시험해 보는 일이 쉽다는 것이 STL의 큰 장점이다. C++ 마르코프 프로그램을 수정해서 접두사, 접미사 리스트, 상태 테이블을 다양한 데이터 구조로 만들어 보라. 데이터 구조마다 성능은 어떻게 달라지는가?

연습문제 3-6 오직 클래스와 string 데이터 타입만 써서 C++ 프로그램을 작성해 보라. 그리고 이 프로그램과 STL을 써서 만든 프로그램의 스타일과 성능을 비교해 보라.

3.7 Awk와 펄

실험을 더 확실하게 하기 위해, 인기 있는 스크립트 언어를 써서 같은 기능을 하는 프로그램을 만들어 보자. 우리는 Awk와 펄(Perl)을 쓸 것이다. 두 언어 모두 결합 배열[9]이나 필요한 문자열 연산을 제공한다.

결합 배열(associative array)은 해시 테이블을 사용하기 편리한 형태로 만든 것이다. 이것은 일반 배열처럼 보이지만, 문자열이나 숫자 또는 쉼표로 구분된 문자열이나 숫자의 리스트를 인덱스로 사용할 수 있다. 사실 이 배열은 어떤 데이터 타입을 다른 타입과 연결해 주는 일종의 map이다. Awk 언어에서 모든 배열은 결합 배열이지만, 펄은 정수를 인덱스로 쓰는 일반 배열과 결합 배열을 둘 다 제공한다. 펄의 결합 배열은 해시라고 부르는데, 이 이름을 보면 어떤 식으로 구현되었는지 쉽게 감이 잡힐 것이다.

Awk와 펄 프로그램은 접두사 길이가 두 단어인 경우만 처리할 수 있도록 만들었다.

---

9 결합 배열(associative array) : 정수 대신 다양한 데이터 타입을 인덱스로 쓸 수 있는 배열.

```
# markov.awk: 두 단어 접두사를 사용하는 마르코프 체인 알고리즘
BEGIN { MAXGEN = 10000; NONWORD = "\n"; w1 = w2 = NONWORD }
{   for (i = 1; i <= NF; i++) {        # 모든 단어를 다 읽음
        statetab[w1,w2,++nsuffix[w1,w2]] = $i
        w1 = w2
        w2 = $i
    }
}
END {
    statetab[w1,w2,++nsuffix[w1,w2]] = NONWORD # 끝에 NONWORD를 추가한다
    w1 = w2 = NONWORD
    for (i = 0; i < MAXGEN; i++) { # 출력글 생성
        r = int(rand()*nsuffix[w1,w2]) + 1 # nsuffix >= 1
        p = statetab[w1,w2,r]
        if (p == NONWORD)
            exit
        print p
        w1 = w2             # 접두사 전진
        w2 = p
    }
}
```

Awk은 패턴-액션(pattern-action) 언어다. 입력은 한 번에 한 줄씩 들어오며, 들어오는 줄마다 여러 패턴들과 일치하는지 검사 받는다. 그리고 일치하는 패턴마다 그 패턴에 연결된 액션이 실행된다. Awk에는 특별한 패턴이 두 개 있는데, 입력 첫 줄이 들어오기 전과 일치하는 BEGIN과 마지막 줄이 들어온 후와 일치하는 END가 있다.

액션은 중괄호로 둘러싸인 명령문의 집합이다. BEGIN 블록에서는 접두사와 다른 변수들을 초기화한다.

BEGIN 다음 블록은 패턴이 없다. 따라서 이 블록은 모든 입력 줄에 대해 한 번씩 실행된다. Awk는 입력 줄을 자동으로 필드(공백문자로 구분된 단어들)를 나누는데, 각 필드는 $1부터 $NF까지 이름이 붙는다. 이때 NF는 필드의 개수를 가리키는 변수다. 아래 문장은 접두사와 접미사를 연결하는 맵(map)을 만드는 문장이다.

```
statetab[w1,w2,++nsuffix[w1,w2]] = $i
```

배열 nsuffix는 접미사의 개수를 세고, nsuffix[w1, w2]는 접두사에 연결된 접미사의 개수를 센다. 접미사 자체는 배열 원소 statetab[w1, w2, 1], statetab[w1, w2, 2] 순으로 저장된다.

END 블록은 모든 입력을 다 읽은 다음 실행된다. 이 지점까지 왔다면, 이미 접두사마다 접미사 개수가 nsuffix에 저장되어 있을 것이고, 접미사가 그 개수만큼 statetab의 원소로 저장되어 있을 것이다.

펄 버전은 Awk 버전과 비슷하지만, 접미사들을 보관하기 위해 세 번째 인덱스 대신 익명 배열을 쓴다. 펄 버전은 접두사를 갱신할 때 복합 대입(multiple assignment)을 이용한다. 펄은 변수의 타입을 표시하기 위해 특수 문자를 사용하는데, $ 는 스칼라 변수(scalar)를 나타내고 @은 일반 배열을 가리킨다. 그리고 대괄호 []는 배열에 인덱스로 접근하기 위한 것이고, 중괄호 {}는 해시에 인덱스로 접근하기 위해 쓴다.

```
# markov.pl : 두 단어 접두사를 사용하는 마르코프 체인 알고리즘
$MAXGEN = 10000;
$NONWORD = "\n";
$w1 = $w2 = $NONWORD;                        # 최초 접두사
while (<>) {                                 # 입력 글을 한 줄씩 처리
    foreach (split) {
        push(@{$statetab{$w1}{$w2}}, $_) ;
        ($w1, $w2) = ($w2, $_);         # 복합 대입
    }
}
push(@{$statetab{$w1}{$w2}}, $NONWORD); # 끝에 NONWORD를 추가한다

$w1 = $w2 = $NONWORD;
for ($i = 0; $i < $MAXGEN; $i++) {
    $suf = $statetab{$w1}{$w2}; # 배열 참조
    $r = int(rand @$suf);          #  @$suf는 원소의 개수임
    exit if (($t = $suf->[$r]) eq $NONWORD);
    print "$t\n";
    ($w1, $w2) = ($w2, $t);        # 접두사 전진
}
```

앞에서 만들어 본 프로그램과 마찬가지로 맵은 변수 statetab에 저장한다. 이 프로그램의 핵심은 다음 한 줄이다.

```
push(@{$statetab{$w1}{$w2}}, $_);
```

이 문장은 새 접미사를 statetab{$w1}{$w2}에 저장된 (익명) 배열의 끝에 추가한다. 출력을 만들 때, $statetab{$w1}{$w2}는 접미사 배열을 가리키는 레퍼런스(reference)이며, $suf->[$r]은 r번째 접미사를 가리킨다.

펄로 만든 프로그램과 Awk로 만든 프로그램은 처음 세 프로그램과 비교했을 때 매우 짧다. 하지만 두 단어가 아닌 다른 개수의 단어로 된 접두사를 다룰 수 있도록 고치기는 더 힘들다. C++ STL 구현의 핵심 부분(add와 generate 함수)은 길이가 비슷하지만 더 깔끔하게 만들 수 있었다. 그렇지만 프로그래밍 실험을 하거나 프로토타입(prototype)을 만들 때, 또 실행시간이 큰 문제가 되지 않은 경우, 스크립트 언어로 프로그램을 만드는 것은 좋은 대안이다.

연습문제 3-7. Awk와 펄로 만든 프로그램을 고쳐서, 다양한 개수의 단어를 가진 접두사를 쓸 수 있도록 만들어 보라. 또, 이 변경 때문에 성능에 어떤 변화가 오는지 조사해 보라.

3.8 성능

지금까지 우리는 성능을 비교할 수 있는 프로그램을 여러 개 만들어 보았다. 성능을 측정하기 위해 흠정역 영문 성서(King James Bible)[10]시편 예제를 입력으로 썼을 때 실행시간을 측정해 보았다. 시편은 42,685단어(5,238 개별 단어, 22,482 접두사)로 이루어져 있는데, 글 안에 반복되는 어구가 많아서("Blessed is the …") 어떤 접미사 리스트의 원소 개수가 400을 넘어가기도 하며, 접미사 수가 몇십 개나 되는 체인도 수백이기 때문에, 테스트 데이터로 쓰기에 매우 적당했다.

```
Blessed is the man of the net. Turn thee unto me, and raise me up, that
I may tell all my fears. They looked unto him, he heard. My praise
shall be blessed. Wealth and riches shall be saved. Thou hast dealt
well with thy hid treasure: they are cast into a standing water, the
flint into a standing water, and dry ground into watersprings.
```

아래 테이블은 10,000단어를 생성하는 데 걸린 시간을 나타낸 것이다. 두 개의 시스템에서 테스트했는데, 첫 번째 시스템은 Irix 6.4를 돌리는 250MHz MIPS R10000이고, 두 번째 시스템은 Windows NT를 돌리는 128메가바이트 메모리를

---

10 흠정역 : 흠정(欽定)은 왕이 손수 제도나 법률 따위를 제정하는 일을 뜻하며, 1604년 영국왕 제임스 1세가 일부 지식층만 읽을 수 있었던 라틴어 성경을 영어로 번역할 것을 명해 만들어진 킹 제임스 성경(King James Bible)을 말한다.

가진 400MHz 펜티엄 II다. 실행시간은 거의 입력 크기에만 좌우되었으며, 입력 처리와 비교했을 때 출력 생성은 무척 빠른 편이었다. 이 표에는 소스코드 줄 수를 단위로 한 프로그램의 대략적 크기도 포함되어 있다.

	250MHz R10000	400MHz Pentium II	소스코드 줄 수
C	0.36 sec	0.30 sec	150
자바	4.9	9.2	105
C++/STL/deque	2.6	11.2	70
C++/STL/list	1.7	1.5	70
Awk	2.2	2.1	20
펄(Perl)	1.8	1.0	18

C와 C++로 만든 프로그램은 최적화 기능을 써서 컴파일했으며, 자바로 만든 프로그램은 JIT(just-in-time) 컴파일러로 실행하였다. Irix C와 C++ 실행시간은 세 가지 다른 컴파일러를 사용해서 컴파일한 프로그램 가운데 가장 빠른 프로그램의 실행시간이며, 썬(Sun)의 SPARC 기계와 DEC의 Alpha 기계에서도 비슷한 결과를 얻을 수 있었다. C로 작성한 프로그램이 월등히 빨리 실행되었으며, 펄 판이 두 번째로 빨랐다. 하지만, 이 표에 나온 수치는 특정 컴파일러와 라이브러리를 사용한 경험일 뿐이니, 시스템과 환경에 따라 매우 다른 결과가 나올 수도 있다.

Windows의 STL deque은 구현에 분명히 문제가 있다. 우리는 중심 데이터 구조인 map이 가장 시간을 많이 차지하리라 예상했지만, 실험 결과에서는 항목이 두 개 이상 들어간 적이 없는데도 접두사로 사용된 deque이 실행시간을 대부분 잡아먹은 것으로 드러났다. deque에서 list로 바꾸자(STL에서 list는 이중 연결 리스트다) 시간이 대폭 단축되었다. 반면, Irix에서는 map 대신에 (표준이 아닌) 해시 컨테이너를 쓰더라도 큰 차이가 없었다. Windows에는 해시가 없었기 때문에 실험할 수 없었다. 단지 프로그램의 두 군데에서 deque이라는 단어를 list로 바꾸고 map이라는 단어를 hash라고 바꾸기만 했는 데도, 컴파일이 가능하다는 것은 STL이 잘 설계되어 있다는 것을 보여주는 좋은 예다. 하지만, C++에 새로 추가된 STL은 아직 충분히 완성 단계가 아니라는 결론을 얻을 수 있었다. 시스템에 제공되는 STL마다 또 데이터 구조마다 성능이 어떻게 나올지 예측하지 못하기 때문이다. 빠

른 속도로 언어가 진보하는 자바도 똑같은 문제를 안고 있다.[11]

상당량의 출력인데다 그 내용마저 제멋대로 달라질 수 있다면 그 출력을 만들어 내는 프로그램은 어떤 식으로 테스트해야 할까? 또, 실행된다는 것을 어떻게 보장할 수 있을까? 6장에서 테스트를 다룰 테니, 마르코프 프로그램을 테스트하는 방법도 6장으로 미루겠다.

3.9 교훈

마르코프 프로그램은 역사가 매우 길다. 첫 번째 마르코프 프로그램은 돈 미첼(Don P. Mitchell)이 만들었으며, 그 후 브루스 엘리스(Bruce Ellis)가 보완·수정했다. 그리고 1980년대 내내 해체주의자[12] 활동에서 자주 사용되었다. 그 후에 특별히 사용된 적은 없으나, 우리는 이것을 대학 강의에서 프로그램 설계에 대한 예를 보이기 위해 쓰기로 했다. 원래 프로그램을 꺼내어 활용하는 대신, 다양한 쟁점에 대한 기억을 되살리기 위해 새롭게 C 언어로 작성했으며, 그리고 나서 다른 언어들로도 그 언어 고유의 이디엄(idiom)을 이용해서 똑같은 기본 아이디어를 표현해 보았다. 그리고 강의 기간이 끝난 다음에도 여러 번 수정·보완하였다.

시간이 많이 흐르는 동안에도 기본 설계는 같았다. 초창기 버전도 우리가 만든 프로그램과 같은 방식을 사용했다. 약간 달랐던 점은 각 단어를 저장하기 위해 두 번째 해시 테이블을 쓴 것이지만, 나머지 설계는 우리가 만든 프로그램과 같았다. 이 프로그램을 다시 작성한다고 해도, 아마 거의 같은 방식을 사용할 것이다. 프로그램 설계는 그 프로그램이 사용할 데이터의 구조와 배치에 달렸다. 데이터 구조가 모든 것을 다 결정하는 것은 아니지만, 해결 방법의 대략적인 모양새를 결정한다.

리스트나 동적으로 크기가 변하는 배열 같은 데이터 구조는 어느 것을 쓰더라도 전체 프로그램 설계에 큰 영향을 주지 못한다. 어떤 언어로 작성한 프로그램은 다른 언어로 작성한 것보다 훨씬 일반화되어 있다. 예를 들어 펄과 Awk로 만든 프로

---

11 저자가 이 글을 쓴 시점은 꽤 오래 전이다.

12 해체주의자(Deconstruction) : 철학과 문학 비평 등에 사용되며, 같은 글이 상반된 뜻을 지닌 말로 해석될 수 있다는 것을 보여준다.

그램에서 접두사로 한 단어 또는 세 단어를 쓰도록 고치는 것은 쉽지만, 접두사의 단어 개수를 매개변수로 입력받아 처리하는 것은 매우 까다롭다. 하지만 객체지향 언어라는 표현에 걸맞게 C++와 자바로 만든 프로그램은 조금만 고쳐도 이 프로그램의 데이터 구조를 영어 문장 이외에 다른 오브젝트(예를 들어 프로그램 코드, 악보, GUI 마우스 클릭, 메뉴 선택 등)를 처리하도록 만들 수 있다.

물론, 데이터 구조가 거의 같더라도 프로그램의 길이와 성능은 많이 달라질 수 있다. 대충 말하면, 고수준 언어로 만든 프로그램이 저수준 언어로 만든 것보다 느리다. 물론 이러한 경향이 있다는 말이지 항상 그렇다고 할 수는 없다. C++ STL처럼 규모가 큰 컴포넌트나 스크립트 언어가 제공하는 결합 배열과 문자열 처리는 코드 길이를 줄여주고, 개발 시간도 줄여준다. 물론 이런 기능을 쓰면 성능이 떨어질 수 있다는 대가를 치러야 한다. 하지만 앞에서 만든 마르코프 프로그램처럼 몇 초 내에 끝나는 프로그램을 만들 때에는 큰 문제가 되지 않을 것이다.

더 잘 드러나지 않는 문제는, 시스템이 제공해 주는 코드 부분이 너무 커져서 프로그램 내부에서 무슨 일이 일어나는지 아무도 모르게 되므로 개발자가 프로그램을 저어하고 이해하는 능력을 잃어버릴 수 있다는 것이다. STL에서 발생하는 문제가 바로 이런 것이다. STL의 성능은 아직까지 예측하기 힘들며, 이것을 해결할 쉬운 방법이 없다. 우리가 만든 서툰 구현 결과는 프로그램을 실행하기 전에 수정해야 했다. 하지만 이런 종류의 문제점을 파헤치고 고칠 수 있는 사람이나, 그런 시간을 투자할 수 있는 사람은 많지 않다는 것이 문제다.

이 문제는 소프트웨어 분야에서 점점 커지는 걱정거리다. 라이브러리, 인터페이스, 툴들이 점점 복잡해질수록 이해하거나 조작하는 방법이 더욱 어려워진다. 모든 일이 잘 되어갈 때에는 이런 강력한 기능들이 도움을 주지만 하나라도 잘못될 경우, 수정할 능력을 갖춘 사람을 찾기 힘들다. 더욱이 이런 문제가 성능과 관련되어 있거나 미묘한 논리 에러라면 문제가 있다는 것조차 발견하기 힘들 것이다.

이 프로그램을 설계하고 만들면서 우리는 큰 프로그램에 적용할 수 있는 몇 가지 교훈을 얻을 수 있다. 첫째, 단순한 알고리즘과 데이터 구조 선택의 중요성이다. 다시 말해, 주어진 문제를 적당한 시간 안에 해결할 수 있는 가장 간단한 것을 선택하는 것이 좋다. 이미 누군가 라이브러리로 만들어 둔 것이 있다면 더욱 좋다. 우리가 C++ 라이브러리를 써서 많은 이득을 본 것을 기억하기 바란다.

브룩스의 충고에 따르면, 사용할 알고리즘에 대한 지식을 토대로 데이터 구조를 상세하게 설계하는 것이 가장 좋다. 데이터 구조가 결정되었다면, 코드는 쉽게 따라나온다.

설계를 완벽히 끝내고 프로그램을 작성하는 것은 쉽지 않다. 실제로 프로그램을 만들 때에는 여러 가지 반복과 실험이 필요할 것이다. 프로그램을 작성하는 과정에서, 그 전에는 대충 넘어간 결정 사항들을 다시 한번 확인하고 생각해야 한다. 우리가 만든 프로그램도 마찬가지인데, 실제로 프로그램을 작성하면서 세부 사항을 많이 수정하였다. 가능하다면 최대한 간단한 것부터 시작해서, 경험을 토대로 발전시켜 나아가길 바란다. 만약 단순히 혼자 쓸 마르코프 체인 알고리즘을 만드는 것이었다면 당연히 Awk이나 펄로 만들었을 것이며, 이 책에서 보여준 코드만큼 잘 다듬지도 않았을 것이다.

하지만, 실제 제품에 적용될 코드라면 훨씬 많은 노력을 기울여야 한다. 만약 우리가 이 책의 코드들을 제품용으로 생각했다면 여러 번 다듬고 테스트 했어야 하므로 두 배 이상의 노력을 기울였을 것이다.

연습문제 3-8. 우리는 Scheme, Tcl, Prolog, Python, Generic Java,[13] ML, Haskell 등 여러 언어로 작성된 마르코프 프로그램을 본 적이 있다. 언어마다 고유의 장점과 문제가 있으니, 독자가 가장 좋아하는 언어로 마르코프 프로그램을 만들어 보고, 전반적인 느낌과 성능에 대해 설명해 보라.

더 읽어보기

표준 템플릿 라이브러리(STL)를 설명하는 책은 매우 많다. 매슈 오스턴(Matthew Austern)이 쓴 『Generic Programming and the STL』(1998년 Addison-Wesley 출판) 도 그 중 하나이며, C++ 언어 자체에 대한 가장 확실한 참고서는 비얀 스트로스트

---

13 Generic Java : C++의 템플릿처럼 제네릭(generic) 지원을 추가한 Java

럽(Bjarne Stroustrup)이 쓴 『The C++ Programming Language』(1997년 Addison-Wesley 3판)이다. 우리는 자바 언어 참고서로 켄 아놀드(Ken Arnold)와 제임스 고슬링(James Gosling)이 쓴 『The Java Programming Language, 2nd Edition』(1998년 Addison-Wesley 출판)를 사용했다. 펄을 가장 잘 설명해 놓은 책은 래리 월(Larry Wall), 톰 크리스찬센(Tom Christiansen), 랜들 슈워츠(Randal Schwartz)가 쓴 『Programming Perl, 2nd Edition』(1996년 O' Reilly 출판)이다.[14]

기본적인 데이터 구조의 숫자가 몇 개 안 되는 것과 마찬가지로, 대부분 프로그램에서 나타나는 서로 구별되는 디자인 패턴(design pattern) 역시 그리 많지 않다. 간략하게 말하면, 우리가 이미 1장에서 다룬 코드 이디엄이 디자인 패턴에 해당한다고 할 수 있다. 이 분야에서 거의 표준으로 알려진 참고서는 에리히 감마(Erich Gamma), 리처드 헬름(Richard Helm), 랄프 존슨(Ralph Johnson), 존 블리사이즈(John Vlissides)가 쓴 『Design Patterns: Elements of Reusable Object-Oriented Software』[15](1995년 Addison-Wesley 출판)이 있다.

shaney라고 알려진 마르코프 프로그램에 얽힌 여러 가지 이야기는 『Scientific American』지 1989년 6월호의 「Computing Recreations」 칼럼에 실렸다. 이 기사는 A. K. 듀드니(A.K. Dewdney)가 쓴 『The Magic Machine』(1990년 W. H. Freeman 출판)에 포함되어 다시 실렸다.

---

14 마지막 책을 제외한 책들은 모두 번역서가 출간되었다. 매슈 오스턴의 책은 『일반적 프로그래밍과 STL : C++ 표준 템플릿 라이브러리의 활용과 확장』(정보문화사, 2005)으로, 비얀 스트로스트럽의 책은 3판이 『C++ 프로그래밍 언어(특별판)』(피어슨에듀케이션코리아, 2005)으로, 켄 아놀드의 책은 3판이 『자바 프로그래밍 언어』(홍릉과학출판사, 2001)로 출간되었다.

15 번역서로 『GoF의 디자인 패턴 : Design Patterns』(피어슨에듀케이션코리아, 2007)이 있다.

4장

The **Practice** of **Programming**

인터페이스

담을 쌓기 전부터 알고 싶었소

내가 안을 지켜 쌓는 것인지, 밖을 막아 쌓는 것인지

누군가를 해치려는 건 아닌지

무언가 담장을 좋아하지 않는 것이 있어요.

무너뜨리는 뭔가.

- 로버트 프로스트(Robert Frost), Mending Wall

설계의 핵심은 서로 대립하는 목표와 제약 사이에서 균형을 잡는 데 있다. 혼자 쓰는 소규모 시스템을 구성할 때도 수많은 득실을 저울질 하겠지만, 해당 선택의 영향을 받는 범위는 그 시스템과 프로그래머 개인에 한정된다. 그러나 코드를 사용하는 게 혼자만이 아니라면, 그 선택은 보다 광범위한 반향을 일으킨다.

설계 단계에서 다뤄야 할 문제들은 다음과 같다.

- **인터페이스**: 어떤 서비스와 접근 권한을 제공할 것인가? 인터페이스란 사실상 서비스 제공자와 서비스 사용자 사이의 계약이다. 이 계약의 목표는 일관성있고 편리하면서, 지나치게 무겁지 않으면서도 쉽게 사용할 수 있을 만큼 기능을 충분히 갖춘 서비스를 제공하는 것이다.

- **정보 은닉**: 어떤 정보를 드러내고, 어떤 정보를 숨길 것인가? 인터페이스는

각 컴포넌트에 이르는 분명한 접근 경로를 제공해야 하며, 동시에 세부 구현에 대한 정보는 숨겨서 사용자에게 영향을 주지 않고 변경할 수 있도록 해야한다.

- **자원 관리**: 메모리나 기타 한정된 자원들을 누가 관리할 것인가? 여기에서 주 관심사는 메모리 공간 할당 및 해제나 공유 정보들의 관리 문제가 된다.
- **에러 처리**: 누가 에러를 감지하고, 누가 이 에러를 보고할 것인가? 보고는 어떻게 할 것인가? 에러를 감지했을 때 어떤 복구 방법을 시도할 것인가?

2장에서 시스템을 구성하는 부품, 즉 자료구조에 대하여 알아보았다. 3장에서는 이 부품들을 결합하여 작은 프로그램을 만드는 방법을 살펴보았다. 이제 이야기는 서로 다른 소스 파일에 존재할 컴포넌트 간의 인터페이스로 넘어간다. 이 장에서 우리는 함수와 자료구조를 모아, 공통 작업을 처리하는 라이브러리 하나로 만들면서 인터페이스 설계를 설명할 것이다. 그리고 이 과정에서 몇 가지 설계 원칙을 제시한다. 보통 수많은 의사결정의 대부분이 거의 무의식적으로 이루어진다. 이 장에서 다룰 원칙들을 고려하지 않는다면 그 결과는 매일 프로그래머들을 좌절시키며 발목을 잡는 엉망으로 꼬인 인터페이스가 될 것이다.

4.1 콤마 구분값

콤마 구분값(comma-separated values, CSV)은 표(table) 형식의 자료를 표현하기 위해 자연스럽게 널리 쓰이는 표현방식을 가리키는 용어다. 표의 열(row)은 텍스트 한 줄이 되고, 각 줄의 필드(field)는 콤마(,)로 구분한다. 3장의 마지막에 있는 표를 CSV 형식으로 바꾸면 다음과 같이 시작하게 된다.

```
,"250MHz", "400MHz", "소스코드"
,"R10000","Pentium II","줄 수"
C,0.36 sec,0.30 sec,150
자바,4.9,9.2,105
```

스프레드시트 같은 프로그램들이 읽고 쓸 수 있는 형식으로, 주식 시황 제공 서비스 같은 웹 페이지에서 동일한 형식이 나오는 건 우연이 아니다. 어떤 유명한 미국 주식 시황 웹페이지는 다음과 같은 화면을 제공한다.

약칭	최종 거래		등락폭		거래량
LU	2:19PM	86–1/4	+4–1/16	+4.94%	5,804,800
T	2:19PM	60–11/16	–1–3/16	–1.92%	2,468,000
MSFT	2:24PM	106–9/16	+1–3/8	+1.31%	11,474,900

스프레드시트 형식으로 다운로드

웹 브라우저로 값을 얻어내는 것은 효과적이지만 시간이 걸린다. 단지 숫자 몇 개를 보기 위해 웹 브라우저를 띄우고, 기다리다가, 쏟아지는 광고창들을 본 다음, 주식 목록을 입력하고, 기다리고, 또 기다리고, 하염없이 기다리다가, 재차 광고의 집중포화를 맞는 것은 꽤 짜증나는 일이다. 게다가 이 숫자들로 뭔가를 더 해 보려면 웹 브라우저에 더 일을 시켜야 한다. '스프레드시트 형식으로 다운로드' 링크를 클릭하면 파일 하나가 다운로드되는데, 위와 거의 똑같은 정보를 CSV 형식으로 쓴 것이며 내용은 다음과 같다(여기서는 보기 편하게 줄을 편집하였다).

```
"LU",86.25,"11/4/1998","2:19PM",+4.0625,
    83.9375,86.875,83.625,5804800
"T",60.6875,"11/4/1998","2:19PM",-1.1875,
    62.375,62.625,60.4375,2468000
"MSFT",106.5625,"11/4/1998","2:24PM",+1.375,
    105.8125,107.3125,105.5625,11474900
```

이 과정에서 빠져 있어 아쉬운 것은 바로 컴퓨터가 일하도록 만든다는 원칙이다. 웹 브라우저는 컴퓨터가 원격 서버의 데이터에 접근할 수 있게 해 주지만, 광고 같은 정보를 강제적으로 주고 받을 필요없이 데이터를 꺼내 온다면 더 편할 것이다. 버튼을 클릭할 때마다 내부적으로 일어나는 일은 단순한 텍스트 기반 작업이다. 브라우저가 HTML 몇 줄을 읽고, 사용자가 텍스트 몇 줄을 입력하고, 브라우저는 그것을 서버에 전송한 다음 HTML 몇 줄을 다시 읽는다. 적절한 도구와 언어를 사용한다면, 이런 정보를 쉽게 자동으로 받아올 수 있다. 아래는 주식 시황 제공 웹 사이트에 접속해, CSV 형식으로 된 데이터를 가져오는 Tcl 프로그램이다. 위에서 본 데이터 앞에 헤더 몇 줄을 덧붙인 결과를 출력한다.

```
#getquotes.tcl: Lucent, AT&T, Microsoft의 주가

set so [socket quote.yahoo.com 80]     ;# 서버 접속
set q "/d/quotes.csv?s=LU+T+MSFT&f=sl1d1t1c1ohgv"
```

```
puts $so "GET $q HTTP/1.0\r\n\r\n"        ;# 요청 전송
flush $so
puts [read $so]                            ;# 응답을 읽고 출력
```

주식 종목 약칭 뒤에 붙은 "f=..."라는 암호 같은 부분은 따로 주석을 달지 않은 제어 문자열이다. printf 함수의 첫 인자와 비슷하게, 어떤 타입의 값을 가져올지 결정해 주는 부분이다. 우리는 실험을 통해 s가 주식 약칭을, $l1$이 최종 주가를, $c1$이 전일 종가 대비 등락폭을 나타낸다는 것을 알아냈다. 여기서 중요하게 봐야 할 것은 세부적인 내용이 아니다. 어차피 바뀌기 쉽기 때문이다. 오히려 자동화, 즉 사람의 개입을 거치지 않고 필요한 정보를 꺼내와서 특정 형식으로 변환할 수 있다는 가능성에 주목해야 할 것이다. 컴퓨터가 일하게 할 수 있는 것이다.

보통 getquotes 프로그램을 돌리는 시간은 영점 몇 초도 안 되고, 이는 브라우저를 통해 정보를 주고 받는 시간보다 훨씬 짧다. 일단 데이터가 손에 들어오면, 그것을 가지고 뭔가를 더 해보고 싶기 마련이다. CSV 같은 데이터 형식은 형식 변환을 지원하면서 부가적으로 수치 변환 등의 처리를 해주는 편리한 라이브러리가 있으면 최적의 조건에서 사용할 수 있다. 하지만 CSV 형식을 처리하는 공개 라이브러리는 발견하지 못했으므로 직접 작성해 보겠다.

앞으로 몇 절을 할애해 CSV 데이터를 읽고 어떤 내부적 표현으로 변환하는 라이브러리를 세 가지 버전으로 만들 것이다. 이 과정을 통해, 다른 소프트웨어와 연동해야 하는 소프트웨어를 설계할 때 발생하는 문제에 대해 논하기로 하겠다. 예를 하나 들자면 CSV 형식을 정의하는 표준은 존재하지 않는 듯하다. 따라서 정확한 문법이나 세부사항에 근거하여 변환 라이브러리를 구현할 수가 없는데, 이는 인터페이스를 설계할 때 매우 흔히 일어나는 상황이다.

4.2 프로토타입 라이브러리

좋은 라이브러리 설계 또는 좋은 인터페이스 설계는 단번에 얻어지지 않는다. 프레드 브룩스(Fred Brooks)가 "한 번은 버릴 마음을 먹어라. 어차피 그렇게 될 것이므로."라고 썼을 정도다. 브룩스는 대형 시스템을 생각하고 썼지만, 사실 어느 정도 규모가 되는 소프트웨어라면 모두 해당되는 말이기도 하다. 보통은 임시 버전

으로라도 직접 프로그램을 만들고 사용해 본 다음에야, 제대로 설계를 할 수 있을 만큼 관련 쟁점들을 충분히 이해할 수 있다.

그러므로 CSV 처리 라이브러리 제작을 위해 한 번 쓰고 버릴 임시 버전, 즉 '프로토타입(prototype)'을 만드는 방식으로 접근하기로 한다. 이 시작품(試作品)은 철저하게 다듬어진 라이브러리에 필요한 여러 가지 복잡한 사항을 무시하겠지만, 그런대로 쓸만한 기능을 제공하면서도 쟁점이 될 만한 사항들을 확인하기에는 부족함이 없을 것이다.

먼저 csvgetline 함수를 만든다. 이 함수는 CSV 데이터 한 줄을 파일에서 버퍼로 읽어 들이고, 각 필드를 분리하여 배열에 저장한 다음, 따옴표를 없애고 필드 개수를 리턴한다. 우리는 이런 코드를 지난 몇 년에 걸쳐 알고 있는 거의 모든 언어로 작성해 본 바 있으므로, 상당히 익숙해진 작업이다. 아래에 C 언어로 작성한 프로토타입 버전이 있다. 이 코드가 그저 프로토타입임을 나타내기 위해 각 줄 앞에 물음표를 달았다.

```
?    char buf[200];
?    char *field[20];
?
?    /* csvgetline: 한 줄씩 읽어 파싱하고 필드 개수를 리턴한다. */
?    /* 입력 예시: "LU",86.25,"11/4/1998","2:19PM",+4.0625 */
?    int csvgetline(FILE *fin)
?    {
?        int nfield;
?        char *p, *q;
?
?        if (fgets(buf, sizeof(buf), fin) == NULL)
?            return -1;
?        nfield = 0;
?        for (q = buf; (p=strtok(q, ",\n\r")) != NULL; q = NULL)
?            field[nfield++] = unquote(p);
?        return nfield;
?    }
```

함수 윗부분의 주석에 이 프로그램이 어떤 형식의 입력을 받을 수 있는지 보여주는 예가 있다. 복잡한 입력을 파싱하는 프로그램에 이런 주석을 달면 많은 도움이 된다.

CSV 형식은 scanf 함수로 파싱하기에는 너무 까다로우므로, C 표준 라이브러리 함수인 strtok을 사용하겠다. strtok(p,s)은 호출될 때마다 p 문자열에서 s로 구분된 문자들로 이루어진(s는 제외) 첫 토큰에 대한 포인터를 리턴한다. 그리고 원 문자열에서 다음 문자를 널 바이트(null byte)[1]로 덮어써서 토큰을 자른다. 처음 strtok을 호출할 때는 처리할 문자열을 첫 인자에 넣고, 그 이후부터는 이전 호출에서 끝난 부분에서 재개하여야 함을 표시하기 위해 첫 인자에 NULL을 넣는다. 참 어설픈 인터페이스다. strtok은 호출과 호출 사이에 변수 하나를 비밀 장소에 저장해두기 때문에, 한 번에 하나의 호출 흐름만 처리할 수 있을 것이다. 서로 관계없는 호출이 번갈아 일어나면 다른 흐름을 방해하게 된다.

아래의 unquote 함수는 위에서 예로 든 입력 문자열에 있는 여는 따옴표와 닫는 따옴표를 제거한다. 하지만 따옴표 안에 따옴표가 있는 식의 중첩된 따옴표를 처리할 수 없기 때문에, 프로토타입에서 쓰기엔 충분하지만 일반적으로 쓸 수 있는 함수는 아니다.

```
/* unquote: 여는 따옴표와 닫는 따옴표를 제거 */
char *unquote(char *p)
{
    if (p[0] == '"') {
        if (p[strlen(p)-1] == '"')
            p[strlen(p)-1] = '\0';
        p++;
    }
    return p;
}
```

간단한 테스트 프로그램으로 csvgetline이 제대로 동작하는지 확인해 보자.

```
/* csvtest main: csvgetline 함수 테스트 */
int main(void)
{
    int i, nf;

    while ((nf = csvgetline(stdin)) != -1)
        for (i = 0; i < nf; i++)
            printf("field[%d] = '%s'\n", i, field[i]);
    return 0;
}
```

printf는 각 필드를 작은 따옴표로 둘러싸서 출력한다. 이렇게 하면 필드를 구분

---

1 널 바이트(null byte) : 문자열의 끝을 나타내는 '\0' 을 의미한다.

할 스 있고 공백문자를 제대로 처리하지 못하는 버그를 발견하기도 쉬워진다.

이제 getquotes.tcl에서 나온 결과에 대해 이 프로그램을 실행해 보자.

```
% getquotes.tcl | csvtest
...
field[0] = 'LU'
field[1] = '86.375'
field[2] = '11/5/1998'
field[3] = '1:01PM'
field[4] = '-0.125'
field[5] = '86'
field[6] = '86.375'
field[7] = '85.0625'
field[8] = '2888600'
field[0] = 'T'
field[1] = '61.0625'
...
```

(위 출력 결과에서 HTTP 헤더에 해당하는 줄은 생략했다.)

이제 앞에서 본 것과 비슷한 형식의 데이터를 처리할 수 있는 프로토타입이 나왔다. 하지만 신중을 기하려면 다른 형식에 대해서도 시험해 보는 게 좋을 것이다. 특히 다른 사람들이 이 프로그램을 쓰게 할 생각이 있다면 말이다. 우리는 주가 시황 정보를 다운로드할 수 있는 또다른 웹 사이트를 찾아냈는데, 여기에 나오는 파일은 비슷한 정보를 담고 있지만 형식이 다르다. 레코드를 구분하기 위해 개행 문자(\n)가 아닌 캐리지 리턴(\r)을 사용하고, 파일 끝에 종결 캐리지 리턴 문자가 없다. 아래는 지면에 맞게 편집한 파일 내용이다.

```
"Ticker","Price","Change","Open","Prev Close","Day High",
    "Day Low","52 Week High","52 Week Low","Dividend",
    "Yield","Volumn","Average Volume","P/E"
"LU",86.313,-0.188,86.000,86.500,86.438,85.063,108.50,
    36.18,0.16,0.1,2946700,9675000,N/A
"T",61.125,0.938,60.375,60.188,61.125,60.000,68.50,
    46.50,1.32,2.1,3061000,4777000,17.0
"MSFT",107.000,1.500,105.313,105.500,107.188,105.250,
    119.62,59.00,N/A,N/A,7977300,16965000,51.0
```

우리가 만든 프로토타입 프로그램에 이 데이터를 입력으로 주면 한심할 정도로 엉망인 결과를 내놓는다.

하나의 데이터 소스만 보고 프로토타입을 설계한 뒤 같은 소스에서 나온 데이터 형식만 가지고 테스트했으니, 다른 소스와 처음으로 맞닥뜨렸을 때의 끔찍한 결과는 전혀 놀랄 일이 아니다. 입력이 아주 길거나, 필드가 많거나, 구분자가 예상과 다르게 나오거나 없는 경우 모두 문제를 일으킬 수 있다. 이렇게 망가지기 쉬운 프로토타입은 개인적인 목적이나 접근 방식의 현실성을 보기 위한 용도로는 사용할 수 있겠지만 그 이상은 무리다. 다른 구현 형태를 시도하기 전에 이 설계에 대해 다시 생각해 보자.

이 프로토타입을 만들 때, 암묵적으로 또 명시적으로 많은 의사결정을 내렸다. 그 중 일부를 아래에 소개한다. 범용 라이브러리에 어울릴 만한 최선의 선택이 아니었던 것도 있다. 각 선택에는 좀 더 주의깊게 살펴봐야 하는 쟁점들이 따라붙는다.

- 이 프로토타입은 입력이 아주 길거나, 필드가 많은 경우를 처리하지 않는다. 에러가 생겼을 때 정상적인 값을 리턴하는지는 고사하고 오버플로우 검사조차 하지 않기 때문에 잘못된 결과를 내거나 죽어버릴 수도 있다.
- 입력은 여러 줄로 구성되며, 각 줄은 개행문자로 구분된다고 가정한다.
- 각 필드는 콤마로 구분하고, 필드를 둘러싼 따옴표는 제거한다. 필드 내용에 따옴표나 콤마가 들어가 있는 경우는 대비하지 않았다.
- 입력 내용을 보존하지 않고, 필드를 만드는 과정에서 덮어 쓴다.
- 한 줄을 처리하고 다음 줄로 넘어갈 때 이전 데이터를 저장하지 않는다. 만약 어떤 정보를 남기고 싶다면, 반드시 따로 복사해 두어야 한다.
- 각 필드에 대한 접근은 전역변수인 field 배열을 통해 이루어진다. 이 배열은 csvgetline 함수와 이를 호출하는 함수들이 함께 공유하며, 필드 내용이나 포인터 접근에 대한 제어는 이루어지지 않는다. 마지막 필드 위치를 초과하는 접근을 막는 부분도 없다.
- 전역변수 때문에 이 설계는 멀티쓰레드 환경에 맞지 않을 뿐 아니라 두 개의 호출 흐름이 번갈아 나타나는 경우에도 적합하지 않다.
- 함수를 호출하는 쪽에서 파일을 명시적으로 열고 닫아야 한다. csvgetline은 열린 파일만 읽을 수 있다.
- 데이터를 읽는 부분과 분리하는 부분이 한데 뭉쳐 있다. 호출할 때마다 애플리케이션의 요구와 상관없이 무조건 한 줄씩 읽고 필드 별로 분리한다.

- 리턴 값은 그 줄에 있는 필드의 개수다. 이 값을 계산하기 위해서는 각 줄을 필드로 분리해야 한다. 또한 파일 끝에서 발생하는 에러를 구분해 낼 방법이 없다.
- 코드를 변경하지 않고 이런 특징들을 고칠 방법은 없다.

이간큼 잔뜩 나열했지만 여전히 빠진 것들이 남아 있는 이 리스트는 설계에서 가능한 트레이드오프의 일부를 생생하게 보여준다. 각 결정은 코드 전반에 엮여 있다. 단순한 작업, 즉 알려진 한 소스에서 고정된 형식을 파싱하는 일과 같은 작업에 쓰기엔 그럭저럭 쓸 만하다. 하지만 형식이 바뀌거나, 따옴표 문자열 안에 콤마가 나타난다거나, 웹서버가 엄청나게 긴 입력이나 필드가 엄청나게 많은 입력을 보내준다면 어떨까?

별 문제 아닌 것처럼 보일 수도 있다. 이 '라이브러리'는 작은 데다 어쨌든 프로토타입일 뿐이기 때문이다. 하지만 상상해 보라. 몇 달이나 혹은 몇 년 동안 선반에 처박아 둔 다음에, 이 코드는 시간이 흐르면서 조금씩 변경되는 대규모 프로그램의 일부가 된다. 그러면 csvgetline이 무슨 수로 버티겠는가? 만약 이 프로그램이 다른 데서도 쓰인다면, 처음에 설계할 때 이루어진 조급하고 단순한 선택들은 몇 년이 지난 다음 문제를 드러낼 수도 있다. 이 시나리오는 수많은 부실 인터페이스의 역사를 대변하는 전형이다. 슬픈 사실이지만, 생각없이 조급하게 엉망으로 만든 많은 코드가 결국 널리 쓰이는 소프트웨어에 들어간다. 그리고 계속 엉망인 상태로 남을 뿐 아니라, 어쨌건 조급하게 만들었으니 빨리는 돌아가야 할텐데 그렇지 않은 경우도 흔하다.

4.3 다른 사람이 쓸 수 있는 라이브러리

이제 프로토타입에서 배운 것을 활용해서, 범용으로 쓸 만한 라이브러리를 구축하려고 한다. 가장 분명한 요건은 csvgetline 함수를 좀 더 튼튼하게 만들어서 긴 입력이나 필드가 많은 경우를 처리할 수 있게 해야 한다는 것이다. 필드를 파싱할 때도 좀 더 신경써야 한다.

다른 사람이 쓸 수 있는 인터페이스를 만들려면 이 장 제일 처음에 나열했던 인터페이스, 정보 은닉, 자원 관리, 에러 처리를 고려해야 한다. 이런 항목들 사이의 상호작용은 설계에 큰 영향을 끼친다. 이들은 서로 밀접히 관련되어 있지만, 여기서는 그냥 편의를 위해 임의로 구분해 보았다.

인터페이스

기본 기능 세 가지를 정했다.

char *csvgetline(FILE *): CSV 형식 한 줄을 읽는다.

char *csvfield(int n): 현재 줄의 n번째 필드를 리턴한다.

int csvnfield(void): 현재 줄의 필드 개수를 리턴한다.

csvgetline은 어떤 값을 리턴해야 할까? 편리하면서도 유용한 정보를 리턴하는 게 바람직할 것이다. 그것은 프로토타입에서처럼 필드 개수가 될 수도 있다. 하지만 이를 위해서는 필드를 아예 사용하지 않는 경우에도 필드 개수를 계산해야만 한다. 또다른 후보자는 입력 줄 길이다. 이 값은 뒤에 따라붙는 개행 문자를 유지할지 말지에 따라 달라진다. 우리는 몇 번 실험을 해 본 뒤 csvgetline이 원 입력줄을 가리키는 포인터를 리턴하고, 파일 끝에 이르렀을 때는 NULL을 리턴하도록 결정을 내렸다.

그리고 csvgetline이 리턴한 입력줄의 끝에서 개행 문자를 제거한다. 필요한 경우 쉽게 복구할수 있으니 말이다.

필드의 정의가 복잡해진다. 전에는 스프레드시트나 다른 프로그램에서 경험적으로 봐왔던 것에 맞추려고 했다. 필드는 0개 이상의 문자로 이루어진 열(列)이다. 필드는 콤마(,)로 구분된다. 앞뒤의 공백은 유지된다. 하나의 필드는 큰 따옴표 문자(")로 둘러싸일 수 있고, 내부에 콤마 문자를 포함할 수도 있다. 따옴표로 둘러싼 필드는 큰 따옴표 문자(")를 포함할 수 있는데, 이 경우 따옴표를 두 번 써서 표시한다. 예를 들어 CSV 필드인 "x""y"는 x"y라는 문자열을 의미한다. 필드는 텅 빌 수도 있다. ""라고 표시한 필드는 빈 필드이며 콤마가 이어진 경우에도 똑같다.

필드의 인덱스는 0에서 시작한다. 만약 사용자가 csvfield(-1)이나 csvfield(100000) 같은 식으로 호출해서 존재하지 않는 필드를 요청하면 어떻게 될까? 이런 경우 ""(빈 문자열)을 리턴한다. 빈 문자열은 출력도 할 수 있고 비교도 할 수 있기 때문이다. 이러면 필드 개수가 특별히 많거나 적은 경우를 처리하는 프로그램이라

해도, 존재하지 않는 대상을 처리해야 할 때를 대비해 특별히 조심할 필요가 없게 될 것이다. 하지만 이렇게 하면 필드가 비었는지 존재하지 않는지 구분할 방법이 없다. 다른 방법은 에러 메시지를 출력하거나 아예 중단시키는 것인데, 뒤에서 왜 이 방법이 바람직하지 않은지 간단히 논할 것이다. 우리는 NULL을 리턴하기로 결정했다. 이 값은 C 언어에서 존재하지 않는 문자열을 표현하는 관습적인 값이다.

정보 은닉

우리가 만든 라이브러리는 입력줄의 길이나 필드 개수에 대해 아무 제한도 두지 않는다. 이를 위해서는 호출자나 피호출자(라이브러리) 중 하나가 메모리를 할당해서 제공해야 한다. 라이브러리 함수 fgets의 호출자는 배열 하나와 배열의 최대 크기를 넘겨준다. 만약 입력줄의 길이가 제공받은 버퍼보다 길다면 조각조각 나뉘게 된다. 이런 방식은 CSV 인터페이스의 기준에서 볼 때 만족스럽지 못하기 때문에, 우리의 라이브러리는 필요할 때마다 메모리를 더 할당할 것이다.

따라서 오직 csvgetline만이 메모리 관리에 대해 안다. 이 함수가 메모리를 어떻게 사용하든지 밖에서는 간섭할 수 없다. 이런 고립 상태를 만드는 제일 좋은 방법은 함수 인터페이스를 활용하는 것이다. csvgetline이 다음 줄을 읽어오면 그게 얼마나 크든 상관없이 csvfield(n)이 현재 줄 n번째 필드의 바이트 크기만큼에 대한 포인터를 리턴한다. 그리고 csvnfield가 현재 줄의 필드 개수를 리턴한다.

더 긴 줄이나 더 많은 필드가 들어오면 메모리를 더 할당해야 한다. 이런 작업이 이루어지는 세부적인 부분은 csv 함수에 숨겨져 있다. 프로그램의 다른 부분은 어떻게 이런 일이 일어나는지, 예를 들어 라이브러리가 작은 배열을 써서 늘려 나가는지, 아주 큰 배열을 사용하는지, 아니면 완전히 다른 방법을 사용하는지 전혀 알 수 없다. 언제 메모리가 해제되는지 알려주는 인터페이스도 마찬가지다.

만약 사용자가 csvgetline만 호출한다면 굳이 필드로 분리할 필요가 없다. 요청이 있을 때 분리하면 된다. 필드 분리가 적극적으로(줄을 읽자마자 바로 행함), 또는 게으르게(필드나 필드 개수가 필요할 때만 행함), 또는 엄청 게으르게(요청받은 필드만 분리해 냄) 이루어지는지와 같은 세부 구현 사항도 사용자에게는 숨긴다.

자원 관리

누가 공유 정보를 책임질지 결정해야 한다. csvgetline은 원본 데이터를 리턴할까, 아니면 복사본을 만들까? 앞에서 csvgetline의 리턴값을 원 입력에 대한 포인터로 결정했으므로, 그 원 입력은 다음 줄을 읽을 때 덮어씌워진다. 분리된 필드는 입력 줄의 복사본 내에 위치할 것이므로, csvfield는 그 복사본 안의 필드에 대한 포인터를 리턴한다. 이런 장치를 해두었으므로, 사용자가 특정 줄이나 필드를 저장하거나 변경하려면 또 다른 복사본을 만들어야 한다. 그리고 더이상 필요하지 않게 된 시점에 메모리를 해제하는 것도 사용자의 책임이다.

누가 입력 파일을 열고 닫을까? 입력 파일을 여는 곳이 어디든 열었으면 반드시 닫아야 한다. 한 쌍으로 된 작업은 같은 수준, 같은 위치에서 이루어져야 한다. 우리는 csvgetline이 미리 열린 파일에 대한 FILE 포인터를 인자로 삼아 호출되고, 작업이 끝났을 때 호출자가 이 파일 포인터를 닫는다고 가정하기로 했다. 공유 자원이나, 라이브러리와 그 호출자 사이의 경계를 넘나드는 자원을 관리하는 것은 어려운 일이며, 다양한 설계 상의 선택들을 고려하게 될 만한, 그 자체로는 그럴듯하면서도 서로 충돌하는 골치 아픈 이유들이 많다. 공유 책임에 대한 오해와 실수는 버그를 만드는 흔한 원인이다.

에러 처리

csvgetline은 NULL을 리턴하기 때문에, 파일 끝에 이른 경우와 메모리 고갈처럼 에러가 발생했을 경우를 구분하는 적당한 방법이 존재하지 않는다. 한편, 존재하지 않는 필드에 대한 접근은 에러를 발생시키지 않는다. ferror 함수와 비슷하게, 가장 최근의 에러를 보고하는 함수인 csvgeterror를 인터페이스에 추가할 수도 있을 것이다. 하지만 이 버전을 단순하게 유지하기 위해서 일단 향후 과제로 남겨두겠다.

원칙적으로 라이브러리 루틴은 에러가 발생했을 때 그냥 죽어버리면 안 된다. 호출자가 적절한 동작을 취할 수 있도록 에러 상태를 리턴해야 한다. 메시지를 출력하거나 팝업 대화상자를 띄워서도 안 된다. 메시지를 출력하면 다른 것들을 방해하게 되는 환경에서 그 루틴을 실행할 수도 있기 때문이다. 에러 처리는 이것 하나만으로도 따로 논해야 할 만큼 중요한 주제다. 이 장 후반에서 다룬다.

명세서

앞에서 내린 선택을 한군데 모아 csvgetline이 제공할 수 있는 서비스의 목록과 사용법을 설명한 명세서로 만들어야 한다. 대규모 프로젝트라면 명세서 작성은 구현보다 먼저 진행된다. 보통 명세서를 만드는 사람들과 구현하는 사람들이 서로 다르고, 서로 다른 조직에 속해 있을 것이기 때문이다. 하지만 현장에서는 흔히 일이 병렬적으로 진행되고, 명세서와 코드가 같이 개발된다. 비록 때로는 모든 것이 끝난 후에 그 코드가 어떤 일을 하는지 대략적으로나마 표현하기 위해서 '명세서'를 작성하긴 하지만 말이다.

가장 좋은 접근 방식은 명세서를 일찍 작성한 다음, 구현하면서 깨달은 것들을 반영해 계속 갱신하는 것이다. 명세서를 더 정확하고 더 신중하게 쓸수록, 프로그램이 잘 돌아갈 가능성이 더 높아진다. 개인적으로 쓰는 프로그램이라 해도 어느 정도 상세한 명세서를 준비하면 유용하게 쓸 수 있다. 여러 대안을 고려할 수 있게 도와주고 선택한 결과를 기록해 놓을 수 있기 때문이다.

우리의 목적을 고려할 때, 명세서는 다음과 같이 함수 원형과 동작방식, 책임, 가정한 사항들의 상세한 설명을 포함하게 될 것이다.

> 필드는 콤마로 구분한다.
> 필드를 큰 따옴표로 둘러쌀 수도 있다.
> 따옴표로 둘러싼 필드는 콤마를 포함할 수 있지만 개행문자는 포함하지 않는다.
> 필드는 텅 빌 수 있고 ""로 표시한다. 빈 문자열도 빈 필드를 의미한다.
> 앞뒤의 공백은 유지된다.

```
char *csvgetline(FILE *f);
```

> 열린 입력 파일 f에서 한 줄을 읽어 오며, 이때 입력줄은 \r, \n, \r\n, EOF로 끝난다고 가정한다.
> 종결자를 제거하고 입력줄에 대한 포인터를 리턴하거나, EOF에 이른 경우 NULL을 리턴한다.
> 입력줄은 임의의 길이가 될 수 있으며, 만약 메모리가 부족하면 NULL을 리턴한다.
> 입력줄은 읽기전용 저장공간처럼 취급해야 한다. 입력 내용을 보존하거나 변경하려면 반드시 호출자가 복사본을 만들어야 한다.

```
char *csvfield(int n);
```

필드 번호는 0에서 시작한다.

csvgetline이 읽은 마지막 줄에서 n번째 필드를 리턴한다.

n이 0보다 작거나 마지막 필드 번호를 넘어가면 NULL을 리턴한다.

필드는 콤마로 구분한다.

필드는 "..."로 둘러쌀 수 있다. 이런 따옴표는 제거된다.

""..."에서 ""는 "로 대체되며 콤마는 구분자가 아니다.

따옴표로 둘러싸지 않은 필드에서 따옴표는 일반 문자처럼 취급한다.

임의의 필드 길이와 갯수가 있을 수 있다.

메모리가 부족하면 NULL을 리턴한다.

필드는 읽기전용 저장공간처럼 취급해야 한다.

필드 내용을 보존하거나 변경하려면 반드시 호출자가 복사본을 만들어야 한다.

csvgetline이 호출되기 전에 이 함수를 호출했을 때의 동작은 정의되지 않는다.

```
int csvnfield(void);
```

csvgetline 이 읽은 마지막 줄에서 필드의 개수를 리턴한다.

csvgetline이 호출되기 전에 이 함수를 호출했을 때의 동작은 정의되지 않는다.

이 명세서에는 아직 몇 가지 문제가 남아 있다. 예를 들어, csvgetline이 EOF에 이른 다음 csvfield와 csvnfield가 호출되면 어떤 값을 리턴해야 할까? 잘못된 형식으로 된 필드는 어떻게 처리해야 할까? 이런 복잡한 문제들을 다 파고 들어가는 일은 아주 작은 시스템이라 해도 어려우며, 대규모 시스템에서는 어마어마한 도전이다. 하지만 중요한 일이므로 시도해 볼 가치는 있다. 하지만 사람들은 흔히 구현을 끝낸 다음에야 못 보고 지나쳤던 것들과 빠뜨렸던 것들을 알아차리곤 한다.

이 절의 나머지 부분에서 이 명세서에 맞는 새로운 csvgetline을 소개한다. 라이브러리를 두 개의 파일로 나눠 인터페이스의 공용 부분을 나타내는 함수 선언을 담은 csv.h 헤더 파일과, 코드를 담은 csv.c 구현 파일을 작성한다. 사용자는 자신의 소스코드에 csv.h를 인클루드해서, csv.c를 컴파일한 바이너리 코드와 자신의 컴파일된 코드를 링크한다. 소스를 사용자에게 보여 줄 필요가 전혀 없다.

아래는 헤더 파일 내용이다.

```
/* csv.h: csv 라이브러리의 인터페이스 */

extern char *csvgetline(FILE *f);  /* 다음 줄을 읽는다 */
extern char *csvfield(int n);      /* n번째 필드를 리턴한다. */
extern int csvnfield(void);        /* 필드 개수를 리턴한다. */
```

split와 같은 내부 함수나 텍스트 내용을 저장할 내부 변수는 정적(static)으로 선언하여, 그 함수나 변수가 있는 파일 안에서만 접근할 수 있게 한다. C 프로그램에서 정보를 숨기는 가장 간단한 방법이다.

```
enum { NOMEM = -2 };              /* 메모리 부족을 표시하는 시그널 */

static char *line = NULL;         /* 입력된 문자 데이터 */
static char *sline = NULL;        /* split이 쓸, line의 복사본 */
static int maxline = 0;           /* line[]과 sline[]의 크기 */
static char **field = NULL;       /* 필드를 나타내는 포인터들 */
static int maxfield = 0;          /* field[]의 크기 */
static int nfield = 0;            /* field[]에 저장된 필드 개수 */

static char fieldsep[] = ",";  /* 필드 구분에 쓰일 구분자 */
```

변스들의 초기화도 정적으로 이루어진다. 이 초기값들은 배열을 새로 만들었는지 아니면 확장했는지 테스트할 때 사용한다.

이 선언 부분은 단순한 데이터 구조를 보여 준다. line 배열은 입력줄을 보관한다. sline 배열은 line에서 문자들을 복사하고 끊어서 각 필드를 생성한다. field 배열은 sline의 필드를 가리키는 포인터를 담는다. 아래 다이어그램은 입력줄 ab, "cd", "e" "f" ,, "g,h"를 처리하고 난 다음 세 배열의 상태를 보여준다. sline에서 음영으로 표시한 원소는 필드에 들어가지 않는 부분이다.

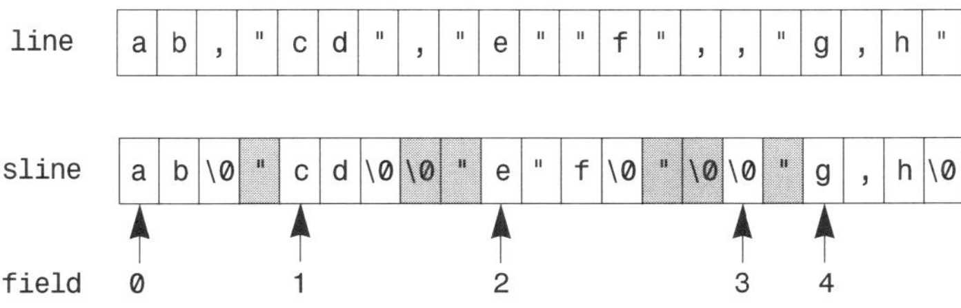

아래는 csvgetline 함수다.

```c
/* csvgetline: 한 줄 입력 받음, 필요하면 자동으로 메모리 추가 할당함 */
/* 입력 예시: "LU",86.25,"11/4/1998","2:19PM",+4.0625 */
char *csvgetline(FILE *fin)
{
    int i, c;
    char *newl, *news;

    if (line == NULL) {   /* 첫 호출 때 메모리를 할당함 * /
        maxline = maxfield = 1;
        line = (char *) malloc(maxline);
        sline = (char *) malloc(maxline);
        field = (char **) malloc(maxfield*sizeof(field[0]));
        if (line == NULL || sline == NULL || field == NULL) {
            reset();
            return NULL;  /* 메모리 부족 */
        }
    }
    for (i=0; (c=getc(fin))!=EOF && !endofline(fin,c); i++) {
        if (i >= maxline-1) {  /* line을 확장한다 */
            maxline *= 2;       /* 현재 사이즈의 두 배 */
            newl = (char *) realloc(line, maxline);
            news = (char *) realloc(sline, maxline);
            line = newl;
            sline = news;
            if (newl == NULL || news == NULL) {
                reset();
                return NULL;   /* 메모리 부족 */
            }
        }
        line[i] = c;
    }
    line[i] = '\0';
    if (split() == NOMEM) {
        reset();
        return NULL;    /* 메모리 부족 */
    }
    return (c == EOF && i == 0) ? NULL : line;
}
```

입력되는 내용은 line에 계속 쌓이고, line은 필요할 때마다 realloc을 호출하여 확장된다. 2.6절에서처럼 한 번 확장할 때마다 배열 크기는 두 배씩 늘어난다. sline 배열은 line과 같은 크기로 유지된다. csvgetline은 split를 호출하여 별도 배열인 field에 필드에 대한 포인터를 넣는다. 이 field 배열도 필요할 때마다 확장된다.

여태 해왔던 것처럼 이 배열들은 처음에 매우 작은 크기로 생성해서 필요할 때마다 크기를 늘린다. 배열 크기를 늘리는 코드를 시험해 보기 위해서다. 만약 메모리 할당이 실패하면 reset을 호출, 전역변수들을 초기화해서 그 다음 csvgetline을 호출할 때는 성공할 수 있게 안배한다.

```c
/* reset: 변수 상태를 초기 상태로 만든다. */
static void reset(void)
{
    free(line);        /* ANSI C 기준으로 free(NULL)가 가능함 */
    free(sline);
    free(field);
    line = NULL;
    sline = NULL;
    field = NULL;
    maxline = maxfield = nfield = 0;
}
```

endofline 함수는 입력줄이 캐리지 리턴(\r), 개행문자(\n), 캐리지 리턴 + 개행문자(\r\n), EOF로 끝나는 경우에 생기는 문제를 처리한다.

```c
/* endofline: 검사 후 \r, \n, \r\n 또는 EOF를 없앤다. */
static int endofline(FILE *fin, int c)
{
    int eol;

    eol = (c=='\r' || c== '\n');
    if (c == '\r') {
        c = getc(fin);
        if (c != '\n' && c != EOF)
            ungetc(c, fin);        /* 너무 많이 읽었을 때 c를 다시 집어 넣는다. */
    }
    return eol;
}
```

이렇게 따로 함수를 만든 까닭은 표준 입력 함수가 실제 입력값에서 마주칠 여러 잘못된 형태를 처리할 수 없기 때문이다.

앞에서 만든 프로토타입은 strtok을 써서 다음 필드 구분자(보통 콤마가 됨)를 찾았다. 그래서 따옴표로 둘러싼 콤마가 나올 경우 처리할 수가 없었다. split 코드는 많이 변경할 수밖에 없겠지만 인터페이스까지 바꿀 필요는 없다. 다음과 같은 입력줄을 생각해 보자.

```
 "", ,""
 ,"",
   , ,
```

각 줄에 빈 필드가 세 개씩 있다. split가 이런 입력이나 그 밖의 이상 형태 입력을
제대로 파싱하게 하려면 꽤나 복잡한 코드가 된다. 이것은 특수 케이스와 경계 조
건들이 어떻게 프로그램을 좌지우지하는지 보여주는 예가 될 것이다.

```c
/* split: 입력 줄을 필드로 구분한다 */
static int split(void)
{
    char *p, **newf;
    char *sepp; /* 임시 구분자에 대한 포인터 */
    int sepc;    /* 임시 구분자 */

    nfield = 0;
    if (line[0] == '\0')
        return 0;
    strcpy(sline, line);
    p = sline;

    do {
        if (nfield >= maxfield) {
            maxfield *= 2;  /* 현재 크기를 두 배로 늘린다 */
            newf = (char **) realloc(field,
                        maxfield * sizeof(field[0]));
            if (newf == NULL)
                return NOMEM;
            field = newf;
        }
        if (*p == '"')
            sepp = advquoted(++p); /* 시작하는 따옴표는 넘긴다 */
        else
            sepp = p + strcspn(p, fieldsep);
        sepc = sepp[0];
        sepp[0] = '\0';   /* 필드를 자른다. */
        field[nfield++] = p;
        p = sepp + 1;
    } while (sepc == ',');

    return nfield;
}
```

루프 부분은 필요할 때 field 배열의 크기를 늘리고, 다음 필드를 처리하기 위해
다른 함수 두 개 중 하나를 호출한다. 만약 다음 필드가 따옴표로 시작하면
advquoted 함수가 필드를 찾아서 그 필드 끝의 구분자에 대한 포인터를 리턴한다.

따옴표로 시작하지 않는다면 다음 콤마를 찾기 위해 라이브러리 함수인 strcspn(p, s)을 쓴다. 이 함수는 문자열 p에서 문자열 s에 있는 문자 중 하나가 처음으로 나타나는 위치를 찾고, 그 위치를 리턴한다.

필드 내용에 따옴표를 넣을 때는 따옴표 두 개를 붙여서 표현한다. advquoted는 따옴표 두 개를 한 개로 압착하고 필드를 둘러싼 따옴표도 제거한다. 여기에 어느 정도 복잡한 처리 로직을 추가해서 "abc"def처럼 명세서에는 맞지 않지만 그럴듯한 형태도 받을 수 있게 하려 했다. 이 경우, 두 번째 따옴표 이후에 무엇이 나오든지 다음 구분자가 나타날 때까지 계속 필드에 이어 붙인다. 마이크로소프트 사(社)의 엑셀(Excel) 프로그램이 이와 비슷한 알고리즘을 쓰는 것으로 보인다.

```c
/* advquoted: 따옴표로 둘러싼 필드. 다음 구분자를 가리키는 포인터를 리턴함. */
static char *advquoted(char *p)
{
    int i, j;

    for (i = j = 0; p[j] != '\0'; i++, j++) {
        if (p[j] == '"' && p[++j] != '"') {
            /* 다음 구분자나 \0이 나올 때까지 복사한다 */
            int k = strcspn(p+j, fieldsep);
            memmove(p+i, p+j, k);
            i += k;
            j += k;
            break;
        }
        p[i] = p[j];
    }
    p[i] = '\0';
    return p + j;
}
```

입력줄이 이미 필드 별로 나뉜 상태이기 때문에 csvfield와 csvnfield는 쉽게 만들 수 있다.

```c
/* csvfield: n번째 필드에 대한 포인터를 리턴한다. */
char *csvfield(int n)
{
    if (n < 0 || n >= nfield)
        return NULL;
    return field[n];
}

/* csvnfield: 필드 개수를 리턴한다. */
```

```
int csvnfield(void)
{
    return nfield;
}
```

마지막으로 테스트 프로그램을 조금 수정해서 이 라이브러리가 제대로 작동하는지 테스트한다. 프로토타입과 달리 입력 줄을 복사해서 작업하기 때문에, 구분된 필드를 출력하기에 앞서 원 입력줄을 출력할 수 있다.

```
/* csvtest main: CSV 라이브러리를 테스트한다 */
int main(void)
{
    int i;
    char *line;

    while ((line = csvgetline(stdin)) != NULL) {
        printf("line = '%s'\n", line);
        for (i = 0; i < csvnfield(); i++)
            printf("field[%d] = '%s'\n", i, csvfield(i));
    }
    return 0;
}
```

이로써 C 언어용 라이브러리를 완성했다. 임의의 큰 입력을 처리할 수 있고 이상 데이터에도 적절히 반응한다. 그 대신 처음 프로토타입 코드보다 네 배나 길어지고 일부 코드는 아주 복잡해졌다. 이런 코드 길이와 복잡성의 증가는 프로토타입에서 제품 단계로 넘어갈 때 일어나는 전형적인 현상이다.

연습문제 4-1. 필드를 나눌 때 게으름 정도를 여러 단계로 적용할 수 있다. 일부 필드가 필요할 때 전체 필드를 한꺼번에 분리하는 방법도 있고, 필요한 필드만 분리하는 방법도 있고, 필요한 필드까지만 분리하는 방법도 있다. 가능한 방법들을 열거하고 각각을 구현할 때 잠재적인 장애요인과 장점을 평가한 뒤, 실제로 코드를 작성하여 속도를 측정하라.

연습문제 4-2. 구분자를 (a) 임의의 문자 조합, (b) 필드마다 서로 다른 구분자, (c) 정규 표현식(9장 참조) 으로 바꿀 수 있는 기능을 추가하라. 인터페이스는 어떤 형태가 되어야 하겠는가?

연습문제 4-3. 위에서는 C 언어가 제공하는 정적 초기화를 이용한 일회성 스위치 방식을 선택했다. 즉, 만약 어떤 포인터가 NULL 상태로 들어오면 초기화를 수행한다. 그 외 택할 수 있는 방식은 사용자가 명시적인 초기화 함수를 호출하게 하고, (아마도) 그 초기화 함수에서 배열의 초기 크기까지 정하는 것이다. 위 두 방식의 장점을 결합한 프로그램을 구현하라. 그 프로그램에서 reset 함수의 역할은 무엇인가?

연습문제 4-4. CSV 형식의 데이터를 생성할 수 있는 라이브러리를 설계하고 구현하라. 가장 단순한 형태는 문자열의 배열을 받아서 따옴표와 콤마를 넣어 출력하는 버전일 것이다. 더 정교한 형태라면 printf와 유사한 형식 문자열을 이용할 수도 있다. 9장에서 좋은 표기법에 대한 몇 가지 안을 제시한다.

4.4 C++ 구현

이 쫄에서는 C 언어 버전에 남은 몇몇 한계를 해결하기 위해 C++ 언어로 CSV 라이브러리를 작성한다. 필연적으로 몇몇 세부사항이 바뀌는데, 가장 중요한 것은 함수들이 C의 문자 배열이 아니라, C++의 문자열(string)[2] 타입을 처리하게 된다는 것이다. C++ 언어의 문자열 타입을 사용하면 자동으로 저장공간 관리 문제가 일부 해결된다. 라이브러리 함수들이 메모리를 관리해 주기 때문이다. 특히 필드 관련 루틴 부분은 호출자에서 수정할 수 있는 문자열 타입을 리턴하므로 C 언어 버전보다 더 유연한 설계를 할 수 있다.

Csv 클래스는 공용 인터페이스를 정의하면서 동시에 세부 구현에 쓸 변수와 함수를 깔끔하게 숨긴다. 클래스 객체는 인스턴스의 모든 상태를 표현하므로, Csv 인스턴스를 여러 개 만들어서 변수로 사용할 수 있다. 각 변수는 독립적이므로 다수의 CSV 입력 스트림을 동시에 작동할 수 있다.

---

2 본문에서 C++ string이란, 표준 C++ 라이브러리에서 제공하는 string 클래스를 뜻한다.

```cpp
class Csv {// 콤마로 구분된 값을 읽고 파싱한다.
// 입력 예시: "LU",86.25,"11/4/1998","2:19PM",+4.0625
public:
    Csv(istream& fin = cin, string sep = ",") :
        fin(fin), fieldsep(sep) {}

    int getline(string&);
    string getfield(int n);
    int getnfield() const { return nfield; }

private:
    istream& fin;              // 입력 파일 포인터
    string line;               // 입력줄
    vector<string> field;      // 필드 문자열
    int nfield;                // 필드 개수
    string fieldsep;           // 구분자

    int split();
    int endofline(char);
    int advplain(const string& line, string& fld, int);
    int advquoted(const string& line, string& fld, int);
};
```

생성자에 기본 매개변수(parameter)를 지정했기 때문에 기본 Csv 객체는 표준
입력 스트림에서 입력을 읽고 일반 필드 구분자를 사용할 것이다. 물론 인자에 특
정값을 명시해서 넣으면 바뀔 수도 있다.

문자열을 다루기 위해 C 언어 스타일의 문자열이 아니라 표준 C++ 언어의 string
클래스와 vector 클래스를 사용한다. 문자열의 상태를 정의하는 기준은 분명하며
예외는 없다. '빈' 문자열은 길이가 0이라는 것을 의미하며, NULL과 동일한 의미
를 갖는 다른 값은 없으므로 파일 끝을 나타내는 신호로 NULL을 사용해서는 안 된
다. 따라서 Csv::getline 함수는 참조 방식으로 인자를 통해 입력줄을 리턴하고, 함
수값(리턴값) 자체는 파일 끝에 이를 경우와 에러 보고를 위해 사용한다.

```cpp
// getline: 한 줄을 입력받고 필요에 따라 늘린다.
int Csv::getline(string& str)
{
    char c;
    for (line = ""; fin.get(c) && !endofline(c); )
        line += c;
    split();
    str = line;
    return !fin.eof();
}
```

+= 연산자는 문자열에 문자 한 개씩을 이어 붙일 수 있도록 오버로드했다.

endofline 함수도 조금 바꿔야 하며 이번에도 한 번에 문자 한 개씩 입력을 읽어야 한다. 표준 입력 루틴 중에서 이런 다양한 입력을 처리할 수 있는 함수가 없기 때문이다.

```cpp
// endofline: \r, \n, \r\n, EOF를 확인하고 제거함
int Csv::endofline(char c)
{
    int eol;

    eol = (c=='\r' || c=='\n');
    if (c == '\r') {
        fin.get(c);
        if (!fin.eof() && c != '\n')
            fin.putback(c);   // 너무 많이 읽었음.
    }
    return eol;
}
```

다음은 새로 만든 split 함수다.

```cpp
// split: line을 필드로 나눔.
int Csv::split()
{
    string fld;
    int i, j;

    nfield = 0;
    if (line.length() == 0)
        return 0;
    i = 0;

    do {
        if (i < line.length() && line[i] == '"')
            j = advquoted(line, fld, ++i);   // 따옴표를 지나침
        else
            j = advplain(line, fld, i);
        if (nfield >= field.size())
            field.push_back(fld);
        nfield++;
        i = j + 1;
    } while (j < line.length());

    return nfield;
}
```

    strcspn 함수는 C++ 문자열에 쓸 수 없기 때문에 split와 advquoted 함수를 모두 수정해야 한다. 새로 만든 advquoted 함수는 C++ 표준 함수인 find_first_of 함수를 사용해서 다음 구분자가 나타나는 위치를 찾는다. s.find_first_of(fieldsep, j)는 문자열 s의 j 번째 위치 이후(j 포함)에 처음으로 나타나는 fieldsep 안의 문자를 찾는다. 찾지 못하면 s의 끝을 넘긴 인덱스를 리턴하기 때문에, 이 값이 범위 안에 들어오도록 반드시 인덱스를 고쳐야 한다. 그 다음에 나오는 내부 for 루프는 구분자가 나타날 때까지 필드에 문자들을 이어붙여 fld에 쌓는다.

```cpp
// advquoted: 따옴표로 둘러싼 필드. 다음 구분자의 위치를 리턴함.
int Csv::advquoted(const string& s, string& fld, int i)
{
    int j;

    fld = "";
    for (j = i; j < s.length(); j++) {
        if (s[j] == '"' && s[++j] != '"') {
            int k = s.find_first_of(fieldsep, j);
            if (k > s.length()) // 구분자를 찾지 못함
                k = s.length();
            for (k -= j; k-- > 0; )
                fld += s[j++];
            break;
        }
        fld += s[j];
    }
    return j;
}
```

    find_first_of 함수는 새로 만들 advplain 함수에서도 사용한다. advplain은 따옴표로 둘러싸지 않은 평범한(plain) 필드까지 처리한다. 이번 함수도 마찬가지로, 완전히 다른 데이터 타입인 C++의 문자열 타입에는 strcspn과 같은 C 언어의 문자열 관련 함수를 쓸 수 없기 때문에 꼭 필요한 함수다.

```cpp
// advplain: 따옴표로 둘러싸지 않은 필드. 다음 구분자의 위치를 리턴함.
int Csv::advplain(const string& s, string& fld, int i)
{
    int j;

    j = s.find_first_of(fieldsep, i);    // 구분자를 찾음.
    if (j > s.length())                  // 아무것도 찾지 못함.
        j = s.length();
    fld = string(s, i, j-1);
```

```
            return j;
        }
```

앞에서와 마찬가지로 Csv::getfield는 그냥 쉽게 만들 수 있고, Csv::getnfield는 아주 짧기 때문에 클래스 정의에 포함시켰다.

```
// getfield: n번째 필드를 리턴함.
string Csv::getfield(int n)
{
    if (n < 0 || n >= nfield)
        return "";
    else
        return field[n];
}
```

이번 테스트 프로그램도 C 버전을 조금 바꾼 것뿐이다.

```
// Csvtest main: Csv 클래스를 테스트함.
int main(void)
{
    string line;
    Csv csv;

    while (csv.getline(line) != 0) {
        cout << "line = '" << line << "'\n";
        for (int i = 0; i < csv.getnfield(); i++)
            cout << "field[" << i << "] = '"
                << csv.getfield(i) << "'\n";
    }
    return 0;
}
```

함수나 변수를 사용하는 방식이 C 버전과 다르지만 그 차이는 크지 않다. 각 줄마다 필드가 25개 정도 있는 30,000 줄 이상의 큰 입력 파일을 쓸 경우, 컴파일러에 따라 C++ 버전은 C 버전보다 40퍼센트에서 네 배까지도 느려진다. 마르코프 프로그램 비교에서 봤듯이, 어느 정도 느려지는지는 라이브러리의 성숙도를 반영한다. C++ 소스는 C 소스에 비해 약 20퍼센트 가량 짧다.

연습문제 4-5. [] 연산자를 오버로드해 csv[i]와 같은 방식으로 필드에 접근할 수 있게 C++ 버전을 다듬어 보라.

연습문제 4-6. CSV 라이브러리를 자바 언어로 작성하고 세 가지 언어로 된 라이브러리 각각의 명료함, 튼튼함, 속도를 비교하라.

연습문제 4-7 C++ 버전 CSV 코드를 STL 반복자(iterator)를 활용하여 재작성하라.

연습문제 4-8. C++ 버전을 쓰면 독립적인 Csv 인스턴스를 여러 개 생성해서 서로 간섭하지 않고 동시에 돌아가게 할 수 있다. 그리고 모든 상태를 하나의 객체 안에 캡슐화(encapsulation) 한 뒤 독립적인 여러 인스턴스를 만들 수 있다는 장점도 있다. C 버전을 고쳐서 동일한 효과를 얻을 수 있도록 해 보라. csvnew 함수를 통해 따로 데이터 구조에 공간을 할당하고 초기화하여 전역 데이터 구조를 대신하게 하라.

4.5 인터페이스 원칙

지금까지 인터페이스의 세부 사항을 다뤘다. 인터페이스는 서비스를 제공하는 코드와 그 서비스를 이용하는 코드 사이에서의 정교한 경계선이 된다. 인터페이스는 구현 코드가 사용자를 위해 어떤 일을 해주는지, 또 함수나 데이터 멤버를 어떻게 사용할 수 있는지 정의한다. 우리가 만든 CSV 인터페이스는 세 가지 함수를 제공한다. 입력을 한 줄 읽는 함수, 필드 하나의 내용을 알려주는 함수, 필드 개수를 리턴하는 함수다. 수행할 수 있는 유일한 동작은 이것뿐이다.

　어떤 인터페이스가 널리 쓰이기 위해서는 그 목표에 잘 어울려야만 한다. 즉, 단순하고, 범용으로 쓸 수 있고, 규칙적이고, 결과를 예상할 수 있고, 튼튼해야 하며, 사용자나 기능의 구현 부분이 바뀌면 그에 따라 자연스럽게 바뀌어야 한다. 좋은 인터페이스는 원칙을 따른다. 이런 원칙은 서로 독립적이지도 않고 심지어 일관된 것조차 아니지만 두 소프트웨어 사이 경계에서 어떤 일이 일어나는지를 설명해 줄 수 있다.

구현의 세부 사항을 숨겨라

인터페이스 뒤에 존재하는 구현된 코드는 나머지 부분으로부터 숨겨져야 한다. 그래야만 프로그램의 다른 부분에 영향을 주지 않고 변경할 수 있기 때문이다. 이 원칙을 부르는 이름은 여러 가지가 있는데, 잘 알려진 것으로 정보 은닉(information

hiding), 캡슐화(encapsulation), 추상화(abstraction), 모듈화(modularization)가 있
다. 마찬가지로 인터페이스는 인터페이스 사용자와 관련이 없는, 구현에 관한 내
용을 숨겨야 한다. 숨겨진 부분들은 사용자와 상관없이 변경할 수 있으므로, 인터
페이스를 확장한다거나 좀 더 효과적으로 만든다거나 또는 전체 구현 관련 코드
를 전부 바꿀 수도 있다.

대부분의 프로그래밍 언어에서 기본 라이브러리들을 항상 잘 설계해 제공하는
것은 아니지만, 친숙한 인터페이스 활용 예를 제공하곤 한다. C 표준 입출력 라이
브러리는 가장 잘 알려진 것 중 하나이며, 파일을 열고, 닫고, 데이터를 읽고 쓰는,
기타 파일 관련 연산들을 제공한다. 실제 파일을 어떤 식으로 읽고 쓰는가에 대한
부분은 데이터 타입 FILE * 안에 숨겨져 있다. 이 구조체가 어떤 내용을 담고 있는
지 확인할 수도 있다(왜냐하면 FILE 구조체의 정의는 대개 〈stdio.h〉에 들어 있기
때문이다). 그러나 이것은 사용자에게 숨길 목적으로 만들어진 데이터 구조이므
로 사용자가 직접 활용해서는 안 된다.

헤더 파일이 실제 구조체 내용을 포함하지 않고 단순히 이름만 알려주는 경우,
이런 구조체들을 보통 불투명 타입(opaque type)이라고 한다. 불투명하다는 표현
을 쓴 이유는, 그 내부 구조가 보이지 않고, 모든 연산은 이 구조체를 가리키는 포
인터를 통하여 이루어지고, 실제 이 구조체 내용을 사용자가 직접 다루지 않기 때
문이다.

전역변수 사용을 피해야 한다. 가능하면 필요한 모든 데이터는 함수 인자로 전
달해서 쓰는 것이 좋다.

우리는 어떤 형태로든 데이터를 공개적으로 열어 젖히지 않을 것을 강력히 권한
다. 사용자가 마음대로 변수를 변경할 수 있다면, 변수 값을 일관성있게 유지하기
가 너무 힘들어지기 때문이다. 함수 인터페이스를 이용하면 접근 규칙을 강제할
수 있지만, 이런 원칙은 자주 위반된다. stdin이나 stdout처럼 미리 정의된 입출력
스트림은 거의 항상 다음과 같이 FILE 구조체 타입의 전역 배열 변수로 정의된다.

```
extern FILE __iob[_NFILE];
#define stdin  (&__iob[0])
#define stdout (&__iob[1])
#define stderr (&__iob[2])
```

이런 방식은 세부 구현을 완전히 열어 젖힐 뿐 아니라 stdin, stdout, stderr가 변수처럼 보임에도 불구하고 사용자가 그 값을 할당할 수 없음을 의미한다. __iob라는 이상한 이름은 맨 앞에 밑줄 기호 두 개를 붙이면, 사용자에게 드러내야 하지만 전용으로 쓰이는 이름이라는 ANSI C 표준을 따른 것이다. 이는 하나의 프로그램에서 이름 간에 충돌이 일어날 가능성을 줄여 준다.

C++와 자바의 클래스는 정보를 은닉하기 위한 발전된 메커니즘이자, 이들 언어를 제대로 사용하기 위한 핵심 기능이기도 하다. 3장에서 사용한 C++ 표준 템플릿 라이브러리의 컨테이너 클래스는 정보 은닉을 아주 효과적으로 수행한다. 성능을 어느 정도 보장하면서도 구현 부분에 대한 정보가 없으므로 라이브러리를 만드는 사람들은 원하는 메커니즘을 자유롭게 골라 쓸 수 있다.

서로 겹치지 않게 기본 항목들을 선택하라

인터페이스는 딱 필요한 만큼의 기능만 제공해야 하며, 그 기능들이 지나치게 중첩돼서는 안 된다. 함수가 많은 라이브러리는 사용하기 쉽다. 누가 무엇을 원하든지 거기 들어있을 것이기 때문이다. 하지만 대규모 인터페이스는 작성하거나 유지보수하기 어려우며, 그 크기 때문에 배우기도 어렵고 잘 쓰기도 힘들다. '애플리케이션 프로그램 인터페이스' 줄여서 API는 때로 지나치게 방대해서 신이 아닌 이상 완전히 마스터하기 어려운 경우도 있다.

어떤 인터페이스들은 편의성을 위해 같은 일을 수행하는 방법을 여러 개 제공하기도 하는데, 이는 피해야 할 경향이다. C의 표준 입출력 라이브러리는 출력 스트림에 문자 한 개를 쓰는 함수를 적어도 네 개 이상 제공한다.

```
char c;
putc(c, fp);
fputc(c, fp);
fprintf(fp, "%c", c);
fwrite(&c, sizeof(char), 1, fp);
```

만약 출력 스트림이 stdout이라면 다른 방법도 몇 개 더 있다. 편리하긴 하지만, 전부 꼭 필요한 것은 아니다.

폭넓은 인터페이스보다 압축적인 인터페이스를 더 선호해야 한다. 최소한 더 많은 함수가 필요하다는 강력한 근거가 생길 때까지는 그렇다. 한 가지만 하면서, 제대로 하라. 단지 그렇게 할 수 있다는 이유만으로 인터페이스 하나에 함수를 덕지덕지 붙이지 말고, 구현 부분이 문제일 때 인터페이스를 고치지 마라. 예를 들면, 속도가 빠른 memcpy, 안전한 memmove를 따로 만들지 말고, 항상 안전하면서도 때에 따라 빠르기까지 한 함수를 하나만 만드는 편이 나을 것이다.

사용자가 모르는 곳에서 일을 꾸미지 말라

라이브러리 함수는 비밀 파일이나 변수를 만들고 쓴다거나 전역 데이터를 변경해선 안 된다. 또한 호출자가 전달한 데이터를 수정하는 일도 삼가야 한다. strtok 함수는 이런 기준을 몇 가지 위반하고 있다. strtok이 입력 문자열 중간에 널 바이트(\0)를 쓴다는 사실은 조금 놀라울 정도다. 마지막에 어디에서 나왔는지를 표시하기 위해 널 포인터를 쓴다는 것은 호출과 호출 사이에 비밀 데이터가 생긴다는 것을 의미하고, 때문에 버그가 생길 가능성이 높아지며, 또한 이 함수를 동시에 같이 사용할 수가 없게 된다. 더 나은 설계로 바꾼다면 입력 문자열을 토큰으로 자르는 단일 함수가 생길 것이다. 비슷한 이유 때문에 우리가 만든 두 번째 C 언어 버전은 입력 스트림이 두 개인 경우 사용할 수 없다. 연습문제 4-8을 참고하라.

단일 인터페이스를 쓸 때, 그 인터페이스 설계자나 구현자의 편의를 위해 또다른 인터페이스를 만들어야 하는 일이 있어서는 안 된다. 단독으로 써도 충분할 정도로 인터페이스를 잘 갖춰 만들든지, 그렇게 못했다면 외부에서 어떤 일을 해줘야 하는지 명시적으로 밝혀라. 그러지 않는다면 유지보수의 책임을 사용자에게 돌리는 꼴이 된다. 그 분명한 사례가 바로 C나 C++ 코드에서 거대한 헤더 파일 목록을 관리하는 괴로움이다. 이런 헤더 파일은 수천 줄이 될 수도 있고 몇십 개의 다른 헤더 파일을 인클루드할 수도 있다.

어디서나 같은 일은 같은 방식으로 처리하라

일관성과 규칙성은 중요하다. 비슷한 것들은 비슷한 수단으로 취해야 한다. C 언어 라이브러리의 기본적인 str... 함수들은 따로 문서가 없어도 쓰기 쉬운데 그 이유는 거의 모두 같은 방식으로 작동하기 때문이다. 데이터는 할당문에서와 똑같이 오른쪽에서 왼쪽으로 흐르며, 리턴값은 결과 문자열이다. 반면, C 언어의 표준 입출력 라이브러리는 함수에 넣는 인자의 순서를 예상하기가 어렵다. 어떤 것은

FILE* 인자를 제일 먼저 넣고, 어떤 것은 제일 마지막에 넣고, 그 외에도 인자의 개수나 크기, 순서가 너무 다양하다. 이와 달리 STL 컨테이너의 알고리즘은 균일한 인터페이스가 나오도록 구성되어 있으므로 익숙하지 않은 함수라도 사용 방법을 예상하기 편하다.

외부에 대한 일관성, 즉 다른 것과 비슷하게 작동하는 일관성도 목표가 되어야 한다. 예를 들어 C 언어에서 mem... 함수는 str... 함수 이후에 만들어졌지만 스타일을 차용했다. 표준 입출력 함수인 fread와 fwrite는 그것들이 기반으로 삼은 read와 write 함수와 비슷하게 만들어졌었다면 기억하기 더 쉬웠을 것이다. 유닉스의 명령줄 옵션은 모두 빼기 기호(-) 뒤에 나오지만 같은 옵션 문자라도 다른 프로그램에서는, 심지어 서로 비슷한 프로그램에서도 완전히 다른 의미가 될 수 있다.

와일드카드(*.exe 에서 *)는 같은 명령어 인터프리터[3]에 의해 처리될 경우 비슷하게 동작한다. 만약 서로 다른 프로그램에 의해 처리된다면 다르게 작동할 가능성이 높다. 웹 브라우저는 링크를 따라갈 때 마우스 클릭 한 번을 신호로 받지만 다른 애플리케이션은 프로그램을 시작하거나 링크를 따라갈 때 마우스 클릭 두 번을 신호로 받기 때문에 많은 사람이 습관적으로 두 번씩 클릭하곤 한다.

환경에 따라 이런 원칙들을 지키기 쉽거나 어려울 수 있지만 그래도 원칙은 동일하다. 예를 들어 C 언어에서는 세부 구현 사항을 숨기는 것이 어렵지만 훌륭한 프로그래머라면 마구잡이로 코딩하지는 않는다. 세부 사항이 인터페이스의 일부가 되면 정보 은닉의 원칙을 위반하기 때문이다. 바람직한 사용법을 강제하기 어려운 상황이라면 헤더 파일에 주석을 달고, 이름을 특수한 형태(__iob처럼)로 쓰거나 하는 방식으로 유도할 수도 있다.

물론 인터페이스를 잘 설계하는 일에도 한계는 있다. 오늘은 최고의 인터페이스라 해도 내일은 문제가 될 수 있다. 하지만 좋은 설계라면 그 '내일'이 꽤 오랫동안 오지 않게 할 수 있다.

---

3 명령어 인터프리터(Command interpreter) : 사용자에게 명령을 입력받아 실행하는 프로그램으로, 유닉스 시스템의 셸(shell), MS-DOS의 command.com, Windows NT의 cmd.exe가 여기에 속한다.

4.6 자원 관리

어떤 라이브러리(클래스나 패키지도 될 수 있다)를 위한 인터페이스를 설계할 때 가장 어려운 점은 그 라이브러리가 소유하거나 그 라이브러리를 사용하는 호출자와 공유하는, 자원을 관리하는 문제다. 이와 관련해 가장 분명한 자원은 메모리가 될 것이다. 누가 메모리를 할당하고 해제할 것인가? 그 외 공유 자원은 열린 파일이나 공동 관심사가 되는 값을 담은 변수의 상태가 될 수 있다. 자원 관리는 어림잡아 초기화, 상태 유지, 공유와 복사, 자원 해제의 문제로 분류할 수 있다.

CSV 프로토타입의 경우 포인터, 카운터 같은 변수들의 초기값을 설정할 때 정적 초기화를 이용했다. 그러나 이런 방식은 일단 함수가 한번 호출되고 나면 전 루틴을 초기 상태로 되돌려 재시작할 수 없기 때문에 한계가 있다. 대안은 모든 내부값을 정확한 초기값으로 되돌리는 초기화 함수를 제공하는 것이다. 이렇게 하면 재시작도 가능하지만 대신 사용자가 명시적으로 초기화 함수를 호출해야만 한다. 때문에 두 번째 버전의 reset 함수를 공용으로 만든 것이다.

C++나 자바에서는 생성자를 이용해 클래스의 데이터 멤버를 초기화한다. 생성자를 제대로 정의한다면 모든 데이터 멤버를 반드시 초기화하기 때문에, 초기화되지 않은 클래스 객체를 만들 방법이 없어진다. 생성자를 여러 개 만들면 다양한 초기화 방법을 지원할 수 있다. CSV 클래스에는 파일 이름을 받는 생성자와 입력 스트림을 받는 생성자를 제공할 수도 있을 것이다.

라이브러리가 관리하는 정보, 즉 입력줄이나 필드의 사본은 어떻게 관리해야 할까? 우리가 만든 C 버전의 csvgetline 프로그램은 입력 문자열(줄과 필드)을 가리키는 포인터를 리턴하기 때문에 호출자는 입력 문자열에 직접 접근할 수 있다. 이런 식으로 접근에 대한 제한을 두지 않으면 문제가 생긴다. 사용자가 메모리를 덮어써서 다른 정보를 엉망으로 만들어 버릴 수도 있기 때문이다. 예를 들어 다음과 같은 표현식은

```
strcpy(csvfield(1), csvfield(2));
```

잘못될 이유가 아주 많지만 그 중 가장 일어날 가능성이 높은 것은 필드 2가 필드 1브다 길 경우 필드 2의 시작 부분을 덮어쓰는 것이다. 우리가 만든 라이브러리의 사용자는 보존해야 할 정보가 있으면 다음 번에 csvgetline을 호출하기 전에 사

본을 만들어 놓아야 한다. 다음 코드 흐름에서, 두 번째 csvgetline이 입력줄 버퍼 공간을 재할당하게 될 경우 마지막에 p 포인터의 값을 보장할 수 없다.

```
char *p;
csvgetline(fin);
p = csvfield(1);
csvgetline(fin);
/* 이 시점에서 p의 상태를 보장하지 못한다. */
```

C++ 버전은 해당 문자열이 마음대로 고칠 수 있는 사본이기 때문에 더 안전하다.

자바는 객체, 즉 int와 같은 기본 타입이 아닌 다른 개체를 참조할 때는 모두 참조값을 이용한다. 사본을 만드는 것보다 더 효율적이긴 하지만 사람들은 참조값이 복사본이라고 착각할 수도 있다. 이런 버그는 이미 앞에서 자바로 만든 마르코프 프로그램에서 나온 적이 있고, C에서의 문자열과 마찬가지로 끊임없이 버그가 재발하는 원인이 된다. clone 메서드를 만들어 두면 필요할 때 복사본을 만들 수 있다.

초기화나 생성과 반대되는 개념으로 최종정리(finalization)와 소멸(destruction)이 있다. 어떤 것을 더이상 사용할 필요가 없을 때 자원을 정리하여 시스템에 반환하는 것이다. 특히 메모리에서 이런 작업이 중요한데, 만약 프로그램이 사용하지 않는 메모리를 반환하지 않는다면 결국 메모리 자원은 고갈되어 버릴 것이기 때문이다. 부끄럽게도 오늘날 많은 소프트웨어가 이런 결점을 보이는 경향이 있다. 열린 파일을 닫을 때도 비슷한 문제가 있다. 일단 데이터를 버퍼에 저장했으면, 나중에 버퍼를 비워야(그래서 메모리를 반환해야) 한다. 표준 C 라이브러리 함수라면 프로그램이 정상 종료될 경우 자동으로 버퍼를 비우게 되어있지만, 정상으로 종료되지 않을 경우 버퍼를 비우도록 프로그래밍을 해야 한다. C와 C++ 표준 함수인 atexit는 프로그램이 정상 종료되기 직전 상황을 제어할 수 있게 해준다. 인터페이스를 구현하는 사람들은 이 함수를 이용해서 정리 계획을 짤 수 있다.

자원을 결자해지(結者解之)하라

자원 할당과 해제를 제어하는 방법 중 하나는 같은 라이브러리, 패키지, 인터페이스를 써서, 그 자원을 할당한 곳에서 해제까지 책임지게 하는 것이다. 바꿔 말하자면, 어떤 자원을 할당하고 해제하는 동작이 인터페이스를 넘나들며 일어나선 안된다. CSV 라이브러리는 이미 열린 파일에서 데이터를 읽기 때문에 작업을 끝낼 때도 파일을 열어 둔 채로 끝낸다. 이 라이브러리의 호출자에서 파일을 닫아야 하는 것이다.

C++ 생성자와 소멸자는 이 규칙을 강제할 수 있게 해준다. 클래스 인스턴스가 유효범위를 벗어나거나[4] 인스턴스를 명시적으로 소멸시킬 때 소멸자가 호출된다. 소멸자는 버퍼를 비우고, 메모리를 반환하고, 값을 초기화하고, 그 외 필요한 일들을 한다. 자바에는 이에 해당하는 메커니즘이 없다. 클래스에서 최종정리 메서드(finalize)를 정의할 수는 있지만, 특정 시점은 말할 것도 없고 반드시 실행된다는 보장조차 없다. 그러므로 정리 작업이 일어난다고 확신할 수는 없지만, 대개 일어날 거라고 가정하는 편이 합리적이다.

자바는 내장형 가비지 컬렉션(garbage collection)을 제공하기 때문에 메모리 관리가 아주 수월하다. 어떤 프로그램이 실행되면서 새 객체를 메모리에 할당하면 프로그램에서 명시적으로 메모리를 해제할 방법은 없지만, 어떤 객체가 사용되고 사용되지 않는지 런타임 시스템이 계속 감시하면서 주기적으로 안 쓰이는 것들을 해제해 가용 메모리 풀에 반환한다.

가비지 컬렉션에는 여러 방법이 있다. 각 객체의 사용 횟수인 참조 횟수를 추적해서 참조 횟수가 0이 되었을 때 객체를 해제하는 전략도 있다. 이 방법은 C나 C++에서 공유 객체를 관리하기 위해 별도로 활용할 수도 있다. 또 다른 알고리즘은 할당된 메모리 풀에서 출발해 서로 참조하는 객체들을 따라가면서 주기적으로 검사한다. 이 방식으로 찾은 객체는 아직 사용되고 있는 것이고, 다른 어떤 객체도 참조하고 있지 않은 객체라면 사용되지 않는 것이므로 해제할 수 있다.

자동 가비지 컬렉션이 있다고 해서 설계할 때 메모리 관리를 고려하지 않아도 되는 것은 아니다. 인터페이스가 공유 객체나 객체의 사본에 대한 참조값을 리턴해야 하는지를 결정해야 하고, 이는 전체 프로그램에 영향을 준다. 게다가 가비지 컬렉션도 공짜가 아니다. 사용되지 않는 메모리에 대한 정보를 유지하고 그런 메모리를 해제하려면 추가적인 부담이 든다. 또한 가비지 컬렉션이 정확히 언제 일어날지 예측할 수도 없다.

---

4 이를테면 한 블록 안에서 선언한 변수는 이 블록이 끝날 경우, 더는 존재하지 않게 되고, 이를 '유효범위(scope)를 벗어났다'고 표현한다.

만약 멀티쓰레드 자바 프로그램에서처럼 한 개 이상의 쓰레드가 동시에 돌아가는 환경에서 라이브러리를 사용한다면 이런 문제들은 더 복잡해진다.

문제가 생기는 것을 막으려면 재진입 가능(reentrant)한 코드를 작성해야 한다. '재진입 가능'이라는 의미는 코드가 몇 개씩 동시다발적으로 실행되더라도 상관없이 제대로 동작해야 한다는 의미다. 재진입 가능한 코드는 전역변수, 정적 지역변수, 그 외 다른 쓰레드가 사용 중일 때 수정될 수 있는 변수를 쓰지 않는다. 좋은 멀티쓰레드 설계를 위한 열쇠는 컴포넌트들을 분리해서 반드시 잘 정의된 인터페이스를 통해서만 뭔가를 공유할 수 있도록 하는 것이다. 부주의하게 변수를 공유하는 라이브러리는 전체 모델을 파괴해 버린다. (멀티쓰레드 프로그램에서 strtok을 쓰는 것은 재앙과도 같다. 변수값을 내부 정적 메모리에 저장하는 다른 C 라이브러리 함수들도 마찬가지다.) 만약 변수를 공유하게 된다면, 한 번에 한 쓰레드만 접근할 수 있게 하는 잠금(locking) 메커니즘으로 보호해야만 한다. 여기에서 클래스의 개념이 많은 도움을 주는데, 공유와 잠금이라는 모델에 대해 생각할 수 있게 해주기 때문이다. 자바의 Synchronized 메서드는 한 쓰레드가 전체 클래스나 그 클래스의 인스턴스를 잠가서 다른 쓰레드가 동시에 그 대상을 수정하지 못하게 한다. 동기화된(synchronized) 블록은 한 번에 하나의 쓰레드에서만 실행할 수 있다.

멀티스레드는 상당히 큰 주제인데다 프로그래밍을 할 때 상당히 복잡도가 늘어나기 때문에 여기에서는 자세히 다루지 않겠다.

4.7 중단, 재시도, 실패?

앞 장에서는 에러를 처리할 때 eprintf나 estrdup 같은 함수를 써서 실행 종료 전에 메시지를 출력하게 했다. 예를 들어 eprintf는 fprintf(stderr, …)와 똑같이 작동하지만 프로그램이 끝나기 전에 발생한 에러를 보고하고 에러 상태를 저장한다는 차이가 있다. 〈stdarg.h〉 헤더와 vfprintf 라이브러리 루틴을 써서 함수 원형의 … 부분에 들어가는 인자를 출력한다. stdarg 라이브러리는 va_start를 호출해서 초기화하고, va_end를 호출해서 종료해야만 한다. 9장에서 관련 인터페이스를 더 알아볼 것이다.

```c
#include <stdarg.h>
#include <string.h>
#include <errno.h>

/* eprintf: 에러 메시지를 출력하고 프로그램을 종료한다. */
void eprintf(char *fmt, ...)
{
    va_list args;

    fflush(stdout);
    if (progname() != NULL)
        fprintf(stderr, "%s: ", progname());

    va_start(args, fmt);
    vfprintf(stderr, fmt, args);
    va_end(args);

    if (fmt[0] != '\0' && fmt[strlen(fmt)-1] == ':')
        fprintf(stderr, " %s", strerror(errno));
    fprintf(stderr, "\n");
    exit(2);    /* 프로그램 실행 실패일 경우 사용하는 관습적인 값 */
}
```

eprintf는 인자로 들어온 형식(여기에서는 fmt)이 콜론(:)으로 끝나면, 가능한 시스템 에러 정보를 포함한 문자열을 리턴하는 표준 C 함수인 strerror를 호출한다. 우리는 eprintf와 비슷한, 경고 메시지를 출력하지만 프로그램을 끝내지는 않는 weprintf 함수도 작성하였다. 이런 printf와 유사한 인터페이스는 출력하거나 대화 상자에 표시할 문자열을 구성할 때 편리하게 쓸 수 있다.

마찬가지로 estrdup도 문자열 복사를 시도한 뒤, 메모리 고갈이 발생하면 eprintf를 통해 메시지를 출력한 뒤 프로그램을 끝낸다.

```c
/* estrdup: 문자열을 복사하고, 에러 발생 시 종료 */
char *estrdup(char *s)
{
    char *t;

    t = (char *) malloc(strlen(s)+1);
    if (t == NULL)
        eprintf("estrdup(\"%.20s\") failed:", s);
    strcpy(t, s);
    return t;
}
```

비슷한 식으로 malloc 호출을 위해 emalloc을 작성한다.

```
/* emalloc: 메모리를 할당하고, 에러 발생 시 종료 */
void *emalloc(size_t n)
{
    void *p;

    p = malloc(n);
    if (p == NULL)
        eprintf("malloc of %u bytes failed:", n);
    return p;
}
```

여기에 맞는 헤더 파일 eprintf.h는 다음과 같은 함수들을 선언한다.

```
/* eprintf.h: 에러 래퍼(wrapper) 함수 제공 */
extern void  eprintf(char *, ...);
extern void  weprintf(char *, ...);
extern char *estrdup(char *);
extern void *emalloc(size_t);
extern void *erealloc(void *, size_t);
extern char *progname(void);
extern void  setprogname(char *);
```

위에서 만든 에러 처리 함수들을 호출해야 할 경우 이 헤더 파일을 인클루드하면 된다. 또 호출자가 프로그램의 이름을 지정할 경우 각 에러 메시지에 그 이름을 포함해서 출력한다. 프로그램 이름은 단순한 함수인 setprogname으로 지정하고 progname으로 알아내는데, 이 함수들은 eprintf와 함께 헤더 파일에 선언하고 다음처럼 소스 파일에 정의한다.

```
static char *name = NULL;     /* 메시지 출력을 위한 프로그램 이름 */

/* setprogname: 프로그램 이름 지정 */
void setprogname(char *str)
{
    name = estrdup(str);
}

/* progname: 저장된 프로그램 이름 리턴 */
char *progname(void)
{
    return name;
}
```

전형적인 사용법은 다음과 같다.

```
int main(int argc, char *argv[])
{
    setprogname("markov");
    ...
    f = fopen(argv[i], "r");
    if (f == NULL)
        eprintf("can't open %s:", argv[i]);
    ...
}
```

이러면 다음과 같은 메시지가 출력된다.

```
markov: can't open psalm.txt: No such file or directory
```

이런 래퍼(wrapper) 함수를 만들어 두면 프로그래밍하기가 정말 편하다. 에러 처리 방법을 통일해 줄 뿐 아니라, 다양한 구색을 갖추고 있으니 에러를 그냥 무시하는 게 아니라 잡는 방향으로 생각하게 된다. 하지만 설계 자체에는 특별할 게 없으므로 여러분이 선호하는 대로 다른 방식을 생각해서 써먹을 수도 있을 것이다.

자신에게만 필요한 함수를 작성하는 게 아니라, 다른 사람들을 위해 라이브러리를 만든다고 생각해 보자. 그 라이브러리의 함수는 복구 불가능한 에러가 발생했을 때 무슨 일을 해야 할까? 이 장 초반에 작성한 함수는 메시지를 출력하고 죽는다. 많은 프로그램에서, 특히 소규모 단독 툴이나 애플리케이션에서는 괜찮은 방법일 수 있다. 하지만 다른 프로그램에서는 실행을 끝내 버리는 건 다른 프로그램들이 복구를 시도할 가능성을 없애 버리기 때문에 좋지 않다. 예를 들어, 워드 프로세서는 에러를 반드시 복구해서 작성 중인 문서가 날아가지 않도록 해야 한다. 특정한 상황에서는 라이브러리 루틴이 메시지조차 표시해서는 안 된다. 그 프로그램이 돌아가는 환경이 메시지 하나 때문에 데이터 출력이 안 되거나 데이터가 흔적도 남기지 않고 사라져 버리는 환경일 수도 있기 때문이다. 그 대신 쓸만한 대안은 진단 내용을 담은 출력을 별도의 '로그 파일'에 저장하는 것이다. 이 로그 파일은 따로 열어 볼 수 있으므로 독립적인 모니터링이 가능하다.

에러는 저수준에서 잡고, 고수준에서 처리하라

일반적으로 에러는 가능한 한 낮은 수준에서 잡아야 하고, 높은 수준에서 처리해야 한다. 대부분의 경우, 피호출자가 아닌 호출자가 에러를 어떻게 처리할지 결정한다. 여기에서 라이브러리 루틴이 점잖게 조용히 실패하는 방식을 취하면 도움이 된다. 따라서 존재하지 않는 필드가 나오면 중단하는 대신 NULL을 리턴하는 것이다. 이와 유사하게 csvgetline은 일단 파일 끝에 이른 다음에 몇 번을 호출하더라도 계속 NULL을 리턴한다.

앞에서 csvgetline이 무엇을 리턴해야 하는지 논할 때도 봤듯이, 어떤 값을 리턴해야 좋을지가 항상 분명한 것은 아니다. 쓸모있는 정보를 되도록 많이 리턴하고야 싶지만 그건 프로그램의 다른 부분에서 사용하기 편한 형태여야 한다. 이는 C, C++, 자바에서 함수값으로 리턴하거나 참조값(포인터) 인자로 전달하는 것을 뜻한다. 많은 라이브러리 함수에서 정상값과 에러값을 구분하는 기능은 아주 중요하다. getchar와 같은 입력 함수는 정상 데이터에 대해 문자 타입 값 한 개를 리턴하고, 파일 끝에 이르거나 잘못된 데이터가 들어왔을 경우에는 EOF와 같이 문자 타입이 아닌 값을 리턴한다.

이런 메커니즘은 그 함수의 정상적인 리턴값 형태가 모든 종류의 수가 될 수 있는 때는 통하지 않는다. 예를 들어 log 같은 수학 관련 함수는 모든 부동소수점 값을 리턴할 수 있다. IEEE 부동소수점 값 표준에서는 NaN(Not a Number)[5]이라는 특수값으로 에러임을 표시하고 에러가 발생했다는 리턴값 신호로도 쓸 수 있다.

펄(Perl)이나 Tcl과 같은 일부 언어는 쉽고 빠르게 두 개 이상의 값들을 투플(tuple)이라는 그룹으로 묶어주는 기능을 제공한다. 덕분에 함수값이나 에러 상태를 쉽게 하나로 묶어서 리턴할 수 있다. C++ 언어의 STL도 이런 식으로 쓸 수 있는 pair 타입을 제공한다.

가능하다면 파일 끝이나 여러 에러 상태 등 다양한 예외 값들을 하나로 뭉쳐서 표현하기보다는 따로 구분하는 것이 좋다. 만약 이 값들을 쉽사리 구분할 수 없다면 일단 '예외(exception)' 타입의 값 하나를 리턴하게 한 다음, 별도 함수를 제공해서 마지막 에러에 대해 한층 더 구체적인 사항들을 리턴하게 하는 것도 한 가지 방법이다.

Unix나 C 표준 라이브러리에서 이런 접근 방식을 사용하는데, 많은 시스템 콜과

---

5 NaN : 올바른 수치가 아니라는 뜻이다.

라이브러리 함수가 -1을 리턴하면서 동시에 어떤 에러인지를 코드화해서 표시하는 errno 전역변수 값[6]을 설정하고, strerror는 이 에러 코드가 들어 있는 문자열을 리턴한다. 우리 시스템에서 다음 프로그램을 실행하면,

```c
#include <stdio.h>
#include <string.h>
#include <errno.h>
#include <math.h>

/* errno main: errno 테스트 */
int main(void)
{
    double f;

    errno = 0;      /* 에러 상태 초기화 */
    f = log(-1.23);
    printf("%f %d %s\n", f, errno, strerror(errno));
    return 0;
}
```

아래 결과가 출력된다.

```
nan0x10000000 33 Domain error
```

위에 나오듯이, errno는 쓰기 전에 먼저 0으로 지워야 한다. 만약 에러가 발생한다면 0이 아닌 에러 코드 값이 들어가기 때문이다.[7]

예외적 상황에서만 예외 처리를 하라

몇몇 언어는 비정상적 상황을 감지하고 그 상황에서 벗어나기 위해 예외(exception)라는 메커니즘을 제공한다. 덕분에 어떤 좋지 않은 일이 일어났을 때, 제어 흐름을 다른 데로 돌릴 수 있다. 문제를 해결하면서 리턴값을 처리해야 할 경우에 예외를 사용해서는 안 된다. 파일을 읽다 보면 결국 파일 끝이 튀어 나온다. 이 때는 예외가 아니라, 리턴값으로 처리해야 한다.

자바로 만든 다음 코드를 보자.

---

6 errno는 전역변수처럼 쓰이지만, 실제 구현상 전역변수가 아닐 수도 있다. 즉, errno는 매크로로 구현될 수도 있으며, 쓰레드 안에서 안전하게 쓰일 수 있다.

7 에러가 발생할 때 errno를 설정하는 함수들은, 에러가 발생하지 않을 때 errno에 0을 써주지 않는다. 따라서 errno를 조사하기 위해서는 먼저 함수가 에러를 리턴했는지 검사해야 하며, 에러를 보고하지 못하는 함수의 경우 errno를 0으로 지운 후 호출해야 한다.

```
String fname = "someFileName";
try {
    FileInputStream in = new FileInputStream(fname);
    int c;
    while ((c = in.read()) != -1)
        System.out.print((char) c);
    in.close();
} catch (FileNotFoundException e) {
    System.err.println(fname + " not found");
} catch (IOException e) {
    System.err.println("IOException: " + e);
    e.printStackTrace();
}
```

이 루프는 파일 끝에 이를 때까지 문자들을 읽어 나간다. 예상한 대로 파일 끝에 이르면 read가 -1을 리턴하여 알려 준다. 하지만 파일을 열 수 없으면 C나 C++에서 하듯 입력 스트림을 그냥 null로 설정하지 않고 예외를 발생시킨다. 만약 try 블록에서 다른 입출력 에러가 발생한다면 역시 예외 케이스이므로 IOException이 잡아낼 것이다.

예외는 쉽게 남용되곤 한다. 예외는 제어 흐름을 건드리기 때문에, 버그가 발생하기 쉽게 구조를 돌돌 꼬아 놓을 수도 있다. 파일을 열 때 실패하는 것은 예외적인 일이 아니다. 이런 경우까지 예외를 발생시키는 건 지나치다는 인상을 준다. 파일 시스템이 꽉 차거나 부동소수점 연산 관련 에러가 발생하는 정말 예외적인 경우를 대비해 예외를 아껴야 한다.

C로는 setjmp와 longjmp 함수 쌍을 이용해 아주 낮은 수준에서 예외 메커니즘을 구현할 수 있지만, 너무 어려운 내용에 해당하기 때문에 여기서는 깊이 다루지 않겠다.

에러가 발생했을 때 자원은 어떻게 반납해야 할까? 뭔가 잘못되면 라이브러리에서 자원 반납을 시도해야 할까? 보통은 아니지만 서비스 차원에서라도 정보를 가능한 한 확실히 깨끗하고 해가 되지 않는 상태로 남겨둘 수 있다. 분명 사용되지 않는 메모리는 해제해야 한다. 라이브러리 밖에서도 변수에 아직 접근할 수 있다면 루틴을 끝내기 전에 적당한 값을 설정해야 한다. 흔히 해제한 메모리 공간을 가리키는 포인터를 사용하려 할 때 버그가 생긴다. 이럴 때 에러 처리 코드에서 포인터 변수가 가리키는 공간을 해제한 다음 그 포인터를 0으로 설정하면 버그를 못

잡고 넘어가는 일이 없을 것이다. CSV 라이브러리의 두 번째 reset 함수를 만든 것은 이런 문제를 방지하려는 시도의 하나였다. 일반적으로 에러가 발생한 뒤에도 계속 라이브러리를 사용할 수 있게 만드는 것을 목표로 하자.

4.8 사용자 인터페이스

지금까지는 주로 한 프로그램의 컴포넌트 간 인터페이스나 서로 다른 프로그램 사이의 인터페이스에 관해 논했다. 하지만 중요한 인터페이스가 또 하나 있는데, 바로 프로그램과 사용자 간의 인터페이스다.

이 책의 예제 프로그램은 대부분 텍스트 기반인지라 사용자 인터페이스가 직관적인 경향이 있다. 앞 절에서 기술했듯이, 프로그램은 에러가 발생했을 때 그것을 감지하고 보고해야 하며, 적절한 위치에서 복구 작업을 시도해야 한다. 에러에 관한 출력은 가능한 모든 정보를 포함해야 하며, 문맥을 이해할 수 있는 메시지여야 한다. 예를 들어 다음과 같은 진단용 출력은 바람직하지 않다.

```
estrdup failed
```

그 대신 다음 메시지가 훨씬 낫다.

```
markov: estrdup("Derrida") failed: Memory limit reached
```

estrdup에서 했던 것처럼 추가 정보를 넣어도 부담은 없다. 오히려 사용자가 문제를 파악하거나 정확한 입력을 할 수 있게 도와준다.

프로그램은 에러가 발생했을 때, 다음과 같이 정확한 사용법에 대한 정보를 표시해야 한다.

```
/* usage: 사용법을 출력하고 종료 */
void usage(void)
{
    fprintf(stderr, "usage: %s [-d] [-n words]"
        " [-s seed] [files ...]\n", progname());
    exit(2);
}
```

프로그램 이름으로 메시지의 출처를 알 수 있다. 만약 이 프로그램이 더 큰 프로세스의 일부라면 특히 중요한 부분이다. 단순 문법 에러나 estrdup 실행에 실패했다는 메시지만 출력한다면 사용자는 어떤 부분에서 이 메시지가 출력됐는지 알 수 없을 것이다.

에러 메시지, 명령 프롬프트, 대화상자의 안내문은 유효한 입력 형태를 기술해야 한다. 매개변수가 너무 크다고만 하지 말고 유효한 값 범위를 서술하라. 할 수 있다면 안내문 자체를 매개변수가 제대로 들어간 전체 명령문과 같은 유효한 입력 형태로 보여줘야 한다. 이렇게 하면 사용자를 올바른 사용법으로 이끌 뿐 아니라, 출력 부분을 파일에 캡쳐하거나 마우스로 긁어서 다른 용도로 사용할 수도 있다. 여기서 대화상자의 약점이 드러나는데, 대화상자 내용은 다른 용도로 활용하기 위해 저장하기가 쉽지 않다.

좋은 사용자 입력 인터페이스를 만드는 효율적인 방법 한 가지는 매개변수를 지정하고 동작 방식을 제어하는 등의 작업을 위한 특화된 언어를 설계하는 것이다. 좋은 표현방식은 프로그램을 사용하기 쉽게 만들 뿐 아니라 조직적인 구현을 도와 준다. 9장의 주제가 이러한 언어 기반 인터페이스다.

방어적 프로그래밍(defensive programming), 즉 비정상 입력이 들어와도 프로그램이 버틸 수 있게 하는 것은 사용자 자신의 실수에서 사용자를 보호하면서 동시에 보안 메커니즘을 보호하기 위해서도 중요하다. 6장에서 프로그래밍의 테스트를 다루면서 이런 내용을 더 논할 것이다.

대부분의 사람들에게는 그래픽 인터페이스가 바로 컴퓨터의 사용자 인터페이스다. 그래픽 사용자 인터페이스는 방대한 주제이기 때문에 이 책과 밀접한 관련이 있는 내용만 조금 다루기로 한다. 첫째, 그래픽 인터페이스는 만드는 것 자체도 문제지만 그 적합성과 완성도가 사람의 행동과 기대에 영향을 많이 받기 때문에 '올바르게' 만들기 정말 어렵다. 둘째, 현실적으로 만약 시스템에 그래픽 사용자 인터페이스가 있다면 실제로 어떤 알고리즘을 위한 코드보다도 사용자와 상호작용하기 위한 코드가 보통 더 많다.

그렇지만 사용자 인터페이스 소프트웨어도 외부 인터페이스 설계와 내부 구현에 비슷한 원칙들을 적용할 수 있다. 사용자 입장에서 보자면 단순성, 명확성, 규칙성, 일관성, 친숙성, 제약성과 같은 스타일 관련 특성들은 사용하기 쉬운 인터페이스를 위해 모두 잘 고려해야 하는 것들이다. 이런 특성이 빠지면 불편하고 이상한 인터페이스가 되기 십상이다.

　바람직한 일관성과 규칙성은 용어, 단위, 형식, 레이아웃, 글꼴, 색상, 크기 등 그래픽 인터페이스에서 가능한 모든 부분을 일관되게 적용하는 것을 포함하는 개념이다. 프로그램을 끝내거나(exit) 창을 닫을(close) 때 쓰는 용어가 몇 가지나 되는가? 영어로 쓴다면 화면에서 볼 때 abandon(중단)에서 control-Z까지 적어도 몇십 개는 될 수 있다. 이런 용어가 일치하지 않으면 영어를 모국어로 쓰는 사람이라도 헷갈리고 외국인에게는 당황스럽다.[8]

　그래픽을 다루는 코드는 인터페이스가 특히 중요하다. 인터페이스가 보통 크고, 복잡하면서도, 순차적인 텍스트를 쭉 읽는 게 아니라 아주 다양한 입력 모델을 처리해야 하기 때문이다. 객체지향 프로그래밍은 그래픽 사용자 인터페이스에 아주 잘 어울린다. 모든 창의 상태와 동작 방식을 캡슐화하고, 상속 개념을 활용해 비슷한 속성들을 묶어 부모 클래스에 넣고, 서로 다른 속성들은 구분해서 자식 클래스로 만들 수 있다.

더 읽어보기

비록 몇몇 기술적인 세부사항은 좀 오래됐지만, 프레드릭 P. 브룩스 주니어(Frederick P. Brooks, Jr.)가 쓴 『The Mythical Man Month』[9]란 책이 읽기도 재미있고 출판됐을 때와 마찬가지로 오늘날에도 취약한 소프트웨어 개발의 현실에 대한 통찰을 담고 있다.

　프로그래밍을 다루는 거의 모든 책이 인터페이스 설계에 관해 어느 정도 의미있는 내용을 담고 있다. 존 라코스(John Lakos)가 고생해서 얻은 경험에 기반해 쓴 실용적인 서적인 『Large-Scale C++ Software Design』은 정말 대규모의 C++ 프로그램을 구축하고 관리하는 방법을 논한다. 데이비드 핸슨(David Hanson)이 쓴 『C Interfaces and Implementations』은 C 프로그래밍에 대한 좋은 처방전 중 하나다.

---

8 이 단순한 작업 하나를 위해서도, 'abandon', 'close', 'quit', 'exit', 'terminate', 'dismiss', 'ok', 'cancel' 등의 단어가 쓰이는 것을 볼 때, 용어 선택의 중요성을 느낄 수 있을 것이다.

9 번역서로 『맨먼스 미신』(케이앤피북스, 2007)이 있다.

스티브 맥코넬(Steve McConnell)의 『Rapid Development』[10]는 프로토타입의 역할을 강조하면서 팀으로 소프트웨어를 구축하는 방법에 대해 상세히 서술한 훌륭한 책이다.

다양한 관점으로 그래픽 사용자 인터페이스에 관해 쓴 흥미로운 책들이 많다. 그 중 다음과 같은 책들을 추천한다. 케빈 뮬럿(Kevin Mullet)과 대릴 사노(Darrell Sano)의 『Designing Visual Interfaces: Communication Oriented Techniques』,[11] 벤 슈나이더만(Ben Shneiderman)의 『Designing the User Interface: Strategies for Effective Human-Computer Interaction』, 앨런 쿠퍼(Alan Cooper)의 『About Face: The Essentials of User Interface Design』, 해롤드 팀블비(Harold Thimbleby)의 『User Interface Design』.

---

10 번역서로 『프로젝트 쾌속 개발 전략』(한빛미디어, 2003)이 있다.
11 번역서로 『비주얼 인터페이스 디자인』(안그라픽스, 2001)이 있다.

5장

디버깅

bug(버그).

b. (1889년 『Pall Mall Gaz』 3월 11일자 1-1호) 내가 듣기로 에디슨씨는 이틀밤을 꼬박 새
우고서야 축음기에서 '벌레(bug)'를 발견했다. — 곤란한 문제를 해결할 때 쓰는 표현.
어떤 상상의 벌레가 안에 숨어 모든 문제를 일으킨다는 뜻에서 나온 말이다.

- 옥스포드 영어 사전 2판

우리는 앞에서 네 장에 걸쳐 많은 코드를 소개하면서, 마치 처음부터 잘 돌아가는
것처럼 시침을 뗐다. 물론 이건 사실이 아니다. 아주 많은 버그가 있었다. '버그
(bug)'라는 단어는 프로그래머가 만들지는 않았지만 분명 컴퓨터 분야에서 가장
널리 쓰이는 용어 중 하나다. 소프트웨어를 개발하는 일이 어떻길래 그럴까?

그 이유 중 하나. 프로그램의 복잡성은 컴포넌트 상호작용 방법의 가짓수와 관
련이 있는데, 소프트웨어에는 바로 그 컴포넌트와 상호작용이 잔뜩 모여 있다. 컴
포넌트 사이의 연결을 줄여서 상호작용할 부분들의 수를 적게 만들기 위한 테크
닉도 다양하다. 예를 들면 정보 은닉, 추상화, 인터페이스 그리고 이것들을 지원하
는 프로그래밍 언어의 기능이다. 또 소프트웨어 설계의 무결성을 보장하기 위한
테크닉인 프로그램 증명(proof), 모델링, 요구사항 분석, 정형 검증 등도 있다. 하
지만 이런 테크닉들이 소프트웨어를 구축하는 방식 자체를 바꾼 적은 없으며, 그

저 작은 문제들만 잘 해결해왔다. 현실적으로 에러는 영원히 없어지지 않을 것이며, 우리는 계속 테스트로 그것을 찾고, 디버깅으로 잡을 것이다.

좋은 프로그래머는 코드 작성에 쓰는 시간과 비슷한 시간을 디버깅에 쏟으며 실수에서 배움을 얻으려 한다. 버그를 찾을 때마다, 이후에 비슷한 버그가 생기는 것을 방지하거나 재발한 버그를 찾는 법을 배우게 된다.

디버깅은 힘든 작업이고 예측 불가능한 많은 시간이 소요될 수도 있기 때문에, 가능하면 디버깅할 상황을 만들지 않는 것을 목표로 삼아야 한다. 디버깅 시간을 줄여주는 테크닉에는 좋은 설계, 좋은 스타일, 경계 조건 테스트, 단정문(assertion), 코드의 정상성(sanity) 체크, 방어적 프로그래밍, 잘 설계된 인터페이스, 한정된 전역 데이터, 검사 도구가 있다. 치료보다는 예방이 우선이다.

언어는 어떤 역할을 할까? 프로그래밍 언어를 진화시킨 주요 동력의 하나는 언어 자체의 기능요소를 통해 버그를 예방하려는 열망이었다. 몇몇 기능요소는 에러가 덜 발생하도록 해준다. 인덱스를 이용한 범위 검사, 포인터를 제한적으로 사용하거나 아예 사용하지 않는 언어, 가비지 컬렉션, 문자열(string) 타입, 형식 입출력, 엄격한 타입 검사[1]가 그런 기능요소다. 반면, 동전의 양면과도 같이 몇몇 기능요소는 에러를 더 발생시키기 쉽다. goto 문이나 전역변수, 포인터, 자동 타입 변환 등이 그것이다. 프로그래머는 언어의 이런 잠재적 위험요소들을 잘 인식하고, 사용할 때 특별히 주의를 기울여야 한다. 또한 모든 컴파일러 체크 옵션을 켜놓고 경고 메시지를 잘 봐야 한다.

어떤 문제를 예방하는 언어의 기능요소는 또 그 대가를 치른다. 고수준 언어를 쓰면 단순한 버그가 자동으로 없어지는 반면, 고수준 버그가 생기기 더 쉽다. 세상의 어떤 언어도 사용자의 실수를 예방해 줄 수는 없다.

우리가 아무리 그러지 않길 바라더라도, 현실적으로 프로그래밍 시간의 대부분은 테스트와 디버깅에 소요된다. 이 장에서는 디버깅 시간을 가능한 한 짧게, 효율적으로 쓸 수 있는 방법에 대해 논하고, 6장에서 다시 테스트를 다루기로 한다.

---

1 엄격한 타입 검사(strong type-checking) : 예를 들어 C는 서로 다른 타입도 내부에서 똑같은 정수 타입 등으로 다루며 컴파일시 타입 불일치에 까다롭지 않다. 하지만, C++나 자바는 엄격한 타입 검사를 하므로 명시적으로 캐스팅하지 않으면 컴파일시 구문 오류가 발생한다.

5.1 디버거

주요 언어의 컴파일러에는 보통 정교한 디버거가 따라오는데, 대개 소스코드를 작성·편집하고, 컴파일하고, 실행하고, 디버깅하는 작업을 한 시스템에서 통합해서 수행할 수 있는 개발 환경의 일부에 편입되어 있다. 디버거는 프로그램에서 한 번에 한 함수나 한 구문씩 차례차례 수행할 수 있고, 특수한 상황이 발생했을 때나 특정 줄에서 실행을 멈출 수도 있는 그래픽 인터페이스를 포함한다. 또한 변수의 값을 형식화하고 표시할 수 있는 장치도 제공한다.

문제가 생겼다는 것을 알았을 때 바로 디버거를 실행할 수 있다. 어떤 디버거는 프로그램 실행 도중 잘못된 게 생기면 자동으로 실행된다. 보통 프로그램이 죽었을 때 어디까지 실행 중이었는지는 찾기 쉽다. 활성화된 함수 순서를 검사하고(스택 추적), 지역변수와 전역변수의 값을 표시하면 된다. 이런 정보들이 있으면 충분히 버그를 찾을 수 있다. 그렇지 않다면, 실행 중단 지점을 설정하는 브레이크포인트(breakpoint)와 한 단계씩 깊이 실행해 들어가는 스텝(step) 기능을 이용해서 처음에 어디에서 문제가 발생했는지 한 번에 한 단계씩 다시 프로그램을 실행해 볼 수 있다.

적절한 환경에서 숙련된 사용자가 쓰는 경우 좋은 디버거는 효율적이고 효과적인 디버깅을 도울 수 있다. 그렇더라도 고통스럽지 않은 것은 아니지만 말이다. 이렇게 사용자 마음대로 쓸 수 있는 강력한 도구가 있는데 누가 그걸 쓰지 않고 디버깅을 하겠는가? 왜 우리가 이 장 전체를 디버깅에 할애해야만 하는가?

몇 가지 그럴듯한 이유가 있다. 몇 개는 객관적이고, 또 몇 개는 개인적인 경험에 기반한 것이다. 비주류 언어들은 디버거도 없고 아주 원시적인 디버깅 기능만 제공한다. 디버거는 시스템 의존적이기 때문에 다른 시스템에서 작업할 때는 자신에게 익숙한 디버거를 쓸 수가 없다. 또 멀티프로세스, 멀티쓰레드 프로그램 같은 몇몇 프로그램들은 디버거로는 잘 처리할 수 없다. 운영체제, 분산형 시스템은 대개 더 저수준의 접근 방식으로 디버깅해야만 한다. 이런 상황에서는 결국 혼자서 해내야 한다. print 구문과 코드를 분석하는 자신의 경험과 능력 외에는 믿을 것이 별로 없다.

개인적으로는 스택 추적을 하고 한두 개 변수의 값을 보기 위한 목적 이상으로 디버거를 쓰는 일은 별로 없다. 그 이유 중 하나는, 디버거를 쓰면 복잡한 데이터 구조와 제어 흐름의 홍수 속에서 중요한 것을 놓치기 쉽기 때문이다. 프로그램 실행 흐름을 한 단계씩 깊이 들어가 보는 것보다, 열심히 생각한 다음 중요한 위치에 자기검증 코드나 출력문을 추가하는 편이 더 생산적이다. 코드마다 마우스를 올려 놓고 클릭하는 것보다는 합리적으로 적재적소에서 내용을 출력한 결과를 훑어보는 것이 더 빠르다. 어디에 print 문을 넣을지 결정하는 것이, 코드에서 일부 중요한 부분만(그 중요한 부분이 어딘지 정확히 안다고 치더라도) 단계를 파고 들어가며 검사하는 것보다는 시간이 훨씬 적게 걸리는 일이다. 게다가, 디버깅을 위해 추가한 코드는 프로그램에 남지만, 디버거 세션은 한번 실행하면 사라진다.

직접 눈으로 보지 않고 디버거로 검사하는 것이 생산적일 리가 없다. 디버거는 프로그램에 문제가 생겼을 때 그 상태를 확인하기 위한 용도로 쓰는 편이 더 낫고, 그 다음에는 문제가 어떻게 해서 생겼는지 스스로 생각해야 한다. 디버거는 이해하기 어려운 프로그램일 수 있다. 특히 초보자에게는 도움을 주기보다는 혼란만 가중시킨다. 사용자가 잘못된 질문을 던져도 디버거는 답을 낸다. 하지만 디버거가 잘못 인도하고 있다는 것을 알아차리지 못할 수도 있다.

반면 디버거는 엄청난 가치를 제공할 수도 있으므로, 분명 디버깅을 위한 도구 목록에 꼭 포함시켜야 하며, 사실상 도구 중에서는 일순위가 될 것이다. 하지만 디버거가 아예 없거나 정말 어려운 문제에 봉착했을 때, 어쨌건 이 장에서 소개하는 테크닉은 효율적이고 효과적인 디버깅을 도와 준다. 또한 에러와 예상되는 원인을 추론하는 방법과 깊은 관련이 있기 때문에, 디버거 이용 역시 한층 더 생산적으로 할 수 있게 해줄 것이다.

5.2 실마리가 뚜렷한 쉬운 버그

이런! 뭔가 크게 잘못됐어. 내 프로그램이 죽었어, 이상한 값을 출력해. 무한 루프를 도는 것 같아. 이제 어쩌지?

초보자는 컴파일러, 라이브러리 등 자기 코드를 뺀 다른 것들을 탓하는 경향이 있다. 경험 많은 숙련자들도 똑같은 불평을 좋아하긴 하지만, 그들은 사실 알고 있다. 대부분의 문제는 자신의 실수 때문이라는 것을 말이다.

다행스럽게도, 대부분의 버그는 단순하기 때문에 단순한 테크닉으로 찾을 수 있다. 문제가 있는 출력 부분을 증거물로 삼아 어떻게 이런 일이 발생할 수 있는지 추리해 보라. 프로그램이 죽기 직전의 디버깅용 출력을 확인하고, 가능하다면 디버거로 스택 추적을 하라. 그러면 무슨 일이, 어디에서 일어났는지 조금은 알게 될 것이다. 잠시 숨을 돌리며 심사숙고 해보자. 어떻게 이런 일이 일어났을까? 프로그램이 죽었을 때의 상태로 되돌아가 어떤 원인이 있었는지 추론한다.

디버깅에는 미궁에 빠진 살인사건을 해결하는 것과 비슷한 역방향 추론 개념이 포함된다. 불가능한 일이 발생했는데 유일하게 분명한 정보라곤 그 일이 정말 일어났다는 것밖에 없다. 어쩔 수 없이 결과에서 원인을 찾기 위해 역방향으로 생각해야 한다. 모든 상황을 설명할 수 있는 해답을 얻기만 하면, 어떻게 고칠지도 알 수 있고 그 과정에서 처음에는 예상하지 못했던 다른 문제들까지지도 발견하게 된다.

자주 나오는 패턴을 찾으라

이것이 자주 나오는 패턴인지 자문하라. "예전에 본 적이 있어."라는 것은 대개 문제를 이해하기 시작했다는 뜻이며, 더 나아가 정답을 의미할 수도 있다. 흔한 버그에는 눈에 띄는 특징이 있다. 예를 들어 초짜 C 프로그래머는 종종 다음과 같은 코드를 작성한다.

```
?       int n;
?       scanf("%d", n);
```

정상적인 코드는 다음과 같다.

```
        int n;
        scanf("%d", &n);
```

입력 줄을 읽을 때 메모리 경계를 초과한 접근을 발생시키는 전형적인 실수다. C 언어를 가르치는 강사들은 이런 증상을 바로 알아본다. printf와 scanf에서 타입 불일치는 질리지도 않고 계속 쉬운 버그를 양산하는 원인이다.

```
?       int n = 1;
?       double d = PI;
?       printf("%d %f\n", d, n);
```

이 에러를 알아볼 수 있는 증상은 가끔 말도 안 되는 값, 즉 굉장히 큰 정수, 있음 직하지 않을 정도로 심하게 크거나 작은 부동소수값이 나타나는 현상이다. 썬 (Sun) 사(社)의 SPARC 머신에서 이 프로그램의 결과값은 다음과 같이 굉장히 큰 숫자와 천문학적인 값이다. (지면에 맞추기 위해 줄을 바꿔 표시했다)

```
1074340347 2681561585988520015341087942602333963504\
1936585971793218047714963795307788611480564140\
07968212895947435371511635241011754740847641564\
422771408323839623430144.000000
```

그 외 흔한 에러 하나는 scanf에서 double 타입을 읽을 때 %lf 대신 %f를 쓰는 것이다. 몇몇 컴파일러는 scanf와 printf 함수의 인자 타입이 문자열과 일치하는지 검증해서 이런 실수를 잡아준다. GNU 컴파일러인 gcc는 모든 경고 옵션을 켰을 때 위의 printf 구문에 대해 다음과 같은 경고 메시지를 보여준다.

```
x.c:9: warning: int format, double arg (arg 2)
x.c:9: warning: double format, different type arg (arg 3)
```

지역변수 초기화를 빠뜨려도 또 다른 특징적인 에러가 발생한다. 결과는 대개 지나치게 큰 값이 되는데, 예전에 같은 메모리 위치에 저장됐던 쓰레기값이 남은 것이다. 몇몇 컴파일러는 경고를 해주지만 컴파일 시 체크 옵션을 줘야 할 수도 있고 모든 경우를 다 잡아낼 수는 없다. malloc, realloc, new와 같은 메모리 할당 함수가 반환한 메모리에도 쓰레기값이 채워져 있는 경우가 많다. 초기화를 잊지 말자.

가장 최근에 변경한 부분을 검사하라

마지막 변경이 어떤 것이었는가? 프로그램을 개발하면서 한 번에 하나씩만 고쳤다면 버그는 새 코드에 있거나, 아니면 새 코드에 의해 드러났을 공산이 크다. 최근 변경을 주의 깊게 살펴보면 문제가 발생한 부분을 좁히는 데 도움이 된다. 만약 그 버그가 예전 버전에서는 없었는데 새 버전에서 나타났다면 새로 붙인 코드가 문제와 관련이 있다는 것이다. 그러므로, 정상 동작한다고 믿을 수 있는 과거 버전 프로그램을 지워서는 안 된다. 새 버전과 동작방식 비교를 할 수 있으니까 말이다. 또 변경 이력과 버그 수정 이력을 계속 기록해서 다른 버그를 고치려고 할 때 처음부터 다시 이 중요한 정보들을 찾을 필요가 없게 하라. 소스코드 제어 시스템[2]과 그 외 기록 관리 메커니즘이 도움이 될 것이다.

같은 실수를 두 번 반복하지 말라

한 버그를 고치면 그 다음에 똑같은 실수를 다른 데서도 한 건 아닌지 자문해 보라. 이건 이 장을 쓰기 겨우 며칠 전에 필자들 가운데 한 명에게 일어난 일이기도 하다. 그 프로그램은 동료 한 명을 위해 단순하게 만든 프로토타입이었는데, 아래와 같이 프로그램 인자로 주는 옵션에 따라 처리하는 상투적인 코드였다.

```
?       for (i = 1; i < argc; i++) {
?           if (argv[i][0] != '-') /*옵션 부분이 끝남*/
?               break;
?           switch (argv[i][1]) {
?           case 'o': /* 출력 파일 이름 */
?               outname = argv[i];
?               break;
?           case 'f' :
?               from = atoi(argv[i]);
?               break;
?           case 't' :
?               to = atoi(argv[i]);
?               break;
?           ...
```

그 동료는 이 코드를 써보자마자, 출력 파일 이름 앞에 항상 -o가 붙는다고 얘기했다. 심히 부끄럽긴 했지만 고치기는 쉬웠다. 원래는 다음과 같이 작성했어야 했다.

```
outname = &argv[i][2] ;
```

그래서 문제를 고쳐서 보냈는데, 이번엔 또 다른 불평과 함께 돌아왔다. 프로그램이 -f123과 같은 인자를 제대로 처리하지 못하고 변환한 숫자값이 항상 0이 된다는 것이었다. 똑같은 문제였다. switch 문에서 그 다음 case 부분은 다음과 같이 썼어야 했다.

```
from = atoi(&argv[i][2]) ;
```

필자는 또 조급하게 서둘렀기 때문에 똑같은 실수를 두 번 더 범한 것을 눈치채지 못했고 본질적으로 동일한 단순한 에러가 모두 고쳐지기까지 사용자에게 보냈다 받았다 하는 과정을 또 겪어야 했다.

익숙하다고 해서 안심하면 쉬운 코드에도 버그가 생길 수 있다. 너무 쉬운 코드

---

2 소스코드 제어 시스템 : 사용할 수 있는 프로그램으로 CVS, Subversion, RCS, SCCS, Source Safe 등이 있다.

라서 자면서 코딩할 수 있다고 해도, 정말 코드 작성 도중에 잠들지는 말자.

오늘 할 디버깅을 내일로 미루지 말라

너무 서두르는 것은 또 다른 상황에서도 문제가 될 수 있다. 프로그램이 죽었을 때 무시하고 넘어가지 마라. 손쓰기에 너무 늦어지기 전에 다시 발생하는 일이 없도록 바로 프로그램을 뒤지면서 문제를 추적하라. 유명한 사례로 화성 탐사선인 패스파인더(Pathfinder) 사건이 있다. 1997년 7월 화성에 안착한 뒤, 이 탐사선의 컴퓨터는 하루에 한 번 정도 재부팅되곤 해서 엔지니어들이 완전히 당황했다. 그리고 추적 끝에 문제를 발견하자마자 예전에 본 문제임을 깨달았다. 이 재부팅 문제는 발사 전 테스트를 할 때 발생했지만, 그때 엔지니어들은 한창 다른 사안을 고민하고 있었기 때문에 무시해 버렸다. 그래서 나중에야, 몇천만 마일이나 떨어진 상황에서 훨씬 어렵게 문제를 해결해야 하는 사태가 발생한 것이다.

스택 추적값을 확인하라

물론 디버거를 이용해 실행 중인 프로그램을 검사할 수도 있지만 디버거의 가장 일반적인 용도 중 하나는 프로그램이 죽은 다음의 상태를 확인하는 것이다. 대개 스택 추적값에서 나오는, 문제가 생긴 부분의 소스 줄번호는 가장 유용한 디버깅 정보다. 잘 나옴직하지 않은 인자값도 좋은 실마리가 된다. (제로값 포인터, 값이 작아야 하는 상황인데도 엄청나게 큰 정수값, 양의 값이어야 하는 상황인데 음의 값, 영문자로 구성되지 않은 문자열.)

여기에 그 전형적인 예가 있다. 2장에서 다룬 정렬(sorting) 관련 코드다. 정수 배열을 정렬하려면 정수 비교 함수인 icmp로 qsort를 호출해야 한다.

```
int arr[N];
qsort(arr, N, sizeof(arr[0]), icmp);
```

하지만 무심코 문자열 비교 함수인 scmp를 썼다고 생각해 보자.

```
?    int arr[N] ;
?    qsort(arr, N, sizeof(arr[0]), scmp);
```

컴파일러는 여기에서 타입 불일치를 잡아내지 못하기 때문에 재앙은 일단 연기된다. 하지만 프로그램을 실행하면 잘못된 메모리 위치 접근 오류로 인해 죽어 버린다. dbx 디버거를 실행하면 다음과 같은 스택 추적값을 내놓는다. 지면에 맞게 편집하였다.

```
0 strcmp(0x1a2, 0x1c2) ["strcmp.s":31]
1 scmp(p1 = 0x10001048, p2 = 0x1000105c) ["badqs.c":13]
2 qst(0x10001048, 0x10001074, 0x400b20, 0x4) ["qsort.c":147]
3 qsort(0x10001048, 0x1c2, 0x4, 0x400b20) ["qsort.c":63]
4 main() ["badqs.c":45]
5 __istart() ["crtltinit.s":13]
```

프로그램이 strcmp에서 죽었다는 말이다. 자세히 뜯어보니 strcmp에 넘어가는 포인터 두 개의 값이 너무 작다. 문제가 있다는 확실한 신호다. 이 스택 추적값은 각 함수를 호출한 소스 줄번호를 보여 준다. 테스트 파일인 badqs.c의 13번 줄은 다음과 같은 호출이다.

```
return strcmp(v1, v2) ;
```

이는 문제가 발생한 호출을 밝혀내고 에러 위치를 지적해 준다.

무엇이 잘못되었는지 추가 정보를 제공해주는 지역·전역 변수 값을 보는 용도로 디버거를 활용할 수도 있다.

작성하기 전에 읽으라

효과적이지만 그 중요성이 잘 알려지지 않은 디버깅 테크닉이 바로 코드를 주의 깊게 읽은 다음 한동안 손대지 않고 생각해 보는 것이다. 분명 키보드에 손을 뻗어 프로그램을 수정하고 버그가 없어졌는지 보고싶은 강렬한 열망이 존재할 것이다. 하지간 정말 무엇이 망가졌는지 모르고 엉뚱한 부분만 고치다가 다른 것까지 망가뜨릴 가능성이 더 높다. 프로그램의 중요 부분을 목록화해서 종이에 나열하면 모니터에서 볼 때와는 또 다른 관점으로 문제를 볼 수 있고, 더 여유를 갖고 고민해볼 수도 있다. 하지만 목록을 프로그램 루틴처럼 만들지는 마라. 전체 프로그램을 프린트하는 건 종이를 만드는 삼림 자원의 낭비다. 내용이 여러 페이지에 걸쳐 있으면 한 눈에 구조를 파악하기도 어려울 뿐 아니라, 그 목록은 코드를 다시 고치기 시작하자마자 바로 휴지통으로 직행해야 할 것이기 때문이다.

잠시 숨을 돌려라. 가끔은 소스코드를 봐도 실제로 쓰여 있는 것이 아니라 자신이 생각한 것만 보일 때가 있다. 코딩에서 한 발짝 떨어져 있으면 선입견과 오해가

희석되면서 다시 코딩에 복귀했을 때, 작성된 실제 코드를 볼 수 있게 된다.

키보드를 두드리고 싶은 열망에 저항하라. 생각하는 게 가치 있는 대안이다.

코드를 다른 사람에게 설명하라

또 다른 효과적인 기법은 바로 자신의 코드를 다른 사람에게 설명하는 것이다. 이러면 많은 경우 버그를 자기자신에게 설명하는 효과가 생긴다. 때로는 몇 문장도 채 말하지 못하고 부끄러워하면서 덧붙이게 된다. "아니 신경쓰지 마세요. 뭐가 잘못됐는지 알겠네요. 죄송합니다." 굉장히 효과가 탁월한 방법이다. 심지어 말을 할 대상이 프로그래머가 아니어도 괜찮다. 어떤 대학 컴퓨터 센터는 지원 센터 근처에 곰인형을 비치해 놓았다. 알쏭달쏭한 버그로 고민하는 학생들은 기술 상담 직원에게 직접 물어보기 전에 먼저 그 곰인형에게 버그를 설명해야 한다.

5.3 실마리가 없는 어려운 버그

"전혀 실마리를 못 잡겠네. 도대체 무슨 일이 일어나고 있는 거지?" 무엇이 잘못된 건지 전혀 알 수가 없다면 인생은 계속 꼬이기만 한다.

버그를 재현할 수 있게 하라

첫 단계는 자유자재로 버그를 드러낼 수 있게 만드는 일이다. 모습을 감춘 버그를 쫓아 헤매는 것은 괴로운 작업이다. 약간 시간을 할애해서 그 문제를 확실히 드러내는 입력과 매개변수 값을 마련한 다음, 버튼 하나를 딱 누르거나 키 몇 개만 두드리면 버그를 발생시킬 수 있게 잘 포장하라. 정말 심각한 버그라면 문제를 파고드는 동안 어차피 계속해서 재현해 봐야 할 것이므로, 이왕이면 쉽게 해서 시간을 절약하자.

만약 그 버그를 매번 발생시킬 수 없다면, 왜 안 되는지 생각해 보자. 어떤 조건들이 갖춰지면 좀 더 자주 발생시킬 수 있을까? 매번 발생시키기까지는 못 하더라도, 최소한 멍하니 버그가 발생하기만 기다리는 시간을 줄일 수 있다면 더 빨리 버그를 찾아낼 수 있을 것이다.

프로그램이 디버깅용 출력을 지원한다면 사용한다. 3장에서 나온 마르코프 체인 프로그램과 같은 시뮬레이션 프로그램에는 난수 발생기에 넣는 첫 입력값 (seed) 같이 디버깅용 정보를 생성하는 옵션이 있어서 결과를 재현할 수 있어야 한다. 그리고 또 다른 옵션을 통해 첫 입력값을 지정할 수 있어야 한다. 많은 프로그램에 이런 옵션들이 있으니 자신의 프로그램에 비슷한 옵션을 넣는 것도 괜찮은 생각이다.

각개격파하라

문제를 발생시키는 입력의 범위를 더 좁힐 수는 없을까? 버그가 나타나는 가장 작은 입력을 만들어서 가능성을 좁힌다. 어떻게 고치면 에러가 없어질까? 에러에만 집중한 주요 테스트 케이스를 찾아 본다. 각 테스트 케이스는 무엇이 잘못된 것인지에 대한 가정을 지지하거나 반박하는 명확한 결과를 내도록 설계해야 한다.

이진탐색(binary search) 방식을 이용해서 진행한다. 입력의 반을 날리고 결과가 그대로인지 본 다음, 아니라면 이전 단계로 돌아가 다른 반쪽을 없앤다. 똑같은 탐색 방식을 프로그램 코드 자체에도 적용할 수 있다. 버그와 관련이 없는 게 분명한 부분을 제거하고 버그가 아직 남아 있는지 본다. 취소(undo) 기능이 있는 에디터를 쓰면 버그를 남긴 채로 큰 테스트 케이스나 큰 프로그램을 줄여 나가는 게 쉬워진다.

수(數)가 의미하는 바를 연구하라

때로 문제를 발생시키는 숫자의 패턴이 탐색 범위를 좁힐 실마리를 주는 경우가 있다. 필자들은 이 책에서 몇 부분을 새로 쓰면서 철자 실수를 범했다는 것을 깨달았다. 여기저기서 글자 몇 개씩을 말 그대로 빠뜨린 것이다. 이상한 일이었다. 그 부분은 다른 파일에서 잘라내기 & 붙여넣기로 작성했기 때문에 텍스트 에디터의 잘라내기 기능이나 붙여넣기 기능에 문제가 있다고 생각하는 것도 가능했다. 하지만 어디에서부터 문제를 찾아야 하나? 실마리를 찾기 위해 먼저 데이터를 면밀히 살펴 보았고, 없어진 문자들이 글 전체에 균일하게 분포되어 있다는 사실을 눈치챘다. 그 간격을 재 봤더니 빠진 문자들 간의 거리가 수상하게도 항상 동일한 1023바이트였다. 에디터의 소스코드에서 1024에 가까운 숫자를 찾으니 몇몇 버그 용의자가 나왔고, 그 중 하나가 새 코드에 있었기 때문에 먼저 그걸 검사했다. 결과는 알아보기 쉽게도, 1024 바이트 버퍼의 마지막 문자를 널바이트로 덮어쓴 전형적인 오프바이원 에러였다.

문제와 관련된 숫자의 패턴을 연구하니 버그를 바로 찍어 찾을 수 있었다. 소요 시간? 이상하다고 생각한 2~3분, 없어진 문자의 패턴을 찾으려고 데이터를 검사한 5분, 고칠 부분이 어딘지 탐색한 1분, 버그를 확인하고 제거한 1분이 전부다. 만약 디버거로 찾으려고 했다면 가망이 없었을 것이다. 왜냐하면 이 에디터 프로그램은 두 개의 멀티프로세스가 돌고, 마우스 클릭으로 동작하고, 파일 시스템을 통해 데이터를 주고 받는 프로그램이었기 때문이다.

결과를 출력해서 탐색 범위를 좁혀라

프로그램이 무슨 일을 하는지 이해할 수 없다면, 더 많은 정보를 볼 수 있도록 출력문을 추가하는 게 가장 쉽고도 효율적인 방법이 될 수 있다. 그런 출력문을 넣어서 자신이 이해한 바를 검증하거나 무엇이 잘못된 건지 생각한 내용을 다듬는다. 예를 들면, 코드의 특정 부분에 실행 흐름이 도달할 수 없다고 생각한다면 '여기까지 올 수 없음'이라고 출력하게 한다. 그리고 이 메시지가 나온다면 그 출력문을 한 단계씩 시작 부분 쪽으로 올리면서 어디부터 잘못된 것인지 알아 본다. 또는 한 단계씩 내려가며 '여기까지 왔음.'이라고 보여 주면서 어디까지 제대로 동작하는지를 본다. 어느 쪽을 의미하는 것인지 알 수 있게 메시지는 분명하게 구분되어야 한다.

간결한 고정 형식으로 메시지를 출력해서 눈이나 패턴 찾기 도구인 grep(텍스트를 탐색할 때 grep과 같은 프로그램의 가치는 헤아릴 수 없을 정도다. 9장에서 간단한 사례를 선보인다.)과 같은 프로그램을 이용해서 탐색하기 쉽게 해야 한다. 어떤 변수의 값을 출력할 때는 매번 같은 방식으로 형식화한다. C나 C++ 언어에서라면 포인터를 %x나 %p로 형식화해서 16진수로 출력한다. 그러면 두 포인터가 같은 값을 가지거나 연결돼 있다는 것을 파악하기 쉽다. 포인터 값을 읽고, 있음직한 값과 아닌 값, 즉 0이나 음수, 이상한 숫자, 너무 작은 숫자 등의 값을 구별하는 방법을 익혀야 한다. 주소값 형식에 익숙해지면 디버거를 사용할 때도 도움이 된다.

만약 출력이 너무 길어질 것으로 예상된다면 A, B, ... 처럼 프로그램이 어디까지 실행된 건지 알 수 있게 압축적으로 한 글자씩 찍어봐도 충분할 것이다.

자가검증 코드를 작성하라

더 많은 정보가 필요하다면 조건을 테스트하고 관련된 변수값을 출력한 다음에 프로그램을 중단시키는 check 함수를 직접 작성한다.

```
/* check : 조건을 테스트하고 출력한 다음 실행을 중단한다. */
void check(char *s)
{
    if (var1 > var2) {
        printf("%s: var1 %d var2 %d\n", s, var1, var2);
        fflush(stdout); /* 출력이 끝까지 다 나오게 함. */
        abort(); /* 비정상 종료를 알림. */
    }
}
```

우리가 작성한 이 check 함수는 표준 C 함수인 abort를 호출하며, abort는 디버거로 분석 작업을 할 수 있도록 프로그램을 비정상 종료시킨다. 다른 애플리케이션에 쓸 때는 check 함수가 결과 출력 후에 실행을 중단하지 않게 할 수도 있을 것이다.

다음으로, 코드에서 필요해 보이는 곳마다 check 호출 부분을 추가한다.

```
check("before suspect");
/* 수상한 코드 */
check("after suspect");
```

버그를 고친 다음에도 check 함수를 날려버리진 않는다. 소스에 남겨 두고 주석 처리하거나 디버깅 옵션으로 실행할 수 있게 만들면, 다음에 문제가 생겼을 때 바로 활성화해서 사용할 수 있다.

더 어려운 문제를 조사하기 위해 check를 더 발전시켜 데이터 구조까지 출력하고 검증하게 할 수도 있다. 이를 일반화하면 데이터 구조나 다른 정보들의 일관성을 계속 검증하는 루틴이 된다. 복잡한 데이터 구조를 포함한 프로그램이라면, 정말 문제가 발생하기 전에 미리 이런 check 함수들을 프로그램 자체에 넣어두고 말썽이 생기기 시작할 때 딱 스위치를 켜서 쓸 수 있도록 하는 것도 좋은 생각이다. 그렇다고 디버깅할 때만 쓰지는 마라. 프로그램을 개발하는 전 과정 동안 코드에 설치한 상태로 놔둬야 한다. 부담을 너무 많이 주지만 않는다면, 항상 스위치를 올린 상태로 두는 편이 좋을 것이다. 전화 교환기 시스템 같은 큰 프로그램은 대개 여러 정보와 장치를 모니터링하면서 문제를 보고하고, 심지어 문제가 발생했을 때 자기수복까지 하는 '감사(監査)용' 하위 프로그램에 상당 부분을 할애한다.

로그 파일을 작성하라

또 하나의 전략은 디버깅용 고정 형식 스트림 출력을 담는 로그 파일을 작성하는 것이다. 실행 중 프로그램이 죽으면, 죽기 직전에 무슨 일이 일어났는지 로그 파일에 기록한다. 웹서버나 기타 네트워크 프로그램은 광범위한 트래픽 로그를 기록해서 자신과 클라이언트를 모니터링한다. 다음 코드 조각은 어떤 지역 시스템에서 나온 것이다(지면에 맞게 편집했다).

```
[Sun Dec 27 16:19:24 1998]
HTTPd: access to /usr/local/httpd/cgi-bin/test.html
    failed for m1.cs.bell-labs.com,
    reason: client denied by server (CGI non-executable)
    from http://m2.cs.bell-labs.com/cgi-bin/test.pl
```

버퍼를 비워서 로그 파일에 마지막 로그가 기록되도록 하는 것을 잊지 마라. 보통 printf와 같은 출력 함수는 효율성을 고려하여 출력할 내용을 버퍼로 처리하므로, 비정상적으로 종료되면 버퍼에 있는 내용은 그냥 버려진다. C 언어에서는 fflush를 호출하여 프로그램이 죽기 전에 모든 출력을 내보내는 것을 보장할 수 있다. C++, 자바에는 이와 비슷한 flush 함수가 있다. 그게 아니면, 부하를 감수할 경우 로그 파일에 읽고 쓸 때 버퍼링을 하지 않게 해서, 버퍼 비우기 때문에 생기는 문제를 전부 회피할 수 있다. 표준 함수인 setbuf와 setvbuf로 버퍼를 제어한다. setbuf(fp, NULL)는 fp 스트림에서 버퍼링을 하지 않게 한다. 보통 표준 에러 스트림인 stderr, cerr, System.err는 기본적으로 버퍼링을 하지 않게 되어 있다.

그림을 그려라

테스트를 하고 디버깅을 할 때는 때로 글보다 그림이 더 효과적이다. 그림은 2장에서 봤듯이 데이터 구조를 이해할 때, 그리고 당연히 그래픽 소프트웨어를 작성할 때 특히 도움이 되지만, 사실 모든 종류의 프로그램에 활용할 수 있다. 산점도(scatter plots)를 그리면 숫자를 나열한 것보다 훨씬 효과적으로 이상값을 표현할 수 있다. 데이터 히스토그램은 시험 결과, 난수, 메모리 할당 루틴과 해시 테이블, 내부 버킷(bucket) 크기 등의 이상 징후를 드러낸다.

프로그램 내부에서 무슨 일이 일어나는지 이해가 되지 않으면 데이터 구조에 통계를 적용해서 결과를 그래프로 그리면 된다. 다음 그래프는 3장에서 C버전으로 작성한 마르코프 프로그램을 나타낸다. 해시 체인 길이를 x축으로, 그 길이의 체인어 포함되는 원소 개수를 y축으로 해서 그린 것이다. 입력한 데이터는 우리가 테스트 표준으로 사용하는 시편의 내용이다(영문 기준으로 단어 42,685개, 접두사 22,432개). 왼쪽 그래프 두 개는 해시 승수로 적당한 31과 37로 그린 것이고, 세 번째는 끔찍한 128로 그렸다. 처음 두 경우에는 15나 16 이상 길이의 체인이 없고 대부분의 원소가 5나 6 길이의 체인에 포함된다. 세 번째 경우에는 분포가 더 넓다. 가장 긴 체인에 187개의 원소가 포함되고, 수천 개 원소가 20 이상 길이의 체인에 속한다.

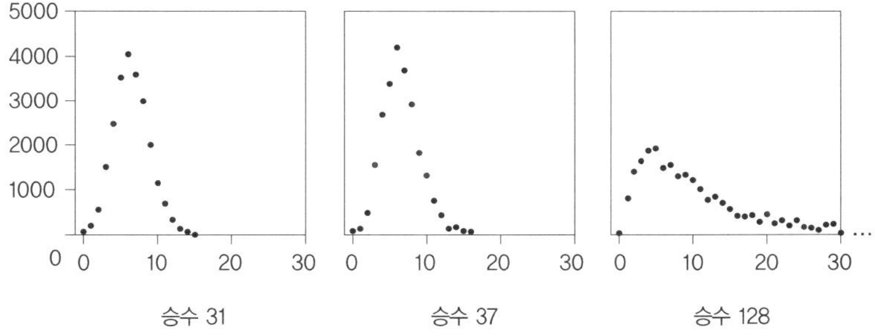

도구를 사용하라

디버깅 환경이 제공하는 도구들을 잘 이용한다. 예를 들어, diff 같은 파일 비교 프로그램은 디버깅용 코드를 실행할 때 문제 없는 경우와 잘못된 경우의 출력을 비교하여 바뀐 부분에 집중할 수 있게 해준다. 만약 디버깅용 출력이 길다면 grep을 써서 검색하거나 에디터를 써서 검사한다. 디버깅용 출력을 프린터로 보내고 싶다는 유혹에 저항해야 한다. 방대한 양의 출력은 사람보다 컴퓨터가 더 잘 탐색할 수 있다. 셸 스크립트나 그 밖의 다른 도구를 활용해서 디버깅용 코드를 실행했을 때 나오는 출력의 처리를 자동화한다.

가정한 내용이나 자신이 이해한 내용을 확인하기 위해 아주 단순한 프로그램을 작성한다. 예를 들어, 다음과 같이 NULL 포인터를 해제해도 괜찮을까?

```c
int main(void)
{
    free(NULL);
    return 0;
}
```

RCS와 같은 소스코드 제어 프로그램[3]을 사용하면 코드를 버전 별로 추적 기록해서 예전 버전에 비해 어떤 것이 바뀌었는지 알 수 있고, 검증된 상태로 복구하기 위해 아예 코드를 예전 버전으로 되돌릴 수도 있다. 게다가 최근에 무엇을 변경했는지 표시해 줄 뿐 아니라 자주 변경한 부분까지 식별해 준다. 대개 이런 부분이 버그가 출몰하는 지역이기 때문이다.

기록하라

버그를 찾으면서 어느 정도 시간이 흐르면, 무엇을 시도해 봤고, 무엇을 깨달았는지 잊어 버리기 시작한다. 테스트와 그 결과를 기록해 둔다면, 뭔가를 간과하거나, 실제로는 확인하지 않은 것을 확인했다고 착각할 가능성이 줄어들 것이다. 기록을 하면 다음에 비슷한 문제가 다시 발생했을 때도 도움이 되고, 다른 사람에게 설명할 때도 써먹을 수 있다.

5.4 최후의 수단

이런 조언들을 다 적용해 봐도 해결이 되지 않을 때는 어떻게 할까? 바야흐로 좋은 디버거를 써서 프로그램을 한 단계씩 살펴볼 때다. 무엇이 어떻게 된 건지 머리 속에 그린 그림이 잘못됐다면, 그래서 완전히 헛짚은 곳만 보고 있다면, 아니 제대로 보고 있어도 문제를 발견할 수가 없다면, 디버거가 생각하는 방법을 바꿔 줄 수 있다. 이런 '생각형 버그'는 가장 찾기 어려운 버그에 속하므로 컴퓨터의 도움은 정말 그 가치를 헤아릴 수 없다.

때로 오해는 아주 단순한 데서 비롯된다. 연산자 우선순위가 틀리거나, 연산자를 잘못 쓰거나, 실제와 다르게 들여쓰기를 하거나, 지역 이름이 전역 이름을 가리거나 전역 이름이 지역 유효범위에 침입하는 식이다. 한 예로, 프로그래머들은 가끔 &와 |가 ==나 != 보다 우선순위가 낮다는 것을 까먹고 아래처럼 쓴 다음 왜 이 값이 항상 거짓(false)이 되는지 알아채지 못한다.

---

3 강력한 lock 메커니즘(한 파일에는 한 번에 한 사람만 접근 가능)을 구현한 RCS, SCCS와 달리, 같은 오픈 소스지만 다수가 동시에 같은 파일에 접근할 수 있게 네트워크 확장판으로 구현한 CVS(Concurrent Version System)가 더 널리 쓰이고 있다. CVS의 개선을 목표로 등장한 Subversion도 있다.

```
?          if (x & 1 == 0)
?              ...
```

어쩌다 손가락이 미끄러지면 =를 ==로 쓰거나 그 반대로 쓸 수도 있다.

```
?    while (( c == getchar()) != EOF)
?        if(c = '\n')
?            break;
```

아니면 편집하다가 불필요한 코드를 남겨둘 수도 있다.

```
?    for (i = 0; i < n; i++);
?        a[i++] = 0;
```

입력을 서두르다 문제가 생길 수도 있다.

```
?    switch (c) {
?        case '<' :
?            mode = LESS;
?            break;
?        case '>' :
?            mode = GREATER;
?            break;
?        default :
?            mode = EQUAL;
?            break;
?    }
```

간혹 인자 순서가 잘못돼도 타입 검사가 도움이 안 되는 상황이 생길 수 있다. 다음처럼 쓰는 경우는

```
?    memset(p, n, 0);
```

원래 다음처럼 작성해야 옳은데 타입 검사에서는 잡히지 않는다.

```
    memset(p, 0, n);
```

뭔가가 몰래 바뀌기도 한다. 전역변수나 공유 변수가 바뀌었는데 그 변수를 건드렸다는 것을 다른 루틴이 전혀 눈치채지 못하는 경우다.

알고리즘이나 데이터 구조에 치명적인 결함이 있는데 알아차리지 못하기도 한다. 우리는 연결 리스트에 관한 내용을 준비하면서 새로운 원소를 생성하고, 그 원소를 리스트의 앞이나 뒤에 연결하는 등의 함수들을 패키지로 만들었다. 이 함수들은 2장에 나와 있다. 당연히 모두 제대로 된 건지 확인하기 위해 테스트 프로그

램도 만들었다. 처음 몇 번의 테스트를 무사히 통과하나 싶던 다음 순간, 테스트는 화려하게 실패하고 말았다. 그 테스트 프로그램의 핵심 부분은 다음과 같았다.

```
?       while (scanf("%s %d", name, &value) != EOF) {
?           p = newitem(name, value);
?           list1 = addfront(list1, p);
?           list2 = addend(list2, p);
?       }
?       for (p = list1; p != NULL; p = p->next)
?           printf("%s %d\n", p->name, p->value);
```

첫 루프에서 두 리스트에 똑같은 p 노드를 넣기 때문에, 출력해 볼 즈음에는 이 포인터가 엉망으로 엉킨다는 사실을 알아내기가 뜻밖에도 굉장히 어려웠다.

이런 버그는 찾아내기가 쉽지 않다. 우리의 두뇌가 실수 근처에서 맴돌기 때문이다. 그러므로 이럴 때 디버거를 쓰면 다른 관점에서 문제를 볼 수 있고, 우리가 그러리라 생각하는 방식이 아니라, 정말 프로그램이 어떤 방식으로 일을 하는지 따라가 볼 수 있기 때문에 큰 도움이 된다. 대개 진짜 문제는 전체 프로그램 구조의 문제와 관련이 있으므로 이런 에러를 찾기 위해서는 처음 가정으로 되돌아갈 필요가 있다.

그런데 주목해야 할 부분은 저 리스트 예제에서 에러가 바로 테스트 코드에 있었기 때문에 버그를 찾기가 훨씬 더 어려웠다는 것이다. 존재하지 않는 버그를 쫓느라 정말 좌절스러울 정도로 쉽게 시간을 낭비할 수 있다. 테스트 프로그램이 잘못됐거나, 테스트할 프로그램 버전을 잘못 골랐거나, 테스트하기 전에 프로그램 내용을 갱신하거나 재컴파일하지 않아서 생기는 일이다.

상당히 열심히 이것저것 해 본 다음에도 버그를 발견할 수 없었다면 잠시 휴식을 가져라. 머리 속을 비우고 다른 일을 하라. 친구에게 말하고 도움을 요청하라. 아마도 답은 갑자기 튀어 나올 것이다. 그렇지 않았다 해도 다시 디버깅으로 돌아왔을 때 이전과 똑같은 경로를 따라가며 끙끙대선 안 된다.

아주 가끔은 진짜 문제가 컴파일러나 라이브러리, 운영체제나 하드웨어일 수도 있다. 특히 버그가 발생하기 직전에 개발환경에서 뭔가 바뀌었다면 더 그렇다. 절대 이런 것들을 탓하면서 시작해서는 안 되지만, 다른 모든 것을 제외하고 난 다음엔 이것이 최후의 가능성이다. 우리는 굉장히 큰 텍스트 형식 처리 프로그램을

Unix 머신에서 PC 환경으로 옮겨 본 적이 있다. 이 프로그램은 문제 없이 컴파일 됐지만 엄청나게 이상한 동작을 보였다. 입력할 때마다 가끔 두 번째 문자를 빠뜨리는 것이다. 처음엔 32비트 정수가 아니라 16비트 정수를 사용한 탓이거나 무슨 바이트 순서 문제[4] 쯤으로 생각했다. 하지만 main 루프에서 처리하는 문자들을 출력해 본 결과, 결국 그 컴파일러 벤더가 제공한 헤더 파일인 ctype.h의 문제라는 결론에 도달했다. 이 헤더 파일은 isprint 함수를 매크로 함수로 구현해 놓았다.

```
?    #define isprint(c) ((c) >= 040 && (c) < 0177)
```

main 함수의 입력 루프 구조는 기본적으로 다음과 같았다.

```
?    while (isprint(c = getchar()))
?        ...
```

입력 문자가 공백문자(8진수로 40이며 ' '을 표현하는 조잡한 방법이다)거나 그보다 클 때, 즉 대부분의 경우에 getchar는 두 번 호출된다. 매크로가 인자를 두 번 계산하기 때문이다. 그리고 입력의 첫 문자는 영원히 사라져 버린다. 우리가 작성한 코드는 간결하고 분명하게 작성돼야 했으나 그러지 못했다. 루프 조건을 너무 복잡하게 쓴 것이다. 하지만 벤더가 제공한 헤더 파일은 변명의 여지가 없이 잘못됐다.

누군가는 지금도 이 문제를 확인할 수 있을 것이다. 다음 매크로는 요즘 나오는 다른 벤더의 헤더 파일에 있다.

```
?    #define __iscsym(c) (isalnum(c) || ((c) == '_'))
```

메모리 '누수(leak)', 즉 더이상 사용하지 않는 메모리를 회수하지 않는 것은 잘못된 동작을 일으키는 중요한 원인 중 하나다. 파일 닫기를 까먹어서 열린 파일 목록을 기록하는 테이블이 꽉 차 더이상 파일을 열지 못하게 되는 문제도 있다. 메모리 누수가 있는 프로그램은 자원을 고갈시켜 원인 모를 이상한 증상을 보이는 경향이 있지만, 그 특정 증상은 재현도 안 된다.

---

4 바이트 순서(byte-order) : 2바이트 이상 데이터를 메모리에 기록할 때 어떤 번지부터 저장하는지에 따라 달라짐. 불행하게도 바이트 순서는 컴퓨터 프로세서 표준마다 다르기 때문에 이기종 간 포팅시에 문제의 소지가 된다. Intel, Alpha 같은 CISC 계열 CPU는 리틀 엔디안(높은 번지부터 기록), SPARC 같은 RISC 계열 CPU는 빅 엔디안(낮은 번지부터 기록)을 쓴다.

가끔은 하드웨어가 문제인 경우도 있다. 1994년 펜티엄 프로세서의 부동소수점 연산 결함 때문에 특정 연산이 잘못된 답을 내는 문제가 있었다. 대중에 널리 알려져 비싼 대가를 치러야 했던 하드웨어 설계 버그이긴 했지만, 일단 밝혀진 다음에는 당연히 재현 가능했다. 우리가 봤던 가장 이상한 버그 가운데 하나는 오래 전 듀얼 CPU 시스템에서 쓰던 계산기 프로그램과 관계가 있었다. 이 프로그램에서 1/2이라는 식은 어떨 땐 0.5를 출력하고 또 다른 땐 0.7432처럼 일관적이긴 하나 완전히 잘못된 값을 내놓곤 했다. 패턴이 전혀 없었기 때문에 옳은 값이 나올지 틀린 값이 나올지 알 수가 없었다. 이 문제는 결국 프로세서 하나의 부동소수를 처리하는 유닛의 결함 문제로 밝혀졌다. 계산기 프로그램이 무작위적으로 한 프로세서에서 돌다 다른 프로세서에서 돌다 했기 때문에 답이 맞다가 엉터리였다가를 반복한 것이다.

오래 전 우리가 사용했던 한 컴퓨터는, 부동소수 연산에서 잘못 계산된 낮은 번지 비트 수로 내부 온도를 추정할 수 있는 컴퓨터였다. 회로 기판 중 하나가 헐겁게 꽂혀 있었던 것이다. 컴퓨터 온도가 올라가서, 그 기판이 소켓에서 더 빠져나올수록, 그 부분에서 데이터 비트가 더 많이 손실되는 구조였다.

5.5 재현 불가능한 버그

가만히 멈춰 있지 않는 벌레(버그)를 잡기가 제일 어렵다. 그리고 보통은 망가진 하드웨어만큼 문제가 명확하게 보이지도 않는다. 하지만, 증상을 정의할 수 없다는 사실 자체가 정보가 된다. 그 에러가 알고리즘에 있는 게 아니라, 프로그램을 실행할 때마다 바뀌는 어떤 정보를 이용하는 부분에 있을 가능성이 높다는 의미이기 때문이다.

모든 변수를 초기화했는지 확인한다. 이전에 같은 메모리 위치에 저장돼 있던 값을 제비 뽑듯이 우연히 뽑은 걸지도 모른다. 함수의 지역변수와 할당자로 받아온 메모리는 C와 C++에서 가장 혐의가 짙은 용의자다. 모든 변수에 정의된 값을 지정하라. 보통 시간으로 설정하는 난수 발생기의 첫 입력값이 있다면, 0과 같은 상수 값으로 고정하라.

만약 디버깅용 코드를 넣자마자 버그 증상이 달라진다거나 아예 사라져버린다면, 아마 메모리 할당 에러일 가능성이 높다. 어디선가 할당된 메모리 바깥에 값을 썼기 때문에 디버깅용 코드를 넣자 저장공간의 배열 형태가 바뀌어서 버그 증상까지 영향을 준 것이다. printf부터 대화상자 창까지 대부분의 출력 함수는 자체적으로 메모리를 할당하기 때문에 일을 더 혼란스럽게 만든다.

만약 사건 현장이 뭔가 문제가 발생할 수 있는 장소로부터 멀리 떨어져 있다면, 가장 의심스러운 것은 꽤나 나중에 사용하게 되는 메모리 위치에 값을 덮어쓴 문제다. 때로는 지역변수에 대한 포인터를 부주의하게 함수에서 리턴해서 사용할 때 발생하는 매달린 포인터(dangling pointer) 문제[5]도 의심해야 한다. 지역변수의 주소를 리턴하는 짓은 재앙을 불러오는 주문이나 다름없다.

```
char *msg(int n, char *s)
{
    char buf[100];

    sprintf(buf, "error %d: %s\n", n, s);
    return buf;
}
```

msg가 리턴하는 포인터는 사용될 때쯤에는 의미있는 저장공간을 가리키지 않는다. 이런 경우 반드시 malloc으로 저장공간을 할당하거나, 정적(static) 배열을 사용하거나, 호출자가 저장공간을 제공하게 해야 한다.

동적으로 할당된 메모리를 해제한 뒤에 그 값을 사용하려고 해도 비슷한 증상을 보인다. 이미 2장에서 freeall 함수를 작성할 때 이를 언급한 바 있다. 다음 코드는 잘못된 코드다.

```
for (p = listp; p != NULL; p = p->next)
    free(p);
```

일단 메모리를 해제하고 나면, 그 내용이 바뀔 수도 있고 p->next가 계속 제대로 된 위치를 가리킨다는 보장도 없기 때문에 절대 사용해서는 안 된다.

malloc과 free 함수의 어떤 버전은 대상의 메모리 해제 시도를 두 번 했을 때 그 내

---

5 매달린 포인터(dangling pointer) : 이미 메모리 공간이 반납된 포인터를 말한다. 지역 변수의 포인터를 리턴해서 쓰면 그 포인터를 사용하는 시점에 이미 그 공간이 반납된 상태기 때문에 버그가 되는 것이다.

부 데이터 구조를 망가뜨리고 나서, 한참 뒤에, 뒤따른 호출이 이전에 생긴 구멍에 걸려 꽈당 넘어질 때가 돼서야 문제를 드러낸다. 몇몇 할당자 함수에는 디버깅 옵션이 있어서 그것을 통해 검사하면 각 호출 때마다 그 정신 없는 현장의 일관성을 검증해 준다. 같은 입력에 동일한 결과가 나오지 않는 비결정적(nondeterministic)인 버그가 있다면 그 디버깅 옵션을 켜라. 그게 안 된다면, 그런 일관성 검증을 수행하거나, 매번 호출될 때마다 나중에 분석하기 위한 로그를 남기는 할당자를 손수 작성할 수도 있다. 빠른 속도로 동작할 필요가 없는 할당자는 작성하기 쉬우므로 급할 때는 이런 전략을 쓸 만하다. 또 메모리 관리를 검사해 주고 에러와 누수를 잡아주는 멋진 상용 제품들도 있다. 이런 제품들을 쓸 수 없다면 스스로 malloc과 free 함수를 작성해도 나름 이점이 있을 것이다.

어떤 프로그램이 한 사람이 쓸 때는 잘 돌아가는데 다른 사람이 쓰면 문제가 생긴다면, 뭔가가 프로그램의 외부 환경에 영향을 받고 있는 게 틀림없다. 아마 프로그램이 읽는 파일이나, 파일 권한, 환경 변수, 명령 프롬프트의 탐색 경로, 기본값, 부팅 파일 등과 관련이 있을 것이다. 이런 상황에서 다른 사람에게 조언을 주기는 쉽지 않다. 직접 그 사람의 입장에 서서 망가진 프로그램이 돌아가는 환경을 그대로 복사해 봐야하기 때문이다.

연습문제 5-1. 저장공간 관리 문제를 디버깅할 때 쓸 수 있는 malloc과 free 함수를 작성하라. 한 가지 접근 방법은 malloc과 free를 호출할 때마다 전체 작업 공간을 검사하는 것이다. 그리고 또 다른 방법은 다른 프로그램에서 쓸 수 있게 로그 정보를 기록하는 것이다. 어떤 방법을 택하든, 할당 공간의 시작과 끝에 표시를 해서 양쪽으로 넘치는 상황을 포착할 수 있어야 한다.

5.6 디버깅 툴

버그를 찾기 위한 툴로 디버거만 쓸 수 있는 것은 아니다. 다양한 프로그램이 대량의 데이터를 헤치고 들어가 중요한 데이터를 선택하고, 이상을 찾고, 어떤 일이 일어나고 있는지 더 쉽게 보기 위해 데이터를 재배열할 수 있게 해준다. 이런 프로그램 중 많은 수가 표준 툴킷(toolkit)의 일부며, 몇몇은 특별한 버그를 찾거나 특수한 프로그램을 분석하기 위한 용도로 만들어졌다.

이 절에서는 실행 파일이나 어떤 워드 프로세서가 선호하는 이상한 이진 형식(binary) 파일을 다룰 때 특히 유용한 strings라는 간단한 프로그램을 설명할 것이다. 대개 그런 파일 안에는 문서의 텍스트 내용, 에러 메시지, 공개되지 않은 옵션, 파일과 디렉터리 이름, 프로그램이 호출할 수 있는 함수 이름과 같은 유용한 정보가 숨겨져 있다.

strings 프로그램은 다른 이진 파일에서 텍스트 내용을 찾을 때도 도움이 된다. 이미지 파일은 대개 그 파일을 생성한 프로그램을 식별할 수 있는 아스키(ASCII) 문자열을 담고 있으며, 압축 파일이나 묶음 파일(zip 파일 등)에는 파일 이름이 들어 있다. strings는 이런 정보도 다 찾아낼 수 있다.

Unix 시스템에서 이미 strings를 제공하지만 여기서 소개하는 것과는 약간 다르다. 입력이 프로그램일 때 인식하며 심벌 테이블(symbol table)은 무시하고 텍스트 세그먼트와 데이터 세그먼트만 검사한다.[6] -a 옵션을 주면 파일 전체를 읽게 할 수 있다.

요컨데 strings 프로그램은 이진 파일에서 ASCII 텍스트를 추출해서 다른 프로그램이 읽거나 처리할 수 있게 한다. 에러 메시지에 아무 표시도 없다면 왜 그런 에러가 생겼는지는 고사하고 어떤 프로그램에서 생성됐는지조차도 분명하지 않을 것이다. 이런 경우 다음과 같은 명령문으로 예상되는 디렉터리들을 탐색하면, 출처를 찾아낼 수 있다.

```
% strings *.exe *.dll | grep 'mystery message'
```

이 strings 함수는 파일을 읽고 MINLEN = 6 이상의 출력 가능한 문자열을 모두 출력한다.

```
/* strings: 스트림에서 출력 가능한 문자열을 추출한다. */
void strings(char *name, FILE *fin)
{
    int c, i;
```

---

6 UNIX 시스템의 목적파일은 목적파일 헤더, 텍스트 세그먼트, 정적 데이터 세그먼트, 재배치 정보, 심벌 테이블, 디버깅 정보의 여섯 부분으로 구성된다. 심벌 테이블은 이름(symbol)과 주소를 짝짓는 정보를 담은 테이블이며, 텍스트 세그먼트에는 기계어 코드가 들어 있고, 데이터 세그먼트는 프로그램 수명 동안 할당되는 데이터를 저장한다.

```c
        char buf[BUFSIZ];

        do { /* 한 번에 한 문자열씩 처리 */
            for (i = 0; (c = getc(fin)) != EOF; ) {
                if (!isprint(c))
                    break;
                buf[i++] = c;
                if(i >= BUFSIZ)
                    break;
            }
            if (i >= MINLEN) /* 길이가 충분하면 출력한다 */
                printf("%s:%.*s\n", name, i, buf);
        } while (c != EOF);
    }
```

printf 형식 문자열 %.*s는 그 다음다음 인자 i에서 문자열 길이를 취한다. buf 문자열은 null로 끝나지 않아 길이를 직접 알아낼 수 없기 때문이다.

do-while 루프는 각 문자열을 찾고 출력하다가 EOF에서 종료한다. 파일 끝을 루프 아래쪽에서 검사하기 때문에 getc와 이 루프가 종료 조건을 공유할 수 있고, 하나의 printf 문으로 문자열 끝, 파일 끝, 너무 긴 문자열을 전부 처리할 수 있다.

위쪽에서 검사하는 표준적인 루프를 썼거나 getc가 들어간 더 복잡한 루프를 한 개만 썼다면 똑같은 printf를 여러 번 써야 했을 것이다. 사실 처음 이 함수를 작성할 때는 그런 식이었는데 printf 문에 버그가 있었다. 한군데는 고쳤지만 다른 두 군데를 고치는 걸 깜박했다. (다른 데서도 똑같은 실수를 했었던가?) 그때 쯤, 중복 코드를 줄이는 방향으로 프로그램을 완전히 새로 작성할 필요가 있다는 게 분명해졌고, 그래서 이런 do-while 루프를 넣었다.

다음 main 함수는 인자로 넣은 각 파일에 대해 strings 함수를 호출한다.

```c
/* strings main : 여러 개의 파일에서 출력 가능한 문자열을 찾는다. */
int main(int argc, char *argv[])
{
    int i;
    FILE *fin;

    setprogname("strings");
    if (argc == 1)
        eprintf("usage: strings filenames");
    else {
        for (i = 1; i < argc; i++) {
            if ((fin = fopen(argv[i], "rb")) == NULL)
                weprintf("can't open %s:", argv[i]);
```

```
        else {
            strings(argv[i], fin);
            fclose(fin);
        }
    }
}
return 0;
}
```

이 strings 함수에 아무 파일 이름도 주지 않으면 표준 입력을 읽어 들이지 않는다는 사실에 놀랐을지도 모르겠다. 원래는 읽어 들였다. 왜 지금은 그렇게 하지 않는지 설명하기 위해 디버깅 일화를 하나 소개하겠다.

strings를 테스트하기 위해 그 프로그램 자체를 입력으로 넣어 돌려 보았다. Unix에서는 제대로 돌아갔지만, Windows 95에서 다음과 같이 명령했더니,

```
C:\> strings <strings.exe
```

다음과 같이 정확히 5줄의 결과가 나왔다

```
!This program cannot be run in DOS mode.
`.rdata
@.data
.idata
.reloc
```

첫 줄이 에러 메시지처럼 보여서 꽤 시간을 허비한 후에야 이 문장이 프로그램 자체에 들어있는 문자열이라는 걸 깨달을 수 있었다. 최소한 이 결과는 옳게 나왔던 것이다. 메시지가 어떻게 나온 건지 오해해서 디버깅 작업이 헛도는 경우는 생소한 일이 아니다.

하지만 결과가 좀 더 많이 나왔어야 정상이었다. 나머지는 어디 있는가? 어느 늦은 밤, 드디어 광명이 찾아왔다. ("이전에 본 적이 있어!") 8장에서 좀 더 자세히 설명하겠지만, 호환성 문제였다. 처음에는 getchar를 써서 표준 입력으로만 입력을 받도록 작성했다. 하지만 Windows 환경에서 getchar는 텍스트 모드 입력에서 특수한 바이트(0x1A 또는 Control-Z)가 들어오면 EOF를 리턴한다. 그래서 더 빨리 프로그램 실행이 끝난 것이다.

더할 나위 없이 적법한 동작이었지만, 개발한 Unix 환경을 고려할 때 우리가 기대했던 바는 아니었다. 해결 방법은 'rb' 모드로 이진 파일 열기 방식을 쓰는 것이

지만, stdin은 항상 열려 있고 표준을 지키면서 그 모드를 바꿀 방법이 없었다. (fdopen이나 setmode 같은 함수를 쓸 수는 있겠지만 C 표준은 아니다). 결국 썩 맘에 들지 않는 대안들을 고려해 봐야 했다. 사용자가 무조건 파일 이름을 넣게 해서 Windows에서 잘 돌아가게 만드는 방법도 있지만, Unix에서 일반적인 방법은 아니다. Windows 사용자가 표준 입력으로 읽으려고 하면 조용히 잘못된 답을 내놓는 방법도 있다. 조건문을 결합해서 서로 다른 시스템마다 그에 맞는 방식으로 동작하게 할 수도 있지만 호환성이 떨어지는 것을 감수해야 한다. 우리는 첫 번째 대안을 선택했고, 그래서 같은 프로그램을 아무데서나 똑같이 쓸 수 있게 되었다.

연습문제 5-2. strings 프로그램은 MINLEN 이상의 길이로 된 문자열을 출력하기 때문에 가끔은 필요한 것보다 더 많은 결과가 나온다. 옵션 인자를 주어 최소 문자열 길이를 정의할 수 있게 고쳐 보라.

연습문제 5-3. 입력값을 복사해서 출력값으로 내보내는 vis 프로그램을 작성하라. 다만 복사할 때 백스페이스, 제어 문자, \Xhh (hh는 비출력용 바이트의 16진수 표현임)처럼 아스키 문자가 아닌 문자값을 포함한 비출력용 바이트들도 출력할 수 있어야 한다. strings와 달리 vis는 출력하지 않을 문자가 적은 입력을 검사할 때 제일 유용하게 쓸 수 있다.

연습문제 5-4. 입력이 \X0A일 때 vis 프로그램은 어떤 값을 출력하겠는가? vis가 모호하지 않은 출력값을 내놓게 하려면 어떻게 해야겠는가?

연습문제 5-5. vis 프로그램을 확장해서 파일 여러 개를 순차적으로 처리하고, 긴 입력을 줄바꿈해서 정리하고, 비출력용 문자들을 제거하는 기능을 추가하라. 이 프로그램의 역할에 어울리는 다른 기능에는 무엇이 있겠는가?

5.7 다른 사람의 버그

실제로 대부분의 프로그래머는 제로에서 시작해 처음부터 완전히 새로운 시스템을 개발하는 즐거움을 누리고 있지 못하다. 오히려, 다른 사람이 만든 코드를 사용하고, 유지보수하고, 수정하고, 그리고 선택의 여지없이 디버깅하는 데 많은 시간을 쏟는다.

다른 사람의 코드를 디버깅할 때도 자기 코드를 디버깅할 때 쓰라고 말한 모든 방법이 다 그대로 적용된다. 하지만 시작하기 전에 먼저, 프로그램이 어떻게 구성되어 있고 제작자가 어떻게 생각하고 작성했는지 어느 정도 파악해야만 한다. 과거 어떤 대규모 소프트웨어 프로젝트에서 사용된 용어가 '탐사(discovery)'였다. 꽤 괜찮은 메타포(metaphor)다. 자신이 작성하지 않은 뭔가에 도대체 무슨 일이 일어나고 있는 건지 탐사하는 작업이기 때문이다.

여기서 툴이 상당한 도움이 된다. grep과 같은 텍스트 탐색 프로그램은 특정 이름이 등장하는 위치를 전부 찾아준다. 교차 참조값 검색기는 프로그램 구조에 대한 감을 잡을 수 있게 해준다. 함수 호출 구조를 그래프로 그리면 (그게 너무 거대하지만 않다면) 유용하게 쓸 수 있다. 디버거로 한 번에 함수 호출을 한 단계씩 파고 들어가 보면 일이 어떤 순서로 일어났는지 밝힐 수 있다. 프로그램 버전업 정보를 보면 시간이 지남에 따라 어떤 일들이 일어났는지 실마리를 잡을 수 있을 것이다. 변경이 잦았다면 대개 프로그래머가 코드를 잘 이해하지 못했거나 그 코드가 요건 변경에 영향을 받기 쉬웠다는 것을 뜻하고, 따라서 버그가 있을 가능성이 높음을 의미한다.

때로는 자신의 책임도 아니고 소스코드조차 없는 소프트웨어의 에러를 찾아야 할 때가 있다. 이런 경우의 목표는, 정확한 버그 리포트를 쓸 수 있을 정도로 버그를 잘 식별하고 특정짓는 동시에, 그 문제를 피해갈 수 있는 '우회로'를 찾는 것이다.

타인의 프로그램에서 버그를 찾았다고 생각한다면, 첫 번째로 해야 할 일은 그게 진짜 버그라는 사실을 확실히 검증하는 것이다. 제작자의 시간을 낭비하거나 양치기 소년이 되어 신뢰를 잃는 일이 없도록 말이다.

컴파일러의 버그를 찾았다면 자신의 코드가 아니라 정말 컴파일러에 에러가 있다는 사실을 확실히 확인하라. 예를 들어, 오른쪽 시프트(shift) 연산을 할 때 0으로 비트를 채우는지(논리적 시프트), 아니면 부호 비트를 복사하는지(산술적 시프트)는 C 언어에서 정의되지 않았다. 그래서 초짜 프로그래머들은 때로 다음과 같은 부분에서

```
?       i = -1;
?       printf("%d\n", i >> 1);
```

기대한 대로 결과가 나오지 않으면 컴파일러의 문제라고 생각한다. 하지만 이것은 컴파일러 문제라기보다는 호환성 문제다. 이 부분이 서로 다른 시스템에서 서로 달리 동작하는 것은 이치에 맞는 일이기 때문이다. 여러 시스템에서 테스트해서 무슨 일이 일어나는지 확실히 파악하고, 확실한 점검을 위해 언어의 정의를 확인하라.

기존에 알려지지 않은 버그인지 확인하라. 프로그램은 최신 버전인가? 고친 버그 리스트에 올라와 있지 않은가? 대부분의 소프트웨어는 여러 번의 릴리스 과정을 거친다. 4.0b1 버전에서 버그를 찾았다면, 4.04b2 버전에서는 잘 고쳐졌거나 완전히 새롭게 교체됐을 수도 있다. 어쨌든 최신 버전이 아닌 프로그램의 버그를 고치는 데 열정을 쏟으려는 프로그래머는 많지 않다.

마지막으로, 여러분의 버그 리포트를 읽는 사람 입장이 되어 보라. 제작자에게 가능한 한 좋은 테스트 케이스를 알려 줘야 한다. 만약 대량의 입력이 필요하거나, 복잡한 환경을 만들어 줘야 하거나, 다른 파일을 여러 개 동원해야 버그를 재현할 수 있다면 큰 도움이 못될 것이다. 단독으로 해볼 수 있는 최소한의 테스트가 되도록 깎아내고, 관련이 있을 만한 다른 정보를 같이 첨부하라. 프로그램의 버전, 컴파일러의 버전, 운영 체제, 하드웨어 정보 등이다. 5.4절에서 소개한 버그 많은 isprint 프로그램의 경우, 다음과 같은 프로그램을 테스트 프로그램으로 함께 제공할 수 있을 것이다.

```
/* isprint 버그를 위한 테스트 프로그램 */
int main(void)
{
    int c;

    while (isprint(c = getchar()) || c != EOF)
```

```
        printf("%c", c);
    return 0;
}
```

출력 가능한 텍스트를 집어 넣기만 하면 전부 테스트 케이스가 된다. 출력이 입력한 값의 반만 나올 것이기 때문이다.

```
% echo 1234567890 | isprint_test
24680
%
```

가장 좋은 버그 리포트는 평범하고 쉬운 프로그램에 한두 줄 입력을 넣으면 결함을 보일 수 있게 하는 것이다. 그리고 버그를 고치는 패치를 함께 제공한다. 자신이 받고 싶은 버그 리포트를 보내는 게 좋다.

5.8 요약

올바른 태도로 임하기만 한다면 디버깅은 퍼즐을 푸는 것처럼 재밌지만, 그것을 즐기건 즐기지 않건 간에, 디버깅은 하나의 기술이며 정기적으로 계속 수행하게 된다. 하지만 그래도 버그가 아예 없다면 참 좋을 것이다. 그래서 처음부터 코드를 제대로 작성해서 버그를 없애려고 노력해야 한다. 잘 작성한 코드는 처음부터 버그가 적고, 있는 버그도 찾아내기 쉽다.

일단 버그가 보이면, 제일 먼저 해야 할 일은 그것이 던져주는 실마리에 대해 곰곰이 생각해 보는 것이다. 어떻게 발생한 것일까? 낯익은 버그는 아닌가? 방금 프로그램에서 뭔가가 바뀌었나? 이 버그가 튀어나올 때 입력한 데이터에 특별한 게 있었나? 잘 골라낸 테스트 케이스 몇 개와 출력문 몇 개면 충분할 것이다.

뚜렷한 실마리가 없다 해도 곰곰이 생각해 보는 것이 첫 단계이며, 그 다음에 프로그램에서 버그 위치를 좁혀가기 위한 체계적인 방법을 시도한다. 한 가지 방법은 입력 데이터를 문제가 생기는 최소한의 크기까지 잘라내는 것이고, 또 다른 방법은 관계 없는 코드 부분을 제거해가는 것이다. 또 문제를 지역화하기 위해서 프로그램이 몇 번 실행된 다음에 스위치가 올라가는 점검 코드를 집어넣을 수도 있다. 이런 방법은 모두 일반 전략인 '각개격파(divide and conquer)'를 활용한 것이다. 이 전략은 정치와 전쟁에서 그렇듯이 디버깅에서도 효과적이다.

다른 도움도 활용하라. 다른 사람(곰인형이라도 괜찮다)에게 자기 코드를 설명하는 방법은 환상적인 효과가 있다. 디버거를 사용해서 스택 추적값을 얻어 내라. 메모리 누수나 배열 경계 침범, 의심스러운 코드 등을 검사하는 상용 툴을 활용하라. 코드가 어떻게 돌아가는지 머리 속에 잘못된 그림이 들어있다는 게 확실해지면 프로그램 안으로 한 단계씩 파고 들어가며 분석하라.

자기 자신을 알고, 자신이 만드는 에러를 알라. 일단 버그를 하나 찾고 고쳤다면, 비슷한 다른 버그도 다 확실히 제거해야 한다. 왜, 어떻게 버그가 발생했는지 고민해서 다음에는 비슷한 실수를 반복하지 않도록 한다.

더 읽어보기

스티브 맥과이어(Steve Maguire)가 쓴 『Writing Solid Code』(Microsoft Press, 1993)와 스티브 맥코넬의 『Code Complete』(Microsoft Press, 1993)는 디버깅에 관한 좋은 조언을 많이 담고 있다.

6장

테스트

> 손이나 계산기를 이용하는 간단한 계산 작업은 보통 계산 과정을 점검하다가
> 에러를 발견하면 그 에러가 나온 위치부터 되짚어 가는 과정을 통해
> 문제범위를 좁혀나간다.
>
> - 노버트 위너(Norbert Wiener), 사이버네틱스(Cybernetics)

'테스트와 디버깅'은 보통 한 덩어리로 칭해지곤 하지만 똑같지는 않다. 굳이 단순화하자면, 디버깅은 프로그램이 망가졌다는 것을 알았을 때 하는 일이다. 그리고 테스트는 제대로 돌아간다고 생각되는 프로그램을 의도적이고 체계적으로 망가뜨려 보는 시도다.

에처 다익스트라(Edsger Dijkstra)가 관찰했듯이, 테스트는 버그가 존재함을 보여줄 수는 있으나 부재함을 보여줄 수는 없다. 그의 바람은 처음 프로그램을 만들 때부터 제대로 만들어 에러도 없고 따라서 테스트할 필요도 없게 하는 것이다. 분명 목표로서는 좋은 목표이긴 하나, 실제 프로그램에 맞는 현실적인 목표는 아니다. 이 장에서 우리는 빨리, 효율적으로, 효과적으로 에러를 찾기 위한 테스트 방법에 집중할 것이다.

코딩하면서 일어날만한 잠재적인 문제에 대해 생각해 보는 것으로 출발하는 것도 좋다. 쉬운 테스트부터 복잡한 테스트에 이르기까지 체계적으로 테스트하면

프로그램이 처음에 제대로 돌아가고, 확장과 변경을 거치면서도 계속 제대로 돌아간다는 것을 보증할 수 있다. 자동화를 이용하면 수작업을 없애고 광범위한 테스트를 수행하기가 쉬워진다. 그 외에도 프로그래머들이 경험을 통해 배우는 수많은 기술과 요령들이 있다.

버그가 없는 코드를 작성하는 방법 하나는 프로그램을 통해 코드를 생성하는 것이다. 만약 어떤 프로그래밍 과제를 잘 이해해서 기계적인 방법으로 코드를 작성할 수도 있을 것 같다면, 그렇게 해야 한다. 대표적으로 어떤 특별한 언어로 작성한 명세서에서 프로그램을 생성해 낼 수 있는 경우가 있다. 예를 들면, 고수준 언어를 컴파일해서 어셈블리어로 만든다거나, 정규표현식을 이용해 텍스트 패턴을 지정한다거나, SUM(A1:A50)과 같은 표기법을 이용해서 스프레드시트에서 특정 셀 범위에 대한 연산을 표현한다. 이런 경우, 생성기나 번역기가 옳고 명세서가 옳다면 결과로 나오는 프로그램도 옳을 것이다. 9장에서 이런 다양한 주제를 더 자세히 다룬다. 이 장에서는 압축적인 명세서에서 테스트를 만들어내는 방법에 대해 간단히 논할 것이다.

6.1 코딩하면서 테스트하기

문제를 일찍 발견할수록 좋다. 어떤 프로그램을 작성할 때 내가 뭘 작성하려는지 체계적으로 생각한다면 단순한 속성들은 프로그램을 만들면서 다 검증할 수 있고, 결과적으로 컴파일 한번 하기도 전에 테스트 한 바퀴를 돈 셈이 된다. 몇몇 버그는 태어날 기회조차 없을 것이다.

경계에서 테스트하라

경계 조건 테스트(boundary condition testing)라는 기법이 있다. 코드를 조금씩 작성할 때마다(예를 들어 루프나 조건문을 하나씩 쓸 때마다), 바로 조건 분기가 제대로 되는지, 루프가 적절한 횟수만큼 반복되는지 검사한다. 이런 프로세스를 경계 조건 테스트라 부르는 이유는, 빈 입력, 한 개의 입력, 꽉 찬 배열 등 데이터와 프로그램에 있는 태생적인 경계를 점검하기 때문이다. 대부분의 버그가 경계에서 발생한다는 데서 착안한 것이다. 만약 어떤 부분이 잘 안 돌아간다고 한다면, 경계에서 잘 안 돌아갈 가능성이 높다. 반대로, 경계에서 잘 돌아간다면 다른 데서도 잘 돌아갈 가능성이 높다.

다음 코드는 fgets를 모델로 삼아 만든 것인데, 개행문자가 나오거나 버퍼가 꽉 찰 때까지 문자를 읽어 들인다.

```
?       int i;
?       char s[MAX];
?
?       for (i = 0; (s[i] = getchar()) != '\n' && i < MAX-1; ++i)
?           ;
?       s[--i] = '\0';
```

방금 이 루프를 작성했다고 가정하자. 이제 머리 속으로 이 루프가 어떤 입력줄을 읽어 들였다고 생각해 본다. 제일 먼저 테스트할 경계는 가장 단순한 경계인 빈 줄의 경우다. 만약 개행문자 한 개만 들어 있는 입력을 갖고 시작한다면, i가 0이 되기 때문에 마지막 줄에서 i가 -1로 줄고, 그래서 배열 경계보다 이전인 s[-1] 위치에 널 바이트를 쓰므로 한 바퀴를 돌자마자 루프가 멈춘다는 사실을 깨닫기 어렵지 않다.

입력된 문자로 배열을 채울 때 흔히 쓰이는 코드를 이용해 다음과 같이 다시 써 보자.

```
?       for (i = 0; i < MAX-1; i++)
?           if ((s[i] = getchar()) == '\n')
?               break;
?       s[i] = '\0';
```

경계 조건 테스트를 반복한다. 개행문자 하나만 들어 있는 입력을 잘 처리할 수 있는지 검증하는 것은 쉽다. i가 0일 때 첫 입력 문자가 들어오면 바로 루프를 빠져 나간다. 그리고 s[0]에 '\0'이 저장된다. 개행문자 전에 문자 한 개나 두 개가 입력으로 들어오는 경우에도 비슷한 식으로 검사하면, 이 루프가 이 경계에서 확실히 제대로 작동한다는 자신감을 가질 수 있다.

하지만 검사해야 할 경계 조건이 이것만 있는 건 아니다. 입력에 아주 긴 줄이 들어오거나 개행문자가 하나도 없는 경우는 루프에서 i가 MAX-1보다 작은지를 확인하므로 문제없다. 하지만 빈 입력이 들어와서 처음 getchar를 호출했을 때 EOF가 리턴된다면? 이 경우도 검사해야 할 것이다.

```
?       for (i = 0; i < MAX-1; i++)
?           if ((s[i] = getchar()) == '\n' || s[i] == EOF)
?               break;
?       s[i] = '\0';
```

경계 조건 테스트로 많은 버그를 잡을 수 있지만 전부 다는 아니다. 8장에서 이 예제를 다시 보면서 여전히 호환성 버그가 남아 있다는 것을 밝힐 것이다.

이제 다른 경계 조건의 입력을 검사한다. 배열이 거의 다 찼을 때, 딱 맞게 찼을 때, 넘쳤을 때, 특히 개행문자가 그 순간에 들어왔을 때를 검사한다. 여기서 자세한 내용을 다 쓰지는 않겠지만 해보면 좋은 연습이 될 것이다. 버퍼가 꽉 찬 다음 '\n'이 나왔을 때 무슨 일이 벌어질지 볼 수 있는 경계 조건에 대해 생각해 보라. 이런 구멍은 빨리 메워야 한다. 경계 조건 테스트를 이용하면 더 쉽게 구멍을 찾을 수 있다.

경계 조건 검사는 오프바이원(off-by-one) 에러를 찾는 데 효과적이다. 계속 연습하면 손에 익어 습관이 될 것이고, 많은 단순 버그는 발생하기도 전에 사라질 것이다.

사전·사후 조건을 테스트하라

문제를 방지하는 또 다른 방법은 어떤 코드가 실행되기 전(사전조건)과 후(사후조건)에 기대한 속성이나 필요한 속성이 제대로 돼 있는지 검증하는 것이다. 입력값이 특정 범위 안에 들어오는지 확인하는 것은 사전조건 테스트의 흔한 예다. 다음 함수는 배열에 든 원소 n개의 평균값을 계산하는데, 만약 n이 0 이하라면 문제가 생긴다.

```
?       double avg(double a[], int n)
?       {
?           int i;
?           double sum;
?
?           sum = 0.0;
?           for (i = 0; i < n; i++)
?               sum += a[i];
?           return sum / n;
?       }
```

n이 0이라면 avg 함수는 어떻게 될까? 원소가 없는 배열은 가능하지만 그 평균값이란 것은 존재할 수가 없다. 시스템에서 0으로 나누는 문제를 잡아내게 놔둘

것인가? 중단할까? 불평을 할까? 무해한 어떤 값을 슬그머니 리턴할까? 만약 n이 터무니없지만 불가능하지만은 않은, 음수값이 된다면? 4장에서 이미 제안했듯이, n이 0 이하인 경우에는 평균값으로 0을 리턴하는 편이 무난할 것이다.

```
return n <= 0 ? 0.0 : sum/n;
```

물론 여기에 유일한 정답은 없다.

그러나 확실한 오답은 문제를 무시해 버리는 것이다. '사이언티픽 아메리칸 (Scientific American)' 1998년 11월호에 미사일 순양함인 요크타운 호의 이야기를 다룬 기사가 실렸다. 한 승무원이 실수해서 데이터에 0을 입력하자, 바로 0으로 나누기 에러가 생겼고, 그런 식으로 문제가 커져서 결국 함선의 추진 시스템을 먹통으로 만들었다. 요크타운 호는 몇 시간 동안 물 위에서 꼼짝 못했는데 이게 다 프로그램이 유효한 입력을 검사하지 않았기 때문에 생긴 일이었다.

단정문을 사용하라

C와 C++ 언어는 〈assert.h〉를 통해 사전조건 테스트와 사후조건 테스트를 넣을 수 있는 단정문(assertion) 기능을 제공한다. 단정문이 실패로 끝나면 바로 프로그램이 중단되기 때문에, 보통은 정말 예상치 못한 문제가 생겨 회복시킬 방법이 없는 경우가 아니라면 자제해야 한다. 위 코드를 더 좋게 만들려면 루프 위에 다음과 같은 단정문을 집어 넣을 수도 있겠다.

```
assert(n > 0);
```

이 단정문은 조건이 위반되면 다음과 같은 메시지를 내보내고 프로그램을 중단시킨다.

```
Assertion failed: n > 0, file avgtest.c, line 7
Abort(crash)
```

단정문은 특히 인터페이스를 검증할 때 유용한데, 호출자와 피호출자 사이에 일관성이 없을 때 신호를 주는 역할을 할 뿐만 아니라 어느 쪽이 문제인지까지도 알려 줄 수 있기 때문이다. avg 함수를 호출했을 때 n이 0 이상이라는 단정문이 실패한다면 이 함수 자체보다는 호출자 쪽에 문제의 원인이 있다는 뜻이다. 어떤 인터페이스를 변경해놓고 그것에 의존성이 있는 다른 루틴을 고치는 걸 깜박했다면,

정말 문제가 발생하기 전에 단정문이 그 실수를 잡아 줄 것이다.

방어적으로 프로그래밍하라

'일어날 리 없는' 경우나 그런 상황을 처리하는 코드를 추가해 두는 것도 쓸 만한 기법이다. '일어날 리 없는'이란 논리적으로 불가능하지만 그래도 (어딘가의 문제로 인해서) 생길 수도 있는 상황이란 뜻이다. 배열 길이가 0이나 음수인 경우를 테스트하는 코드를 avg 함수에 추가하는 것도 한 예다. 다른 예로는 다음처럼 성적을 처리하는 프로그램에서 음수나 아주 큰 값이 나올 리는 없겠지만 어쨌건 일단 검사하는 것이다.

```
if (grade < 0 || grade > 100) /* 일어날 리 없음 */
    letter = '?';
else if (grade >= 90)
    letter = 'A';
else
    ...
```

이것이 방어적 프로그래밍의 사례다. 프로그램을 오용하는 경우나 잘못된 데이터가 들어온 경우에도 프로그램이 버틸 수 있게 보호하는 것이다. 널 포인터, 범위를 벗어난 배열 인덱스, 0으로 나누기 등의 에러를 일찍 감지하고 주의하거나 피해갈 수 있다. 방어적 프로그래밍은(언어유희를 노린 것은 아니나) 해상을 미사일로 방어하는 요크타운 호에서 일어난 0으로 나누기 문제를 잡아낼 수도 있었을 것이다.

리턴값을 검사하라

자주 경시되곤 하는 방어책이 바로 라이브러리 함수나 시스템 콜의 리턴값을 검사하는 것이다. fread나 fscanf 같은 입력 함수에서 리턴하는 값은 항상 에러 여부를 검사해야 한다. fopen 같은 파일 열기 호출도 마찬가지다. 뭔가를 읽거나 여는 시도가 실패하면 그 뒤에 작업이 제대로 이루어질 수가 없다.

fprintf나 fwrite와 같은 출력 함수의 리턴값을 검사하면 디스크에 남은 공간이 없을 때 파일을 쓰려 하는 경우 발생하는 에러를 잡아낼 수 있다. 작업 중에 에러가 발생하면 EOF를, 아니면 0을 리턴하는 fclose의 리턴값을 검사하기만 해도 충분할 것이다.

```
fp = fopen(outfile, "w");
while (...)                  /* outfile에 출력을 쓴다 */
    fprintf(fp, ...);
if (fclose(fp) == EOF) { /* 에러 발생? */
    /* 에러가 발생했을 때 처리하는 부분 */
}
```

출력 에러는 심각한 문제가 될 수도 있다. 중요한 파일을 새로 고쳐 쓰는 작업을 하려 한다면, 이런 사전검사를 통해 새 파일을 제대로 만들지도 못한 채 예전 파일을 지워버리는 일을 예방할 수 있을 것이다.

개발하면서 하는 테스트는 최소한의 노력으로 후한 결과를 가져다 준다. 프로그램을 작성하면서 동시에 테스트를 생각하면 더 나은 코드가 나온다. 바로 그때가 그 코드에서 어떤 일을 해야 하는지 가장 잘 알 때이기 때문이다. 반면 뭔가가 망가질 때까지 기다린다면 코드가 어떤 식으로 돌아가는지 잊어버릴 게 뻔하다. 중압감 속에 일해야 하고, 다시 한번 코드 구조를 파헤쳐 이해하는데 시간이 꽤 걸릴 것이다. 그리고 시간이 지나 떠올리는 기억은 불완전할 가능성이 높기 때문에 생각해 낸 해결책도 더 허술하고 엉망일 것이다.

연습문제 6-1. 다음 예제들을 경계 조건에서 검사하고, 1장에서 나온 스타일 원칙과 조언에 맞게 필요한 만큼 수정하라.

(a) 팩토리얼 계산을 한다.

```
?    int factorial(int n)
?    {
?        int fac;
?        fac = 1;
?        while (n--)
?            fac *= n;
?        return fac;
?    }
```

(b) 어떤 문자열에 들어 있는 문자들을 한 줄에 하나씩 출력한다.

```
?    i = 0;
?    do {
?        putchar(s[i++]);
?        putchar('\n');
?    } while (s[i] != '\0');
```

(c) 원본(src)에서 대상(dest)으로 문자열을 복사한다.

```
?    void srtcpy(char *dest, char *src)
?    {
?        int i;
?
?        for (i = 0; src[i] != '\0'; i++)
?            dest[i] = src[i];
?    }
```

(d) 역시 문자열을 복사한다. n개의 문자를 s에서 t로 복사한다.

```
?    void strncpy(char *t, char *s, int n)
?    {
?        while (n > 0 && *s != '\0')   {
?            *t = *s;
?            t++;
?            s++;
?            n--;
?        }
?    }
```

(e) 산술 비교

```
?    if (i > j)
?        printf("%d is greater than %d.\n", i, j);
?    else
?        printf("%d is smaller than %d.\n", i, j);
```

(f) 문자 범위 테스트

```
?    if (c >= 'A' && c <= 'Z'){
?        if (c <= 'L')
?            cout << "first half of alphabet";
?        else
?            cout << "second half of alphabet";
?    }
```

연습문제 6-2. 우리가 1998년 말에 이 책을 쓰고 있을 때는 Y2K 문제가 사상 최대의 경계 조건 문제로 떠올랐다.

(a) 시스템이 2000년에도 작동할 수 있을지 검사하기 위해 어떤 날짜를 이용하겠는가? 이 테스트 수행에 비용이 많이 든다고 가정할 때, 2000년 1월 1일을 시도해 본 다음 어떤 순서로 테스트를 하겠는가?

(b) 다음처럼 날짜를 문자열 형태로 리턴하는 표준 함수인 ctime 함수를 어떻게 테스트하겠는가?

```
Fri Dec 31 23:58:27 EST 1999\n\0
```

자신의 프로그램이 ctime을 호출한다고 가정할 때, 결함있는 코드에 대비하기 위해 어떤 식으로 방어적 프로그래밍을 하겠는가?

(c) 다음과 같은 형식으로 결과를 출력하는 달력 프로그램을 테스트할 방법을 논하라.

```
      January 2000
   S  M Tu  W Th  F  S
                      1
   2  3  4  5  6  7  8
   9 10 11 12 13 14 15
  16 17 18 19 20 21 22
  23 24 25 26 27 28 29
  30 31
```

(d) 자신이 쓰고 있는 시스템에서 시간 경계 조건으로 그 밖에 어떤 것이 있겠는가? 그런 조건을 제대로 처리할 수 있는지 알기 위해 어떤 식으로 테스트할 것인가?

6.2 체계적인 테스트

각 단계마다 어떤 것을 테스트하고 있는지, 어떤 결과가 나와야 하는지 확실히 인식할 수 있게 프로그램을 체계적으로 테스트하는 것이 중요하다. 주도면밀하게 테스트를 해서 빠뜨리고 지나가는 부분이 없어야 하고, 결과를 계속 기록해서 얼마나 확인을 끝낸건지 알 수 있어야 한다.

점층적으로 테스트하라

테스트는 프로그램을 구축하면서 차근차근 해 나가야 한다. 프로그램을 전부 작성한 다음에 한꺼번에 테스트하는 '빅 뱅' 식의 접근방식은 점층적(incrementally)인 접근방식보다 훨씬 어렵고 시간도 더 많이 잡아먹는다. 프로그램 일부를 작성하고, 테스트하고, 몇몇 코드를 더 추가하고, 테스트하고…… 하는 식이어야 한다.

만약 두 패키지를 각각 따로 작성하고 테스트했다면, 마지막에 둘을 연결할 때 같이 잘 돌아가는지도 테스트한다.

예를 들어, 4장에서 CSV 프로그램을 테스트했을 때 첫 단계는 입력을 읽는 정도의 코드 부분만 작성해서 입력 처리를 검증한 것이었다. 그리고 다음 단계는 입력 줄을 콤마로 분리한 것이었다. 이런 부분들이 잘 돌아가게 된 다음에 따옴표로 둘러싼 필드로 넘어갔고 조금씩 차근차근 전체를 테스트해 나갔다.

단순한 부분을 먼저 테스트하라

점층적 접근방식은 기능 테스트를 할 때도 적용된다. 가장 단순하면서도 가장 일반적으로 실행되는 기능 부분에 먼저 집중해야 한다. 이 부분이 제대로 돌아가게 된 다음에 다른 곳으로 옮겨간다. 이런 식으로 각 단계마다 조금씩 더 많은 부분을 테스트하면서 기본 메커니즘이 제대로 돌아간다는 확신을 쌓아나간다. 쉬운 테스트는 쉬운 버그를 잡는다. 각 테스트는 다음에 발생할 만한 문제를 색출하는 최소한의 역할을 수행한다. 비록 테스트가 진행될수록 버그를 색출하기가 점점 더 힘들어지겠지만, 고치기가 더 힘들어지는 것은 아니다.

이 절에서는 효과적인 테스트를 선택하는 방법과 그 테스트들을 어떤 순서로 적용할 것인가에 대해 논할 것이다. 다음 두 절에서는 이런 프로세스를 시스템화해서 효율적으로 수행하는 방법에 대해 논한다. 첫 단계는 (적어도 소규모 프로그램과 개별 함수의 경우는) 앞 절에서 설명한 경계 조건 테스트를 확장한 기법을 쓴다. 즉, 작은 케이스들을 체계적으로 테스트하는 것이다.

정수 배열을 이진 탐색하는 함수가 있다고 생각해 보자. 아마 우리는 다음과 같이 테스트를 시작할 것이다. 복잡성이 증가하는 순서로 정렬했다.

- 아무 원소도 없는 배열을 탐색한다.
- 한 개의 원소가 있는 배열에서 다음과 같은 값을 탐색한다.
    - 배열에 있는 원소보다 작은 값
    - 배열에 있는 원소와 동일한 값
    - 배열에 있는 원소보다 큰 값
- 두 개의 원소가 있는 배열에서 다음과 같은 값을 탐색한다.

- 다섯 가지의 가능한 경우[1]를 모두 검사한다.
- 이 배열에 있는 두 원소가 동일할 때 다음과 같은 경우에 생길 일을 검사한다.
  - 배열에 있는 원소보다 작은 값
  - 배열에 있는 원소와 동일한 값
  - 배열에 있는 원소보다 큰 값
- 세 개의 원소가 있는 배열에서 원소가 두 개일 때처럼 검사한다.
- 네 개의 원소가 있는 배열에서 원소가 두 개, 세 개일 때처럼 검사한다.

이 함수가 문제없이 이런 난관들을 통과한다면 아마 괜찮다고 봐도 되겠지만, 더 철저히 테스트할 수도 있다.

이런 테스트 정도라면 수작업으로 수행해도 되겠지만, 프로세스를 시스템화하기 위해 테스트 작업발판(scaffold)을 구축하는 편이 더 나을 것이다. 다음의 구동 프로그램은 상당히 단순하므로 다루기도 쉽다. 탐색할 키가 있는 입력 줄과 배열 크기를 읽어서, 그 크기만한 배열을 생성하고 1, 3, 5 … 식의 값을 넣는다. 그리고 이 배열에서 키를 탐색한다.

```
/* bintest main: binsearch를 테스트하는 작업발판 */
int main(void)
{
    int i, key, nelem, arr[1000];

    while (scanf("%d %d", &key, &nelem) != EOF) {
        for (i = 0; i < nelem; i++)
            arr[i] = 2*i + 1;
        printf("%d\n", binsearch(key, arr, nelem));
    }
    return 0;
}
```

이 프로그램은 단순하긴 하지만, 유용한 테스트 작업발판이 반드시 엄청난 규모를 자랑할 필요는 없다는 사실을 보여 준다. 게다가 손쉽게 확장해서 다른 테스트를 더 추가하고 수작업을 더 줄일 수도 있다.

---

1 다섯 가지의 가능한 경우 : 원소가 A, B이며 A⟨B일 경우 A보다 작은 값, A와 같은 값, A보다 크고 B보다 작은 값, 3와 같은 값, B보다 큰 값을 찾는 경우가 있을 것이다.

어떤 결과가 나와야 하는지 알라

모든 테스트에서 정답이 무엇인지 아는 것은 필수적이다. 만약 그것을 모른다면 시간 낭비일 뿐이다. 분명 당연한 얘기처럼 들릴 수도 있다. 많은 프로그램은 제대로 돌아가고 있는지 아닌지 판단하기가 쉽기 때문이다. 예를 들면 파일을 복사한 결과가 정확한 복사본인지 아닌지 보는 식이다. 정렬을 했다면 그 결과가 정렬됐는지 아닌지를 보면 된다. 물론 원래 입력에서 순서만 뒤바뀐 결과가 나와야 함은 당연하다.

하지만 대부분의 프로그램은 그 기준을 규정하기가 쉽지 않다. 컴파일러(입력을 정확히 번역한 결과인가?), 수학적 알고리즘(오차범위 안에 드는 답인가?), 그래픽 프로그램(픽셀들이 정위치에 있는가?) 등등... 이런 프로그램들에 대해서는 알려진 값과 결과를 비교해서 검증하는 방식이 중요하다.

- 컴파일러를 테스트할 때는 테스트용 파일을 컴파일하고 실행한다. 그러면 이 테스트 프로그램은 결과를 출력해야 하고, 그 결과를 알려진 값과 비교해야 한다.
- 수학적 프로그램을 테스트할 때는 단순한 경우부터 어려운 경우까지 그 알고리즘의 양 극단을 탐색할 수 있는 테스트 케이스를 만들어야 한다. 가능하다면 결과값의 속성들이 정상인지 검증하는 코드를 작성하라. 예를 들어, 수치 적분기는 그 결과가 연속적인지, 그리고 공식으로 계산한 결과와 일치하는지 검사해야 한다.
- 그래픽 프로그램을 테스트할 때는 직사각형 하나를 그릴 수 있는지 보는 것만으로는 부족하다. 그 직사각형 그림을 화면에서 다시 읽어 꼭지점이 있어야 할 위치에 잘 있는지 검사하라.

프로그램에 역(逆, inverse)이 있다면 입력한 값을 되돌릴 수 있는지 확인하라. 암호화와 복호화는 서로 역의 관계다. 따라서 어떤 것을 암호화할 수 있는데 복호화할 수는 없다면 뭔가 잘못된 것이다. 이와 비슷하게, 손실없는 압축·해제 알고리즘도 분명 역의 관계다. 여러 파일을 묶는 프로그램은 내용의 변화 없이 묶음을 풀 수도 있어야 한다. 때로는 역을 만드는 방법이 여러 개인 경우도 있으므로 모든 조합을 다 확인하라.

보존 속성을 검증하라

많은 프로그램은 입력의 특정 속성들을 보존한다. wc(줄, 단어, 문자 수를 센다),
sum(체크섬 값을 계산한다)과 같은 툴은 결과가 같은 크기, 같은 단어 수, 같은 바
이트를 특정 순서대로 갖고 있는지 등을 검증한다. 다른 프로그램은 파일이 동일
한지 비교하거나(cmp), 차이를 보고한다(diff). 이런 프로그램 또는 유사 프로그램
들은 대부분의 환경에서 손쉽게 사용할 수 있을뿐더러 제 몫을 톡톡히 해낸다.

바이트 출현 빈도 검사 프로그램은 데이터 보존 뿐 아니라 텍스트만 있어야 할
파일에 텍스트 문자가 아닌 이상값이 들어간 경우의 적발에도 쓸 수 있다. 다음은
소위 freq라고 부르는 프로그램이다.

```c
#include <stdio.h>
#include <ctype.h>
#include <limits.h>

unsigned long count[UCHAR_MAX+1];

/* freq main : 바이트 출현 빈도값을 출력한다. */
int main(void)
{
    int c;

    while ((c = getchar()) != EOF)
        count[c]++;
    for (c = 0; c<= UCHAR_MAX; c++)
        if (count[c] != 0)
            printf("%.2x  %c  %lu\n",
                c, isprint(c) ? c : '-', count[c]);
    return 0;
}
```

보존할 속성을 프로그램 내에서 검증할 수도 있다. 데이터 구조에 든 원소 개수
를 세는 함수로 단순한 일관성 검사를 할 수 있다. 해시 테이블은 넣은 모든 원소
를 다시 꺼낼 수 있다는 속성을 가져야 한다. 이 조건은 테이블 내용을 덤프해서
파일이나 배열에 넣는 함수로 쉽게 검사할 수 있다. 어떤 상황에서든 데이터 구조
에 원소를 입력한 횟수에서 삭제한 횟수를 빼면 현재 들어 있는 원소 개수가 나와
야 하며 이 조건은 검증하기 어렵지 않다.

독립적인 구현 버전을 비교하라

라이브러리나 프로그램의 독립적인 구현 버전을 비교하면 같은 답이 나와야 한다. 예를 들어, 두 컴파일러는 같은 컴퓨터에서 같은 방식으로 동작하는 프로그램을 생성해야 한다. 적어도 대부분의 경우에 말이다.

때로 답을 두 가지 방식으로 계산할 수 있거나, 어떤 프로그램을 단순화시킨 버전을 따로 만들어서 좀 느리지만 독립적인 비교 샘플로 사용할 수 있는 경우가 있다. 서로 관련 없는 두 프로그램이 같은 답을 낸다면, 그 답이 맞을 가능성이 높다는 뜻이다. 반면 서로 다른 답을 낸다면 적어도 한쪽은 틀렸다는 뜻이다.

우리 중 한 명이 예전에 다른 동료와 함께 새로운 컴퓨터에 사용할 컴파일러를 만든 적이 있다. 그들은 컴파일러가 생성해 낸 코드를 디버깅하는 일을 나눠 맡았다. 한 명은 명령어를 인코딩해서 대상 컴퓨터가 이해할 수 있는 언어로 만드는 어셈블러 부분을 작성했고, 다른 한 명은 디버거에서 쓰기 위해 어셈블리어를 디코딩하여 명령어로 만드는 역어셈블러를 작성했다. 즉, 명령어 집합을 해석하거나 구현하는 과정에서 생기는 모든 에러가 두 컴포넌트에서 중복해서 일어날 가능성이 적어졌다는 의미다. 컴파일러가 명령어를 잘못 인코딩하면, 역어셈블러가 확실히 알아차릴 수 있다. 초반에 컴파일러에서 나온 출력은 모두 역어셈블러에 돌려 보고 컴파일러가 제공하는 디버깅용 출력과 비교해서 검증했다. 이 전략은 실제로 아주 잘 먹혀 들어갔고 두 컴포넌트에서 생긴 실수를 바로바로 잡아낼 수 있었다. 딱 한 번, 디버깅이 어렵고도 오래 걸린 문제가 발생했는데, 바로 두 명 다 아키텍처 명세서의 모호한 설명을 똑같이 잘못 해석했을 때였다.

테스트 범위를 측정하라

테스트의 목표 중 하나는 테스트하는 동안 프로그램의 모든 명령문 하나 하나를 전부 실행하는 것이다. 최소 한 번 이상 테스트를 통과하지 않은 코드가 남아 있다면 테스트 단계가 완벽하다고 할 수 없다. 완벽한 테스트 범위를 만든다는 건 때로는 상당히 힘든 일이다. '일어날 수 없는' 명령문은 제외하더라도, 평범한 입력으로 프로그램이 특정 명령문까지 도달하게 만든다는 건 상당히 어렵다.

테스트 범위를 측정할 수 있는 상용 툴도 존재한다. 보통 컴파일러 도구 세트에 포함되는 프로파일러(profiler)는 각 프로그램 명령문에 대해서 발생 빈도수를 계산해 주는데, 이 값을 근거로 특정 테스트가 어떤 범위를 갖는지 확인할 수 있다.

이런 기법들을 조합해 3장에서 마르코프 프로그램을 테스트한 바 있다. 이 장의 마지막 절은 그 테스트들을 한층 더 자세히 분석한다.

연습문제 6-3. freq를 어떻게 테스트할 것인지 설명하라.

연습문제 6-4. 다른 데이터 값, 예를 들어 32비트 정수나 부동소수 값이 발생하는 빈도수를 측정할 수 있는 freq를 설계하고 구현하라. 세련된 방식으로 다양한 타입 값을 모두 처리할 수 있는 프로그램을 만들 수 있겠는가?

6.3 테스트 자동화

여러 번의 테스트를 수작업으로 하는 것은 지겹고도 불안한 일이다. 제대로 된 테스트를 수행한다면 테스트도 여러 번 해야 하고, 입력값도 여러 개여야 하고, 출력값 비교도 여러 번 해야 한다. 그러므로 테스트는 사람과 달리 질리지도 않고 한눈을 파는 일도 없는 프로그램을 통해 수행해야 한다. 모든 테스트를 캡슐화한 스크립트나 단순한 프로그램을 작성해서 완전한 테스트 집합을 전부 (말 그대로나 비유적으로나) 버튼 한 개만 눌러 실행 가능하게 만들 수 있다면 충분히 시간을 쏟을 가치가 있다. 테스트 집합을 실행하기 쉬워질수록, 더 자주 수행하게 될 것이고 시간이 부족할 때도 빼먹고 넘어갈 가능성이 줄어들 것이다. 우리는 이 책에서 작성한 모든 프로그램을 검증하는 테스트 집합을 만들고 변경을 할 때마다 돌려 보았다. 그 일부는 컴파일이 성공적으로 끝날 때마다 자동으로 실행됐다.

회귀 테스트를 자동화하라

자동화의 가장 기본적인 형태는 '회귀 테스트(regression testing)'로, 새 버전과 예전 버전을 비교하는 일련의 테스트를 수행하는 것이다. 사람이 문제를 고칠 때는 고친 그 부분만 확인하게 되는 게 자연스러운 경향이다. 고쳐서 다른 부분의 뭔가가 망가졌을 가능성을 간과하기 쉽다. 회귀 테스트의 목적은 대상의 동작 방식이 예상 외의 방식으로 변하지 않았다는 것을 확인하는 것이다.

몇몇 시스템에는 이런 자동화를 도와주는 툴이 많다. 스크립트 언어를 이용해 일련의 테스트들을 실행하는 짧은 스크립트를 작성할 수 있다. Unix에서 diff나 cmp같은 파일 비교 툴은 결과를 비교해 준다. sort는 동일 원소를 같이 모아주고, grep은 테스트 결과를 필터링한다. wc, sum, freq는 결과를 요약한다. 이런 툴들 덕분에 특수한 테스트 작업발판을 작성하기가 쉬워진다. 대규모 프로그램에는 조금 부족할지 몰라도 개인이나 소규모 그룹에서 사용하는 프로그램에는 충분히 차고 넘칠 정도다.

여기에 킬러 애플리케이션인 ka라는 프로그램을 회귀 테스트하는 스크립트가 있다. 이전 버전(old-ka)과 새 버전(new-ka)을 서로 다른 많은 테스트 데이터에 대해 돌려보고, 결과가 일치하지 않는 것에 대해 각각 알려준다. 여기에서는 Unix 셸 스크립트로 작성했지만, 펄(Perl)이나 다른 스크립트 언어로 쉽게 옮길 수도 있다.

```
for i in ka_data.*              # 테스트 데이터에 대해 루프를 돈다.
do
    old_ka $i >out1             # 이전 버전을 실행한다.
    new_ka $i >out2             # 새 버전을 실행한다.
    if ! cmp -s out1 out2       # 두 결과를 비교한다.
    then
        echo $i: BAD            # 차이가 나면 에러 메시지를 출력한다.
    fi
done
```

테스트 스크립트는 보통 이 스크립트처럼 조용히, 즉 뭔가 예상치 못한 일이 일어날 경우에만 표시를 남기는 식으로 실행되어야 한다. 하지만 테스트 중인 파일의 이름을 출력하면서 뭔가 잘못되면 그 뒤에 에러 메시지를 찍는 방식을 택할 수도 있었을 것이다. 그런 식으로 진척도를 표시하면 무한 루프나 테스트 스크립트가 정확한 테스트 파일을 실행하지 못하는 경우와 같은 문제를 확인하기 쉽다. 그러나 테스트가 제대로 돌아가는 경우라면 불필요한 수다는 짜증날 뿐이다.

cmp에 -s 인자를 주면 상태만 보고하고 연산 결과는 출력하지 않는다. cmp가 파일들을 비교해서 동일하면 true값을 리턴하는데, 그 결과 !cmp가 false값이 되므로 아무 것도 출력되지 않는다. 하지만 이전 버전과 새 버전의 결과가 다르다면 false값을 리턴하고 파일 이름과 경고 메시지를 출력한다.

회귀 테스트에서는 이전 버전이 정확한 답을 낸다는 것을 기본 가정으로 삼는다. 이 가정은 처음부터 주의 깊게 확인해야 하고 계속 철저히 지켜야 한다. 만약 문제 있는 답이 슬그머니 끼어 들어오면, 적발도 쉽지 않을뿐더러 그 이후로 그 답에 의존하는 모든 것들이 틀리게 된다. 회귀 테스트 자체가 정상인지 주기적으로 점검하는 습관을 들이자.

자급자족형 테스트를 창조하라

필요한 입력과 예상되는 출력까지 포함한 자급자족형 테스트는 회귀 테스트를 보완해 준다. Awk 프로그램을 테스트해봤던 경험이 설명하는 데 도움이 될 것 같다. 언어 구성 요소를 테스트할 때는 작은 프로그램에 특정 입력을 집어 넣고 돌린 후 정확한 출력이 나오는지 확인하는 방법을 많이 사용한다. 잡다한 테스트를 많이 모아놓은 프로그램의 일부인 다음 코드는 좀 난해한 어떤 증가문을 검증한다. Awk의 새로운 버전(newawk)을 돌려 보기 위해 작은 Awk 프로그램을 실행하고 출력을 파일에 기록하는 이 테스트는, 다른 파일에 echo로 정확한 출력을 따로 기록한 뒤 두 파일을 비교하고 만약 다르다면 에러로 보고한다.

```
# 필드값 증가 테스트 : $i++는 ($i)++임. $(i++)가 아님

echo 3 5 | newawk '{i = 1; print $i++; print $1, i}' >out1

echo '3
4 1' >out2          # 정확한 답

if ! cmp -s out1 out2      # 출력이 서로 다르다면
then
    echo 'BAD: field increment test failed'
fi
```

첫 주석은 테스트 입력의 일부로, 이 테스트가 무엇을 테스트하는지 설명한다.

때로는 별로 고생하지 않고 많은 테스트를 만들 수 있는 경우도 있다. 우리는 단순 구문에 대해서 테스트, 입력 데이터, 예상 출력을 기술하는 특수한 단순 언어를 만들었다. 다음은 수치값을 Awk에서 표현할 수 있는 몇 가지 방식에 대해 테스트하는 부분이다.

```
try {if ($1 == 1) print "yes"; else print "no"}
1       yes
1.0     yes
1E0     yes
0.1E1   yes
10E-1   yes
01      yes
+1      yes
10E-2   no
10      no
```

첫 줄은 테스트할 프로그램(try 뒤에 오는 모든 것들)이다. 그 아래 줄부터 탭으로 구분된 입력과 그에 따라 예상되는 출력의 쌍이 나온다. 처음 테스트는 만약 첫 입력 필드가 1이라면 출력이 yes여야 한다는 것을 의미한다. 앞의 테스트 7개는 모두 yes를 출력해야 하고, 마지막 2개는 no를 출력해야 한다.

Awk 프로그램(그 외에 뭐가 있겠는가?)은 각 테스트를 완전한 Awk 프로그램으로 변환한 뒤 각 입력에 대한 결과를 예상한 출력과 비교한다. 그리고 나온 답이 틀린 경우에만 보고한다.

정규표현식 비교문과 대체문을 테스트할 때도 비슷한 메커니즘을 적용한다. 테스트를 작성하기 위한 작은 언어(little language)를 활용하면 여러 테스트를 쉽게 생성할 수 있다. 테스트 프로그램을 작성해주는 프로그램을 사용하면 지렛대 효과를 톡톡히 얻는다. (9장에서 작은 언어와 프로그램을 작성하는 프로그램 활용에 대해 더 자세히 논할 것이다.)

Awk의 테스트는 다 합하면 거의 천 개나 되고 단 한 개의 명령으로 모든 테스트를 실행할 수 있다. 이 때 모든 것이 잘 굴러간다면 아무 출력도 내놓지 않는다. 기능 요소를 더하거나 버그를 고칠 때마다 새 테스트를 추가하여 정확한 동작이 이루어지는지 검증한다. 아무리 사소한 변경이 생기더라도 그때마다 전체 테스트 집합을 실행하는데, 겨우 몇 분 정도밖에 걸리지 않는다. 이 테스트는 가끔 전혀 생각도 못한 에러를 잡아내서, Awk의 제작자들을 공개적으로 망신을 당할 위기에서 몇 번이나 구해냈다.

에러를 발견했을 때 어떻게 해야 할까? 이미 있는 테스트에서 발견된 것이 아니라면, 그 문제를 밝히는 새 테스트를 작성하고 잘못된 코드에서 돌려 보아 그 테스트를 검증한다. 그 에러는 테스트를 더 해야 하거나 완전히 새로운 종류의 문제들을 확인해야 한다는 의미일지도 모른다. 아니면 내부에서 에러를 잡아낼 수 있게 프로그램 자체에 방어용 루틴을 더 집어넣을 수도 있다.

절대 테스트를 없애 버리지 마라. 버그 리포트가 아직 유효한지 확인하거나, 이미 고친 문제를 기록하는 용도로 그 테스트를 쓸 수도 있다. 버그, 변경, 수정사항의 기록을 계속 유지하라. 이는 과거의 문제를 확인하고 새 문제를 고치는 데 도움이 된다. 대다수의 상용 소프트웨어 제작회사에서는 필수적으로 이런 기록을 남기도록 하고 있다. 혹시 개인적으로 프로그램을 짠다 하더라도, 이건 적은 투자로 계속 이득을 챙길 수 있는 방법이다.

연습문제 6 - 5. 가능한 한 컴퓨터의 도움을 활용해서 printf를 위한 테스트 집합을 설계하라.

6.4 테스트 작업발판

지금까지 우리는 단일한 독립 실행 프로그램이 완전한 형태를 갖추고 있는 경우를 티스트한다고 가정하고 논의를 진행해 왔다. 하지만 이것이 유일한 테스트 자동화 방식도 아니고, 특히 팀으로 일하면서 큰 프로그램을 구축하는 도중 일부만 테스트하는 경우에 쓸 만한 방법도 아니다. 또한 작은 컴포넌트가 더 큰 부분에 묻혀 있을 때 테스트하는 가장 효과적인 방식도 아니다.

컴포넌트를 독립적으로 테스트하기 위해서는 보통 테스트가 돌아갈 때 시스템의 다른 부분에 대한 인터페이스를 제공하고 그 외 지원 역할을 하는 프레임워크나 작업발판(scaffold)을 필수로 만들어야 한다. 이 장 앞에서 이진 탐색 프로그램을 테스트하는 작은 예를 보인 바 있다.

수학 함수, 문자열 함수, 정렬 루틴 등을 테스트하는 작업발판은 구축하기 쉽다. 이런 작업발판은 입력 매개변수를 설정하고, 테스트할 함수를 호출하고, 결과를 확인하는 작업을 대부분 포함할 것이기 때문이다. 일부만 구현된 프로그램의 테스트 작업발판을 구축하는 것은 오히려 더 어려운 일이다.

설명을 위해 C/C++ 표준 라이브러리의 mem... 함수들 중 하나인 memset의 테스트를 구축하는 작업을 시작해 보자. 이런 함수는 성능이 중요하기 때문에 대개 특정한 컴퓨터에서 사용하는 어셈블리어로 작성된다. 하지만 더 세밀하게 조정을 가할수록 잘못될 확률이 더 높고, 따라서 더 철저하게 테스트해야 한다.

첫 단계는 제대로 작동하는 게 확실한, 제일 단순한 C 버전 프로그램을 만드는 것이다. 이를 벤치마크로 활용해 성능을 비교하고, 성능보다 더 중요한 정확성도 비교한다. 새 환경으로 옮길 때는 이 단순 버전을 가져가서 조정을 가한 버전이 제대로 돌아갈 때까지 계속 사용한다.

memset(s, c, n)은 메모리 주소 s에서 시작해 n바이트 만큼의 메모리를 c로 설정하고 s를 리턴한다. 속도가 중요하지 않다면 이 함수 작성은 쉽다.

```c
/* memset : s의 첫 n 바이트를 c로 설정한다. */
void *memset(void *s, int c, size_t n)
{
    size_t i;
    char *p;

    p = (char *) s;
    for (i = 0; i < n; i++)
        p[i] = c;
    return s;
}
```

하지만 속도가 중요하다면 한번에 32비트나 64비트 워드를 통째로 쓰는 것과 같은 기법을 활용한다. 그러나 이러면 버그가 발생하기 쉬워지므로 광범위한 테스트가 필수적이다.

테스트는 문제가 발생할 만한 부분에서 경계 조건을 철저히 확인하는 일이 기본이 된다. memset의 경우, n이 0, 1, 2일 때와 같은 명백한 경계값, 2의 승수나 그 근처값, 아주 작은 값이나 2^{16}처럼 아주 큰 값이 모두 경계 조건에 포함된다. 2^{16}은 16 비트 워드 구조를 쓰는 많은 컴퓨터에서 태생적인 한계가 되는 값이다. 2의 승수에 주목해야 하는 이유는 memset을 빠르게 만드는 방법 중 하나가 한 번에 여러 바이트를 한꺼번에 쓰는 방법이기 때문이다. 이 때 특별 명령어를 사용하거나, 한 번에 바이트 하나씩이 아니라 워드 하나씩 쓰는 식이 될 수 있다. 비슷한 맥락에서, 배열이 다양한 형태로 정렬된 상태에서 시작 주소나 길이에 문제가 있는 경우를 대비해 배열의 원점도 검사해야 한다. 대상 배열을 더 큰 배열 안에 넣어 양 끝에 버퍼 영역 또는 여유 영역을 만들고 여러 정렬상태를 시험해 보기 쉽게 만든다.

 c가 여러 가지 값일 경우도 확인해야 한다. 0, 0x7F(8비트 바이트에서 부호있는 가장 큰 값), 0x80, 0xFF(부호있는 문자, 부호없는 문자와 관련된 잠재적인 에러를 검증함), 1바이트보다 큰 값(정확히 1바이트만 쓴다는 것을 확인하기 위해)일 경우를 포함해서 점검한다. 또한 이런 문자값과 구별되는 알려진 패턴으로 메모리를 초기화해서 memset이 유효 영역 밖에 값을 쓰는 건 아닌지도 확인한다.

 두 배열에 메모리를 할당하고, n, c, 배열 오프셋의 조합에 대해 각 동작을 비교하는 다음 코드를 테스트 용 표준 대조군으로 활용할 수 있다.

```
big = maximum left margin + maximum n + maximum right margin
s0 = malloc(big)
s1 = malloc(big)
for each combination of test parameters n, c, and offset:
    set all of s0 and s1 to known pattern
    run slow memset(s0 + offset, c, n)
    run fast memset(s1 + offset, c, n)
    check return values
    compare all of s0 and s1 byte by byte
```

 memset에서 배열 경계 밖의 영역에 쓰는 에러가 발생한다면 그 배열의 처음이나 맨 끝에서 몇 바이트 사이에 영향을 줄 가능성이 제일 높다. 따라서 버퍼 영역을 남겨두면 문제가 생긴 바이트를 확인하기 쉽고 프로그램의 다른 부분을 덮어쓰는 에러가 생길 가능성을 더 줄일 수 있다. 영역 침범 문제를 확인하기 위해서는 s0와 s1에서 써야 하는 n바이트만이 아니라, 전체 바이트 영역을 모두 비교해야 한다.

 따라서 합리적인 테스트는 다음과 같은 모든 조합을 포함할 것이다.

```
offset = 10, 11, ..., 20
c = 0, 1, 0x7F, 0x80, 0xFF, 0x11223344
n = 0, 1, 2, 3, 4, 5, 6, 7, 8, 9, 15, 16, 17,
    31, 32, 44, ..., 65535, 65536, 65537
```

 n의 값은 적어도 i가 0부터 16까지일 때 $2^i -1, 2^i, 2^i + 1$을 포함해야 한다.

 이턴 값은 테스트 작업발판의 중심 뼈대에 직접 드러나선 안 되지만 수작업이나 프로그램으로 생성한 배열에는 나타나야 한다. 그리고 자동으로 생성하는 편이 낫다. 그 편이 더 많은 2의 승수를 지정하거나 더 많은 오프셋, 문자들을 포함시키기 쉽기 때문이다.

 이런 테스트는 memset을 철저하게 검증하면서도, 실행하는 건 물론이고 생성하는 데도 시간이 적게 걸린다. 위에서 나온 값들의 조합은 3500가지보다 적기 때문이다. 완벽하게 호환 가능하기 때문에 필요하면 새로운 환경으로 옮길 수도 있다.

다음 이야기를 경고로 삼기 바란다. 우리는 새로운 프로세서를 위한 운영체제와 라이브러리를 개발하는 사람에게 memset의 테스트 프로그램을 준 적이 있다. 몇 달 후, 우리(원래 테스트의 제작자)는 그 프로세서가 들어간 컴퓨터를 쓰기 시작했고, 어떤 큰 애플리케이션의 내부 테스트 집합을 돌리다 실패했다. 문제를 추적했더니 memset의 어셈블리어 버전에 부호 확장[2]과 관련된 작은 버그가 있다는 사실이 밝혀졌다. 이유는 아직 밝혀지지 않았지만, 그 라이브러리 개발자가 우리의 memset 테스트 프로그램을 변경해서 0x7F 이상의 c 값을 확인하지 않았던 것이다. 물론 일단 memset을 의심하게 되자마자 원래 테스트 프로그램을 돌려봤더니 그 버그를 구분해낼 수 있었다.

memset과 같은 단순한 함수는 철저하게 테스트해 볼 수 있다. 테스트 케이스들이 코드 전체를 망라하는 모든 실행 경로를 훑는다는 것을 확인할 수 있으므로, 테스트 범위가 완벽해지기 때문이다. 예를 들어 memmove은 덮어쓰기, 방향, 정렬 상태의 모든 조합에 대해 테스트할 수도 있다. 모든 가능한 복사 연산을 테스트한다는 개념으로는 철저하지 않지만, 각 입력 상황을 대표하는 경우를 모두 망라한다는 의미에서는 철저한 테스트라 할 수 있다.

다른 모든 테스트 방법처럼 테스트 작업발판에도 테스트 대상 연산을 검증하기 위한 정답이 필요하다. memset을 테스트할 때도 썼던 중요한 기법 하나가 바로 옳다고 믿어지는 단순한 프로그램을 잘못된 것 같은 새 버전과 대조하는 것이다. 다음 사례가 보여주는 것처럼 단계적으로 수행할 수도 있다.

저자 중 한 명이 픽셀 블록들을 한 이미지 파일에서 다른 이미지 파일로 복사하는 연산과 관련된 비트맵 그래픽 라이브러리를 구현했다. 이 연산은 매개변수에 따라 단순한 메모리 복사가 될 수도 있고, 픽셀 값을 한 색공간[3] 형태에서 다른 색

---

2 부호 확장(sign extension) : 어떤 데이터를 나타내는 비트수가 늘어날 경우, 값을 유지하기 위하여 늘어난 상위 비트를 부호 비트로 채우는 방법.

3 색공간(color space) : 색모델(color model)이라고도 하며, 여러 수치화된 값의 조합으로 색을 표현하는 방법이다. 대표적인 색공간으로 RGB, CMYK, HSV 등이 있다.

공간 형태로 변환하는 작업까지 필요할 수도 있었으며, 직사각형 공간을 입력 이미지로 반복해서 채우는 '타일 깔기'와 이런 기능들을 다 조합한 작업이 필요할 수도 있었다. 이런 연산을 수행하는 프로그램 자체는 단순하지만 효율적으로 구현하려면 많은 경우에 대해 각각 특수한 코드가 필요하다. 그리고 모든 코드가 옳다는 것을 확인하기 위해서는 튼튼한 테스트 전략이 요구된다.

일단, 수작업으로 픽셀 하나에 대해 올바른 연산을 수행하는 단순 코드를 작성했다. 이 코드로 그래픽 라이브러리가 픽셀 하나를 처리하는 기능을 테스트했다. 이 단계가 잘 끝나자, 라이브러리가 픽셀 하나에 대한 연산을 잘 처리한다고 믿을 수 있었다.

다음으로, 수작업으로 코드를 또 작성해서 라이브러리를 통해 한 번에 한 픽셀씩, 픽셀로 이루어진 수평선 한 줄을 처리하는 아주 느린 버전의 연산 수행 프로그램을 구축했다. 그리고 훨씬 효율적으로 라이브러리가 수평선을 처리하는 기능과 비교했다. 이게 잘 돌아갔으므로 라이브러리가 수평선도 잘 처리한다고 믿을 수 있었다.

이턴 식으로 계속해서 직선을 이용해 사각형을 만들고, 사각형을 이용해 타일들을 만드는 식으로 테스트했다. 이 과정에서 많은 버그를 찾고 테스트 프로그램 자체에서도 버그를 발견했지만 결과적으로 이 방식의 효율성을 보여준 것이라 할 수 있었다. 두 개의 독립적인 버전을 테스트하고 진행하면서 둘 다 옳다는 자신감을 쌓아 나간 것이다. 어떤 테스트가 실패하면, 테스트 프로그램은 자세한 분석 내용을 출력해서 무엇이 잘못됐는지 이해하는 것을 도왔으며 테스트 프로그램 자체에도 문제가 없다는 사실을 증명했다.

이 라이브러리를 몇 년에 걸쳐 수정하고 다른 환경에 포팅하면서, 이 테스트 프로그램은 계속 버그를 찾는 데 있어 제 몫을 톡톡히 해냈다.

이 테스트 프로그램은 이런 점층적으로 접근하는 방식 때문에, 라이브러리의 신뢰성을 검증하기 위해 매번 밑바닥부터 실행해 나가야 했다. 말이 나온 김에 말하자면, 이 프로그램은 철저하진 않았지만, 개연성에 의거해 테스트를 수행했다. 임의의 테스트 케이스를 생성해서 충분히 오래 실행하기만 하면 결국 코드의 구석구석을 샅샅이 훑는 것이다. 많은 테스트 케이스를 만들기만 한다면, 이 전략은 수

작업으로 빈틈없는 테스트 집합을 구축하는 것보다 더 효과적이면서, 철저하게 테스트하는 것보다도 훨씬 효율적이다.

연습문제 6-6. 이 책에서 지시한 대로 memset을 위한 테스트 작업발판을 만들라.

연습문제 6-7. 나머지 mem... 계열 함수들을 위한 테스트를 작성하라.

연습문제 6-8. math.h에 나오는 것처럼 sqrt, sin 등과 같은 수학적 루틴을 위한 테스트 체계를 기술하라. 어떤 입력값을 넣어야 말이 될까? 어떤 별도 확인 작업을 할 수 있을까?

연습문제 6-9. strcmp 같은 C의 str... 계열 함수를 테스트하기 위한 메커니즘을 정의하라. 이런 함수 특히 strtok, strcspn처럼 토큰 생성기인 경우 mem... 계열보다 상당히 복잡하기 때문에 한층 정교한 테스트가 필요할 것이다.

6.5 부하 테스트

컴퓨터가 생성하는 대량의 입력도 또 하나의 효과적인 테스트 기법이다. 컴퓨터 생성 입력은 프로그램에 사람이 작성한 입력과 다른 차원의 부하를 준다. 대량이라는 것 자체가 뭔가를 망가뜨리는 경향이 있다. 왜냐하면 입력이 대량으로 쏟아지면 입력 버퍼, 배열, 카운터에서 넘칠 수 있고, 프로그램에서 고정 크기 공간을 사용하면서 점검되지 않은 부분을 찾아내는 데 효과적이기 때문이다. 사람들은 빈 입력이나 순서가 잘못된 입력, 범위가 잘못된 입력 등의 '불가능한' 경우를 피하거나, 아주 긴 이름이나 천문학적인 데이터 값을 만들지 않는 경향이 있다. 이와 대조적으로 컴퓨터는 엄격하게 프로그램에 따라 정확한 출력을 생성하며 무언가를 기피한다는 개념조차 없다.

쉬운 설명을 위해 마이크로소프트 비주얼 C++ 5.0 컴파일러로 C++ STL 마르코프 함수를 컴파일한 결과에서 한 줄을 보이겠다. 지면에 맞게 편집했다.

```
xtree(114) : warning C4786: 'std::_Tree<std::deque<std::
basic_string<char,std::char_traits<char>,std::allocator
<char>>,std::allocator<std::basic_string<char,std::
... 1420 characters omiitted
allocator<char>>>>>::iterator' : identifier was
truncated to '255' characters in the debug information
```

이 컴파일러는 놀랍게도 1594 문자로 변수 이름을 생성했지만 그 중 255 문자만 디버깅 정보로 저장되었다는 사실을 경고하고 있다. 모든 프로그램이 이런 특이한 긴 문자열을 방어할 준비가 되어 있는 것은 아니다.

임의의 입력(꼭 적법할 필요는 없다)을 넣는 것도 뭔가를 망가뜨릴 생각으로 프로그램을 공격할 수 있는 또 다른 방법이다. "사람들이 이런 건 하지 않을 거야"의 논리적 확장인 셈이다. 예를 들어, 몇몇 상용 C 컴파일러는 임의로 생성한, 문법적으로 옳은 프로그램을 통해 테스트된다. 비결은 문제의 명세서(이 경우엔 C 표준)를 활용해서 문법적으로는 유효하지만 괴상한 테스트 데이터를 만드는 프로그램을 구축하는 것이다.

프로그램이 정확한 결과를 낸다는 사실을 증명하기 불가능할 수도 있기 때문에, 이런 테스트는 프로그램에 내장된, 문제를 찾아내는 확인 및 방어 부분에 의지한다. 목표는 분명한 에러를 밝혀내기보다는 '일어날 수 없는' 일과 사고를 유발하는 것이다. 또 에러 처리 코드를 테스트하는 좋은 방법이기도 하다. 무난한 입력을 넣으면 대부분의 에러가 발생하지 않고 그 에러를 처리하는 코드도 써볼 수 없다. 태생적으로 버그는 이런 특수한 상황에 숨어있는 경우가 많다. 하지만 이런 식의 테스트는 어느 정도부터 한계효용감소의 법칙에 부딪치게 된다. 정말 현실에서는 일어나기 힘들어서, 고쳐봤자 별로 효과가 없는 문제를 찾아내게 되는 것이다.

어떤 테스트는 명백히 심술궂은 입력을 사용한다. 보안 해킹을 하는 사람은 대개 귀중한 데이터를 덮어 쓰기 위해 큰 입력이나 불법적인 입력을 사용한다. 이런 약점을 찾는 건 현명한 행동이다. 상당수의 표준 라이브러리 함수가 이런 공격에 취약하다. 예를 들면, 표준 라이브러리 함수인 gets는 입력줄의 크기를 제한할 수 있는 방법을 제공하지 않는다. 때문에, 절대 사용해서는 안 된다. 대신 fgets(buf, sizeof(buf), stdin)을 사용하라. scanf("%s", buf)처럼 써도 입력줄의 길이를 제한하지 않기는 마찬가지다. 따라서 보통은 scanf("%20s", buf)처럼 길이를 지정해서 사용한다. 3.3절에서 이런 문제를 일반적인 버퍼 크기에 맞게 해결하는 방법을 보인 바 있다.

직접적으로든 간접적으로든, 프로그램 외부에서 값을 받을 수 있는 루틴이라면 그 입력값을 사용하기 전에 반드시 먼저 검증해야 한다. 한 교과서에서 발췌한 다음 프로그램은 사용자가 입력한 정수 한 개를 읽고, 그 정수가 너무 길면 경고하게 되어 있다. 목적은 *gets* 함수의 문제를 해결하는 것이지만, 이 방법이 항상 통하지는 않는다.

```
?       #define MAXNUM 10
?
?       int main(void)
?       {
?           char num[MAXNUM];
?
?           memset(num, 0, sizeof(num));
?           printf("Type a number: ");
?           gets(num);
?           if (num[MAXNUM-1] != 0)
?               printf("Number too big.\n");
?           /* ... */
?       }
```

만약 입력 숫자가 10자리라면 num 배열의 마지막 0을 0이 아닌 값으로 덮어쓰고, 이론적으로 gets가 리턴된 다음에 발견될 것이다. 안타깝게도 완전한 해결책이 아니다. 악의로 무장한 해커가 더 긴 문자열을 입력해서 뭔가 중요한 값, 호출의 리턴 주소같은 것을 덮어쓰면, 프로그램은 if 문으로 돌아오는 게 아니라 뭔가 끔찍한 것을 실행할 것이다. 따라서 점검되지 않은 이런 입력은 잠재적인 보안 위협이 될 수 있다.

여러분이 이것을 의미없는 교과서적 예제 쯤으로 인식할까봐 다음 사례를 소개한다. 1998년 7월, 이런 문제가 몇몇 주요 전자 메일 프로그램에서 드러난 적이 있다. 뉴욕타임즈 기사에 따르면,

이 보안 허점은 '버퍼 오버플로우 에러'로 알려진 문제 때문에 생긴 것이다. 프로그래머들은 자신이 개발한 소프트웨어 내부에 입력 데이터가 안전한 타입으로, 적당한 길이로 들어오는지 확인하는 코드를 포함시켜야 한다. 데이터가 너무 길면, 데이터를 저장하기 위해 따로 떼어놓은 메모리 공간인 '버퍼'라는 그릇에서 넘치게 된다. 그러면 그 이메일

프로그램은 무너지고 적대적인 프로그래머가 컴퓨터를 속여 그 자리에서 악의적인 프로그램을 실행할 수 있다.

1998년에 일어난 유명한 '인터넷 웜' 사건도 이런 공격으로 일어난 것이다.

HTML 형식을 파싱하는 프로그램도 작은 배열에 아주 긴 입력 문자열을 저장하는 공격에 취약하다.

```
?       static char query[1024];
?
?       char *read_form(void)
?       {
?           int qsize;
?
?           qsize = atoi(getenv("CONTENT_LENGTH"));
?           fread(query, qsize, 1, stdin);
?           return query;
?       }
```

이 코드는 gets 함수처럼 입력이 1024보다 절대 길지 않을 거라고 가정하기 때문에 버퍼를 넘치게 하는 오버플로우 공격에 활짝 열려 있다.

좀 더 익숙한 오버플로우 형태도 문제를 일으킬 수 있다. 정수값이 조용히(silently) 넘치면, 그 결과는 재앙이라고 부를 만한 것이 될 수 있다. 다음과 같은 할당 연산을 생각해 보자.

```
?       char *p;
?       p = (char *) malloc(x * y * z);
```

여기서 x, y, z를 곱한 값이 넘친다면, malloc 호출 자체는 합리적인 크기의 배열을 생성할지도 모르지만 p[x]는 할당된 지역 바깥의 메모리를 참조할 것이다. 이 정수값이 16비트고, x, y, z가 전부 41이라고 가정하자. 그러면 x*y*z는 68921이 되고, 이 값은 2^{16} + 나머지 3385가 된다. 따라서 malloc 호출은 3385 바이트만 할당하고, 이 값 이상의 인덱스로 참조하는 값은 범위를 넘는다.

타입 간의 변환도 오버플로우 원인이 될 수 있고, 이 에러를 잡기는 상당히 까다로울 것이다. 1996년 6월, 아리안(Ariane) 5 로켓은 처녀비행에서 폭발했다. 적절한 테스트 없이 비행 항로 조정 패키지를 아리안 4에서 그대로 가져왔기 때문이다. 이 새 로켓은 더 빨랐기 때문에 비행 항로 조정 소프트웨어의 몇몇 변수에도 더 큰 값이 들어갔다. 발사 직후, 64비트 부동소수값을 16비트 부호있는 정수로 변환하려고 시도한 순간 오버플로우가 일어났다. 프로그램 루틴에서 이 에러를 잡긴 했지만, 에러를 발견한 이 코드가 하위 시스템을 종료시키기로 결정하면서, 로켓은 경로에서 비틀비틀 벗어나 결국 폭발했다. 문제의 코드가 생성하는 관성 기준 정보가 발사 직전에만 의미가 있었다는 게 불운이었다. 발사 순간에 그 정보가 생성됐다면 아무 문제도 없었을 것이다.

더 일상적인 수준에서 보자면 텍스트 형식 입력을 예상하는 프로그램을 이진 형식 입력이 망가뜨리는 경우가 있다. 특히 프로그램에서 입력이 7비트 아스키 문자 형식이라고 예상하는 경우에는 더 그렇다. 텍스트 입력을 기대하는 용의선상 밖의 프로그램에 이진 입력(컴파일된 프로그램 같은)을 넣어 보는 시도는 유익하며 때로는 정신이 번쩍 들게까지 한다.

좋은 테스트 케이스는 대개 다양한 프로그램에서 함께 쓰이곤 한다. 예를 들어, 파일을 읽는 프로그램이라면 빈 파일을 읽는 테스트를 받아야 한다. 텍스트를 읽는 프로그램이라면 이진 파일을 읽는 테스트를 받아야 한다. 텍스트를 한 줄씩 읽는 프로그램이라면 엄청나게 긴 줄과 빈 줄, 개행문자가 하나도 없는 입력을 읽는 테스트를 받아야 한다. 이런 유용한 테스트 파일들을 묶어 보관해 뒀다가, 다른 프로그램을 테스트할 때 또 테스트 프로그램을 만들 필요 없이 꺼내서 사용하는 것도 좋은 방법이다. 아니면 필요할 때 테스트 파일을 생성할 수 있는 프로그램을 만들어도 된다.

스티브 본(Steve Bourne)은 Unix 셸(나중에 본 셸로 알려졌음)을 개발했을 때, 문자 한 자리 이름으로 된 파일 254개가 들어있는 디렉터리를 만들었다. Unix 파일 이름에 나올 수 없는 ‘\0’ 과 슬래시 기호(‘/’)를 제외한 바이트값으로 된 이름들이다. 그는 이 디렉터리를 패턴 비교와 토큰 생성을 위한 모든 테스트에 활용했다. (물론 이 테스트 디렉터리는 프로그램을 통해 만들었다.) 그로부터 몇 년간, 이 디렉터리는 파일 트리 구조 탐색 프로그램들을 다 침몰시킨 원인이 되었다. 그 탐색 프로그램들을 테스트해서 무너뜨린 것이다.

연습문제 6-10. 자신이 가장 좋아하는 텍스트 에디터, 컴파일러, 그 외 프로그램을 무너뜨릴 수 있는 파일을 생성해 보라.

6.6 테스트 팁

경험이 많은 테스트 인력은 업무를 보다 생산적으로 하기 위한 비결과 테크닉을 많이 사용한다. 그 중 우리가 제일 좋아하는 것 몇 개를 이 절에서 소개한다.

프로그램은 분명 배열 경계를 점검해야 하겠지만(언어 자체에서 지원해주지 않는다면), 정작 그 점검 코드가 일반적인 입력 크기에 비해 배열 크기가 너무 큰 경우엔 아예 실행되지 않을지도 모른다. 이 부분을 테스트하려면 임시로 배열 크기를 아주 작게 만들면 된다. 크기가 아주 큰 테스트 입력을 만드는 것보단 쉽기 때문이다. 2장의 늘어나는 배열 코드와 4장의 CSV 라이브러리에서 이와 관련된 비결을 활용했다. 사실상 늘리거나 추가하는 비용이 무시할 만한 수준이었기 때문에 아주 작은 초기값을 넣어 둔 방법이었다.

상수 하나를 리턴하는 해시 함수를 만들어서 모든 원소를 같은 해시 버킷에 넣는다. 이렇게 체인 메커니즘을 테스트할 수 있고, 최악인 경우의 성능을 측정할 수 있다.

코드가 메모리 경계 침범 에러에서 회복하는 능력을 테스트하기 위해 일부러, 초반에 할당을 실패하는 저장공간 할당기를 작성한다. 다음 버전은 열 번 호출 뒤에 NULL을 리턴한다.

```
/* testmalloc: 열 번 호출 뒤에 NULL을 리턴한다 */
void *testmalloc(size_t n)
{
    static int count = 0;

    if (++count > 10)
        return NULL;
    else
        return malloc(n);
}
```

코드를 출하하기 전에 성능에 영향을 끼칠 수 있는 테스트성 제약들을 모두 비활성화한다. 예전에 상품 단계의 컴파일러에서 성능 문제가 생겨 원인을 추적했더니 테스트 코드가 그대로 남아 해시 함수가 항상 0을 리턴하는 것을 밝혀낸 적이 있다.

배열과 변수들을 보통의 기본값인 0이 아니라 더 눈에 띄는 값으로 초기화한다.

그러면 경계 침범이 일어나거나 초기화되지 않은 변수를 뽑았을 때 더 알아차리기 쉬울 것이다. 0xDEADBEEF 같은 상수라면 디버거에서 인식하기 쉽다. 메모리 할당자는 종종 이런 값을 이용해서 초기화되지 않은 데이터를 잡아 낸다.

테스트 케이스를 다양하게 만든다. 수작업으로 작은 테스트를 만들 때는 특히 그렇다. 똑같은 것만 테스트하다 보면 같은 곳만 맴돌다가, 다른 데서 뭔가 망가졌을 때도 알아차리지 못할 가능성이 높다.

알려진 버그가 있다면 새 기능을 구현하거나 이미 있는 것들도 테스트해서는 안 된다. 이런 행동이 테스트 결과에 영향을 줄 수도 있다.

테스트 출력은 모든 입력 매개변수 설정을 포함해야 한다. 그 테스트를 똑같이 재현할 수 있도록 말이다. 만약 임의의 수(난수)를 사용하는 프로그램이라면 테스트 자체는 임의적이더라도 상관없이 첫 입력값(seed)을 설정하고 출력할 방법을 마련해야 한다. 테스트 입력과 그에 따르는 출력을 제대로 정의해서 정확히 이해하고 재현할 수 있도록 해야 한다는 것을 잊지 마라.

프로그램을 실행할 때 출력을 어느 정도 제어할 수 있는 방법을 마련하는 것도 현명한 선택이다. 추가적인 정보를 출력하면 테스트가 쉬워질 것이다.

여러 컴퓨터, 컴파일러, 운영체제에서 테스트한다. 각 조합에서 다른 데서는 확인할 수 없는 에러가 드러날 가능성이 있다. 바이트 순서, 정수 크기, 널 포인터 처리, 캐리지 리턴과 개행문자의 처리, 라이브러리와 헤더 파일의 특수한 속성에 대한 의존성 같은 것에 따라 달라질 것이다. 여러 컴퓨터에서 테스트해보면 출하 전 프로그램 컴포넌트를 다 모아놓을 때 생기는 문제가 드러날 수도 있다. 그리고 8장에서 논하겠지만 개발 환경에서는 미처 생각하지 못한 의존성을 밝힐 수도 있다.

성능 테스트는 7장에서 논할 것이다.

6.7 누가 테스트를 하는가?

개발자가 테스트를 하거나 소스에 접근할 수 있는 다른 사람이 테스트를 할 때 이것을 화이트박스 테스트(white box testing)라고 부르기도 한다. (빈곤한 은유긴 하지만 내부가 어떻게 구현되어 있는지 모르고 수행하는 '블랙박스 테스트'에서 나온 용어다. '투명박스'가 좀 더 좋은 느낌을 주는 용어같다.) 자신의 코드를 직접 테스트하는 것은 중요하다. 어떤 별도의 테스트 조직이나 사용자가 자신을 위해 뭔가를 찾아 줄 것이라고 생각하지 말라. 하지만 자신이 얼마나 철저하게 테스트 하고 있는지 스스로 자만심에 빠지기 쉬운 것도 사실이기 때문에, 코드에 대해서 는 잊기 쉬운 케이스가 아니라 어려운 케이스를 생각하라. 도널드 커누스(Donald Knuth) 교수가 TEX의 형식처리기(formatter) 테스트를 만든 방법에 대해 언급했던 것을 인용하겠다. "내가 감당할 수 있는 가장 잔인하고 심술궂은 기분이 되어, 내 가 생각할 수 있는 가장 심술궂은 (테스트) 코드를 작성했다. 그리고 돌아서서 거 의 비도덕적일 정도로 더 심술궂은 상황에 그것을 집어 넣었다." 테스트를 하는 이유는 버그를 찾기 위한 것이지, 프로그램이 잘 돌아간다고 주장하기 위해서가 아니다. 따라서 테스트는 깐깐해야 하고, 문제를 찾는다면 그건 테스트 방법을 잘 택했다는 증거일 뿐, 두려워하거나 걱정할 일이 아니다.

블랙박스 테스트는 테스터가 코드 내부에 대해 전혀 모르거나 접근할 방법이 없 다는 것을 의미한다. 이런 테스터는 어딜 봐야 할지에 대해 다른 생각을 갖고 있기 때문에, 또 다른 성격의 에러를 찾아낼 수 있다. 경계 조건 테스트의 경계는 블랙 박스 테스트를 시작하기에 알맞은 위치다. 후속타로는 대량의, 뒤틀어진, 불법적 인 입력이 좋다. 기본적 기능을 검증하기 위해 '한가운데 직구'의 경우와 관습적 인 방식으로 프로그램을 사용하는 경우도 테스트해야 함은 물론이다.

실제 사용자의 테스트는 그 다음 단계다. 새로운 사용자는 새로운 버그를 찾아 낸다. 예상하지 못한 방식으로 프로그램을 찔러 보기 때문이다. 전 세계에 프로그 램을 풀기 전에 이런 테스트를 해 보는 건 중요하지만, 슬프게도 많은 프로그램이 이런 종류의 테스트를 충분히 거치지 않고 출하되곤 한다. 소프트웨어의 베타 릴 리스 버전을 내는 것은 개발을 종료하기 전에 많은 실제 사용자가 프로그램을 테 스트하게 하기 위한 방법이다. 하지만 베타 릴리스가 철저한 테스트를 대체하는 건 맡이 안 된다. 그러나 소프트웨어 시스템은 나날이 더 커지고 더 복잡해지는데 비해 개발 일정은 더 짧아지고 있으므로, 충분한 테스트를 거치지 않고 출하할 수 밖에 없는 경우도 늘어나고 있다.

상호작용이 있는 프로그램을 테스트하는 건 어려운 일이다. 특히 마우스 입력이 있는 경우라면 더 그렇다. 몇몇 테스트는 스크립트(언어나 환경 등에 따라 다르다)로 수행할 수 있다. 상호작용 프로그램은 사용자의 행동을 시뮬레이션하는 스크립트로 제어해서 또 다른 프로그램으로 테스트할 수 있어야 한다. 이럴 때 쓸 수 있는 기법 하나는 실제 사용자의 행동을 저장해서 다시 돌려 보는 것이다. 또 다른 방법으로 여러 이벤트의 순서와 타이밍을 표현할 수 있는 스크립트 언어를 창조하는 방법이 있다.

마지막으로, 테스트 자체를 테스트하는 방법에 대해 신경을 써야 한다. 5장에서 연결 리스트(linked list) 패키지의 잘못된 테스트 프로그램으로 인해 일어난 혼란에 대해 언급한 적이 있다. 에러 하나로 오염된 회귀 테스트 집합은 그 뒤로 계속 문제를 일으킬 것이다. 테스트의 결과는 만약 그 테스트 자체에 결함이 있다면 별로 의미 있는 것이 못 된다.

6.8 마르코프(Markov) 프로그램 테스트

3장에서 소개한 마르코프 프로그램은 꽤 난해하게 꼬여 있으므로 주의 깊게 테스트해야 한다. 비상식적인 결과를 내놓는 데다, 그게 유효한지 검증하기도 힘들고, 여러 언어로 여러 버전을 작성했다. 그 중에서도 백미는 출력이 임의적인데다 매번 다르다는 사실이다. 이 장에서 공부한 내용을 이런 프로그램 테스트에 어떻게 적용할 수 있을까?

1번 테스트 집합은 경계 조건들을 확인하는 작은 파일 한 움큼으로 구성한다. 이 프로그램이 몇 단어만 들어 있는 입력에 대해 정확한 출력을 내놓는지 검증하기 위한 것이다. 길이 2인 접두사들에 대해 각각 다음과 같은 다섯 개의 파일을 적용한다. (한 줄에 한 단어씩)

```
(empty file)
a
a b
a b c
a b c d
```

이 파일들을 입력했을 때 출력은 각각 입력과 같아야 한다. 이렇게 확인했더니 테이블을 초기화하는 부분과 생성기를 시작하고 종료하는 부분에서 오프바이원 에러가 몇 개 발견되었다.

2번 테스트는 보존 속성을 검증한다. 단어 2개로 된 접두사에 대해 실행할 때마다 출력에 나오는 모든 단어, 모든 2개 집합, 모든 3개 집합은 입력에도 나타나야 한다. 우리는 다음과 같은 Awk 프로그램을 작성해서 원 입력을 읽어 거대한 배열에 저장하고 모든 2개 집합과 3개 집합의 배열을 만든 다음, 마르코프 프로그램의 출력을 읽어 또 다른 배열에 저장한 뒤 두 배열을 비교했다.

```
# 마르코프 테스트 : 출력 ARGV[2]에 있는 모든 단어, 2개 집합, 3개 집합이
# 원 입력인 ARGV[1]에도 있는지 확인한다.
BEGIN {
    while (getline <ARGV[1] > 0)
        for (i = 1; i <= NF; i++) {
            wd[++nw] = $i   # input words
            single[$i]++
        }
    for (i = 1; i < nw; i++)
        pair[wd[i],wd[i+1]]++
    for (i = 1; i < nw-1; i++)
        triple[wd[i],wd[i+1],wd[i+2]]++

    while (getline <ARGV[2] > 0) {
        outwd[++ow] = $0     #output words
        if (!($0 in single))
            print "unexpected word", $0
    }
    for (i = 1; i < ow; i++)
        if (!((outwd[i],outwd[i+1]) in pair))
            print "unexpected pair", outwd[i], outwd[i+1]
    for (i = 1; i < ow-1; i++)
        if (!((outwd[i],outwd[i+1],outwd[i+2]) in triple))
            print "unexpected triple",
                outwd[i], outwd[i+1], outwd[i+2]
}
```

테스트 프로그램을 가능한 한 단순하게 만들기 위해 효율적인 테스트를 하려고 애쓰지 않았다. 42,685개 단어가 들어 있는 입력 파일에 대해 10,000개 단어가 나온 출력 파일을 비교하는 작업에는 6~7초가 걸렸는데, 이런 출력을 생성하는 마르코프 프로그램보다 그리 오래 걸리지 않은 것이다. 이렇게 보존 문제를 확인하면서 자바 버전에서 심각한 에러를 하나 잡았다. 접두사들의 복사본을 만드는 대신 참조값을 이용하기 때문에 가끔 해시 테이블의 내용을 덮어쓰는 에러였다.

이 테스트는 출력 그 자체를 만드는 것보다 그 출력의 속성을 검증하는 게 훨씬 쉬울 수도 있다는 원칙을 보여 준다. 예를 들면, 파일 내용을 정렬하는 것보다, 정렬된 파일을 확인하는 게 더 쉬운 것이다.

3번 테스트는 사실상 통계적인 테스트다. 다음과 같은 순열을 포함한 입력을 준비한다.

    a b c a b c ... a b d ...

abc가 열 번 나오고 abd가 한 번 나오는 식이다. 임의 선택이 제대로 동작한다면 d보다 c가 열 배 더 많이 나와야 한다. 결과는 당연히 freq로 확인했다.

이 통계적 테스트는 각 접미사마다 카운터를 단 자바 프로그램 초기 버전에서 d가 하나 나올 때마다 c가 스무 개 나온다는 사실을 보여 줬다. 기대한 값보다 두 배나 많은 수치다. 우리는 머리를 몇 번 쥐어뜯고 나서 자바 언어의 난수 발생기가 양의 정수와 마찬가지로 음의 정수도 리턴한다는 사실을 깨달았다. 값의 범위가 예상한 것보다 두 배 컸기 때문에 2를 소인수로 갖는 수도 두 배 발생했다. 그래서 카운터 값에 대해 나머지값이 0이 나온 값도 두 배나 많았을 것이다. 덕분에 리스트에서 제일 처음 나온 원소를 많이 선택했고, 우연히 이 값이 c였던 것이다. 해결책은 나머지 연산 전에 절대값을 씌우는 방법이었다. 이 테스트가 없었다면 이 에러는 절대 발견할 수 없었을 것이다. 눈으로 보면 결과는 지극히 정상으로 보인다.

마지막으로 마르코프 프로그램에 평범한 영문 텍스트를 넣어서 아름다운 헛소리들이 나오는 걸 지켜봤다. 물론 프로그램 개발 초기에도 이 테스트를 했다. 하지만 프로그램이 정규적인 입력을 잘 처리한다고 테스트를 멈추지는 않았다. 정말 심술궂은 케이스는 실전에서 튀어 나오기 때문이다. 쉬운 케이스에의 유혹은 강렬하지만, 당연히 어려운 케이스도 같이 테스트해야 한다. 자동화된, 체계적인 테스트가 이 함정을 피하는 최선의 방법이다.

이 모든 테스트는 컴퓨터가 수행할 수 있게 시스템화되었다. 셸 스크립트 하나로 필요한 입력 데이터를 생성하고, 테스트를 실행하고, 시간을 재고, 비정상적인 결과를 모두 출력했다. 이 스크립트를 조금 조정하면 똑같은 테스트를 마르코프 프로그램의 어떤 버전에든 적용할 수 있었고, 프로그램에 변경을 가할 때마다 아무것도 망가지지 않았다는 것을 확인하기 위해 모든 테스트를 다시 돌려 볼 수 있었다.

6.9 요약

처음부터 코드를 잘 작성할수록 버그는 더 적을 것이고, 개발자도 철저히 테스트
했다는 사실에 더 자신감을 얻을 수 있다. 코딩하면서 경계 조건을 테스트하는 것
은 많은 실수성 버그를 제거하는 효과적인 방법이다. 체계적인 테스트는 잘 짜여
진 방식으로 잠재적인 문제 영역을 찔러 본다. 역시 문제가 가장 흔하게 발생하는
부분은 경계 지역이며 수작업이나 프로그램으로 훑어 볼 수 있다. 가능한 한 테스
트를 자동화하는 편이 바람직하다. 컴퓨터는 실수하거나 피곤해지거나 잘못된 부
분이 잘 돌아간다고 자신을 속이지 않기 때문이다. 회귀 테스트는 프로그램이 이
전과 똑같은 답을 계속 낸다는 사실을 검증한다. 변경을 조금씩 가할 때마다 매번
테스트하면, 문제의 원인이 있는 범위를 효과적으로 좁힐 수 있다. 새로운 버그는
새로운 코드에서 발생했을 가능성이 제일 높기 때문이다.

테스트에서 무엇보다 중요한 규칙은 테스트를 하는 것이다.

더 읽어보기

테스트 방법을 배우는 방법 중 하나는 최고의 프리웨어에 대한 사례들을 공부하
는 것이다. 도널드 커누스(Don Knuth)가 쓴 「The Errors of TEX」(『Software-
Practice and Experience, 19, 7, pp. 607~685, 1989』)는 TEX 형식처리기에서 지금까
지 발견된 모든 에러에 대해 기술하면서 커누스 교수의 테스트 방법에 대해서도
논한다. TEX의 TRIP 테스트는 철저한 테스트를 보여 주는 탁월한 사례다. 펄 언어
도 새로운 시스템에서 컴파일하고 설치한 뒤에 정확성을 검증하기 위해 만든 광
범위한 테스트 집합과 함께 배포된다. 그리고 펄 확장 기능을 검증하는 테스트 생
성을 돕는 MakeMaker나 TestHarness와 같은 모듈도 포함하고 있다.

존 벤틀리(Jon Bentley)는 『Communications of the ACM』에 시리즈로 글을 기고
했는데, 나중에 취합돼서 Addison-Wesley사가 1986년, 1988년에 각각 출판한
『Programming Pearls』[4], 『More Programming Pearls』에 실렸다. 이 책들에서 테스

---

4 번역서로 『생각하는 프로그래밍』(인사이트, 2003)이 있다.

트에 대해 조금씩 다룬다. 특히 광범위한 테스트를 조직하고 시스템화하는 프레임워크에 대해 잘 설명하고 있다.[5]

---

5 이 외에도 테스트에 대해 더 공부하려면 보리스 베이저(Boris Beizer)의 『Software Testing Techniques』(Van Nostrand Reinhold, 1990)을 보라.

7장

The **Practice of Programming**

성능

> 그의 바람은, 과거에 그랬듯이, 힘이었다.
> 하지만 그의 능력은, 지금 그렇듯이, 무(無)다.
>
> - 셰익스피어(Shakespeare), 헨리 8세

옛날 프로그래머들은 프로그램을 효율적으로 짜기 위해 애써야 했다. 컴퓨터가 느리고 비쌌기 때문이다. 오늘날 컴퓨터는 훨씬 저렴해지고 빨라졌기 때문에, 절대적인 효율성에 대한 필요성은 확실히 줄어들었다. 아직도 성능 문제를 걱정할 필요가 있을까?

그 답은 '그렇다'이다. 하지만 그 문제가 중요할 때, 프로그램이 말 그대로 너무 느릴 때, 프로그램을 똑같이 정확하고, 튼튼하고, 명확하면서도 더 빠르게 만들 여지가 있을 때만 그렇다. 빠르지만 잘못된 답을 내놓는 프로그램이라면 시간을 절약해준다고 할 수 없을 것이다.

따라서 최적화의 첫 번째 법칙은 '하지 않는다'이다. 프로그램이 이미 괜찮은 성능을 보여주지 않는가? 프로그램이 어떻게 사용될지, 어떤 환경에서 돌아갈지를 감안할 때 더 빨리 만들면 어떤 이익이 있는가? 대학 수업에서 숙제로 작성한 프로그램은 다시 사용할 일도 없고 속도도 중요하지 않다. 대부분의 개인용 프로그램, 특별한 경우를 위한 툴, 테스트용 프레임워크, 실험용 프로그램, 프로토타입도 마찬가지다. 하지만 상용 제품이나 그래픽 라이브러리같은 핵심 컴포넌트의 실행시간은 심각한 문제가 될 수도 있다. 그래서 성능 이슈를 고찰하는 방법을 이해할 필요가 있는 것이다.

어떨 때 프로그램의 속도를 높혀야 할까? 어떻게 그렇게 할 수 있을까? 어떤 이득을 기대할 수 있을까? 이 장에서는 프로그램을 더 빨리 돌아가게 하거나 메모리를 더 적게 사용하는 방법을 논한다. 속도가 일반적으로 가장 중요한 관심사기 때문에 여기에서도 대부분 그것에 대해 이야기할 것이다. 공간(주메모리, 디스크 공간)은 비교적 덜 논란의 소지가 되는 편이지만 때로는 결정적인 문제가 될 수 있다. 따라서 공간과 관련해서도 어느 정도 시간과 지면을 할애할 것이다.

2장에서 확인했듯이, 가장 좋은 전략은 과제에 맞는 가장 단순하면서도 가장 분명한 알고리즘과 데이터 구조를 사용하는 것이다. 그리고 성능을 측정해서 수정이 필요한지 확인한다. 가장 빠른 코드를 생성하기 위해 관련된 컴파일러 옵션들을 켜고, 프로그램 자체를 어떻게 수정해야 가장 효과가 좋을지를 생각하고, 하나씩 수정한 다음 다시 생각하기를 반복한다. 제일 처음의 단순 버전은 수정본들과 비교하여 테스트하기 위해 보존한다.

측정은 성능 개선에서 아주 중요한 부분이다. 추론과 직관은 틀리기 쉬운 길잡이이기 때문에 시간을 측정하는 명령어나 프로파일러와 같은 툴로 보완해야 한다. 성능 개선은 테스트와 통하는 부분이 많다. 자동화, 철저한 기록 유지, 변경 이후에도 정확한 동작을 하며 과거에 개선한 내용에 영향을 주진 않는지 보기 위한 회귀 테스트 등 똑같은 테크닉을 사용할 수 있다.

처음부터 알고리즘을 현명하게 선택하고 프로그램을 잘 작성한다면 더 속도를 높일 필요가 없을지도 모른다. 잘 설계된 코드는 대개 약간의 변경으로 성능 문제를 모두 해결할 수 있는 반면, 엉망인 코드라면 대대적인 재공사가 필요할 수도 있다.

7.1 병목현상

우리가 개별 환경 하에서 어떤 중요한 프로그램의 병목현상을 제거했던 방법을 설명하는 것으로 시작해 보자.

우리가 받는 메일은 게이트웨이(gateway)라는, 내부 네트워크와 외부 네트워크를 연결하는 컴퓨터를 통과하여 들어온다. 이메일은 외부(몇천 명의 사람들로 이루어진 공동체라면 하루에 수만 개씩 쏟아져 들어온다)에서 출발해 게이트웨이에 도착한 다음 내부 네트워크로 전송된다. 이렇게 게이트웨이로 구분되어 있기 때문에 공용인 인터넷에서 내부 사설 네트워크를 분리하여 그 내부의 모든 사람이 단일한 컴퓨터 이름(그 게이트웨이의 이름)을 쓸 수 있는 것이다.

게이트웨이가 제공하는 서비스 중 하나가 '스팸'을 걸러내는 것이다. 스팸이란 수상쩍은 이득을 선전해대는 원치 않는 메일이다. 초기에 시험적으로 적용된 몇몇 스팸 필터가 성공적인 효과를 거두자, 이 서비스는 메일 게이트웨이를 사용하는 모든 사용자를 위한 영구적 기능으로 자리잡았는데, 바로 문제가 불거졌다. 이 게이트웨이 컴퓨터는 낡은 데다 이미 충분히 많은 일을 수행하고 있었는데, 필터링 프로그램이 메시지 처리에 필수적인 다른 작업들보다 훨씬 많은 시간을 점유해 버렸기 때문에, 메일 큐가 꽉 차 버렸고 시스템이 이 문제를 해결하려고 아등바등 애쓰는 동안 메일 전송은 몇 시간이나 늦어져 버린 것이다.

이것이 진짜 성능 문제를 보여주는 사례다. 즉, 이 프로그램은 자기 역할을 잘 수행할 수 있을 만큼 충분히 빠르지 않았고, 이런 버벅거림 때문에 사람들이 불편을 느꼈다. 이 프로그램은 말 그대로 훨씬 빨리 돌아갔어야 했다.

상당히 단순화하긴 했지만, 이 스팸 필터는 다음과 같은 방식으로 동작한다. 받은 메시지를 전부 하나의 문자열로 취급하여, 텍스트 패턴 비교 프로그램으로 이 문자열을 검사해서 알려진 스팸 문구를 포함하고 있는지 확인한다. 예를 들면 '남는 시간에 몇십 억을 벌 수 있는 방법', '성인만 보세요' 등이다. 스팸 메일은 반복되는 경향이 있기 때문에 이 방법은 눈에 띄게 효과적이다. 이번에 어떤 스팸 메일을 잡을 수 없었다면, 그 메일의 문구를 스팸 문구 리스트에 추가해서 다음엔 잡을 수 있도록 한다.

grep도 그렇고, 현존하는 문자열 비교 툴 중에서 성능과 포장을 동시에 만족하는 것은 없다. 그래서 특수 목적용 스팸 필터를 따로 만들었다. 처음 코드는 아주 단순했는데, 각 메일이 대상 문구(패턴)를 하나라도 포함하고 있는지 확인한다.

```c
/* isspam : mesg에서 패턴 pat이 나타나는지 테스트함 */
int isspam(char *mesg)
{
    int i;

    for (i = 0; i < npat; i++)
        if (strstr(mesg, pat[i]) != NULL) {
            printf("spam: match for '%s'\n", pat[i]);
            return i;
        }
    return 0;
}
```

더 빠르게 만들려면 어떻게 해야 할까? 문자열을 검색해야 하므로 C 라이브러리 함수의 strstr이 가장 좋은 선택일 것이다. 이 함수는 표준 함수에 포함되어 있으면서도 효율적이기까지 하다.

다음 절에서 논할 프로파일링(profiling) 기법을 활용했더니, 라이브러리에 구현된 strstr 함수의 속성이 스팸 필터에 사용될 때 어떤 불행한 결과를 가져다 줄지를 분명하게 알 수 있었다. 그래서 strstr 함수를 고쳐 '이 특수한 문제에 대해서만큼은' 더 효율적으로 동작하게 만들 수가 있었다.

라이브러리의 strstr 구현 형태는 다음과 비슷하다.

```c
/* 단순 strstr : strchr 함수를 써서 첫 문자를 찾는다 */
char *strstr(const char *s1, const char *s2)
{
    int n;

    n = strlen(s2);
    for (;;) {
        s1 = strchr(s1, s2[0]);
        if (s1 == NULL)
            return NULL;
        if (strncmp(s1, s2, n) == 0)
            return (char *) s1;
        s1++;
    }
}
```

이 함수는 효율성을 깊이 고려해서 작성되었고, 고도로 최적화된 라이브러리 루틴을 사용했기 때문에 일반적인 상황에서는 아주 빠르다. 패턴의 첫 문자가 나오는 위치를 찾기 위해 strchr를 호출하고, 나머지 문자열이 나머지 패턴과 일치하는지 확인하기 위해 strncmp를 호출한다. 따라서 메시지 내용의 대부분을 그냥 넘어가고 패턴의 첫 문자만 찾은 다음, 나머지 부분을 확인하기 위해 빠르게 내용을 훑는다. 그런데 어째서 스팸 필터에서는 성능이 좋지 않은 걸까?

몇 가지 이유가 있다. 첫째, strncmp는 패턴의 길이를 인자로 받는데, 이 값은 분명 strlen으로 계산할 것이다. 하지만 스팸 메시지의 패턴은 고정되어 있기 때문에 각 메시지에 대해 매번 패턴 길이를 재계산할 필요가 없다.

둘째, strncmp에는 복잡한 내부 루프가 있다. 두 문자열의 내용만 비교하는 게 아니라, 종결자인 \0 바이트도 찾고 길이 매개변수인 n도 세어 나간다. 모든 문자열의 길이를 이미 알고 있기 때문에 (strncmp는 모르지만), 이런 복잡성은 불필요하다. 길이가 맞다는 걸 알기 때문에 \0을 확인하는 건 시간낭비다.

셋째, strchr도 쓸데없이 복잡하다. 문자를 찾으면서 동시에 그 메시지가 끝나는 \0도 찾아야 하기 때문이다. isspam을 호출할 때 검사할 메시지는 정해져 있고, 그 메시지가 어디서 끝나는지 이미 알기 때문에 \0을 찾느라 시간을 쏟는 것은 낭비다.

마지막으로, strncmp, strchr, strlen 함수는 제각각 효율적으로 돌아가지만, 이런 함수들을 다 호출하는 오버헤드가 이들이 연산을 수행하는 작업 자체에 필적한다. 다른 함수를 호출할 필요없이, 신경써 만든 특별한 strstr 함수 한 개로 이 모든 작업을 모아 수행하는 편이 더 효율적이다.

이런 문제가 바로 성능에 말썽을 일으키는 주범이다. 이런 루틴이나 인터페이스는 일반적인 경우에는 잘 작동한다. 하지만 일반적이지 않은 경우, 그 프로그램을 좌지우지하는 중요한 상황인 그런 경우에 실망스러운 성능을 보여준다. 라이브러리 함수의 strstr은 패턴과 문자열이 둘 다 짧으면서 매번 호출 때마다 바뀔 때는 괜찮지만, 문자열이 길고 고정돼 있는 경우 오버헤드가 엄청나다.

우리는 이런 점을 고려하여 strstr 함수를 재작성하면서, 따로 서브루틴을 호출하지 않고 패턴과 메시지 문자열을 같이 보며 일치 여부를 판단하는 부분을 작성했다. 결과는 예측할 수 있는 동작 방식을 보여 주었다. 몇몇 경우에는 조금 더 느렸지만, 스팸 필터에 쓸 때는 훨씬 빨랐고, 가장 중요한 사실은 절대 끔찍할 만큼 느리지는 않았다는 점이다. 이 새로운 함수의 정확성과 성능을 검증하기 위해 성능 테스트 집합을 구축했다. 이 집합은 한 문장에 있는 한 단어를 찾는 것과 같은 간단한 케이스 외에 거의 병적으로까지 보이는 케이스까지 포함하고 있었다. 예를 들면 e 천 개로 이루어진 문자열에서 x 문자 패턴 하나를 찾는 경우, e 하나로 된 문자열에서 x 패턴 천 개를 찾는 경우다. 둘 다 원래 버전에서는 잘 처리하지 못한 케이스였다. 이런 극단적인 케이스가 성능 평가의 열쇠다.

라이브러리에 새로운 strstr 함수를 넣었더니 스팸 필터의 실행 속도는 30퍼센트 가량 빨라졌다. 겨우 루틴 한 개를 재작성한 것치고는 수지가 맞는 장사다.

하지만 이것 역시 너무 느렸다.

문제를 풀 때는 정확한 질문이 중요하다. 지금까지는 문자열 하나에서 텍스트 패턴 하나를 찾는 가장 빠른 방법을 찾았다. 하지만 진짜 문제는 다양한 긴 문자열에서, 대량의 고정된 텍스트 패턴을 찾는 것이다. 이런 측면에서 본다면 strstr은 분명 정답이 아니다.

프로그램을 빠르게 만드는 가장 효과적인 방법은 더 나은 알고리즘을 사용하는 것이다. 이제 문제를 더 명확하게 정의했으니, 어떤 알고리즘이 제일 좋을지 고민할 때다.

다음과 같은 기본 루프는

```
for (i = 0; i < npat; i++)
    if (strstr(mesg, pat[i]) != NULL)
        return 1;
```

메시지를 npat(패턴의 개수)번 각각 독립적으로 탐색한다. 일치하는 부분을 찾을 수 없는 경우를 생각하면, 각 메시지의 바이트 하나하나를 npat번 검사하게 되고, 다 합해서 strlen(mesg)*npat번의 비교가 일어난다.

더 나은 접근방식은 루프를 뒤집어서, 바깥쪽 루프에서 메시지를 한 번 탐색하고, 내부 루프에서 모든 패턴을 병렬적으로 검색하는 것이다.

```
for (j = 0; mesg[j] != '\0'; j++)
    if (mesg[j]가 알려진 패턴에 일치하면)
        return 1;
```

성능 개선은 단순한 관찰에서 시작된다. j 위치에서 메시지와 일치하는 패턴이 있는지 확인하기 위해 모든 패턴을 찾을 필요는 없다. mesg[j]와 동일한 문자로 시작하는 패턴만 찾으면 된다. 대충 영문 알파벳 대문자와 소문자 52자가 있으니

strlen(mesg)*npat/52번만 비교하면 되는 것이다. 게다가 알파벳 빈도수는 균일하게 분포되어 있는 게 아니기 때문에(x로 시작하는 단어보다 s로 시작하는 단어가 훨씬 많다) 성능이 정확히 52배 나아지지야 않겠지만 어느 정도까지는 기대할 수 있다. 실제로 우리는 패턴의 첫 문자를 키로 사용한 해시 테이블을 만들었다.

각 문자로 시작하는 패턴 테이블을 만들기 위해 어느 정도 사전 연산(precomputation)을 해놓으면 isspam 함수를 계속 단순하게 유지할 수 있다.

```c
int patlen[NPAT];                        /* 패턴의 길이 */
int starting[UCHAR_MAX+1][NSTART]; /* 문자로 시작하는 패턴 */
int nstarting[UCHAR_MAX+1];              /* 이런 패턴들의 수 */
...
/* isspam: mesg에 나타나는 패턴(pat)이 있는지 테스트한다. */
int isspam(char *mesg)
{
    int i, j, k;
    unsigned char c;

    for (j = 0; (c = mesg[j]) != '\0'; j++) {
        for (i = 0; i < nstarting[c]; i++) {
            k = starting[c][i];
            if (memcmp(mesg+j, pat[k], patlen[k]) == 0) {
                printf("spam: match for '%s'\n", pat[k]);
                return 1;
            }
        }
    }
    return 0;
}
```

2차원 배열인 starting[c]는 각 문자 c에 대해 그 문자로 시작하는 패턴들의 인덱스를 저장한다. 이것과 짝인 nstarting[c]는 c로 시작하는 패턴이 몇 개인지 기록한다. 이런 테이블이 없다면 내부 루프는 0부터 거의 1000정도의 값일 npat까지 돌아야 한다. 지금처럼 0부터 20정도까지 도는 게 아니라 말이다. 마지막 배열인 patlen[k]는 strlen(pat[k])의 사전 계산 결과를 저장한다.

다음 그림은 문자 b로 시작하는 패턴 세 개에 대한 데이터 구조 상태를 보여 준다.

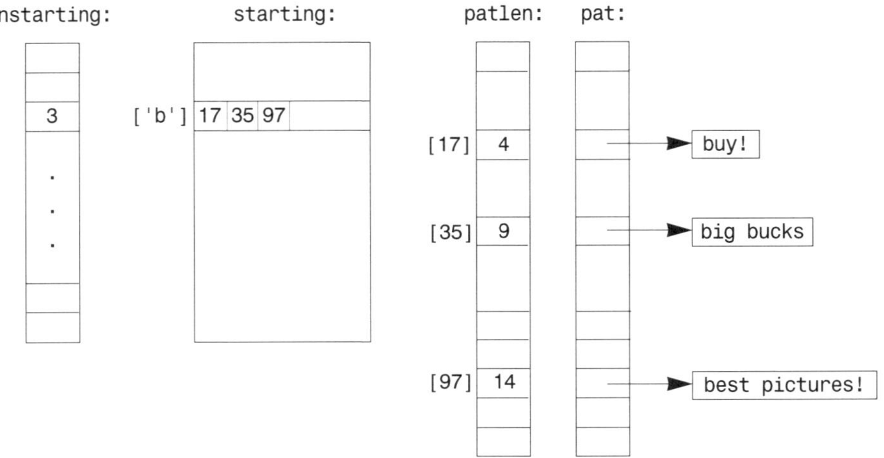

이런 테이블을 만드는 코드는 쉽다.

```
int i;
unsigned char c;

for (i = 0; i < npat; i++) {
    c = pat[i][0];
    if (nstarting[c] >= NSTART)
        eprintf("too many patterns (>=%d) begin '%c'",
            NSTART, c);
    starting[c][nstarting[c]++] = i;
    patlen[i] = strlen(pat[i]);
}
```

이 스팸 필터는 개선된 strstr 함수를 썼을 때보다 입력에 따라 5배에서 10배 정도 빠르고, 원래 라이브러리 함수를 썼을 때보다는 7배에서 15배 정도 빠르다. 52배까지는 나오지 않은 이유는 부분적으로 알파벳 빈도수가 균일한 분포를 보이지 않기 때문이기도 하고, 루프가 더 복잡해졌기 때문이기도 하고, 일치하는 문자열을 찾기 위해 여전히 비교 작업을 많이 해야 하기 때문이기도 하다. 하지만 이제 이 스팸 필터는 메일 발송에서 병목현상을 발생시키는 부분이 아니다. 성능 문제는 해결되었다.

이 장 나머지 부분에서는 성능 문제를 찾고, 느린 코드를 분리하고, 그것을 빠르게 만드는 데 사용되는 기법에 대해 알아볼 것이다. 하지만 더 진행하기 전에 다시 한번 스팸 필터 사례를 돌아보고 여기에서 무엇을 배울 수 있는지 생각해 볼 필요가 있다. 가장 중요한 것은, 성능이 정말 중요한지 확인하는 것이다. 만약 스팸 필터가 병목이 아니었다면 이 모든 노력을 쏟을 필요가 없었을 것이다. 일단 우리는 문제를 인지하자마자, 프로파일링 등의 기법을 사용해 동작 방식을 분석하고 진짜 문제가 숨어 있는 부분을 알아냈다. 그리고 명백한 용의자였지만 진범은 아니었던 strstr 함수에만 집중한 것이 아니라 전체 프로그램을 검사하면서 진짜 문제를 해결하고 있는 건지 확인했다. 마지막으로, 더 나은 알고리즘을 사용해 정확한 문제를 풀어 냈고, 그 답이 정말 빨라졌는지 검증했다. 일단 충분히 빨라지자, 바로 손을 뗐다. 왜 쓸데없이 일을 만들겠는가?

연습문제 7-1. 문자 하나를 그 문자로 시작하는 패턴들과 짝짓는 테이블은 성능 개선 정도를 조절할 수 있다. 인덱스로 문자 두 개를 사용하는 isspam 버전을 구현하라. 얼마나 더 성능이 나아지겠는가? 이것은 트라이(trie)[1]라는 데이터 구조의 특수 버전이다. 이런 데이터 구조의 대부분은 시간 대신 공간을 더 사용하는 전략에 기반하고 있다.

7.2 시간 측정과 프로파일링

시간 측정을 자동화하라

대부분의 시스템에는 프로그램이 수행되는 시간을 측정하는 명령어가 있다. Unix에서 이런 명령어는 time이다.

```
% time     slowprogram

real       7.0
user       6.2
sys        0.1
%
```

위처럼 명령어를 입력하면 세 가지 숫자가 나온다. 모두 초 단위인데, 'real'은 프

---

1 트라이(trie) : retrieval에서 나온 말로, 키를 구성하는 문자나 숫자의 순서로 키 값을 표현하는 구조임. 사전 검색에서 가장 효율적인 데이터 구조로 알려져 있음.

로그램이 완료되기까지의 경과 시간[2]이다. 'user'는 그 사용자의 프로그램이 실행되는 데 소비된 CPU 기준 시간이고, 'system'은 그 프로그램을 위해 운영체제 내에서 소비된 CPU 시간[3]이다. 여러분의 시스템에 비슷한 명령어가 있다면 그것을 사용하라. 이 수치들은 초시계로 재는 것보다 더 많은 정보를 주고, 믿을 만하고, 측정하기도 더 쉽다. 그리고 기록을 제대로 해야 한다. 프로그램을 개발하다 보면 수정과 측정을 반복하게 되고, 많은 데이터가 쌓여서 하루 이틀 지난 뒤에는 헷갈릴 정도가 될 것이다. (어떤 버전이 20퍼센트 더 빠른 거였더라?) 테스트를 다룬 장에서 논했던 많은 기법을 성능 측정과 개선에도 똑같이 적용할 수 있다. 컴퓨터가 테스트 집합을 실행하고 결과를 측정하게 하라. 그리고 가장 중요한 회귀 테스트를 통해, 수정한 내용이 프로그램을 망가뜨리진 않았는지 계속 점검하라.

만약 time 명령어가 없거나, 함수 한 개만 따로 시간을 재려 한다면, 테스트 작업 발판과 유사한 시간 측정 작업발판을 만드는 것도 편한 방법이다. C와 C++ 언어는 표준 루틴인 clock 함수를 제공하는데, 그때까지 프로그램이 소비한 CPU 시간을 보고해준다. 함수 앞뒤에서 clock을 호출하면 CPU 사용량을 측정할 수 있다.

```c
#include <time.h>
#include <stdio.h>
...
clock_t before;
double elapsed;

before = clock();
long_running_function();
elapsed = clock() - before;
printf("function used %.3f seconds\n",
    elapsed/CLOCKS_PER_SEC);
```

크기 조정 상수인 CLOCKS_PER_SEC는 clock 함수가 내놓는 타이머 값의 표시 단위를 저장하고 있다. 만약 함수의 실행시간이 겨우 몇 분의 일 초 정도밖에 안 된다면 루프로 여러 번을 돌리면 된다. 하지만 루프 자체를 실행하는 오버헤드를 무시할 수 없다면 그것을 감안해야 한다.

---

2 경과 시간(elapsed time) : 시계 시간(wall clock time)이라고도 하며, CPU 시간에 프로세스를 올리고 내리는 시간, 동기화, 입출력, 통신 등에 소비되는 시간을 모두 포함한, 사용자가 시계로 잴 수 있는 시간.

3 CPU 시간(CPU time) : CPU가 그 프로그램을 실제로 실행한 시간을 뜻함.

```
before = clock();
for (i = 0; i < 1000; i++)
    short_running_function();
elapsed = (clock()-before)/(double)i;
```

자바의 Date 클래스 함수들은 CPU 시간의 근사치인 시계 시간을 사용한다.

```
Date before = new Date();
long_running_function();
Date after = new Date();
long elapsed = after.getTime() - before.getTime();
```

getTime 함수의 리턴값은 밀리초 단위이다.

프로파일러를 사용하라

믿을 만한 시간 측정 메서드 외에 가장 중요한 성능 분석 툴은 프로파일 생성 시스템이다. 프로파일러(profiler)는 어떤 프로그램이 어디에서 시간을 소비하는지 측정해 준다. 프로파일에는 각 함수의 목록, 각 함수가 호출된 횟수, 각 함수가 소비한 실행시간의 비율 등이 포함되어 있다. 그밖에 각 명령문이 실행된 횟수를 보여주는 프로파일도 있다. 자주 실행되는 명령문은 실행시간에 더 많은 영향을 끼친다. 반면, 한 번도 실행되지 않는 명령문은 불필요한 코드이거나 제대로 테스트되지 않은 코드라는 사실을 의미한다.

프로파일링은 프로그램에서 '과열지역(hot spots)', 즉 계산 시간 대부분을 소비하는 함수나 코드 부분을 찾아내는 효과적인 툴이다. 하지만 프로파일은 해석에 주의를 기울여야 한다. 컴파일러의 난해함이나 캐싱(caching), 메모리 효과의 복잡성을 고려할 때, 물론 프로그램을 프로파일링한다는 것 자체가 성능에 영향을 준다는 사실도 그렇고, 프로파일에 나온 통계는 어느 정도 근사치일수밖에 없다.

1971년, 도널드 커누스(Don Knuth)는 프로파일링이란 용어를 소개한 논문에서 다음과 같이 썼다. "보통, 프로그램의 4 퍼센트 이하 부분이 프로그램 실행시간의 반 이상을 차지한다." 이 논문은 프로파일링을 이용해 주된 시간 소비 지역을 특정짓고, 어느 정도 가능한 수준으로 개선하고, 새 과열지역이 드러나지 않았는지 확인하기 위해 다시 시간을 측정하는 방법을 설명하고 있다. 결국 한두 번의 주기만 돌고 나면 뚜렷한 과열지역은 남지 않는다는 것이다.

프로파일링은 보통 특수한 컴파일러 플래그나 옵션으로 수행할 수 있다. 프로그

램이 실행된 다음, 분석 툴로 결과를 표시한다. Unix에서 이 플래그는 보통 -p가
되고 분석 툴은 prof라고 불린다.

```
% cc -p spamtest.c -o spamtest
% spamtest
% prof spamtest
```

다음 표는 동작방식을 이해하기 위해 특수 제작한 버전의 스팸 필터가 생성한
프로파일을 보여 준다. 고정된 메시지에 고정된 217개 문구를 10,000번 비교하는
경우다. 250MHz MIPS R10000 프로세서에서 다른 표준 함수를 호출하는 strstr 함
수의 원 버전을 써서 실행했다. 출력은 지면에 맞게 편집하고 형식을 수정하였다.
각 함수의 호출 횟수를 센 'calls' 열에 나오는 입력의 크기(217 문구)와 실행 횟수
(10,000)에 주목하자.

```
12234768552: Total number of instructions executed
13961810001: Total computed cycles
      55.847: Total computed execution time (secs.)
       1.141: Average cycles / instruction
```

secs	%	cum%	cycles	instructions	calls	function
45.260	81.0%	81.0%	11314990000	9440110000	48350000	strchr
6.081	10.9%	91.9%	1520280000	1566460000	46180000	strncmp
2.592	4.6%	96.6%	648080000	854500000	2170000	strstr
1.825	3.3%	99.8%	456225559	344882213	2170435	strlen
0.088	0.2%	100.0%	21950000	28510000	10000	isspam
0.000	0.0%	100.0%	100025	100028	1	main
0.000	0.0%	100.0%	53677	70268	219	_memccpy
0.000	0.0%	100.0%	48888	46403	217	strcpy
0.000	0.0%	100.0%	17989	19894	219	fgets
0.000	0.0%	100.0%	16798	17547	230	__malloc
0.000	0.0%	100.0%	10305	10900	204	realfree
0.000	0.0%	100.0%	6293	7161	217	estrdup
0.000	0.0%	100.0%	6032	8575	231	cleanfree
0.000	0.0%	100.0%	5932	5729	1	readpat
0.000	0.0%	100.0%	5899	6339	219	getline
0.000	0.0%	100.0%	5500	5720	220	_malloc

strstr이 호출하는 strchr와 strncmp가 확실하게 성능 전반을 지배하고 있음이 분
명하다. 커누스의 말이 옳다. 프로그램의 작은 부분이 대부분의 실행시간을 소비
한다. 프로그램을 처음 프로파일링하면 가장 많이 실행되는 함수가 여기에서처럼
50퍼센트 이상을 차지하는 경우가 흔하고, 덕분에 어디에 초점을 맞춰야 할지 결

정하기가 쉬워진다.

과열지역에 집중하라

strstr을 재작성하고 나서 spamtest를 다시 프로파일링했더니, 전체 프로그램은 상당히 빨라졌지만 이제 strstr 함수 하나가 99.8퍼센트의 시간을 소비하게 되었다. 함수 하나가 이렇게 압도적으로 병목이 될 때 택할 길은 두 가지밖에 없다. 더 나은 알고리즘을 사용해서 그 함수를 개선하거나, 주변 프로그램을 완전히 다시 써서 그 함수를 없애버리는 것이다.

이 사례에서는 프로그램을 다시 썼다. 다음은 빨라진 최종 버전 isspam의 프로파일 중 첫 몇 줄이다. 전체 시간이 훨씬 줄어들고 memcmp가 과열지역이 되었으며, isspam이 계산 시간에서 상당히 많은 부분을 차지하게 된 것에 주목하자. strstr을 호출하는 버전보다 더 복잡해지긴 했지만 그 대가는 isspam에서 strlen, strchr을 제거하고 strncmp를 바이트당 더 적은 작업을 수행하는 memcmp로 교체한 효과로 상쇄하고도 남았다.

```
secs      %      cum%     cycles      instructions     calls     function
==========================================================================
3.524    56.9%   56.9%    880890000    1027590000    46180000    memcmp
2.662    43.0%  100.0%    665550000     902920000       10000    isspam
0.001     0.0%  100.0%       140304        106043         652    strlen
0.000     0.0%  100.0%       100025        100028           1    main
```

시간을 좀 들여 두 프로파일에서 cycles와 calls 부분을 비교해 보면 유익할 것이다. strlen 함수 호출 횟수가 거의 2백만 번에서 652번으로 떨어진 것, strncmp와 memcmp 함수 호출 횟수가 똑같은 것에 주목하자. 또한 isspam도 눈여겨 보자. strchr의 기능을 통합했지만 각 단계마다 관계가 있는 패턴만 검사하기 때문에 strchr보다 훨씬 적은 CPU 사이클을 소비한다. 숫자들을 잘 들여다 보면 더 많은 세부사항을 알아낼 수 있다.

대개 과열지역은 스팸 필터 사례에서 수행한 것보다 훨씬 단순한 방법을 통해 제거하거나, 최소한 식히는 게 가능하다. 오래 전, Awk의 프로파일을 통해 다음과 같은 루프가 있는 회귀 테스트에서 한 함수가 거의 백만 번 가까이 호출되는 것을 알아낸 사례가 있었다.

```
?       for (j = i; j < MAXFLD; j++)
?           clear(j)
```

새 입력줄을 읽기 전에 필드를 비우는 이 루프는 실행시간의 50퍼센트 가량을 잡아 먹었다. MAXFLD 상수는 입력줄에 허용되는 필드의 최대 개수로, 값은 200이었다. 하지만 대부분의 Awk 활용 사례에서 실제 사용하는 필드 개수는 두세 개였다. 값을 넣은 적도 없는 필드를 비우느라 엄청난 시간이 낭비되고 있었던 것이다. 이 상수를 이전 필드 개수의 최대값으로 바꾸니 전체적으로 25퍼센트가 빨라졌다. 다음은 루프의 한계값을 바꾸기 위해 수정한 내용이다.

```
for (j = i; j < maxfld; j++)
    clear(j);
maxfld = i;
```

그림을 그려 보라

그림은 특히 성능이 어느 정도인지 표현하기에 좋다. 매개변수 변경 효과를 나타내고, 알고리즘과 데이터 구조를 비교해 줄 수 있고, 때로는 예상치 않았던 동작방식까지 보여준다. 5장에서 몇 개의 해시 승수에 대해 체인 길이와 원소 수의 관계를 그린 그래프는 어떤 승수가 다른 승수보다 나은지를 분명히 보여주었다.

아래 그래프는 마르코프 함수의 C버전에 성서의 시편을 입력으로 넣었을 때(영문 기준 단어 42,685개, 접두사 22,482개), 해시 테이블의 크기와 실행시간의 관계를 보여준다. 우리는 두 번에 걸쳐 실험을 수행했다. 한 번은 2의 승수인 2에서 16,384까지의 배열 크기를 사용했고, 다른 한 번은 각 2의 승수보다 작은 최대 소수를 배열 크기로 사용했다. 배열 크기가 소수일 때 성능에 상당한 차이를 보인다는 사실을 확인하고 싶었던 것이다.

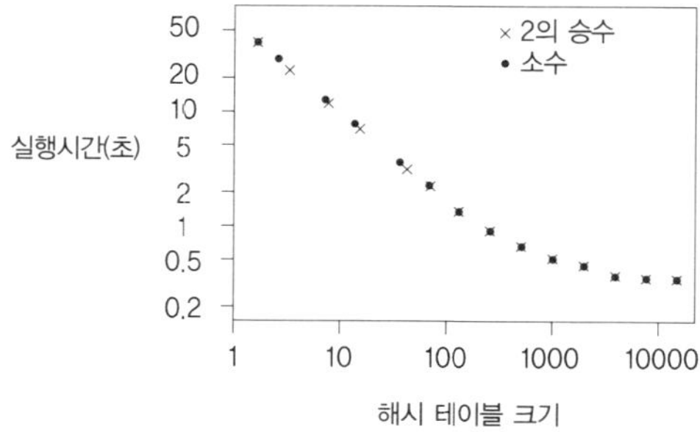

이 그래프는 해시 테이블 크기가 1,000개보다 크기만 하면 이 입력에 대한 실행 시간은 테이블 크기에 민감하지 않다는 것을 보여준다. 그리고 테이블 크기가 소수인 경우와, 2의 승수인 경우 둘 다 뚜렷한 차이가 없다는 것을 보여준다.

연습문제 7-2. 시스템에 time 명령어가 있든 없든, clock이나 getTime 함수를 이용해서 자신의 목적에 맞는 시간 측정 기능을 작성하라. 그 시간을 시계 시간과 비교하라. 자신의 컴퓨터에서 다른 어떤 부분이 시간에 영향을 주겠는가?

연습문제 7-3. 첫 프로파일에서 strchr은 48,350,000번 호출된 반면, strncmp는 46,180,000번만 호출됐다. 이 차이를 설명하라.

7.3 속도를 위한 전략

프로그램을 더 빠르게 하기 전에, 정말 그 프로그램이 너무 느린 건지 확인하고 시간 측정 툴과 프로파일러를 이용해 어디에서 시간이 소비되는 건지 찾아라. 일단 무슨 일이 일어나는지를 알면, 그 다음에 수행할 전략은 여러 가지가 있다. 여기에 그 중 몇 가지를 투자 대비 이득이 줄어드는 순서로 나열하였다.

더 나은 알고리즘이나 데이터 구조를 사용하라

프로그램을 빠르게 만드는 데 있어 가장 중요한 요소는 알고리즘과 데이터 구조의 선택이다. 효율적인 알고리즘과 그렇지 않은 것 사이에는 엄청난 차이가 있다. 위에서 본 스팸 필터는 데이터 구조를 바꾸자 열 배가 개선됐다. 만약 새로운 알고리즘으로 계산의 차수(order)를, 예를 들어 $O(n^2)$에서 $O(n\log n)$ 로 줄일 수 있다면, 더 엄청난 개선이 가능할 수도 있다. 2장에서 이미 이 주제를 다뤘기 때문에 여기에서는 더 자세히 설명하지 않겠다.

복잡성이 기대했던 것만큼인지 확인하자. 만약 그렇지 않다면, 여전히 잠재적인 성능 문제가 있을 수 있다. 문자열 하나를 탐색하는 다음 알고리즘은 명백하게 1차 선형처럼 보이지만,

```
?     for (i = 0; i < strlen(s); i++)
?         if (s[i] == c)
?             ...
```

사실은 2차 알고리즘이다. s에 n개의 문자가 있다면 strlen에 대한 호출은 이 문자열의 문자를 각각 한 번씩 훑고, 그때마다 또 전체 루프가 n번 수행된다.

컴파일러의 최적화 기능을 켜라

노력이 전혀 들지 않으면서도 상당한 개선을 가져다 주는 변경 작업이 바로, 컴파일러가 제공하는 최적화 옵션을 켜는 것이다. 요즘 컴파일러는 상당히 잘 만들어져 있기 때문에 프로그래머가 해야 할 소규모의 수정들을 상당 부분 대신 해줄 수 있다.

기본적으로 대부분의 C, C++ 컴파일러는 많은 최적화를 시도하지 않는다. 컴파일러 옵션을 넣어 최적화기(optimizer)(아마 '개선기(improver)'가 더 정확한 용어일 것이다)를 활성화할 수 있다. 아마도 이 옵션은 기본으로 들어가야 했을 것이다. 이런 최적화가 소스 수준 디버거를 헷갈리게 만드는 경향이 있지만 않았더라면 말이다. 이런 이유로, 프로그래머는 일단 프로그램 디버깅이 다 끝났다고 믿게 된 후에, 명시적인 방법으로 최적화기를 활성화해야만 한다.

컴파일러의 최적화는 보통 실행시간을 몇 퍼센트 정도에서 두 배 정도까지도 개선할 수 있다. 하지만 때로는 프로그램을 더 느리게 만들기도 하므로, 제품을 출시하기 전에 개선된 정도를 측정해야 한다. 우리는 앞의 스팸 필터 프로그램의 두세 가지 버전을 컴파일하면서 일반 컴파일과 최적화 컴파일을 사용해 비교했다. 비교 알고리즘의 최종 버전을 사용한 테스트 집합에서는 원래 실행시간이 8.1초가 나왔으나, 최적화 옵션을 활성화하여 컴파일하자 5.9초로 떨어졌다. 25퍼센트가 넘게 개선된 것이다. 한편, 수정한 strstr 함수를 사용한 버전에서는 최적화를 해도 아무런 개선이 되지 않았는데, 그것은 strstr 함수 자체가 라이브러리에 설치될 때 이미 최적화되어 있었기 때문이었다. 최적화기는 지금 컴파일하는 소스코드에만 적용할 수 있을뿐, 시스템 라이브러리에는 효과가 없다. 하지만, 어떤 컴파일러에는 전역 최적화기(global optimizers)가 있어서, 전체 프로그램을 분석해서 잠재적인 개선 가능성을 찾아낸다. 이런 컴파일러를 쓸 수 있다면 시도해 보라. 아마 몇 사이클 정도를 더 짜낼 수 있을 것이다.

한 가지 알아둬야 할 점은 컴파일러가 더 공격적으로 최적화를 할수록, 컴파일된 프로그램에 버그를 초래할 가능성이 더 높아진다는 것이다. 최적화기를 활성화한 다음에는, 다른 변경을 했을 때와 마찬가지로 회귀 테스트 집합을 다시 돌려봐야만 한다.

코드를 미세조정하라

데이터 크기가 어느 정도 된다면, 알고리즘을 제대로 선택하는 것이 중요하다. 게다가, 알고리즘 차원에서의 개선은 서로 다른 컴퓨터, 다른 컴파일러와 언어 간에도 계속 통한다. 하지만 일단 정확한 알고리즘을 사용했는 데도 속도가 문제가 된다면 다음으로 시도해 볼 것은 코드의 미세조정(tuning)이다. 즉, 여러 가지를 빨리 돌아가게 하기 위하여 루프와 표현식들을 조정한다는 뜻이다.

7.1절 마지막에서 본 isspam 버전은 미세조정이 끝나지 않았었다. 여기에서는 루프를 조금 더 건드려서 성능을 더 개선할 수 있다는 사실을 보일 것이다. 기억이 가물가물한 분들을 위해, 지난번까지 구현한 내용은 다음과 같다.

```c
for (j = 0; (c = mesg[j]) != '\0'; j++) {
    for (i = 0; i < nstarting[c]; i++) {
        k = starting[c][i];
        if (memcmp(mesg+j, pat[k], patlen[k]) == 0) {
            printf("spam: match for '%s'\n", pat[k]);
            return 1;
        }
    }
}
```

이 초기 버전은 최적화기를 사용해 컴파일했을 때 우리 테스트 집합에서 6.6초 걸렸다. 내부 루프에는 루프 조건 부분에 배열 인덱스인 nstarting[c]가 있는데, 이 값은 외부 루프의 각 반복 주기에서 고정된 값이 된다. 지역변수에 이 값을 저장해 두면 내부 루프에서 매번 계산할 필요가 없어진다.

```c
for (j = 0; (c = mesg[j]) != '\0'; j++) {
    n = nstarting[c];
    for (i = 0; i < n; i++) {
        k = starting[c][i];
        ...
```

이렇게 하면 실행시간은 5.9초로 떨어진다. 10퍼센트 정도 빨라진 것인데, 미세조정으로 얻음직한 개선 수치다. 이런 식으로 밖에 빼낼 수 있는 변수가 또 있다. starting[c]도 값이 고정되어 있다. 이 계산을 루프 밖으로 꺼내면 더 도움이 될 것처럼 보이지만, 테스트 결과 눈에 띄는 차이가 없었다. 이것 또한, 미세조정으로 얻음직한 결과다. 어떤 것은 도움이 되고, 어떤 것은 안 되기 때문에, 정말 어떤 것이 도움이 되는지 알려면 반드시 측정을 해봐야 한다. 그리고 결과도 컴퓨터나 컴파일러에 따라 달라질 수 있다.

스팸 필터에 할 수 있는 일이 더 있다. 내부 루프에서 전체 패턴을 한 문자열과 비교하지만, 이 알고리즘에서 첫 문자는 이미 일치한다는 게 보장되어 있다. 따라서 1바이트 뒤에서 memcmp를 시작하게 코드를 미세조정할 수 있다. 우리는 이 방법을 시도해서 3퍼센트 정도 개선 효과를 얻었다. 미미한 결과긴 하지만 프로그램을 겨우 세 줄 고치고, 그나마도 한 줄은 사전 연산에서 고쳐서 얻은 효과였다.

중요하지 않은 것을 최적화하지 말라

가끔 미세조정을 해도 아무 효과도 없을 때가 있는데, 바로 아무 효과도 없을 부분에 미세조정을 가했기 때문이다. 지금 최적화하려는 대상 코드가 정말 시간을 소비하는 부분인지 확인하라. 다음 이야기는 진위가 의심스럽지만 일단 해보겠다. 지금은 파산한 어느 회사에서 예전에 어떤 컴퓨터의 하드웨어 성능을 모니터하고, 그 컴퓨터가 몇 개의 명령어로 이루어진 똑같은 순열을 실행하는 데 50퍼센트의 시간을 소비한다는 사실을 발견했다. 엔지니어들은 특수 명령어를 만들어서 그 순열의 기능을 캡슐화해 넣고 시스템을 다시 구축했지만, 결과적으로 아무 변화도 없다는 것을 알았다. 그들은 운영체제의 휴지 루프(idle loop)[4]를 최적화한 것이다.

프로그램을 더 빨리 실행하기 위해 도대체 얼마나 노력을 쏟아야 할까? 주된 기준은 그런 고생이 가치가 있을 만한 투자 대비 성과다. 하나의 지침을 말하자면, 프로그램을 빠르게 하기 위해 쏟는 사람의 시간이 그 프로그램의 생명주기 동안 그 속도 개선으로 얻는 시간보다 많아서는 안 된다. 이 규칙에 따르면 isspam의 알고리즘 개선은 가치가 있었다. 고치는 데 하루 고생했지만 매일 몇 시간씩을 (앞으로도 계속) 아껴줄 것이다. 내부 루프에서 배열 인덱스를 꺼낸 것은 좀 덜 극적이긴 했지만 역시 그럴만한 가치가 있었다. 이 프로그램이 큰 공동체에 서비스를 제

---

4 휴지 루프(idle loop) : 운영체제는 구동시킬 사용자 프로그램이 없을 때 아무것도 하지 않는 루프에 들어가 있는데, 이것을 휴지 루프라고 한다.

공하는 프로그램이었기 때문이다. 도서관이나 스팸 필터 같은 공공 서비스를 최적화하는 일은 거의 언제나 가치가 있는 반면, 테스트 프로그램을 빠르게 하는 일은 거의 대부분 가치가 없다. 그리고 만약 1년 내내 실행될 프로그램이라면, 가능한 한 개선할 수 있는 모든 것을 짜내야 한다. 이런 프로그램은 이미 한 달 동안 쓰고 있었다 해도, 10퍼센트를 개선할 방법을 찾았다면 재시작시킬 만한 가치가 있다.

경쟁적인 프로그램, 즉 게임, 컴파일러, 워드 프로세서, 스프레드시트, 데이터베이스 시스템 같은 프로그램들도 이런 분류에 들어간다. 상업적인 성공은 종종 가장 빠른 프로그램에게 돌아가기 때문이다. 적어도 공개된 벤치마크 테스트 결과에서만큼은 말이다.

프로그램을 변경하면서 계속 시간을 측정하는 일은 중요하다. 뭔가가 개선되고 있다는 것을 알기 위해서다. 때로는 변경한 두 부분이 각각 성능을 개선시키지만 상호작용하면서 서로의 효과를 상쇄해 버리는 경우가 있다. 그리고 시간 측정 메커니즘에 문제가 많아서 변경의 효과를 딱 집어 결론내리기가 어려운 경우도 있다. 혼자 사용하는 시스템이라 하더라도, 시간값은 예상치 못한 방식으로 널을 뛸 수 있다. 내부 타이머 값이(최소한 사용자에게 보여주는 값이) 10퍼센트씩 왔다갔다 한다면, 딱 10퍼센트 정도만 개선되는 변경 작업의 효과는 확인하기가 쉽지 않을 것이다.

7.4 코드 미세조정

과열지역을 찾았을 때 실행시간을 줄일 수 있는 기법은 많다. 여기에서 몇 가지 방법을 제안한다. 모두 조심스럽게 적용해야만 하며, 각각 적용한 다음에는 회귀 테스트로 코드가 계속 제대로 돌아가는지 확인해야 한다. 좋은 컴파일러를 쓰면 이 중 몇 가지 일을 대신 해줄 텐데, 사실 사람이 프로그램을 더 복잡하게 만들어 컴파일러를 방해할 수도 있다는 사실을 유념해야 한다. 무엇을 시도하든, 매번 효과를 측정해서 그게 정말 도움이 되는지를 확인하라.

공통된 부분 표현식을 하나로 모으라

비싼 계산 작업 한 개가 여러 번 반복된다면, 한군데서만 수행하고 결과를 기록한
다. 예를 들어, 1장에서 거리를 계산할 때 연달아 같은 값으로 sqrt를 두 번 호출하
는 매크로를 보인 바 있다. 그 계산은 다음과 같았다.

```
?      sqrt(dx*dx + dy*dy) + ((sqrt(dx*dx + dy*dy) > 0) ? ...)
```

이 제곱근(sqrt) 함수값은 한 번만 계산하고 그 답을 두 곳에서 쓰면 된다.

만약 한 루프 안에서 하는 계산이, 그 루프 안에서 변하는 어떤 값에도 의존성이
없다면, 그 계산을 밖으로 꺼낸다. 다음 코드를

```
for (i = 0; i < nstarting[c]; i++) {
```

다음과 같이 바꾸는 것처럼 말이다.

```
n = nstarting[c];
for (i = 0; i < n; i++) {
```

비싼 연산을 싼 연산으로 대체하라

연산강도의 감축(reduction in strength)이란 말은 비싼 연산을 싼 연산으로 대체하
는 최적화를 의미한다. 옛날에는 거의 곱셈 연산을 덧셈 연산이나 시프트 연산으
로 대체하는 것을 의미했지만 오늘날에는 그것만으론 별로 효과가 없다. 하지만,
나눗셈과 나머지 연산은 곱셈보다 훨씬 느리기 때문에, 만약 나눗셈을 곱셈의 역
연산으로 대체한다든가, 나누는 수(제수)가 2의 승수일 때 마스킹 연산[5]으로 나머
지 연산을 대체한다든가 하면 성능을 개선할 수 있을 것이다. C나 C++ 언어에서
배열 자료의 위치를 인덱스로 찾는 부분을 포인터로 대체하면 속도를 올릴 수 있
다. 비록 대부분의 컴파일러가 자동으로 이런 일을 해주긴 하지만 말이다. 함수 호
출을 단순한 직접 계산으로 대체하는 것도 효과가 있을 수 있다. 평면에서의 거리
는 sqrt(dx*dx+dy*dy)라는 공식으로 결정되기 때문에 두 점 중 어느 쪽이 더 멀리
떨어져 있는지 결정하려면 원칙적으로 제곱근 계산을 두 번 해야 한다. 그러나 그

---

5 마스킹 연산(masking operation) : 본질적으로는 AND 연산이며, 특정 비트를 지우려고 할 때 마스크(mask)로
0의 패턴을 사용하기 때문에 이런 이름이 붙었다. 여기에서는 나누는 수(제수)가 2의 승수일 때 나눔수(피제
수)의 최종 비트만 남기고 나머지 비트를 마스킹 연산으로 지우면 나머지값을 얻을 수 있다는 의미다.

냥 다음처럼 그 거리의 제곱값만 비교해도,

```
if (dx1*dx1+dy1*dy1 < dx2*dx2+dy2*dy2)
    ...
```

제곱근값을 비교하는 것과 똑같은 결과를 얻을 수 있다.

우리가 만든 스팸 필터나 grep처럼 텍스트 패턴을 비교하는 경우도 비슷한 사례다. 만약 그 패턴이 리터럴 문자[6]로 시작하면 입력 텍스트에서 그 문자를 빨리 찾는다. 만약 일치하는 문자가 발견되지 않으면 더 가동비용이 비싼 검색 기능들은 시작조차 하지 않는다.

루프를 펼치거나 제거하라

루프를 준비하고 실행하는 데도 분명히 오버헤드가 있다. 만약 루프 본문이 많이 길지 않거나 많이 반복되지 않는다면, 각 반복주기 내용을 쭉 작성하는 게 더 효율적일 수도 있다. 예를 들면 다음과 같은 루프는,

```
for (i = 0; i < 3; i++)
    a[i] = b[i] + c[i];
```

다음처럼 펼쳐 쓰면 된다.

```
a[0] = b[0] + c[0];
a[1] = b[1] + c[1];
a[2] = b[2] + c[2];
```

이렇게 하면 루프, 특히 분기(branching)의 오버헤드가 없어진다. 분기는 실행 흐름에 끼어들어 방해하는 부분이기 때문에 오늘날의 프로세서 구조상 속도를 느리게 만들 수 있다.

만약 루프가 더 길다 해도, 더 적은 반복횟수를 써서 오버헤드를 일부 줄일 수 있게 똑같은 변환 방법을 적용할 수 있다.

```
for (i = 0; i < 3*n; i++)
    a[i] = b[i] + c[i];
```

위는 다음처럼 변환된다.

---

6 리터럴 문자(literal character) : 숫자, 문자, 기호

```
for (i = 0; i < 3*n; i +=3) {
    a[i+0] = b[i+0] + c[i+0];
    a[i+1] = b[i+1] + c[i+1];
    a[i+2] = b[i+2] + c[i+2];
}
```

이런 방식은 반복횟수가 각 단계에 수행되는 연산 크기의 배수일 때만 통한다는 사실을 명심하라. 그게 아니라면 끝부분을 조정하기 위해 추가 코드를 넣어야 한다. 끝부분은 실수가 슬며시 기어들어오기도 쉽고 효율성을 잃어버리기도 쉬운 부분이다.

빈번히 사용되는 값을 캐싱하라

값을 캐싱(caching)[7]하면 다시 계산할 필요가 없다. 캐싱은 지역성(locality), 즉 프로그램(과 사람)이 오래되고 먼 데이터보다 더 최근에 쓴, 가까운 데이터를 재사용하는 경향을 이용하는 것이다. 컴퓨터 하드웨어는 캐싱을 광범위하게 이용한다. 확실히 컴퓨터에 캐시 메모리를 더 넣으면 겉으로 드러나는 속도 향상이 상당하다. 이는 소프트웨어에도 동일하게 적용된다. 예를 들어, 웹브라우저는 인터넷에서 데이터 전송이 느려질 경우를 위해 웹페이지와 이미지를 캐싱해둔다. 몇년 전에 우리가 작성한 인쇄 미리보기 프로그램은 1/2같은 특수문자들을 코드표에서 찾아야 했다. 측정 해봤더니 그런 특수문자를 사용하는 경우의 상당수가 똑같은 문자 하나를 계속 이어 써서 줄을 만드는 경우가 많다는 사실이 드러났다. 당시 가장 최근에 제일 많이 쓰인 그 특수문자를 캐싱하기만 했는데도 프로그램이 전형적인 형태의 입력에 대해 확연히 빨라졌다.

캐싱 연산은 밖에서는 보이지 않는 게 제일 좋다. 그래서 프로그램을 더 빠르게 하는 효과 외에는 나머지 부분에 영향이 없어야 한다. 따라서 위의 인쇄 미리보기 프로그램 사례에서도 문자를 그리는 함수 인터페이스는 변경하지 않고 계속 다음처럼 썼다.

```
drawchar(c);
```

drawchar 함수의 원 버전은 show(lookup(c))를 호출하는 것이었다. 캐싱을 사용

---

7 캐싱(caching) : 많이, 자주 쓰는 데이터를 따로 저장해서 속도를 향상시키는 기법.

하는 버전은 내부 정적 변수를 써서 앞의 문자와 그 코드를 기록한다.

```
if (c != lastc) { /* 캐시를 갱신한다 */
    lastc = c;
    lastcode = lookup(c);
}
show(lastcode);
```

특수한 메모리 할당 함수를 작성하라

프로그램의 유일한 과열지역이 malloc이나 new를 많이 호출하는 메모리 할당 부분인 경우가 많다. 대부분의 메모리 요청이 똑같은 블록 크기로 들어올 경우, 범용 메모리 할당 함수 호출 부분을 특수 할당 함수로 대체하면 상당한 속도 개선을 꾀할 수 있다. 이런 특수목적용 메모리 할당 함수는 malloc에 대한 호출을 여러 메모리 블록으로 구성된 큰 배열을 가져오는 걸로 대체하고, 그 다음에 필요할 때마다 블록을 한 개씩 나눠주는 가동비용이 싼 연산을 수행한다. 해제한 블록은 자유 리스트(free list)에 돌려놓아 빨리 재사용할 수 있다.

만약 요청받은 메모리 크기가 서로 비슷하다면, 공간을 내주고 시간을 취하는 방법으로 항상 가장 큰 요청에 맞는 크기를 할당하는 방법이 있다. 짧은 문자열들을 다룰 때 특정 길이 이하의 모든 문자열에 대해 똑같은 메모리 크기를 쓰면 효과적이다.

몇몇 알고리즘에서는 스택 기반 할당을 사용할 수 있다. 모든 할당 작업이 끝난 뒤 한번에 전체를 해제하는 것이다. 이런 할당 함수는 커다란 메모리 영역을 일단 얻은 뒤에 그것을 스택처럼 사용한다. 필요할 때마다 할당된 항목들을 넣고(push), 마지막에 한꺼번에 꺼낸다(pop). 표준 함수는 아니지만 몇몇 C 라이브러리에는 이런 할당 방법을 사용할 수 있는 alloca라는 함수가 있다. 지역 콜 스택(call stack)을 메모리 원천으로 활용하고, 이 alloca 함수를 호출한 함수가 리턴될 때 모든 항목을 해제한다.

입력과 출력을 버퍼링하라

버퍼링(buffering)을 하면 트랜잭션들을 모아 한번에 처리하기 때문에 잦은 연산을 가능한 한 적은 오버헤드로 수행할 수 있고, 오버헤드가 큰 연산은 꼭 필요할 때만 수행하게 된다. 그 결과 한 연산의 비용이 여러 데이터값으로 분산된다. 예를 들어 어떤 C 프로그램이 printf를 호출하면 문자들을 버퍼에 채우면서 그 버퍼가 꽉 차거나 명시적으로 비워질 때까지는 운영체제로 넘기지 않는다. 운영체제가 받더라도 데이터를 디스크에 쓰는 작업은 또 지연될 것이다. 문제는 데이터를 보기 위해서 출력 버퍼를 비워야 한다는 것이다. 최악의 경우에는 프로그램이 죽을 때 버퍼에 남아있던 정보가 사라져 버릴 수도 있다.

특수한 경우를 따로 처리하라

똑같은 크기의 객체들을 별도 코드에서 따로 처리하면, 범용 메모리 할당 함수의 시간 및 공간 오버헤드를 특수 메모리 할당 함수를 통해 줄일 수 있는데다, 덧붙여 조각화 비율도 줄일 수 있다. 일례로 인페르노(Inferno) 시스템[8]의 그래픽 라이브러리에서 기본 draw 함수는 최대한 단순하고 직관적으로 작성되었다. 일단 이렇게 돌아가게 해놓은 다음 다양한 경우(프로파일링으로 선택)에 대한 최적화를 차근차근 해나갔다. 이 과정에서 최적화된 버전을 단순한 버전과 비교하여 테스트하는 건 언제든 가능했다. 결국 몇 가지 경우만 최적화 되는 결과로 끝났는데, 그 이유는 실제 이 그리기 함수를 호출하는 사용례의 분포가 문자를 표시하는 일에 상당히 기울어 있었기 때문이다. 이런 모든 경우를 다 고려한 똑똑한 코드를 작성할 필요가 없었다.

결과를 사전계산하라

값을 사전계산해서 필요할 때 바로 쓸 수 있게 준비해 두면 프로그램을 더 빠르게 만들 수 있는 경우가 있다. 앞에서 본 스팸 필터 사례에서도 strlen(pat[i])를 사전계산하고 patlen[i] 배열에 저장했다. 만약 어떤 그래픽 시스템이 sine 같은 수학 함수를 반복해서 계산해야 하는데 정수값 각도처럼 이산적인 값에 대해서만 계산한다면, 360개의 입력에 대한 결과를 사전계산해서 테이블로 만들어 두고(또는 데이터로 제공하고) 필요할 때마다 거기서 찾는 편이 더 빠를 것이다. 이는 공간을 내주고 시간을 취하는 예다. 코드를 데이터로 대체하거나 컴파일할 때 계산을 해놓아

---

8 인페르노(Inferno) 시스템 : 다양한 플랫폼 및 분산 환경을 구축, 지원하기 위해 Vita Nuova 사에서 개발한 소규모 운영체제. Plan 9 공식 웹사이트에도 관련 사이트로 링크되어 있다.

서 시간을 절약하고 때로는 공간까지도 같이 절약할 수 있는 경우가 많다. 예를 들어, isdigit 같은 ctype 함수는 대부분 일련의 테스트 결과를 계산하기보다는 비트 플래그 테이블을 찾는 방식으로 구현된다.

근사값을 사용하라

정확성이 중요하지 않은 경우라면 정밀도가 더 떨어지는 데이터 타입을 사용한다. 오래됐거나 소규모인 시스템, 또는 소프트웨어로 부동소수를 시뮬레이션하는 시스템에서는 대개 단정밀도(single-precision)[9] 부동소수 타입을 사용하는 것이 배정밀도 타입을 사용하는 것보다 빠르기 때문에, double 타입 대신 float를 써서 시간을 절약한다. 오늘날 몇몇 그래픽 프로세서가 이와 관련된 기법을 활용한다. IEEE 부동소수 표준은 표현 가능한 값의 낮은 극단에 접근하는 방식으로 '세련된 언더플로'[10]를 요구하지만 이는 비싼 계산방식이다. 이미지 처리를 할 때는 이런 기능이 굳이 필요하지 않으므로 그냥 0으로 만들어도 아무 문제 없고 더 빠르다. 이러면 부동소수 계산에서 언더플로가 일어날 때 시간을 절약할 뿐 아니라 모든 수학적 계산에 필요한 하드웨어를 단순화할 수 있다. 정수를 쓰는 sin 함수와 cos 함수도 근사값을 사용하는 또 다른 예다.

저수준 언어로 재작성하라

저수준 언어일수록 더 효율적인 경향이 있다. 비록 프로그래머의 시간을 대가로 삼긴 하지만 말이다. 따라서 C++나 자바 프로그램의 중요한 부분을 C 언어로 재작성하거나 어떤 프로그램의 해석 스크립트 부분을 컴파일된 언어로 대체하면 실행 속도가 상당히 빨라질 수 있다.

가끔은 시스템 의존성이 있는 코드를 이용해 뚜렷한 속도 개선을 얻을 수도 있다. 이것은 가벼운 마음으로 해 볼만한 단계가 아니라, 최후의 선택에 가깝다. 호환성을 파괴하고 나중에 유지보수와 수정을 훨씬 어렵게 만들기 때문이다. 어셈

---

9 단정밀도(single-precision) : 부동소수를 표현할 때 정밀도를 나타내는 단위로, 단정밀도는 float 타입 공간을 한 개 사용하고, 배정밀도(double-precision)은 두 개 사용한다.

10 세련된 언더플로(graceful underflow) : 부동소수 연산의 결과가 컴퓨터가 표현할 수 있는 값보다 작을 때 바로 0으로 만드는 게 아니라 표현 방식을 비정규화해서 표현하는 방식.

블리어로 표현할 연산은, 대개는 상대적으로 작은 함수이면서 라이브러리에 포함되어 있어야 한다. memset, memmove, 그 외 그래픽 연산이 전형적인 예다. 일단 고수준 언어로 가능한 한 분명하게 코드를 작성한 다음 6장의 memset 사례로 설명한 것처럼 테스트한 뒤 정확한지 확인한다. 이러면 어디에서나 잘 작동하는 호환성 있는 프로그램이 된다. 비록 느리긴 해도 말이다. 새로운 환경으로 옮겨갈 때는, 이미 검증된 프로그램에서 출발할 수도 있다. 이제 어셈블리어로 코드를 작성하고 호환성 있는 버전과 비교하여 철저히 테스트한다. 버그가 발생하면 항상 호환성 없는 코드가 먼저 용의자가 된다. 비교할 만한 버전을 만들어 두면 이렇게 마음이 편하다.

연습문제 7-4. memset과 같은 함수를 빠르게 만드는 방법 중 하나는 함수에 바이트 크기 공간이 아니라 워드(word) 크기 공간을 주는 것이다. 이 편이 하드웨어 구조와도 더 잘 맞고 루프 오버헤드도 네 배나 여덟 배 정도 줄일 수 있다. 단점은 만약 처리 대상이 1워드 경계에 맞춰져 있지 않거나 대상의 길이가 워드 크기의 배수가 아니라면, 처리해야 할 끝부분에 대한 경우의 수가 많다는 것이다. 이런 최적화를 수행하는 memset 함수를 작성하라. 이 함수의 성능을 라이브러리 함수 및 한 번에 1바이트씩 처리하는 단순한 루프와 비교하라.

연습문제 7-5. C 문자열을 처리하는 메모리 할당 함수 smalloc을 작성하라. 작은 문자열에는 특수 메모리 할당 함수를 활용하지만 큰 문자열에는 malloc을 직접 호출하는 함수여야 한다. 어느 쪽이든 문자열을 표현할 구조체를 정의해야 할 것이다. 어느 정도까지 smalloc을 호출하고 어디서부터 malloc을 호출할지 어떻게 결정하겠는가?

7.5 공간 효율성

메모리는 그동안 가장 귀중한 컴퓨터 자원이었으며, 언제나 부족했고, 메모리가 부족한 상황에서 많은 메모리를 짜내려는 시도 때문에 많은 꼴사나운 프로그래밍이 생겨났다. 악명높은 '2000년 밀레니엄 버그'가 이런 사례로 자주 회자된다. 메모리가 정말 부족했을 때는 19를 저장할 2바이트조차도 너무 비싸게 여겼던 것이다. 문제의 진짜 원인이 공간이든 아니든간에(이런 코드는 그냥 사람들이 일상에서 보통 천년 단위 부분을 생략하고 날짜를 쓰는 습관을 반영했던 것일지도 모른다), 근시안적인 최적화에 내재된 위험을 잘 보여주는 사례다.

어쨌든 시대는 변했고, 메인 메모리와 보조 기억장치 모두 믿을 수 없을 정도로 저렴해졌다. 따라서 공간 최적화에 접근하는 제1방침은 속도 개선에 대한 것과 똑같다. '신경쓰지 않는다.'

하지만, 공간 효율성이 중요한 문제가 되는 상황이 아직 남아 있다. 어떤 프로그램이 메인 메모리 공간에 다 들어가지 않으면, 일부를 페이지로 잘라서 처리해야 하기 때문에 수용할 수 없는 수준까지 성능이 떨어진다. 새로운 소프트웨어가 메모리를 낭비할 때 이런 현상을 볼 수 있다. 슬픈 현실이지만, 소프트웨어 업그레이드에는 대개 더 많은 메모리 소비가 따라오는 게 사실이다.

최소 데이터 타입을 사용해서 공간을 절약하라

공간 효율성을 얻는 한 가지 방법은, 이미 있는 메모리를 더 잘 사용하기 위해 소규모 변경을 하는 것이다. 예를 들면 기능할 수 있는 최소 데이터 타입을 사용하는 것으로, '그래도 되는 경우에' int 타입을 short 타입으로 대체하는 일을 의미할 수 있다. 사실 이것은 2D 그래픽 시스템에서의 좌표 표현에 사용하는 흔한 기법이다. 16비트로도 화면의 예상 좌표 범위를 다 처리할 수 있기 때문이다. 그리고 double 타입을 float 타입으로 대체하는 일을 의미할 수도 있는데, 잠재적인 문제는 정밀도의 손실이다. float 타입은 보통 10진수로 예닐곱 자리밖에 처리할 수 없기 때문이다.

이런 경우, 그리고 이와 유사한 경우에 다른 변경 처리가 필요할 수도 있다. 특히 printf의 형식 명세와 scanf 명령문은 변경을 해야 할 것이다.

이 접근방식의 논리적 확장이 바로 정보를 1바이트나 더 적은 비트, 가능하면 1비트에 인코딩하는 것이다. C나 C++ 언어의 비트필드(bitfield)를 사용하지 말라. 비트필드는 호환성이 극히 떨어질 뿐 아니라 양 많고 비효율적인 코드를 양산하는 경향이 있다. 그 대신 시프트 연산이나 마스크 연산으로 워드나 워드의 배열에서 각 비트를 꺼내오고 값을 설정하는 연산 등 필요한 연산을 함수로 캡슐화한다. 다음 함수는 워드 중간에서 연속적인 비트 집합을 리턴한다.

```
/* getbits: p 위치에서 n 비트를 꺼낸다 */
/* 비트에는 0(최하위 비트)부터 숫자를 붙인다 */
unsigned int getbits(unsigned int x, int p, int n)
{
    return (x >> (p+1-n)) & ~(~0 << n);
}
```

만약 이런 함수가 너무 느린 것으로 드러나면, 이 장 초반에 설명한 기법을 활용해 개선할 수도 있을 것이다. C++에서는 연산자 오버로딩을 이용해 일반적인 인덱스 접근처럼 비트에 접근할 수 있다.

쉽게 재계산할 수 있는 값을 저장하지 말라

하지만 이런 변경들은 너무 약소한 것이다. 코드 미세조정과 다를 것이 없다. 중대한 개선은 더 나은 데이터 구조에서 비롯되기 마련이며, 아마 알고리즘 변경을 수반할 것이다. 여기에 한 가지 사례를 소개한다. 오래 전 우리 중 한 명에게 동료 한 명이 도움을 요청해 왔다. 그 동료는 너무 큰 행렬 계산을 해야 했기 때문에 시스템을 완전히 내렸다가 불필요한 것들을 제거하고 운영체제를 다시 올려서 그 행렬이 올라갈 수 있게 해야 했다. 그는 대안이 없는지 물었다. 사실상 이런 방법은 시스템 운영 측면에서 볼 때 악몽에 가깝기 때문이다. 우리는 그 행렬에 대해 물어봤고, 그것이 정수값을 담고 있으며 그 대부분이 0이라는 사실을 알았다. 사실 0이 아닌 값은 5퍼센트도 안 됐다. 따라서 그 즉시 0이 아닌 원소만 저장하고, m[i][j] 같은 행렬 접근은 m(i,j)라는 함수 호출로 대체하는 방법을 생각해 내서 제안했다. 데이터를 저장하는 방법은 여러 가지가 있는데, 가장 쉬운 것은 포인터의 배열일 것이다. 각 행에 하나씩, 각 포인터는 열 번호에 그에 해당하는 값을 저장한 압축적인 배열을 가리킨다. 이 방법은 0이 아닌 항목 당 공간에는 오버헤드가 더 생기지만 전체적으로는 훨씬 적은 공간만 사용하고, 비록 개별적인 접근 속도는 더 느려지겠지만 분명히 운영체제를 다시 올리는 것보다는 빠르다. 이제 이야기를 끝맺도록 하자. 그 동료는 이 제안을 받아들였고 완벽하게 만족해서 떠났다.

똑같은 문제의 첨단 버전을 해결하는 데도 비슷한 접근방식을 적용했다. 어떤 전파 설계 시스템에서 광대한(한 변이 100~200킬로미터에 이르는) 지역의 지형 정보와 전파 신호 세기를 100미터 단위로 표현해야 했다. 이 값을 큰 직사각형 배열로 저장하면 대상 컴퓨터의 가용 메모리를 초과하기 때문에 수용할 수 없는 페이징[11]

작동이 일어날 상황이었다. 하지만 많은 지역에서 지형과 신호 세기값이 동일한 경향이 있기 때문에, 같은 값으로 표시되는 지역들을 합쳐서 하나의 묶음으로 만드는 계층적인 표현방식을 썼더니 문제를 그럭저럭 해결할 수 있었다.

이 주제는 자주 다양하게 변주되며, 그때마다 표현방식도 다양하게 나오지만, 모두 똑같은 기본 개념을 공유한다. 많이 나오는 값을 묵시적으로, 또는 압축적인 형식으로 저장하고 나머지 값에 시간이나 공간을 더 주는 것이다. 많이 나오는 값들이 정말 많이 나온다면 이것이 승리의 방정식이 된다.

프로그램을 체계적으로 짜서, 복잡한 타입의 특수 데이터 표현방식은 전용 데이터 타입을 다루는 클래스나 함수 집합에 숨겨야 한다. 이렇게 사전에 주의를 기울여야 그 표현방식이 바뀌어도 프로그램의 나머지 부분이 영향을 받지 않는다.

때로 공간 효율성 문제는 정보를 겉으로 표현하는 방식인 변환과 저장에서도 드러난다. 일반적으로 가능한 경우엔 정보를 이진 형식보다는 텍스트 형식으로 저장하는 편이 낫다. 텍스트 형식은 호환성 있고, 읽기 쉬우며, 어떤 툴로도 처리가 가능하다. 이진 형식은 이런 장점이 하나도 없다. 이진 형식을 옹호하는 의견은 보통 '속도'를 내세우지만, 약간은 회의적인 시각으로 봐야 마땅할 것이다. 텍스트 형식과 이진 형식의 격차가 그렇게까지 크지 않기 때문이다.

공간 효율성은 종종 실행시간을 대가로 삼는다. 예전에 어떤 애플리케이션이 한 프로그램에서 다른 프로그램으로 큰 이미지 파일을 전송해야 했다. PPM이라는 단순한 형식으로 된 이미지 파일은 보통 메가바이트 단위였기 때문에, 우리는 50킬로바이트가 좀 넘는 압축된 GIF 형식으로 전송하도록 변환하는 편이 더 빠를 거라 생각했다. 하지만 GIF로 변환하고 다시 역변환하는 데 걸린 시간이 더 작은 파일을 전송해서 절약한 시간만큼이나 오래 걸렸기 때문에 결국 아무 것도 얻은 게 없는 셈이었다. GIF 형식을 처리하기 위한 코드는 500줄에 가까운 반면, PPM 소스는 10줄 가량이었다. 따라서 유지보수의 편의성 면에서도 그 애플리케이션에서는 결국 GIF 변환방식을 버리고 PPM 형식만 사용하게 되었다. 물론 그 파일이 느린

---

11 페이징(paging) : 메모리에 올려야 할 정보를 여러 묶음으로 나누어 처리하는 기법. 디스크와 같은 보조 기억 장치에 나눴다가 필요할 때 주기억장치인 메인 메모리에 올리는 방법을 주로 사용하는데 이때 한 번에 옮기는 묶음 단위를 페이지라고 한다.

네트워크에서 전송되는 경우였다면 얘기가 달랐을 것이다. 그랬다면 GIF 변환방식이 투자 대비 효율성 면에서 훨씬 좋았을 것이다.

7.6 추정

프로그램이 얼마나 빨라질 지 미리 추정하는 것은 어려운 일이다. 특정한 언어의 여러 명령문이나 시스템 명령어 여러 개의 비용이 얼마나 될지 추정하는 것은 두 배로 어려운 일이다. 하지만 한 언어나 한 시스템에서 비용 모델(cost model)을 구축하는 건 쉬운 일이며, 이 모델은 중요한 연산이 얼마나 오래 걸릴지에 대해 대략적으로나마 개념 정도는 잡을 수 있게 해줄 것이다.

정형화된 프로그래밍 언어에서 자주 쓰이는 접근 방식이 바로 대표적인 코드 순열의 시간을 재는 프로그램이다. 재현 가능한 결과를 얻는다거나 관계없는 오버헤드를 제외하는 등의 자잘한 어려움이 있긴 하지만, 큰 노력 없이 유용한 통찰을 얻을 수 있다. 한 예로, 개별적인 명령문의 비용을 추정하는 C, C++ 비용 모델 프로그램이 있다. 그 명령문을 루프에 넣고 몇백만 번을 돌려본 다음, 평균 시간을 계산하는 방식이다. 250MHz MIPS R10000 시스템에서 다음과 같은 결과를 얻었다. 시간은 연산 당 나노초 단위다.

```
정수(integer) 연산
i1++                             8
i1 = i2 + i3                    12
i1 = i2 - i3                    12
i1 = i2 * i3                    12
i1 = i2 / i3                   114
i1 = i2 % i3                   114

실수(float) 연산
f1 = f2                          8
f1 = f2 + f3                    12
f1 = f2 - f3                    12
f1 = f2 * f3                    11
f1 = f2 / f3                    28

실수(double) 연산
d1 = d2                          8
d1 = d2 + d3                    12
d1 = d2 - d3                    12
```

```
d1 = d2 * d3                               11
d1 = d2 / d3                               58

산술 변환
i1 = f1                                     8
f1 = i1                                     8
```

정수 연산은 나눗셈과 나머지 연산을 제외하면 빠르다. 실수 연산도 비슷하게 빠르거나 더 빠르다. 실수 연산이 정수 연산보다 가동비용이 훨씬 비쌌던 시절에 성장했던 사람에게는 충격적인 결과일 것이다.

다른 기본 연산도 상당히 빠르다. 아래 마지막 세 줄에 있는 함수 호출 연산을 포함해서 말이다.

```
정수 벡터 연산
v[i] = i                                    49
v[v[i]] = i                                 81
v[v[v[i]]] = i                             100

제어문 구조
if (i == 5) i1++                            4
if (i != 5) i1++                           12
while (i < 5) i1++                          3
i1 = sum1(i2)                              57
i1 = sum2(i2, i3)                          58
i1 = sum3(i2, i3, i4)                      54
```

하지만 입력과 출력 연산은 가동비용이 그리 싸지 않다. 대부분의 다른 라이브러리 함수도 마찬가지다.

```
입력/출력
fputs(s, fp)                              270
fgets(s, 9, fp)                           222
fprintf(fp, "%d\n", i)                   1820
fscanf(fp, "%d", &i1)                     2070

Malloc
free(malloc(8))                           342

문자열 함수
strcpy(s, "0123456789")                   157
i1 = strcmp(s, s)                         176
i1 = strcmp(s, "a123456789")              64

문자열/수치 변환
i1 = atoi("12345")                        402
```

```
sscanf("12345", "%d", &i1)              2376
sprintf(s, "%d", i)                     1492
f1 = atof("123.45")                     4098
sscanf("123.45", "%f", &f1)             6438
sprintf(s, "%6.2f", 123.45)             3902
```

malloc이나 free 함수에 표시된 시간은 십중팔구 실제 성능을 나타내주는 값이 아닐 것이다. 메모리를 할당한 다음 즉시 해제하는 건 일반적인 사용 패턴이 아니기 때문이다.

마지막으로, 수학 함수가 남았다.

```
수학 함수
i1 = rand()                             135
f1 = log(f2)                            418
f1 = exp(f2)                            462
f1 = sin(f2)                            514
f1 = sqrt(f2)                           112
```

물론 다른 하드웨어에서라면 이 값들도 달라지겠지만, 전체적인 경향을 보고 어떤 것이 얼마나 걸릴지 단순한 추정을 하거나, 기본 연산 대비 상대적인 입출력 비용을 비교하거나, 어떤 표현식을 다시 쓰거나 인라인 함수[12](inline function)를 써야 할지 결정하는 데 이용할 수는 있다.

추정값에는 다양한 변수가 존재한다. 그 중 하나는 컴파일러의 최적화 수준이다. 오늘날의 컴파일러는 대부분의 프로그래머가 눈치채지 못하는 최적화 대상을 찾아 처리할 수 있다. 게다가 현대의 CPU는 너무 복잡해서 제대로 된 컴파일러만이 그 기능을 제대로 활용해 여러 명령어를 동시에 생성하거나, 파이프라인 기법으로 실행하거나, 필요해지기 전에 명령어 및 데이터를 가져오거나 할 수 있는 것이다.

컴퓨터 구조 자체도 정확한 성능을 예측하기 어렵게 하는 중요한 이유가 된다. 메모리 캐시의 양은 속도에서 엄청난 차이를 낳기 때문에, 하드웨어를 설계할 때는 메인 메모리가 캐시 메모리보다 꽤나 느리다는 사실을 감추기 위해 설계자들의 두뇌 활동이 총동원되곤 한다. '400MHz'처럼 표시되는 프로세서의 주파수 값

---

12 인라인 함수(inline function) : 일반 함수처럼 작성하지만 실제로 호출되는 부분에는 함수 코드 자체가 복사되어 들어가며, 호출에 드는 비용이 없으므로 보통은 일반 함수보다 빠르게 실행된다.

은 많은 것을 암시하긴 하지만 전체를 보여주진 않는다. 어떤 200MHz 펜티엄 프로세서는 더 오래된 100MHz 펜티엄 프로세서보다도 확연히 느린데, 후자는 L2 캐시를 곯이 단 반면, 전자는 L2캐시가 하나도 없기 때문이다. 그리고 프로세서 세대가 다르면 똑같은 명령어 집합을 사용한다 하더라도 특정 연산을 할 때 CPU 사이클을 소비하는 정도가 다르다.

연습문제 7-6 . 여러분 가까이에 있는 컴퓨터나 컴파일러들의 기본 연산 비용을 추정하는 테스트 집합을 만들고, 성능 면에서 그것들 간의 유사점과 차이점을 조사하라.

연습문제 7-7. C++ 언어에서 더 고수준 연산에 대한 비용 모델을 구축하라. 포함할 수 있는 기능요소에는 클래스 객체의 생성, 복사, 삭제, 멤버 함수 호출, 가상 함수, 인라인 함수, iostream 라이브러리, STL이 들어갈 수 있을 것이다. 이 연습문제에는 제한이 없으므로 대표적인 연산들로 이루어진 작은 집합에 집중하기 바란다.

연습문제 7-8. 위 연습문제를 자바 언어에 대해 다시 수행하라.

7.7 요약

일단 올바른 알고리즘을 선택했다면, 성능 최적화란 보통 프로그램을 짜면서 제일 나중에 걱정할 만한 수준의 문제다. 그래도 최적화를 수행해야만 한다면 그 기본 절차는, 측정하고 조금의 변경으로 가장 큰 차이를 만들 수 있는 적은 부분에 집중하고, 변경한 내용이 옳은지를 검증하고, 그 다음에 다시 측정하기를 반복하는 것이다. 그리고 가능한 한 빨리 그만두고 가장 단순한 그 버전을 시간과 정확성을 평가하는 기준선으로 유지한다.

어떤 프로그램의 속도나 공간 소모를 개선하려고 한다면, 벤치마크 테스트와 문제를 만들어서 스스로 성능을 추정하고 추적 기록하는 것도 좋은 방법이다. 자신이 하고 있는 작업에 이미 표준 벤치마크 테스트가 있다면, 그것도 같이 활용하라. 프로그램이 상대적으로 자급자족형일 때 취할 수 있는 접근방식으로 '전형적인' 입력군을 찾거나 만드는 방법이 있다. 물론 이것을 테스트 집합의 일부로 만들 수도 있다. 이 방법이 바로 컴파일러, 컴퓨터 같은 학술 시스템이나 상용 시스템을 위한 벤치마크 집합의 기원이다. 예를 들어 Awk에는 흔히 쓰이는 언어 기능요소의 대부분을 포괄하는 스무 개 가량의 작은 프로그램들이 따라온다. 이 프로그램들은 아주 큰 입력 파일을 넣고 돌려도 항상 똑같은 결과가 나오고 아무 성능 버그도 생기지 않는다는 사실을 검증할 수 있다. 또 시간 측정 테스트에 쓸 만한 대량의 표준 데이터 파일들도 있다. 종종 이런 파일이 쉽게 검증할 수 있는 속성, 예를 들면 10의 승수나 2의 승수로 된 크기를 가지면 도움이 된다.

벤치마킹은 6장에서 테스트에 추천한 방식과 똑같은 작업발판을 통해 다룰 수 있다. 시간 측정 테스트를 자동으로 실행하고, 출력에는 그 출력을 이해하고 재현할 수 있을만한 충분한 정보를 포함시키고, 결과를 계속 기록해서 변화 경향과 중대한 변경을 관찰할 수 있어야 한다.

어쨌든 제대로 벤치마크 테스트를 하는 것은 무진장 어려운 일이면서도, 벤치마크에서 좋은 결과를 내게 제품을 미세조정하는 여러 회사에게는, 벤치마크가 완전히 미지의 영역만도 아니다. 따라서 모든 벤치마크 결과는 어느 정도 에누리해서 받아들이는 편이 현명할 것이다.

더 읽어보기

여기에서 논한 스팸 필터는 밥 플란드레나(Bob Flandrena)와 켄 톰슨(Ken Thompson)의 프로그램에 기반한다. 이 필터는 더 정교한 문자열 비교를 위한 정규 표현식을 포함하며, 비교한 문자열에 따라 자동으로 메시지를 분류한다(확실한 스팸, 스팸일 가능성이 있는 것, 스팸이 아닌 것).

커누스의 논문인 「FORTRAN 프로그램에 대한 경험적 연구」는 『Software-Practice and Experience, 1, 2, pp. 105~133, 1971』에 실렸다. 이 논문의 핵심은 컴퓨터 센터의 컴퓨터에 있는 휴지통과 공개된 디렉터리를 뒤져서 찾아낸 프로그램들에 대한 통계적 분석이다.

존 벤틀리(Jon Bentley)의 저서인 『Programming Pearls』과 『More Programming Pearls』(Addison-Wesley, 1986, 1988)는 알고리즘 개선과 코드 미세조정을 통한 개

선의 좋은 사례를 몇 가지 담았다. 또한 성능 개선을 위한 작업발판과 프로파일 활용에 대한 좋은 글도 있다.

릭 부스(Rick Booth)가 쓴 『Inner Loops』(Addison-Wesley, 1997)는 PC 프로그램을 미세조정하는 일에 관한 좋은 참고서다. 비록 프로세서가 너무 빨리 진화해서 이 책의 세부사항들은 급속도로 낡은 것이 되어가고 있긴 하지만 말이다.

존 헤네시(John Hennessy)와 데이비드 패터슨(David Patterson)이 컴퓨터 구조에 관해 쓴 연작(그 중 하나는 『Computer Organization and Design: The Hardware/Software Interface』(Morgan Kaufman, 1997))은 현대 컴퓨터에서의 성능에 관한 철저한 고찰을 담고 있다.

8장

호환성

마지막으로, 표준화(standardizaion)는 관례(convention)와 마찬가지로
강력한 규칙의 표현이 될 수 있다. 하지만 관례와 달리 현대 아키텍처에서
기술이 낳은 영양가 있는 산물로 받아들여져 왔다.
비록 그 잠재적인 독재력과 무자비함을 두려워하는 사람도 많았지만 말이다.

- 로버트 벤츄리[1], 『Complexity and Contradiction in Architecture』

효율적으로 정확하게 동작하는 소프트웨어를 만드는 것은 힘든 일이다. 그러므로
일단 프로그램이 특정 환경에서 잘 돌아가면, 다른 컴파일러나 프로세서, 운영체
제로 옮길 때 그런 고생을 그대로 또 반복하고 싶지는 않을 것이다. 사실 어떤 것
이든 전혀 변경할 필요가 없는 게 이상적이다.

이런 이상을 호환성(互換性, portability)이라고 한다. 실제로 호환성이란 말은 프
로그램을 다른 환경으로 옮길 때 스크래치(scratch)부터 다시 작성하는 것보다 조
금 수정하는 편이 더 쉽다는 한정적인 개념을 뜻하는 경우가 더 많다. 더 적게 고
쳐도 되면, 더 호환성이 있는 것이다.

---

1 로버트 벤츄리(Robert Ventury) : 건축에 대한 혁신적인 이론을 제시한 미국의 건축가. 이 인용 부분에서 아키
텍처(Architecture)는 사실 건축을 의미하지만 소프트웨어에서의 아키텍처(구조)와 의미가 이어지는 부분이
기 대문에 그대로 아키텍처로 옮겼다.

　왜 호환성에 신경을 써야 하는 건지 의아해하는 사람도 많을 것이다. 소프트웨어가 오직 하나의 환경에서, 특정한 조건 하에서만 실행될 거라면, 왜 굳이 시간을 들여 더 광범위한 적응성을 부여할 필요가 있겠는가? 첫째, '성공적인' 프로그램이라면 당연히 그 정의상 대부분 예상하지 못한 방식으로 예상하지 못한 장소에서 사용되곤 한다. 원 명세보다 더 범용으로 쓸 수 있게 소프트웨어를 구축해 놓으면 나중에 유용성은 더 높아지고, 유지보수는 덜 필요해진다. 둘째로, 환경이란 변하기 마련이다. 컴파일러나 운영체제, 하드웨어를 업그레이드하면 기능도 변할 것이다. 프로그램이 특정 기능에 의존하는 정도가 적어질수록 환경 변화에 더 잘 적응하고, 망가질 가능성은 더 줄어든다. 마지막이자 가장 중요한 이유는, 호환 가능한 프로그램이 더 좋은 프로그램이라는 것이다. 프로그램을 호환 가능하게 만들기 위해 쏟는 노력은 그 프로그램을 더 잘 설계하고, 더 잘 구축하고, 더 철저하게 테스트하려는 노력이기도 하다. 호환 가능한 프로그래밍을 위한 기법은 일반적으로 좋은 프로그래밍 기법과 밀접한 관련이 있다.

　물론 호환성의 정도는 현실에 맞게 조정을 해야 한다. 이 세상에 완전히 호환 가능한 프로그램이란 존재하지 않는다. 충분히 많은 환경에서 테스트해보지 못한 프로그램이 있을 뿐이다. 그래도 대부분의 환경에서 추가 변경 없이 돌아가는 소프트웨어를 추구한다면, 여전히 호환성은 합리적인 목표가 될 수 있을 것이다. 이 목표를 완벽하게 달성하진 못하더라도, 프로그램을 처음 만들 때 호환성을 위해 쏟은 시간은 그 소프트웨어를 업데이트해야 할 때 톡톡히 제 값을 한다.

　우리가 하고 싶은 말은 다음과 같다. 다양한 표준과 인터페이스, 그 프로그램이 돌아가야 할 환경의 여러 교집합에서 다 잘 돌아가는 소프트웨어를 작성하기 위해 노력하라. 모든 호환성 문제를 특수 코드를 추가하는 방법으로 해결하지 말고, 대신 그 소프트웨어가 새로운 제약 하에서 작동할 수 있게 전체적으로 조정해야 한다. 어쩔 수 없는 비호환성 코드를 제한하고 제어하기 위하여 추상화와 캡슐화 기법을 이용하라. 코드를 제약사항들의 교집합 하에 유지하고 시스템 의존성을 제한하면, 그 코드는 더 의미가 분명해지고 다른 환경으로 이식할 때도 더 범용으로 사용할 수 있을 것이다.

8.1 언어

표준을 유지하라

호환 가능한 코드를 작성하는 첫 단계는 당연히 프로그램을 고차원 언어로 작성하고 만약 그 언어에 표준이 있다면 그 표준을 유지하는 것이다. 바이너리 파일은 이식이 잘 되지 않지만, 소스코드는 쉽다. 하지만 그렇다 해도 컴파일러가 프로그램을 기계어로 번역하는 방식은 표준 언어에서도 명확히 정의되어 있지 않다. 널리 쓰이는 언어가 오직 하나의 버전만 있는 경우는 거의 없다. 보통은 여러 공급자가 있고, 서로 다른 운영체제용 버전이 있고, 시간이 흐름에 따라 언어를 개선하면서 여러 릴리스가 나온다. 우리의 소스코드가 해석되는 방식도 다양할 것이다.

왜 표준에 대한 엄격한 정의가 없는 것일까? 표준은 때로 불완전하기 때문에 기능들이 복잡하게 상호작용할 때의 동작을 정의하지 못한다. 그리고 때로는 일부러 정의를 확실히 하지 않기도 한다. 예를 들어 C와 C++ 언어에서 char 타입은 부호 있는(signed) 값일 수도 있고 부호 없는(unsigned) 값일 수도 있으며, 심지어 정확히 8비트일 필요도 없다. 이런 문제를 컴파일러 제작자에게 맡김으로써 더 효율적인 구현 가능성을 열어놓고, 그 언어가 실행될 하드웨어에 제한을 두지 않은 것이다. 비록 프로그래머의 인생을 더 어렵게 꼬아놓는다는 위험을 감수하긴 했지만 말이다. 정치도 그렇지만 기술적인 호환성 문제도 세부사항을 정의하지 않은 채로 놔두는 절충안으로 타협할 수 있다. 마지막으로, 언어란 난해하고 컴파일러란 복잡한 것이다. 분명 해석에는 오류가 생기고 컴파일러에는 버그가 있기 마련이다.

가끔은 언어 자체가 전혀 표준화 되지 않은 경우도 있다. C 언어에는 1988년 발표된 공식 ANSI/ISO 표준이 있지만, C++는 1998년에 겨우 ISO C++ 표준만 승인되었다. 필자들이 이 글을 쓰고 있는 지금, 사용되는 컴파일러가 모두 이 공식 표준을 지원하지는 않는다.[2] 자바는 새로운 언어기 때문에 아직도 표준화가 되려면 몇 년 정도 더 있어야 한다. 언어의 표준이란 보통 그 언어에 통합해야 할 여러 구현

---

[2] C는 1999년 C99 표준이 나와 ANSI 표준에 채용되었다. C++는 2010년 이전에 발표하는 것을 목표로 C++0x라는 새 표준이 작업 중에 있다.

버전이 나와 경쟁하게 된 다음, 그리고 표준화 비용을 합리화할 수 있을 만큼 그 언어가 충분히 널리 쓰이게 된 다음에야 개발되는 것이다. 그 동안에도 세상에는 짜야 할 프로그램이 있고, 그 프로그램이 전부 다 지원해야 할 여러 환경이 있다.

따라서 비록 언어의 매뉴얼과 표준이 엄격한 명세라는 인상을 주긴 하지만, 그것이 절대 어떤 언어를 완벽하게 정의하는 것은 아니다. 그리고 서로 다른 구현 버전은 유효하긴 해도 호환성이 없는 결과를 내놓을 수 있다. 심지어 가끔은 오류까지 생긴다. 우리는 처음 이 장을 집필할 때 예시용으로 적당한 예를 하나 발견했다. 다음의 명시적 선언은 C와 C++ 문법에 맞지 않는다.

```
?       *x[] = {"abc"};
```

컴파일러 열두 개로 테스트한 결과 그 중 몇 개는 x를 수식하는 char 타입 지정자가 없다는 것을 정확히 진단해냈고, 상당수가 불일치 타입을 경고(이 컴파일러들은 명백히 낡은 C 언어 정의를 사용하기 때문에 x가 int 포인터의 배열이라고 잘못 추론해낸 것이다)했고, 2개는 전혀 불평을 주워섬기지 않고 이 잘못된 코드의 컴파일을 끝냈다.

주류를 따라 프로그래밍하라

이런 에러를 집어내지 못하는 몇몇 컴파일러의 무능력함은 확실히 불행한 일이지만, 호환성의 중요한 측면을 보여주는 부분이기도 하다. 언어에는 실제 적용 방식이 천차만별인 음지(陰地)가 존재(한 예로 C와 C++의 비트필드가 있다)하기 때문에 이런 건 사용을 피하는 편이 현명하다. 언어에서의 정의가 모호하지 않고 분명히 이해할 수 있는 기능요소를 사용하라. 이런 기능요소는 더 광범위하게 쓰이고 어디서나 똑같은 방식으로 작동하는 경향이 있다. 이것을 그 언어의 주류(main-stream)라고 한다.

주류가 뭔지를 아는 것은 어려운 일이지만, 주류에서 벗어난 구조를 인식하는 것은 쉬운 일이다. C에서 // 주석기호나 Complex 처럼 완전히 새로운 기능요소거나, near나 far처럼 한 아키텍처에 한정된 기능요소는 문제 발생을 예약한 것이나 다름없다. 어떤 기능요소가 이해하기 어려울 정도로 비일반적이거나 불명료하다면, '언어 변호사(언어의 정의를 이해하는 전문가)'의 상담을 받아 보자. 그냥 쓰지는 마라.

여기에서는 호환가능한 소프트웨어를 짜기 위해 흔히 사용되는 범용 언어인 C 와 C++에 초점을 맞추어 논하도록 하겠다. C 표준은 만들어진 지 10년도 넘었기 때문에 매우 안정적이지만, 현재 새로운 표준도 준비되고 있기 때문에 격변의 시 기가 머지않다. 한편 C++ 표준은 갓 찍어낸 따끈따끈한 표준이기 때문에 모든 버 전을 다 수렴할 시간이 부족했다

C의 주류는 무엇일까? 용어는 보통 그 언어를 사용하는 확립된 스타일을 의미하 지만 가끔은 나중의 일까지도 생각하는 편이 나을 것이다. 한 예로, C 언어의 원래 버전은 함수 원형(prototype)을 요구하지 않았다. sqrt를 함수로 선언하려는 사람 은 다음과 같이 썼다.

```
?       double sqrt();
```

이것은 리턴값 타입은 정의하지만 매개변수 타입은 정의하지 않는다. ANSI C에서 함수 원형에 대한 부분이 추가되었는데, 다음과 같이 모든 것을 명확히 지정한다.

```
double sqrt(double);
```

ANSI C 컴파일러는 예전 문법 형태도 수용하게 되어 있지만, 그렇더라도 여러분 은 모든 함수의 원형을 써줘야만 한다. 이렇게 함으로써 더 안전한 코드(함수를 호 출할 때 모두 완벽한 타입 검사를 함)를 보장하게 되고 인터페이스가 바뀔 때 컴파 일러가 그것을 알아챌 수 있다. 만약 다음과 같이 함수를 호출했는데,

```
func(7, PI);
```

이때 func의 원형이 없다면 컴파일러는 여기에서 func가 제대로 호출된 것인지 검증할 수 없다. 만약 이 라이브러리가 나중에 바뀌어서 func 함수가 인자를 세 개 받는다면, 소프트웨어 코드를 그에 맞게 고쳐야 한다는 것을 깜박할지도 모른다. 예전 스타일의 문법이 함수 인자의 타입 검사를 하지 않기 때문이다.

C-+는 더 최근에 표준을 만든 더 큰 언어이기 때문에 그 주류를 정의하기가 더 어렵다. 예를 들어, 사람들은 STL이 주류가 되길 기대하지만 곧바로 그렇게 되지 는 않을 것이다. 그리고 현재도 몇몇 컴파일러는 STL을 완벽히 지원하지 않는다.

언어의 골칫거리 부분을 인식하라

앞에서 언급했듯이, 표준은 보통 컴파일러를 만드는 사람에게 더 재량을 남겨주기 위해서 일부러 어떤 것을 미정의 상태나 미확정 상태로 남겨놓기도 한다. 이런 부분을 나열한 목록은 힘빠질 정도로 길다.

데이터 타입의 크기. C와 C++에서 기본 데이터 타입의 크기는 정의되어 있지 않다. 다음과 같은 기본적인 원칙만 있을 뿐이다.

```
sizeof(char) ≤ sizeof(short) ≤ sizeof(int) ≤ sizeof(long)
sizeof(float) ≤ sizeof(double)
```

그리고 char 타입은 8비트 이상이어야 하고, short 타입과 int 타입은 16비트, long 타입은 32비트 이상이어야 하며 확실히 보장된 속성은 아무것도 없다. 포인터 값이 int 타입 범위에 들어가야 한다는 원칙조차 없다.

특정 컴파일러에서 이 크기가 어떻게 정의되어 있는지 쉽게 알아볼 수 있다.

```c
/* sizeof : 기본 타입의 크기를 표시한다 */
int main(void)
{
    printf("char %d, short %d, int %d, long %d,",
        sizeof(char), sizeof(short),
        sizeof(int), sizeof(long));
    printf(" float %d, double %d, void* %d\n",
        sizeof(float), sizeof(double), sizeof(void *));
    return 0;
}
```

결과는 우리가 여느 때 사용하는 대부분의 시스템과 같다.

```
char 1, short 2, int 4, long 4, float 4, double 8, void* 4
```

하지만 분명 다른 값이 나올 가능성도 존재한다. 어떤 64비트 시스템에서는 다음과 같은 결과가 나온다.

```
char 1, short 2, int 4, long 8, float 4, double 8, void* 8
```

그리고 초기의 PC 컴파일러는 보통 다음과 같은 결과를 냈다.

```
char 1, short 2, int 2, long 4, float 4, double 8, void* 2
```

태동기에 PC 시스템은 여러 종류의 포인터를 지원했다. 이런 혼란을 수습하기 위해 far나 near 같은 포인터 지시자(둘 다 표준이 아니다)가 발명되었으며 이 예약어의 유령은 오늘날의 컴파일러에도 아직 남아 있다. 여러분의 컴파일러가 기본 타입의 크기를 변경할 수 있거나, 다른 타입 크기를 사용하는 시스템이 있다면, 자신의 프로그램을 이런 다른 설정 하에서 컴파일하고 테스트해보기 바란다.

표준 헤더 파일인 stddef.h는 호환성을 지원하는 여러 타입을 정의하고 있다. 이 중 가장 흔히 사용되는 타입은 size_t이며, sizeof 연산자가 리턴하는 부호 없는 정수 타입이다. strlen 같은 함수에서 이 타입의 값을 리턴하며, malloc을 포함한 많은 함수에서도 인자로 사용한다.

이런 경험에서 교훈을 얻은 자바는 모든 기본 데이터 타입의 크기를 정의한다. byte 타입은 8비트, char 타입과 short 타입은 16비트, int 타입은 32비트, long 타입은 64비트다.

여기에서는 부동소수 계산에 따르는 잠재적인 많은 문제를 그냥 넘어갈 것이다. 이 주제 하나만으로도 책 한 권이 나올 분량이기 때문이다. 다행히도 오늘날 시스템은 대부분 하드웨어에서 IEEE 부동소수 계산 하드웨어 표준을 지원하기 때문에 부동소수 연산 속성은 꽤 잘 정의되어 있다.

계산 순서. C와 C++에서 표현식의 피연산자들과 숨겨진 영향[3](side effect), 함수 인자를 계산하는 순서는 정의되어 있지 않다. 예를 들어

```
?    n = (getchar() << 8) | getchar();
```

위 할당문은 두번째 항을 먼저 호출할 수도 있다. 즉 반드시 표현식이 보이는 순서대로 실행되는 것은 아니다.

```
?    ptr[count] = name[++count];
```

위와 같은 명령문에서 count값의 증가는 ptr의 인덱스에 쓰이기 전이나 후에 일어날 수 있다.

```
?    printf("%c %c\n", getchar(), getchar());
```

---

3 숨겨진 영향(side effect) : 흔히 부작용, 부대 작용으로 번역하는 용어이나 여기에서는 계산을 하면서 메모리 내용을 고치는 영향 등을 나타내므로 뜻이 더 잘 드러나는 '숨겨진 영향' 으로 옮겼다.

위에서 처음으로 입력되는 문자는 처음이 아니라 두 번째로 출력될 수도 있다.

```
?      printf("%f %s\n", log(-1.23), strerror(errno));
```

위에서 errno의 값은 아마 log 함수를 호출하기 전에 계산될 것이다.

어떤 표현식들은 계산할 때 규칙이 정해져 있다. 정의에 따르면, 모든 숨겨진 영향과 함수 호출은 각 세미콜론(;)이 나올 때, 또는 함수를 호출하기 전에 완료되어야 한다. &&과 ∥ 연산자는 왼쪽에서 오른쪽으로 실행되며 진리 값(숨겨진 영향까지 포함해서)을 계산할 수 있을 만큼만 연산한다. ?: 연산자는 조건을 계산(숨겨진 영향까지 포함해서)한 다음, 뒤에 나오는 표현식 두 개 중 하나만 계산한다.

자바는 계산 순서를 더 엄격히 정의한다. 표현식은 숨겨진 영향을 포함해서 왼쪽에서 오른쪽으로 계산하게 되어 있다. 비록 어떤 권위 있는 매뉴얼은 이런 동작 방식에 '치명적으로' 영향을 받는 코드를 작성하지 않도록 조언하고 있지만 말이다. 자바 코드를 C 코드나 그 외 이런 정의가 없는 형식으로 변환할 가능성을 고려하면 적절한 조언이라 할 수 있다. 언어 간 변환의 경우는 극단적이긴 하나 가끔은 호환성 테스트를 위한 합리적인 가정이 되기도 한다.

char의 부호. C와 C++에서 char 데이터 타입에 부호가 붙는지 여부는 정의되지 않는다. 따라서 int 값을 리턴하는 루틴인 getchar()를 호출하는 코드에서처럼 char 타입과 int 타입을 결합할 때 문제가 발생할 수 있다. 만약 다음과 같은 코드를 쓴다면,

```
?      char c; /* int 타입이어야 한다. */
?      c = getchar();
```

c의 값은 만약 char 타입에 부호가 없다면 0에서 255까지의 값, 만약 부호가 있다면 -128에서 127까지의 값이 된다. 2의 보수 시스템에서 거의 보편적으로 사용되는 8비트 문자 기준으로 계산한 것이다. 이 문자를 배열 인덱스로 사용하거나, stdio에 보통 -1로 지정되어 있는 EOF와 일치하는지 검사하게 되면 문제가 발생할 소지가 있다. 한 예로, 6.1절에서 다음 코드의 원 버전을, 경계 조건을 몇 개 고쳐 개선한 적이 있다. s[i] == EOF 라는 비교문은 char 타입에 부호가 없다면 언제나 거짓(false)이 된다.

```
?       int i;
?       char s[MAX];
?
?       for (i = 0; i < MAX-1; i++)
?           if ((s[i] = getchar()) == '\n' || s[i] == EOF)
?               break;
?       s[i] = '\0';
```

getchar 함수가 EOF를 리턴할 때 255란 값(-1을 부호 없는 char 타입으로 변환한 0xFF값)이 s[i]에 저장된다. s[i]의 타입이 부호 없는 char 타입이라면 EOF와 비교할 때도 이 값은 255일 것이고, 따라서 비교 결과는 거짓이 된다.

그러나 부호 있는 char 타입이라고 해도 이 코드는 틀렸다. 이 비교문은 EOF에서 참(true)이 되어야 하지만 정상적인 입력값인 0xFF를 넣으면 EOF와 똑같아 보이기 때문에 너무 일찍 루프가 끝난다. 따라서 char 타입에 부호가 있는지 여부와 관계없이 EOF와 비교할 때는 getchar 함수의 리턴값을 항상 int 타입으로 저장해야 한다. 다음은 이 루프 부분을 호환 가능하게 고친 코드다.

```
int c, i;
char s[MAX];

for (i = 0; i < MAX-1; i++) {
    if ((c = getchar()) == '\n' || c == EOF)
        break;
    s[i] = c;
}
s[i] = '\0';
```

자바에는 부호 여부가 정의되지 않은 한정자가 없다. 정수 타입에는 부호가 있고 (16비트) char 타입에는 부호가 없다.

산술 시프트와 논리 시프트. 연산자로 수행하는 부호 있는 값의 오른쪽 시프트 연산은 산술 시프트(부호 비트를 밀려난 공간에 복사함) 아니면 논리 시프트(0으로 밀려난 공간을 채움)가 된다. 이 부분에서도 C와 C++의 문제를 반면교사로 삼은 자바는 >> 연산자를 오른쪽 산술 시프트로 정하고, >>>라는 별도 연산자를 오른쪽 논리 시프트로 예약해 두었다.

바이트 순서. short, int, long 타입의 바이트 순서는 정의되지 않는다. 가장 낮은 메모리 주소에 최상위 바이트(most significant byte)가 올 수도 있고, 최하위 바이트(least significant byte)가 올 수도 있다. 이것은 하드웨어와 관련된 문제이기 때문에 이 장 뒷부분에서 상세히 논할 것이다.

구조체와 클래스 멤버의 경계정렬. 구조체, 클래스, 공용체 내부 항목의 경계정렬(alignment) 방법은 정의되지 않는다. 다만 이런 멤버 변수와 함수들은 선언된 순서대로 배열된다. 예를 들면 다음과 같은 구조체에서,

```
struct X {
    char c;
    int i;
};
```

i의 메모리 주소는 이 구조체 처음부터 2나 4 또는 8 바이트가 된다. 몇몇 시스템은 int 타입을 딱 맞아 떨어지지 않는 구간에 저장할 수 있게 허용하지만, 대부분이 n바이트 기본 데이터 타입은 n바이트 구간에 저장하도록 한다. 한 예로 보통 8바이트인 double 타입은 8의 배수로 된 메모리 공간에 저장된다. 컴파일러 제작자가 이 모든 원칙에 우선하는 특수한 규칙을 정할 수도 있다. 성능 때문에 딱 맞아 떨어지는 경계정렬을 강제하는 경우처럼 말이다.

절대로 어떤 구조체의 멤버들이 메모리를 연속적으로 점유한다고 가정해서는 안 된다. 경계정렬 제약은 '틈'을 만든다. 위의 X 구조체에는 사용되지 않는 공간이 적어도 1바이트는 있을 것이다. 이런 틈은 멤버 크기를 전부 합한 것보다 구조체의 크기가 더 크다는 것을 의미하며, 틈의 크기는 시스템마다 다를 수 있다. 구조체 하나를 저장할 메모리를 할당하려면 sizeof(char) + sizeof(int)가 아니라 sizeof(struct X) 만큼의 바이트를 요청해야 한다.

비트필드. 비트필드는 시스템 의존성이 너무 크기 때문에 사용해서는 안 된다.

이 많은 함정도 규칙 몇 개만 따르면 에둘러 갈 수 있다. 다음과 같은 극히 소수의 전형적 예외 상황이 아니라면 숨겨진 영향을 이용하지 않는다.

```
a[i++] = 0;
c = *p++;
*s++ = *t++;
```

char 타입을 EOF와 비교하지 않는다. 타입과 객체의 크기를 계산할 때는 항상

sizeof를 이용한다. 부호 있는 값을 오른쪽 시프트 연산하지 않는다. 데이터 타입의 크기가 거기에 저장하려는 값의 범위보다 큰지 확인한다.

여러 컴파일러로 시도하라

호환성을 완벽히 고려했다고 생각하기 쉽겠지만, 컴파일러는 사람이 보지 못하는 문제를 발견한다. 그리고 서로 다른 컴파일러는 때로 프로그램을 서로 달리 이해하기 때문에, 컴파일러의 도움을 활용해야 마땅하다. 컴파일러의 모든 경고 옵션을 켠다. 한 시스템 및 여러 시스템에서 여러 컴파일러로 컴파일을 시도해 본다. C 프로그램을 C++ 컴파일러로 컴파일해 본다.

서로 다른 컴파일러가 언어를 해석한 결과는 다양할 수 있기 때문에, 프로그램이 한 컴파일러로 컴파일됐다는 사실만 가지고는 문법적으로 옳은지조차 보증할 수 없다. 하지만 여러 컴파일러로 컴파일된다면 그 확률은 늘어난다. 우리는 이 책에 실린 모든 C 프로그램을 서로 관계없는 운영체제 세 개(Unix, Plan9, Windows)에서 서로 다른 C 컴파일러 세 개와 C++ 컴파일러 두 개로 컴파일해 봤다. 이건 정신이 바짝 들게 하는 경험이었는데, 아무리 용을 써도 인간은 발견할 수 없었을 만한 호환성 에러가 몇십 개나 발견됐다. 전부 단순한 에러여서 고치기는 쉬웠다.

물론 컴파일러도 호환성 문제를 일으킬 수 있다. 정의되지 않은 작동 방식에 대해 여러 선택을 할 수 있기 때문이다. 그래도 좋은 접근 방식을 택하면 희망이 있다. 여러 시스템, 환경, 컴파일러 간의 차이를 증폭시키는 방식으로 코드를 작성하지 않고, 이런 여러 조합과는 관계없이 작동하는 소프트웨어를 만들기 위해 노력한다. 즉, 여러 형태가 있을 가능성이 높은 기능요소나 속성을 집어 넣는 것을 피한다.

8.2 헤더와 라이브러리

헤더와 라이브러리는 기본 언어의 기능을 확장할 수 있게 해준다. 그 예로 C에서 stdio, C++에서 iostream, 자바에서 java.io를 통한 입출력을 들 수 있다. 엄밀히 말해 이런 것들은 언어 자체의 일부는 아니지만, 언어와 함께 정의되고 그 언어를 지원하는 환경이라면 어디든 같이 포함될 것으로 기대된다. 하지만 라이브러리는 여러 동작을 광범위하게 다루고 때로는 운영체제와 관련된 문제를 처리해야 하기 때문에 비호환성이 숨어 있을 수도 있다.

표준 라이브러리를 사용하라

기본 언어에 대한 일반적인 조언을 그대로 적용할 수 있다. 표준과 함께 더 오래되고 잘 수립된 그 표준 내의 요소들을 지켜야 한다. C 언어는 입출력, 문자열 연산, 문자 클래스 테스트, 메모리 할당, 그 외 여러 작업을 수행하는 함수들의 표준 라이브러리를 정의한다. 운영체제와 상호작용하는 부분을 이런 함수들로 제한한다면 시스템을 옮겨 다녀도 똑같은 방식으로 작동하고 성능도 제대로 나올 확률이 높다. 그래도 여전히 주의해야 한다. 이런 라이브러리에도 여러 구현 버전이 있고, 그 중 일부는 표준에 정의되지 않은 기능요소를 포함하고 있기 때문이다.

ANSI C 표준은 문자열 복사 함수인 strdup을 정의하지 않지만 대부분의 환경에서(표준을 따른다고 천명한 환경까지도) 이 함수를 제공한다. 노련한 프로그래머도 습관적으로 strdup을 사용하면서 표준이 아니라는 인식조차 못 할 수 있다. 나중에 이런 프로그램은 이 함수를 제공하지 않는 환경으로 이식할 때 컴파일에 실패할 것이다. 이런 문제는 라이브러리 때문에 생기는 심각한 호환성 관련 두통거리다. 유일한 해결책은 표준을 철저히 지키고 광범위한 환경에서 프로그램을 테스트하는 것이다.

헤더 파일과 패키지 정의 부분은 표준 함수에 대한 인터페이스를 선언한다. 문제는 헤더 파일이 동일한 파일에서 여러 언어를 다뤄야 하기 때문에 내용이 난잡해지는 경향이 있다는 것이다. 예를 들면 ANSI C 이전, ANSI C, 심지어 C++ 컴파일러까지 지원하는 stdio.h 같은 단일 헤더 파일을 발견하게 되는 것은 흔한 일이다. 이런 상황에서 헤더 파일은 조건 컴파일 지시어인 #if와 #ifdef 같은 코드로 어수선하게 된다. 전처리 언어는 그리 유연하지 않기 때문에 이런 헤더 파일은 복잡하고 가독성이 떨어지며, 가끔은 에러까지 생긴다.

우리 시스템에서 뽑아낸 다음 헤더 파일 부분은 개중 나은 편이다. 그나마 깔끔한 형식으로 되어 있기 때문이다.

```
?       #ifdef _OLD_C
?           extern int fread();
?           extern int fwrite();
?       #else
?       # if defined(__STDC__) || defiend(__cplusplus)
?           extern size_t fread(void*, size_t, size_t, FILE*);
?           extern size_t fwrite(const void*, size_t, size_t, FILE*);
?       # else /* not __STDC__ || __cplusplus */
?           extern size_t fread();
?           extern size_t fwrite();
?       # endif /* else not __STDC__ || __cplusplus */
?       #endif
```

위 파일이 상대적으로 깔끔한 편이긴 하지만, 이런 식으로 구조화된 헤더 파일 (과 프로그램)은 난해하고 유지보수하기도 어렵다는 사실을 보여준다. 각 컴파일 러와 환경마다 다른 헤더 파일을 쓰는 편이 더 쉬울 것이다. 이렇게 하면 별도로 여러 파일을 관리해야 하긴 하지만, 각 파일은 자급자족형이 되고 특정 시스템에 적합한 정의를 제공하며 엄격한 ANSI C 표준 환경에서 strdup 함수를 인클루드하 는 것과 같은 실수가 발생할 확률을 줄일 수 있다.

또 헤더 파일은 프로그램에 있는 함수와 같은 이름의 함수를 선언해서 이름공간 을 '오염'시킬 수 있다. 예를 들자면, 우리가 작성한 경고 메시지 함수인 weprintf 는 원래 wprintf라는 이름이었지만 몇몇 환경에서 새로운 C 표준을 예상하고 stdio.h에 함수로 정의해 놓은 것을 알게 되었다. 결국 이런 시스템에서 컴파일을 하기 위해, 그리고 나중을 대비하기 위해 함수 이름을 고칠 수밖에 없었다. 문제가 정당한 시스템 명세 변경에 있다기보다 함수 자체 구현에 에러가 많은 데 있다고 해도, 헤더를 인클루드할 때 다음과 같이 이름을 재정의해서 에둘러 갈 수 있을 것 이다.

```
?       /* 몇몇 stdio헤더가 wprintf 이름을 사용하기 때문에 재정의하여 없앤다 */
?       #define wprintf stdio_wprintf
?       #include <stdio.h>
?       #undef wprintf
?       /* 우리가 만든 wprintf()를 사용하는 코드 ... */
```

이 코드는 헤더 파일에 나오는 모든 wprintf 부분을 stdio_wprintf로 바꿔서 우리 가 만든 wprintf와 헷갈리지 않게 한다. 그러면 이름을 변경하지 않고 wprintf 함수 를 쓸 수 있다. 좀 어색하기도 하고 링크한 다른 라이브러리가 공식 wprintf 함수를 기대하면서 우리가 만든 wprintf를 호출하게 될 위험도 있긴 하지만 말이다. 이런 함수가 하나만 있다면 큰 문제가 되지 않겠지만 어떤 시스템 환경은 완전히 지저분하게 어질러져 있어서, 코드를 명료하게 유지하기 위해서 극단적인 방법을 택할 수밖에 없는 경우도 있다. 환경을 정의하는 부분에 어떤 일을 하는지 주석을 달되, 조건 컴파일을 추가해서 상황을 더 나쁘게 만들지 않아야 한다. 어떤 환경에서 wprintf를 정의한다면, 다른 환경도 모두 그럴 거라 가정하라. 그러면 영구적으로 문제를 해결할 수 있고 #ifdef 문을 유지보수할 필요도 없어진다. 싸우는 것보단 바꾸는 편이 쉬울 뿐 아니라, 분명히 더 안전하다. 그래서 우리가 함수의 이름을 weprintf로 바꾼 것이다.

아무리 원칙을 지키려 노력하고 환경이 깨끗하다고 해도, 자기 맘에 드는 어떤 속성이 어디에서나 동일하게 참이라고 지레짐작하여 슬쩍 선을 벗어나기 쉽다. 비근한 예로, ANSI C는 신호(signal)로 판단할 수 있는 값을 여섯 개 정의하고, POSIX 표준은 열아홉 개, 대부분의 Unix 시스템은 서른두 개 이상을 지원한다. ANSI 표준에 속하지 않는 신호를 사용하고 싶다면 분명 기능성과 호환성 사이에서 저울질을 해야 할 것이고, 어떤 것이 더 중요한지 결정해야만 한다.

프로그래밍 언어의 정의에 속하지 않는 표준들이 그 외에도 많다. 그 예로는 운영체제, 네트워크 인터페이스, 그래픽 인터페이스 등이 있다. 몇몇은 POSIX처럼 두 개 이상 시스템에서 쓸 수 있게 만들어졌고, 나머지는 다양한 마이크로소프트 Windows API처럼 한 시스템에 특화되어 있다. 여기에서도 비슷한 조언을 그대로 적용할 수 있다. 더 광범위하게 사용되고 더 잘 수립된 표준을 선택하고, 가장 중심적이고 가장 흔히 쓰이는 측면들을 철저히 지키면 그 프로그램의 호환성은 더 높아질 것이다.

8.3 프로그램 조직화

호환성에 접근하는 방식은 크게 두 가지가 있다. 여기에서 합집합식(union)과 교집합식(intersection)라고 부를 방법들이다. 합집합식 접근은 각 시스템에서 최고의 기능요소들을 다 사용하되 컴파일 및 설치 프로세스를 지역 환경의 속성에 따라 달리 수행하게 하는 것이다. 결과 코드는 모든 시나리오의 합집합을 처리하고, 각 시스템의 강점을 활용한다. 단점으로는 설치 프로세스의 크기와 복잡성, 조건 컴파일문으로 가득찬 코드의 복잡성이 들어갈 수 있겠다.

어디서나 쓸 수 있는 기능만 사용하라

우리가 추천하는 접근방법은 교집합식이다. 모든 대상 시스템에 존재하는 기능만 사용하고 어디서나 쓸 수 있는 기능이 아니라면 사용하지 않는 방법이다. 한 가지 위험한 점이 있다면 보편적으로 쓸 수 있는 기능을 요구한다는 것이 대상 시스템 범위나 프로그램의 능력을 제한할 수 있다는 점이다. 또 어떤 환경에서는 성능에 문제가 생길 수 있다.

이런 접근방식들을 비교하기 위해 합집합식 코드를 사용하는 사례를 몇 개 본 다음 교집합식으로 다시 살펴보자. 아래에서 보게 되겠지만, 합집합식 코드는 그 것이 천명한 목표에도 불구하고 호환 불가능한 설계구조로 되어 있는 반면, 교집 합식 코드는 호환 가능할 뿐 아니라 일반적으로 더 간명하다.

아래의 작은 예제 코드는 어떤 이유로 인해 표준 헤더 파일인 stdlib.h가 없는 환경에 대처하려고 한다.

```
?       #if defined (STDC_HEADERS) || defined(_LIBC)
?       #include <stdlib.h>
?       #else
?       extern void *malloc(unsigned int);
?       extern void *realloc(void *, unsigned int);
?       #endif
```

이런 방어 스타일은 가끔은 쓸만하지만 자주 쓴다면 얘기가 다르다. 게다가 stdlib에 있는 나머지 함수들도 얼마나 이 코드나 이와 비슷한 조건 코드에 써줘야 할지 의문이 남는다. 예를 들어 만약 누군가 malloc과 realloc을 쓴다면 분명 free도 필요해질 것이다. 부호 없는 int 타입이 size_t 타입과 같은 크기가 아니라면, malloc과 realloc의 인자 타입으로 무엇이 적절하겠는가? 게다가 STDC_HEADERS 나 _LIBC가 정의되어 있는지, 제대로 정의되어 있는 건지 무슨 수로 알 수 있겠는 가? 어떤 환경에서 교체해야만 할 이름이 또 남아 있지는 않은지 어떻게 확신을 가질 수 있겠는가? 이와 같은 조건형 코드는 불완전(호환 불가능)하다. 결국 이 조건에 맞지 않는 시스템이 나오기 마련이고, 그러면 #ifdef 문을 고쳐야 하기 때문이다. 조건 컴파일을 쓰지 않고 문제를 해결할 수 있다면 계속 이어질 유지보수와 관련된 두통거리를 없앨 수 있을 것이다.

하지만 이 예제가 다루고 있는 문제도 현실이다. 이를 어떻게 영원히 해결해 버릴 순 없을까? 맘에 드는 해결책은 표준 헤더가 있다고 가정하는 것이 될 터이다. 만약 없다면 다른 사람의 문제가 된다. 그게 여의치 않으면 소프트웨어에 malloc, realloc, free를 정의한 헤더 파일을 같이 싣는 편이 더 간단할 것이다. ANSI C에서 이런 함수를 정의하는 방법과 똑같다. 코드에 덕지덕지 반창고를 붙일 필요 없이 언제나 원할 때 이런 헤더 파일을 인클루드하면 된다. 그러면 필요한 인터페이스를 쓸 수 있는지 항상 알 수 있게 될 것이다.

조건 컴파일을 지양하라

#ifdef와 비슷한 전처리 지시시문으로 수행하는 조건 컴파일은 정보가 소스코드 전체에 흩어지는 경향이 강하기 때문에 관리하기가 어렵다.

```
?       #ifdef NATIVE
?           char *astring = "convert ASCII to native character set";
?       #else
?       #ifdef MAC
?           char *astring = "convert to Mac textfile format";
?       #else
?       #ifdef DOS
?           char *astring = "convert to DOS textfile format";
?       #else
?           char *astring = "convert to Unix textfile format";
?       #endif /* ?DOS */
?       #endif /* ?MAC */
?       #endif /* ?NATIVE */
```

코드가 목표한 것과 달리 호환성이 심히 떨어진다. 각 시스템마다 다르게 작동하고 매번 새로운 환경이 나올 때마다 #ifdef를 새로 붙여줘야 하기 때문이다. 더 일반적인 표현을 쓴 다음과 같은 문자열 하나가 더 간명할 뿐 아니라, 확실히 호환 가능하면서도 똑같은 정보를 제공한다.

```
char *astring = "convert to local text format";
```

이러면 모든 시스템에서 똑같기 때문에 굳이 조건문을 쓸 필요가 없다.

컴파일 시의 제어 흐름(#ifdef 문으로 정해짐)과 실행 시의 제어 흐름을 섞어 쓰는 건 훨씬 심각한 문제다. 무진장 읽기가 어렵기 때문이다.

```
?       #ifndef DISKSYS
?           for (i = 1; 1 <= msg->dbgmsg.msg_total; i++)
?       #endif
?       #ifdef DISKSYS
?           i = dbgmsgno;
?           if (i <= msg->dbgmsg.msg_total)
?       #endif
?           {
?                   ...
?               if (msg->dbgmsg.msg_total == i)
?       #ifndef DISKSYS
?                   break; /* 더 나올 메시지가 없음 */
?                           /* 이 밑으로 약 서른 줄 정도 더 조건 컴파일문이 섞여 있음 */
?       #endif
?           }
```

명백히 해가 없는 상황이라 해도, 조건 컴파일문은 종종 더 깔끔한 메서드로 교체가 가능하다. 예를 들어, #ifdef는 디버깅 코드를 제어하는 데 자주 쓰인다.

```
?       #ifdef DEBUG
?           printf(...);
?       #endif
```

하지만 일반적인 if 문에 상수 조건을 넣어도 똑같은 역할을 할 수 있다.

```
enum { DEBUG = 0 };
...
if (DEBUG) {
    printf(...);
}
```

만약 DEBUG가 0이라면, 대부분의 컴파일러는 이 부분의 코드를 생성하지는 않아도 문법은 검사해 준다. 반면, #ifdef는 나중에 이 부분이 활성화 되었을 때 컴파일을 중단시킬만한 문법 에러를 숨겨버릴 수도 있다.

때로 조건 컴파일문은 대량의 코드를 제외시킨다.

```
#ifdef notdef /* 정의 되지 않은 기호(symbol) */
    ...
#endif
```

아니면,

```
#if 0
    ....
#endif
```

하지만 컴파일 때 조건에 따라 대체되는 파일을 활용해 조건문 자체를 제외시킬 수도 있다. 이 주제를 다음 절에서 다시 다룰 것이다.

프로그램을 새 환경에 맞게 고쳐야 할 때 전체 프로그램의 복사본을 가지고 시작하지 말아야 한다. 그 대신, 이미 있는 소스코드를 고친다. 아마 코드의 주요 부분을 변경해야 할 텐데, 복사본을 편집하다 보면 금방 여러 버전이 생긴다. 하나의 프로그램에는 가능한 한 하나의 소스만 존재해야 한다. 특정 환경에 맞게 이식하기 위해서 뭔가를 바꿔야 한다면 모든 환경에 통할 수 있게 전체 코드를 고칠 방법을 찾아라. 필요하다면 내부 인터페이스를 변경하되, 코드를 일관성 있게 유지하고 #ifdef는 쓰지 않는다. 이렇게 하면 코드를 고친 뒤에도 더 특수화되기보다는 더 호환성이 높아질 것이다. 합집합을 늘리지 말고 교집합을 좁혀 나가라.

지금까지 조건 컴파일에 대해 비판하고 그것이 초래하는 몇 가지 문제를 선보였다. 하지만 가장 악질적인 문제는 아직 언급하지 않았다. 즉, 조건 컴파일은 테스트하기가 불가능한 거나 마찬가지다. #ifdef 문 한 개는 프로그램 하나를 별도로 컴파일하여 프로그램 두 개로 바꿔놓는다. 이 모든 변종 프로그램이 컴파일되고 테스트되었는지 확인하기는 어렵다. 한 #ifdef 블록에서 변경을 했다면 다른 데도 변경을 해야겠지만, 그 영향은 오직 그 #ifdef 문이 활성화 된 경우의 환경에서만 검증할 수 있다. 다른 설정 하에서 비슷한 변경을 해야 한다면 그건 테스트할 방법이 없다. 게다가, 새로운 #ifdef 블록을 추가한 경우라면 그 영향을 따로 분리해내서 이 부분에 도달하기 위해 다른 어떤 조건들이 충족되어야 하는지, 이 문제를 또 어디에서 고쳐야 하는지 결정하기가 어렵다. 마지막으로 코드에서 뭔가가 조건에 따라 생략된다면, 컴파일러는 그것을 볼 수 없다. 완전히 말이 안 되는 코드일 수도 있는데 프로그래머는 어떤 불운한 고객이 그 조건을 활성화시키는 환경에서 컴파일을 시도할 때까지 전혀 알 수 없을 것이다. 다음 프로그램은 _MAC이 정의되어 있을 때는 컴파일되고 그렇지 않을 때는 컴파일되지 않는다.

```
#ifdef _MAC
    printf("This is Macintosh\r");
#else
    다른 시스템에서는 문법 에러가 난다.
#endif
```

그러므로 우리가 선호하는 방법은 모든 대상 시스템의 공통된 기능만을 사용하는 것이다. 모든 코드를 컴파일하고 테스트할 수 있다. 뭔가 호환성 문제가 있다면, 조건문을 추가하지 말고 그 문제를 처리할 수 있게 코드를 재작성한다. 이런 방식이라면 호환성은 계속 높아지고 프로그램 자체도 더 복잡해지기보다는 더 나아질 것이다.

몇몇 대규모 시스템은 코드를 지역 환경에 맞추기 위해 설정 스크립트와 함께 배포된다. 이 스크립트는 컴파일 시에, 환경 속성 즉 헤더 파일과 라이브러리의 위치, 워드 내 바이트 순서, 타입 크기, 잘못된 것으로 알려져 있는 구현 부분들(의외로 흔하다) 등을 테스트하고 그 상황에 맞는 환경 설정을 담은 설정 매개변수나 makefile을 생성한다. 이런 스크립트는 매우 크고 복잡할 가능성도 있으며, 소프트웨어 배포본에서 꽤 높은 비율을 차지하고, 계속 잘 돌아가기 위해서는 지속적인 유지보수가 필요하다. 때로는 이런 기법도 필요하지만, 코드의 호환성이 더 높고 #ifdef가 없을수록, 설정과 설치도 더 간단하고 더 튼튼해진다.

연습문제 8-1. 자신의 컴파일러가 다음과 같은 조건문 블록을 포함한 코드를 어떻게 처리하는지 조사하라.

```
const int DEBUG = 0;
/* or enum { DEBUG = 0 }; */
/* or final boolean DEBUG = false; */

if (DEBUG) {
    ...
}
```

어떤 상황 하에서 문법 검사가 일어나는가? 언제 코드를 생성하는가? 만약 두 개 이상의 컴파일러를 쓸 수 있다면 어떻게 결과를 비교할까?

8.4 구분

물론 모든 시스템에서 변경 없이 컴파일되는 하나의 소스를 갖고야 싶지만 이건 비현실적일 가능성이 높다. 그래도 호환 불가능한 코드를 프로그램에 뿌려두는 것은 잘못이다. 이것은 조건 컴파일에서 생기는 문제 중 하나이기도 하다.

시스템 의존성을 별도 파일에 지역화해 담아라

서로 다른 시스템에 서로 다른 코드가 필요하다면 그 차이는 각 시스템에 하나씩, 별도 파일에 지역화해 담아야 한다. 예를 들어, Sam 텍스트 에디터[4]는 Unix, Windows, 그 외 몇 개 운영체제에서 돌아간다. 이런 환경에 대한 시스템 인터페이스는 아주 다양하지만 Sam 프로그램 자체의 코드 대부분은 어디에서나 동일하다. 단독 파일마다 각 환경에 맞는 시스템 변경 부분을 담는다. unix.c는 Unix 시스템을 위한 인터페이스 코드를 제공하고, windows.c는 Windows 환경을 위한 파일이다. 이런 파일은 운영체제에 대한 호환 가능한 인터페이스가 되면서 서로의 차이를 숨긴다. 사실 Sam 에디터는 이 에디터만을 위한 가상 운영체제에 맞춰 작성한 다음, 작긴 하지만 지역적인 시스템 콜을 사용하기 때문에 호환이 불가능한 대여섯 개의 연산을 구현하기 위해 C 코드 몇백 줄을 작성해서 여러 실제 시스템에 맞게 이식한 것이다.

이런 운영체제의 그래픽 환경은 서로 거의 관계가 없는 거나 마찬가지다. Sam 에디터는 그래픽 부분에 호환 가능한 라이브러리를 쓴다. 비록 주어진 시스템에 맞게 코드를 교묘히 바꾸는 것보다 이런 라이브러리를 하나 구축하는 게 훨씬 품이 많이 드는 일이긴 하지만(예를 들어 X Windows 시스템에 대한 인터페이스 코드를 작성하는 일은 Sam 프로그램의 나머지 부분을 다 합한 분량의 50퍼센트 정도까지도 차지하는 일이다), 장기적으로 봤을 때는 고생이 더 적다. 게다가 덤으로 그래픽 라이브러리 자체를 유용하게 쓸 수 있기 때문에 따로 활용해서 몇몇 다른 프로그램의 호환성을 높이는 데 쓰기도 했다.

Sam은 과거의 프로그램이다. 오늘날은 다양한 플랫폼에서 OpenGL, Tcl/Tk, 자바

---

4 Sam 텍스트 에디터 : vi와 비슷한 UTF-8 편집이 가능한 에디터

같은 호환 가능한 그래픽 환경을 쓸 수 있다. 직접 만든 그래픽 라이브러리보다는 이런 라이브러리를 활용해 코드를 작성하면 프로그램의 효용은 더 높아질 것이다.

시스템 의존성을 인터페이스 뒤에 숨겨라

추상화는 프로그램에서 호환 가능한 부분과 호환 불가능한 부분 사이에 금을 긋는 강력한 기법이다. 대다수의 프로그래밍 언어에 얹혀 오는 입출력 라이브러리가 좋은 예인데, 실제 물리적인 파일의 위치나 구조에 접근하지 않고 파일을 열고 닫거나 읽고 쓰는 상황에서 추상화된 보조 저장장치의 개념을 제시한다. 이 인터페이스에 붙는 프로그램은 이 인터페이스를 구현한 시스템에서라면 전부 잘 돌아갈 것이다.

Sam 에디터 프로그램도 추상화의 한 사례다. 인터페이스에서 파일 시스템과 그래픽 연산을 정의하고 프로그램은 그 인터페이스의 기능만 사용한다. 인터페이스 자체는 하부 시스템에서 쓸 수 있는 모든 기능을 다 활용한다. 이렇게 하려면 서로 다른 시스템마다 확실히 차이가 나는 인터페이스가 필요하지만, 그 인터페이스를 사용하는 프로그램은 시스템과 독립적이며 이동할 때도 변경이 필요 없다.

호환성에 대한 자바 언어의 접근 방식은 이런 방법을 얼마만큼 확장할 수 있는지를 보여주는 좋은 예다. 자바 프로그램은 '가상 머신(virtual machine)'이라는, 어떤 실제 컴퓨터에서든 다 돌아갈 수 있게 만들어진 가상의 시뮬레이션 컴퓨터에서 수행하는 연산으로 번역된다. 자바 라이브러리는 그래픽, 사용자 인터페이스, 네트워크 등을 포함한 그 하부 시스템의 기능에 균일한 접근 방법을 제공하며, 해당 지역 시스템이 제공하는 모든 것에 연결된다. 이론적으로 똑같은 자바 프로그램은 변경 없이 어디에서나 (번역된 이후에도) 실행할 수 있어야 한다.

8.5 데이터 교환

텍스트 데이터는 어떤 시스템에서 다른 시스템으로 손쉽게 옮겨지기 때문에, 시스템 간에 임의의 정보를 교환하는 가장 간단하고도 호환성 있는 방법이다.

데이터 교환에는 텍스트를 사용하라

텍스트는 다른 툴로 조작하기도 쉽고 예상치 못한 방식으로 처리하기도 쉽다. 예를 들어 어떤 프로그램의 출력이 다른 프로그램의 입력으로 넣기에 부적절하다면 Awk나 펄(Perl) 스크립트로 수정할 수 있고, grep으로 몇 줄을 선택하거나 버릴 수 있고, 더 복잡한 변경을 위해 자신이 좋아하는 편집기를 사용할 수도 있다. 텍스트 파일은 문서화하기도 훨씬 쉬운 데다 심지어 문서화가 별로 필요하지 않을 수도 있다. 사람들이 읽을 수 있는 내용이기 때문이다. 텍스트 파일에 주석을 넣어 그 데이터를 처리하기 위해 필요한 소프트웨어 버전을 나타내는 것도 가능하다. 한 예로 PostScript 파일의 첫 줄은 다음과 같이 인코딩 방법을 명시한다.

```
%!PS-Adobe-2.0
```

반면, 바이너리 파일은 특수한 툴이 필요하고 같은 컴퓨터에서조차 같이 쓸 수 있는 경우가 드물다. 널리 사용되는 프로그램 여럿은 임의의 바이너리 데이터 파일을 텍스트 파일로 변환해서 배포 전에 변질될 위험을 줄인다. Macintosh 시스템을 위한 binhex가 있고, Unix를 위한 uuencode, uudecode가 있고, 메일 메시지의 바이너리 데이터를 전송하기 위해 MIME 인코딩 방식을 사용하는 다양한 툴이 있다. 9장에서 바이너리 파일을 전송하기 위해 호환 가능한 형식으로 인코딩하는 일련의 포장 루틴과 개봉 루틴 모음을 보일 것이다. 이런 툴이 많다는 사실 자체가 바로 바이너리 형식의 문제를 대변한다.

텍스트 교환 문제에 있어서 끊이지 않는 골칫거리가 하나 있다. PC 시스템은 각 줄을 종결하기 위해 캐리지 리턴인 '\r'과 개행문자 또는 라인피드라고 부르는 '\n'을 사용하는 반면, Unix 시스템은 개행문자만 사용한다. 캐리지 리턴은 전신기(Teletype)라는 옛날 기계의 유물이다. 전신기에서 캐리지 리턴은 타이핑을 수행하는 부분(carriage)을 줄 맨 앞으로 돌리기 위한 연산이었고, 별도로 라인피드(LF)는 다음 줄로 나아가기 위한 연산이었다.

오늘날 컴퓨터는 리턴할 캐리지가 없음에도 불구하고, 대다수 PC 소프트웨어는 아직도 각 줄에서 이 조합(CRLF로 알려져 있음. "컬리프"라고 읽음)이 나올 것을 예상한다. 캐리지 리턴 문자가 없다면 그 파일은 아주 긴 한 줄로 해석될지도 모른다. 줄과 문자의 개수가 틀리거나 예상하지 못했던 방식으로 변경될 수도 있다. 일부 소프트웨어는 세련된 대응을 할 수 있지만 대부분은 그렇지 않다. 그리고 PC만 죄인인 것도 아니다. 호환성의 증가 추세 덕분에 HTTP와 같은 일부 모뎀 네트워킹 표준도 각 줄의 경계를 정하기 위해 CRLF를 쓴다.

우리가 권하는 바는 표준 인터페이스를 쓰라는 것이다. 표준 인터페이스는 어떤 시스템에서든 일관성 있게 CRLF를 처리한다. (PC에서는) 입력에서 \r을 제거하고 출력에 다시 추가하거나, (Unix에서는) 파일에서 각 줄을 종결하기 위해 CRLF가 아니라 항상 \n을 사용한다. 왔다갔다 해야 하는 파일이 있다면 그 파일을 각 형식에서 다른 형식으로 변환하는 프로그램이 필수다.

연습문제 8-2. 파일에서 유사 캐리지 리턴 문자를 제거하는 프로그램을 작성하라. 그리고 제거한 유사 캐리지 리턴 문자를 캐리지 리턴과 개행문자로 대체하는 제2의 프로그램을 작성하라. 이런 프로그램을 어떻게 테스트하겠는가?

8.6 바이트 순서

위에서 논한 많은 불리한 점에도 불구하고, 때로는 바이너리 데이터가 필요하다. 바이너리 데이터는 디코딩도 훨씬 빠르고 더 압축적이며, 이런 점이 컴퓨터 네트워크에서 일어나는 많은 문제를 해결하는 데 필수적인 특성이 된다. 하지만 이 데이터에는 심각한 호환성 문제가 있다.

적어도 한 가지 쟁점은 정리되었다. 즉, 모든 모뎀은 8비트(1바이트) 구조다. 하지만 서로 다른 모뎀은 1바이트보다 큰 객체를 서로 다르게 표현하기 때문에 특정 속성에 의존하면 안 된다. short 타입 정수(일반적으로 16비트)는 상위 바이트가 아니라 하위 바이트를 더 낮은 메모리 주소에 기록하거나(리틀 엔디안) 더 높은 메모리 주소에 기록한다. 선택은 임의적이나 어떤 시스템은 두 모드를 전부 지원한다.

그러므로, 빅 엔디안 시스템과 리틀 엔디안 시스템은 메모리를 같은 순서로 늘어선 워드의 순열로 보지만, 한 워드 내부의 바이트 순서는 반대로 해석한다. 아래 그림에서 시작 위치의 4바이트는 빅 엔디안 시스템에서는 16진수로 0x11223344가 되고, 리틀 엔디안 시스템에서는 0x44332211이 된다.

<pre>
  0 1 2 3 4 5 6 7 8
|11|22|33|44| | | | | |
</pre>

바이트 순서를 실제로 확인하려면 다음 프로그램을 실행해 보라.

```c
/* 바이트 순서 : long 타입의 바이트 내용을 출력한다 */
int main(void)
{
    unsigned long x;
    unsigned char *p;
    int i;

    /* 11 22 33 44 => 빅 엔디안 */
    /* 44 33 22 11 => 리틀 엔디안 */
    /* x = 0x1122334455667788UL; 64비트 long 타입 */

    x = 0x11223344UL;
    p = (unsigned char *) &x;
    for (i = 0; i < sizeof(long); i++)
        printf("%x ", *p++);
    printf("\n");
    return 0;
}
```

32비트 빅 엔디안 시스템에서 출력은 다음과 같다.

    11 22 33 44

반면 리틀 엔디안 시스템에서는 다음과 같다.

    44 33 22 11

그리고 PDP-11 (임베디드 시스템에 아직 흔적이 남아있는 옛날 16비트 시스템)에서는 다음과 같다.

    22 11 44 33

우리의 컴퓨터는 long 타입이 64비트였기 때문에 숫자가 더 크고 비슷한 작동 방식을 보였다.

이건 의미없는 프로그램으로 보일 수도 있지만 네트워크 접속 때처럼 바이트 단위로 인터페이스에 정수를 전송하고 싶은 경우엔 어떤 바이트를 먼저 보낼지 결정해야 하고, 그 결정은 본질적으로 빅 엔디안/리틀 엔디안을 결정하는 것이다. 다시 말해, 이 프로그램은 다음과 같은 코드가

```
fwrite(&x, sizeof(x), 1, stdout);
```

실제로 무슨 일을 하는지 드러내어 표현한 것이다. int(또는 short나 long) 타입을 한 컴퓨터에서 쓴 다음 다른 컴퓨터에서 int 타입으로 읽는 것은 위험한 일이다.

예를 들어, 보내는 컴퓨터가 다음과 같이 쓴 다음,

```
unsigned short x;
fwrite(&x, sizeof(x), 1, stdout);
```

받는 컴퓨터가 다음과 같이 읽었을 때,

```
unsigned short x;
fread(&x, sizeof(x), 1, stdin);
```

이 두 컴퓨터가 서로 다른 바이트 순서를 채택했다면 x의 값은 유지되지 않을 것이다. 0x1000으로 출발한 x가 도착하면 0x0010이 될 수도 있다.

이 문제는 흔히 다음과 같은 조건 컴파일과 '바이트 교환(byte swapping)'으로 해결되곤 한다.

```
?       short x;
?       fread(&x, sizeof(x), 1, stdin);
?       #ifdef BIG_ENDIAN
?       /* swap bytes */
?       x = ((x&0xFF) << 8) | ((x>>8) & 0xFF);
?       #endif
```

이런 접근방식은 2바이트 정수와 4바이트 정수를 많이 교환할 때 쓰기엔 너무 무겁다. 실제로는 이동할 때 결국 두 번 이상 바이트 교환을 하게 되곤 한다.

short 타입이 좋지 않은 상황이면, 더 긴 데이터 타입은 바이트를 섞을 방법이 더 많기 때문에 당연히 더 힘들다. 구조체 멤버 간 가변 패딩[5](padding), 경계정렬 제약, 오래된 시스템의 알 길 없는 바이트 순서, 손대기 힘들어 보이는 어려운 문제들은 말할 것도 없다.

---

5 패딩(padding) : '채워넣기'라고도 한다. 보통 CPU가 한 번에 읽어오는 메모리 크기는 정해져 있기 때문에, 구조체 멤버의 크기 차이 때문에 경계정렬이 맞지 않아 발생하는 성능 저하를 방지하기 위해 의미없는 비트로 틈을 메우는 방법이다.

데이터를 교환할 때 고정된 바이트 순서를 사용하라

해결책은 있다. 다음과 같이 호환성 있는 코드를 통해 규범에 맞는 순서로 바이트를 쓴다.

```
unsigned short x;
putchar(x >> 8); /* 상위 바이트를 쓴다 */
putchar(x & 0xFF); /* 하위 바이트를 쓴다 */
```

그리고 한 번에 한 바이트씩 읽어서 재조립한다.

```
unsigned short x;
x = getchar() << 8; /* 상위 바이트를 읽는다 */
x |= getchar() & 0xFF; /* 하위 바이트를 읽는다 */
```

이 접근방식은 구조체 멤버의 값을 정해진 순서대로, 한 번에 한 바이트씩, 패딩 비트 없이 쓰는 것으로 일반화할 수 있다. 어떤 바이트 순서를 고르든 일관성만 지키면 상관없다. 유일한 제약은 전송할 때 보내는 쪽과 받는 쪽에서 각 객체의 바이트 수와 바이트 순서가 동일해야 한다는 것이다. 다음 장에서 일반적인 데이터의 묶기(packing)와 풀기(unpacking)를 할 수 있는 루틴을 살펴볼 것이다.

한 번에 한 바이트씩 처리하는 방식은 가동비용이 비싸 보이지만, 데이터 묶기와 풀기가 반드시 필요한 입출력에 비교하면 그 불이익은 매우 작다. X Window 시스템을 생각해 보자. 클라이언트는 자신의 바이트 순서에 따라 마음대로 데이터를 쓰고 서버는 클라이언트가 보낸 것을 알아서 풀어야 한다. 클라이언트 측에서는 명령문 몇 개를 줄일 수 있지만, 서버 측은 여러 바이트 순서를 한꺼번에 처리해야(빅 엔디안 클라이언트와 리틀 엔디안 클라이언트를 동시에 처리할 수도 있음) 하므로 더 복잡해지고 규모가 커질 뿐 아니라, 복잡성 및 코드의 비용이 훨씬 높아진다. 게다가 그래픽 환경인지라 바이트를 묶는 오버헤드가 인코딩된 그래픽 연산을 실행할 때 따라가질 못할 것이다.

X Window 시스템은 클라이언트의 바이트 순서를 보고 서버가 두 방식을 모두 처리할 수 있도록 요구한다. 이와 대조적으로 Plan 9 운영체제는 파일 서버(또는 그래픽 서버)에 보내는 메시지의 바이트 순서를 정의하며, 데이터를 위에서처럼 호환 가능한 코드로 묶고 푼다. 실제로 실행시 영향도 눈에 띄지 않고, 입출력 비용과 비교하면 데이터를 묶는 비용은 대수롭지 않다.

자바 언어는 C나 C++ 언어보다 고차원 언어기 때문에 바이트 순서를 완벽하게 숨긴다. 라이브러리에서 데이터 교환을 위해 데이터를 묶는 방법을 정의한 Serializable 인터페이스를 제공한다.

하지만 C나 C++ 언어를 쓴다면 이런 일을 스스로 할 수밖에 없다. 한 번에 한 바이트씩 처리하는 방식의 핵심은 이 방식이 8비트 시스템이기만 하면 #ifdef 없이도 문제를 해결한다는 것이다. 다음 장에서 더 자세히 논할 것이다.

그래도 많은 경우 가장 좋은 해결책은 정보를 텍스트 형식으로 변환하는 것이다. 텍스트 형식은 (CRLF 문제를 제외하면) 완벽하게 호환 가능하며, 표현이 모호하지도 않다. 하지만 항상 정답은 아니다. 시간이나 공간이 중요할 수도 있고, 몇몇 데이터 그 중에서도 특히 부동소수는 printf나 scanf로 넘길 때 반올림에 의해 정밀도가 떨어질 수 있다. 부동소수 값을 정확히 교환해야 한다면 잘 형식화된 입출력 라이브러리를 확보하라. 이런 라이브러리는 분명 존재하지만 자신의 환경에는 없을 수도 있다. 부동소수 값을 2진수로 호환성 있게 표현하는 것은 특히나 어려운 일이지만 주의만 기울이면 텍스트 형식으로 잘 표현할 수 있다.

바이너리 파일을 처리하기 위해 표준 함수를 쓸 때 미묘한 호환성 관련 문제가 하나 있다. 즉, 이런 파일은 바이너리 모드로 열어야만 한다.

```
FILE *fin;

fin = fopen(binary_file, "rb");
c = getc(fin);
```

'b' 부분을 빠뜨리면 Unix 시스템에서는 보통 아무 차이도 없지만 Windows 시스템에서는 입력에 처음 나오는 control-Z 바이트(8진수로 032, 16진수로 1A) 때문에 읽기 동작이 중단될 것이다(5장에서 strings 프로그램에 이런 일이 일어난 것을 확인한 바가 있다). 한편, 텍스트 파일을 바이너리 모드로 읽으면 \r이 입력에서는 유지되지만 출력에는 나오지 않는다.

8.7 호환성과 업그레이드

가장 괴로운 호환성 문제의 원천 중 하나가 바로 생명주기 동안 계속 변경되는 시스템 소프트웨어다. 이런 변경은 그 시스템의 어떤 인터페이스에도 일어날 수 있기 때문에 기존 프로그램 간에 없었어도 될 비호환성이 발생한다.

명세를 바꾼다면 이름도 바꾸라

(굳이 말하자면) 우리가 가장 좋아하는 예는 Unix 시스템의 echo 명령어의 속성 변경이다. echo의 초기 설계 버전은 인자를 그냥 메아리(echo)처럼 돌려주는 것이었다.

```
% echo hello, world
hello, world
%
```

하지만 echo는 많은 셸 스크립트의 핵심 부분이 돼 버렸고 형식화된 출력을 내놓는 게 중요해졌다. 그래서 어느 정도 printf처럼 인자를 '해석'하도록 변경되었다.

```
% echo 'hello\nworld'
hello
world
%
```

이 새 기능은 유용하긴 했지만 말 그대로 메아리만 수행했던 echo 명령어에 의존하는 셸 스크립트에서는 전부 호환성 문제가 생겼다. 다음과 같은 명령은

```
% echo $PATH
```

이제 어떤 echo를 쓰느냐에 따라 동작방식이 달라져 버렸다. DOS나 Windows에서처럼 변수에 역슬래시('\')가 들어있기라도 하면 아마 echo가 해석하게 될 것이다. 이 차이는 str에 % 기호가 들어가 있을 때 printf(str)과 printf("%s", str)의 출력 차이와도 비슷하다.

전체 echo 관련 이야기 중에서 일부밖에 꺼내지 않았지만 근본적인 문제가 확실히 보인다. 시스템 변경은 '내부적으로' 서로 달리 작동하는 서로 다른 버전의 소프트웨어들을, '의도하지 않은' 호환성 문제로 몰고 간다는 것이다. 그리고 이런 문제는 처리하기가 아주 어렵다. 만약 echo의 새 버전에 별도로 이름을 줬다면 훨

씬 상황이 편해졌을 것이다.

더 직접적인 예로 Unix 명령어인 sum을 생각해 보자. sum은 파일의 크기와 체크섬을 출력한다. 다음처럼 정보 전송이 제대로 됐는지 검증하기 위해 만들어진 명령어다.

```
% sum file
52313 2 file
%
% 파일을 다른 시스템에 복사한다
%
% telnet othermachine
$
$ sum file
52313 2 file
$
```

전송 뒤에도 체크섬 값은 똑같기 때문에 이전 파일과 복사한 새 파일이 동일하다고 그런대로 믿을 수 있다.

그리고 시스템이 커지고 버전도 바뀐 다음 누군가 이 체크섬 알고리즘이 완벽하지 않다는 사실을 알아차렸고, 그래서 sum은 더 나은 알고리즘으로 변경되었다. 또 누군가가 똑같은 생각을 하고 sum에 다른 버전의 더 나은 알고리즘을 적용했다. 이런 식으로 오늘날에 이르러서는 여러 버전의 sum이 있고 각자 서로 다른 답을 내놓는다. 우리는 파일 하나를 이웃 시스템에 복사하고 sum이 어떻게 계산하는지를 확인했다.

```
% sum file
52313 2 file
%
% 다른 시스템 2에 파일을 복사한다.
% 다른 시스템 3에 파일을 복사한다.
% telnet machine2
$
$ sum file
eaa0d468 713 file
$ telnet machine3
>
> sum file
62992 1 file
>
```

파일에 문제가 생겼을까, 아니면 다른 버전의 sum을 쓴 것 뿐일까? 둘 다일 수도 있다.

그렇기 때문에 sum은 호환성에 있어서 완벽한 낙제생이다. 한 시스템에서 다른 시스템으로 소프트웨어를 복사하는 일을 돕기 위한 프로그램이 호환 불가능한 서로 다른 버전을 갖게 되었다는 것은, 원래 목적에 비춰볼 때 이 프로그램이 쓸모없게 되었다는 뜻이다.

단순한 작업 성격을 고려할 때 원래 sum도 괜찮았다. 수준은 낮지만 체크섬 알고리즘도 쓸만했다. '고쳤다'는 것이 더 나은 프로그램으로 만들어줬을지는 몰라도 큰 개선은 아니었고, 발생한 비호환성을 감수할 가치가 있을 만큼은 더더욱 아니었다. 문제는 개선 자체가 아니라 호환 불가능한 프로그램들의 이름이 같다는 데 있다. 이 변경 때문에 앞으로 오랫동안 우리를 괴롭힐 버전 관리 문제가 생겨버렸다.

기존 프로그램 및 데이터와 호환성을 유지하라

워드 프로세서 같은 소프트웨어의 새 버전을 출시할 때는 예전 버전에서 생성한 파일도 읽을 수 있게 하는 것이 일반적이다. 사람들이 기대하는 게 그렇다. 예상하지 않았던 기능을 추가하면서 파일 형식도 진화하는 것이다. 하지만 때로 새 버전에서 이전 버전의 형식으로 쓰는 기능을 제공하지 못하는 경우가 있다. 새 버전 사용자는 새 기능을 사용하지 않는다 해도 이전 버전을 쓰는 사람들과 파일을 공유할 수가 없고 어쩔 수 없이 모든 사람이 업그레이드를 해야만 한다. 엔지니어링 차원에서의 부주의함이었든 마케팅 전략이었든 이런 식의 설계는 개탄할 만한 것이다.

역방향 호환성(Backward compatibility)이란 어떤 프로그램이 이전 버전의 기능 명세까지 만족시킬 수 있는 능력을 말한다. 만약 어떤 프로그램을 변경하려 한다면 그것에 의존하는 이전 소프트웨어와 데이터를 망가뜨리지 않도록 주의해야 한다. 변경 내역을 잘 문서화하고, 원래 작동방식을 복구할 수 있는 방법을 제공하기 바란다. 제일 중요한 것은, 지금 하는 변경이 어떤 방식으로든 발생할 수 있는 비호환성이라는 대가에 비교할 때 정말 중요한 개선을 가져오는 것인지 충분히 고려해야 한다는 것이다.

8.8 국제화

미국에 살고 있는 사람은 영어가 세계에서 유일한 언어가 아니라는 것, ASCII가 유일한 문자 집합이 아니라는 것, $가 유일한 통화 기호가 아니라는 것, 연월일을 쓸 때 일을 제일 먼저 쓸 수도 있다는 것, 24시 기준으로 시간을 쓸 수도 있다는 것 등을 깜박하기 쉽다. 이렇게 호환성의 또 다른 측면을 넓게 해석하면 프로그램이 언어 및 문화 경계를 넘나드는 호환성을 가지게 하는 문제를 다루게 된다. 이건 굉장히 큰 주제가 될 수 있겠지만, 공간상 제약으로 몇 가지 기본적인 부분만 찍어 다루도록 하겠다.

국제화(Internationalization)는 프로그램을 문화 환경에 대한 전제 없이 실행할 수 있게 만든다는 의미의 용어다. 고려해야 할 문제는 문자 집합부터 인터페이스의 아이콘 해석까지 다양하다.

ASCII라고 전제하지 말라

대부분의 나라에서 ASCII 외에 풍부한 문자집합을 쓰고 있다. ctype.h에 있는 문자 테스트 표준 함수들은 보통 이런 차이를 다음과 같이 내부적으로 감춘다.

```
if (isalpha(c)) ...
```

위 부분은 특정 문자 인코딩 방식에 의존하지 않고, 게다가 프로그램을 해당 로케일로 컴파일하기만 하면 a부터 z까지보다 더 적거나 많은 문자가 있는 로케일 환경에서도 제대로 돌아간다. 물론 isalpha라는 이름 자체가 근원을 말해주긴 한다. 어떤 언어는 알파벳이 아예 없는 경우도 있으니까 말이다.

대부분의 유럽 국가들은 ASCII 인코딩 방식을 확장해서 쓴다. ASCII는 0x7f(7비트)까지밖에 값을 정의하지 않기 때문에 자국 언어의 문자를 표현할 수 있는 추가 문자를 정의해서 쓰는 것이다. 서부 유럽 전역에서 널리 쓰이는 Latin-1 인코딩 방식은 ASCII 방식의 포함집합[6](superset)으로, 80부터 FF까지 기호와 액센트가 붙은 문자를 정의한다. 예를 들어 E7은 액센트가 붙은 ç 문자를 표현한다. 영어 단어인

---

6 포함집합(superset) : 부분집합(subset)의 반대개념으로, A가 B의 부분집합일 때 B는 A의 포함집합이다. 번역어가 명확히 정립돼 있지 않아 한국과학기술원 수리과학연구정보센터(ICMS)의 수학용어 DB를 참고하였음.

boy는 ASCII로(또는 Latin-1으로) 16진수 62 6F 79로 표현되는 한편, 불어 단어인 garçon은 Latin-1으로 67 61 72 E7 6F 6E로 표현한다. 다른 언어는 또 다른 기호를 정의하는데, ASCII에서 쓰고 남은 128개에 전부 다 들어갈 수는 없기 때문에 80부터 FF까지 어떤 문자를 할당할 것인가를 놓고 경쟁하는 다양한 표준이 존재한다.

몇몇 언어는 8비트에 다 들어가지 않기도 한다. 아시아의 주요 언어에는 몇천 개의 문자가 있다. 중국, 일본, 한국에서 쓰는 언어 인코딩 방식은 문자 하나에 16비트를 쓴다. 결과적으로 어떤 언어로 쓰인 문서를 다른 언어 환경의 컴퓨터에서 읽는다는 것은 심각한 호환성 문제가 된다. 문자가 원형 그대로 들어온다고 가정하면, 중국어 문서를 미국 환경 컴퓨터에서 읽으려면 최소한 특수 소프트웨어와 글꼴이 필요하다. 중국어, 영어, 러시아어를 같이 쓰려 할 때 넘어야 할 장애물은 무시무시할 정도다.

유니코드(unicode) 문자집합은 전세계 모든 언어를 아우르는 하나의 인코딩 방식으로 이런 상황을 바꿔보려는 하나의 시도다. 유니코드는 ISO 10646 표준의 16비트 부분집합과 호환되는데, 각 문자에 16비트를 사용하고 00FF 이하 값은 Latin-1과 일치한다. 따라서 garçon은 16비트 값으로 0067 0061 0072 00E7 006F 006E가 되는 한편, 키릴 알파벳은 0401부터 04FF까지 차지하고 표의문자는 3000부터 시작하는 큰 부분을 점유한다. 유니코드는 잘 알려진 모든 언어와 잘 알려지지 않은 언어 다수를 표현할 수 있기 때문에, 문서를 다른 국가 간에 전송하거나 다언어로 쓰여진 텍스트 문서를 저장할 때 선택하는 인코딩 방식이다. 유니코드는 인터넷에서 점점 인기를 끌고 있으며 몇몇 시스템은 아예 표준 형식으로 지원하기도 한다. 예를 들어 자바는 문자열에 대해 기본 문자집합으로 유니코드를 사용한다. Plan 9와 Inferno 운영체제는 시종일관 유니코드를 활용하는데, 파일과 사용자의 이름에까지 사용할 정도다. 마이크로소프트 Windows는 유니코드 문자집합을 지원하긴 하지만 필수로 강제하지는 않는다. 대부분의 Windows 애플리케이션은 그래도 ASCII에서 제일 잘 작동하지만, 실제로 현장에서는 빠르게 유니코드로 옮겨가는 중이다.

그런데 유니코드도 문제를 일으킨다. 문자가 1바이트 안에 들어가지 않기 때문에, 유니코드로 된 텍스트에서는 바이트 순서 문제가 생긴다. 이를 방지하기 위해 유니코드로 된 문서는 보통 프로그램이나 네트워크를 건너가기 전에 UTF-8이라는 바이트 스트림 인코딩 방식으로 번역된다. 각 16비트 문자를 전송하기 위해 1,2,3 바이트 식으로 나눈 순열로 인코딩하는 것이다. 이 문자집합은 00부터 7F까지 사용하며 UTF-8을 쓰면 모두 1바이트 안에 들어가기 때문에 ASCII와도 역방향 호환성이 있다. 80부터 7FF까지는 2바이트로 표현할 수 있으며 800이상 값은 3바이트로 표현할 수 있다. UTF-8로 garçon를 표현하면 67 61 72 C3 A7 6F 6E가 된다. 유니코드 값 E7은 불어 문자인 ç인데, UTF-8로는 2바이트인 C3 A7로 표현된다.

UTF-8과 ASCII의 역방향 호환성은 신의 은총이나 다름없다. 프로그램이 어떤 언어로 된 유니코드 텍스트든 해석되지 않은 바이트 스트림으로 취급할 수 있기 때문이다. 3장에 나온 마르코프 프로그램에 러시아어, 그리스어, 일본어, 중국어로 된 UTF-8 인코딩 텍스트를 넣어 시험해 봤는데 문제없이 돌아갔다. 유럽쪽 언어는 ASCII 스페이스(space), 탭(tab), 개행문자(newline)로 단어를 구분하기 때문에 결과는 당연히 엉망으로 나왔다. 다른 언어의 경우 프로그램의 원래 의도에 가까운 결과를 얻고자 하면 단어를 자르는 규칙을 변경해야만 할 것이다.

C와 C++ 언어는 유니코드나 다른 큰 문자집합의 문자를 처리하는 데 쓸 수 있는 '광역 문자(wide characters)' 즉 16비트 이상의 정수와 그에 동반하는 함수 몇 개를 지원한다. 광역 문자의 문자열 리터럴은 L"..."식으로 쓰는데, 이 때문에 더 큰 호환성 문제가 생긴다. 광역 문자 상수가 있는 프로그램은 그 문자집합을 사용하는 화면에서 확인해야 이해할 수 있다는 것이다. 문자를 다른 시스템 간에 전송하려면 UTF-8과 같은 바이트 스트림으로 변환해야 하기 때문에, C 언어는 광역 문자를 바이트로, 또 거꾸로 변환하는 함수를 제공한다. 그런데 어떤 변환을 사용한 건가? 문자집합의 해석방식과 바이트 스트림 인코딩의 정의는 라이브러리에 숨겨져 있고 추출하기도 어렵기 때문에 이 상황은 어느 경우에도 만족스럽지 못할 수밖에 없다. 어느 장미빛 미래에 모두가 어떤 문자집합을 쓸지 의견합일을 이루는 상황도 가능하긴 하겠으나 더 가능성이 높은 시나리오를 꼽자면, 아직도 우리를 들볶는 바이트 순서 문제를 연상시키는 혼란 상황이 될 것이다.

영어라고 전제하지 말라

인터페이스를 만드는 사람들은 다른 외국어가 똑같은 개념을 표현하기 위해 더 많은 문자를 쓸 수 있다는 사실을, 그래서 화면과 배열에 충분한 여유 공간이 있어야 함을 유념해야 한다.

에러 메시지는 어떨까? 최소한 특정 인구집단에서만 의미가 있을 전문용어나 속어는 없어야 한다. 일단 단순한 언어로 쓰는 게 좋은 출발이다. 흔히 쓰이는 기법 하나는 모든 메시지 텍스트를 다른 언어로 쉽게 교체할 수 있게 한 군데 모아놓는 방법이다.

문화와 관련된 의존성은 여러 가지가 있다. 북미에서만 쓰이는 mm/dd/yy 날짜 형식처럼 말이다. 어떤 소프트웨어가 다른 나라에서 쓰일 전망이 조금이라도 있다면, 이런 의존성은 없애거나 최소화해야 한다. 그래픽 인터페이스의 아이콘은 대개 문화와 관련이 있다. 그 환경에서 자란 토종들도 이해할 수 없는 아이콘이 많은데 다른 배경을 가진 사람들은 말할 것도 없다.

8.9 요약

호환 가능한 코드란 발버둥쳐 얻어내려고 노력할 가치가 충분히 있는 이상(理想)이다. 어떤 프로그램을 한 시스템에서 다른 시스템으로 이동시키고, 그 프로그램이 진화하고 그것이 돌아가는 시스템이 변경되어도 계속 돌아가게 하는데 엄청난 시간이 낭비되고 있기 때문이다. 하지만 호환성은 공짜로 얻어지는 것이 아니다. 모든 잠재 대상 시스템에서 호환성에 관한 쟁점을 충분히 인식하고 구현에 주의를 기울여야만 한다.

호환성을 얻기 위한 두 가지 접근방식에 합집합식(union)과 교집합식(intersection)이라는 이름을 붙였다. 합집합식 접근은 각 대상에 맞는 버전들을 작성하고 조건 컴파일과 같은 메커니즘을 활용해 가능한 한 그 코드들을 합치는 것에 해당한다. 결점은 아주 많다. 즉 더 많은 코드, 대개 더 복잡한 코드가 필요하며 최신으로 유지하기도 어렵고 테스트하기도 어렵다.

교집합식 접근은 가능한 많은 코드를 각 시스템에서 변경 없이 돌아갈 수 있는 한 가지 형태로 작성하는 것이다. 피할 방법이 없는 시스템 의존성은 프로그램과 하부 시스템 사이에서 인터페이스 역할을 하는 하나의 소스 파일에 캡슐화한다. 교집합식 접근에도 결점은 있다. 효율성이 떨어질 가능성이 있으며 기능까지 적어질 수도 있다. 하지만 장기적으로 보면 이런 대가보다 효용이 더 크다.

더 읽어보기

프로그래밍 언어를 설명하는 많은 문서가 있으나 결정적인 참고자료가 될 만큼 정확한 것은 드물다. 필자들은 브라이언 커니핸(Brian Kernighan)과 데니스 리치 (Dennis Ritchie)의 『The C Programming Language』(Prentice Hall, 1988)에 대한 개인적인 편향을 인정하겠다. 하지만 표준을 대체할 수 있다는 이야기는 아니다. 샘 하비슨(Sam Harbison)과 가이 스틸(Guy Steele)의 『C: A Reference Manual』[7] (Prentice Hall, 1994)은 이제 4판이 나왔고 C의 호환성에 대한 좋은 조언들을 담고 있다. 공식 C, C++ 표준은 국제표준화기구(ISO, the International Organization for Standardization)에서 볼 수 있다. 자바에서 공식 표준에 가장 가까운 것은 제임스 고슬링(James Gosling), 빌 조이(Bill Joy), 가이 스틸(Guy Steele)이 쓴 『The Java Language Specification』(Addison-Wesley, 1996)이다.

리치 스티븐스(Rich Stevens)의 『Advanced Programming in the Unix Environment』(Addison-Wesley, 1992)는 Unix 프로그래머에게 훌륭한 자원이며 Unix 계열 시스템 간의 호환성 문제에 대해 물샐틈없이 다루고 있다.

POSIX(Portable Operating System Interface)는 Unix에 기반한 명령어와 라이브러리의 국제 표준이다. 표준 환경 및 애플리케이션의 소스코드 호환성, 균일한 입출력 인터페이스, 파일 시스템과 프로세스를 제공한다. IEEE가 출판한 서적 시리즈에 나와 있다.

‘빅 엔디안(big-endian)’이란 용어는 조나단 스위프트(Jonathan Swift)가 1726년에 처음 고안한 것이다. 대니 코헨이 기고한 「On holy wars and a plea for peace」 (IEEE Computer, 1981년 10월호)는 컴퓨터 세계에 ‘엔디안’이라는 용어를 도입하게 만든 바이트 순서에 관한 멋진 우화다.[8]

---

7 번역서로 『C 프로그래밍 언어, 제5판』 (피어슨에듀케이션코리아, 2005)이 있다.

8 엔디안의 유래 : 조나단 스위프트의 『걸리버 여행기』에는 소인국(lilliputian)이 등장하는데, 이곳 사람들은 달 걀을 깰 때 두꺼운 끝(big-endian)을 먼저 깰 것이냐, 뾰족한 끝(little-endian)을 먼저 깰 것이냐를 놓고 두 당파로 갈려 있다.

벨 연구소에서 개발한 Plan 9 시스템은 호환성을 주요 우선순위로 놓았다. 이 시스템은 #ifdef가 없는 똑같은 소스를 여러 프로세서에 맞게 컴파일하며 시종일관 유니코드 문자집합을 활용한다. Sam(처음엔 『Software-Practice and Experience, 17, 11, pp. 813~845, 1987』에서 "The Text Editor sam"으로 표기했다)의 최신 버전은 유니코드를 사용하며 광범위한 다종다양한 시스템에서 돌아간다. 유니코드와 같은 16비트 문자집합을 다룰 때 발생하는 문제는 롭 파이크(Rob Pike)와 켄 톰슨(Ken Thompson)의 논문 「Hello World or *Καλημέρα κόσμε* or こんにちは世界」 (Proceeding of the Winter 1993 USENIX Conference, San Diego, 1993, pp. 43-50)에서 다루고 있다. 이 논문에서 UTF-8 인코딩 방식이 처음 등장했다. 벨 연구소의 Plan 9 웹사이트에서 Sam 현재 버전과 함께 볼 수 있다.[9]

Inferno 시스템은 Plan 9를 제작한 경험에 기반한 시스템이며 자바와 다소 비슷하다. 어느 실제 시스템에든 올라갈 수 있는 가상머신을 정의하고, 이 가상머신을 위한 명령어로 번역되는 언어(Limbo)를 제공하고, 유니코드를 기본 문자집합으로 쓴다는 점에서 말이다. 또 다양한 상용 시스템에 대한 호환 가능한 인터페이스를 제공하는 가상 운영체제도 포함한다. 션 도워드(Sean Dorward), 롭 파이크, 데이비드 레오 프레조또(David Leo Presotto), 데니스 M. 리치(Dennis M. Ritchie), 하워드 W. 트리키(Howard W. Trickey), 필립 윈터바텀(Philip Winter-bottom)이 벨 연구소 저널에 기고한 「The Inferno Operating System」(Bell Labs Technical Journal, 2, 1, Winter, 1997)에서 설명하고 있다.

---

9 논문 웹페이지 : http://plan9.bell-labs.com/sys/doc/utf.html

9장

표기법

아마도 인간의 모든 창조물 중에
으뜸으로 놀라운 것은 언어로다.

- 자일스 리턴 스트레이치(Giles Lytton Strachey), *Words and Poetry*

알맞은 언어를 사용하면 프로그램을 쉽게 작성할 수 있는 정도가 완전히 달라진다. 이것이 바로 현장에서 활동 중인 프로그래머의 무기고에 C 언어나 그 친척 언어 같은 범용 언어만 있는 것이 아니라 프로그래밍할 수 있는 셸, 스크립트 언어, 그 외에 많은 애플리케이션용 언어가 있는 이유다.

좋은 표기법의 힘은 전통적인 프로그래밍 영역을 뛰어넘어 특수 문제 영역에까지 이른다. 정규 표현식 덕분에 여러 종류의 문자열을 압축적인 (때로는 암호같은) 정의로 쓸 수 있고, HTML 덕분에 상호작용이 가능한 문서를 정의할 수 있으며 이때 종종 자바스크립트 같은 다른 언어로 된 임베디드 프로그램을 활용하기도 한다. 포스트스크립트는 전체 문서(예를 들면 이 책)를 특정 양식을 적용한 프로그램으로 표현한다. 스프레드시트와 워드 프로세서 프로그램은 종종 비주얼 베이식 같은 프로그래밍 언어까지 동원해 표현식을 계산하고, 정보에 접근하고, 레이아웃을 조절한다.

그저 그런 작업을 하기 위해 너무 많은 코드를 작성하고 있는 자신을 발견한다면, 또는 프로세스를 편하게 표현하는 데 어려움을 느낀다면, 잘못된 언어를 사용하고 있을 가능성이 높다. 만약 딱 맞는 언어가 아직 존재하지 않는다면, 스스로 창안해낼 기회일 수도 있다. 언어를 발명한다는 것이 꼭 자바의 후계자를 세운다는 뜻일 필요는 없다. 다루기 어려운 까칠한 문제들은 종종 표기법을 바꿈으로써 해결할 수가 있다. printf 계열의 형식화 문자열을 보라. 화면에 출력하는 값을 제어하는 압축적이고도 표현력이 풍부한 방식이다.

이 장에서는 표기법이 문제를 어떻게 해결할 수 있는지에 대해 얘기하고, 자신만의 특수 목적 언어를 구현하기 위해 사용할 수 있는 기법 몇 가지를 보일 것이다. 그리고 어떤 프로그램으로 하여금 다른 프로그램을 작성하게 하는 가능성까지도 다룰 텐데, 이건 분명 극단적인 표기법 활용 사례지만 많은 프로그래머가 생각하는 바와는 달리 훨씬 쉽고도 훨씬 자주 일어나는 일임을 보게 될 것이다.

9.1 데이터 형식화

컴퓨터에 하고 싶은 말("내 문제를 해결해.")과 일을 시키기 위해 해야 하는 말 사이에는 항상 간극이 존재한다. 이 간극은 좁힐수록 좋다. 좋은 표기법은 우리가 하고 싶은 말을 더 쉽게 하게 만들고, 실수로 잘못된 말을 하기 어렵게 만든다. 때로 좋은 표기법은 새로운 영감을 제공하며 너무나 어려워 보이는 문제를 해결할 수 있게 도와주고 심지어 새로운 발견으로까지 이끌 수 있다.

작은 언어(little language)는 좁은 영역을 위한 특수 표기법이다. 좋은 인터페이스를 제공할 뿐 아니라 그 인터페이스를 구현하는 프로그램을 잘 체계화하는 일까지 도와준다. 다음과 같은 printf 함수의 제어 문자열이 좋은 예다.

```
printf("%d %6.2f %-10.10s\n", i, f, s);
```

이 형식화 문자열의 각 % 기호는 다음 printf 인자의 값이 들어올 자리라는 것을 나타내는 신호다. 선택적 표시 기호와 필드 너비 다음에 나오는 종결 문자는 어떤 종류의 매개변수를 기대하는지 말해준다. 이 표기법은 압축적이고, 직관적이며, 쓰기 쉽고, 구현방식도 정직하고 단순하다. C++(iostream) 및 자바(java.io)의 대체 함수는 비록 사용자 정의 타입을 받고 타입 검사를 해주긴 하지만 특수 표기법을 따로 제공하지 않기 때문에 좀 더 불편해 보인다.

printf 함수의 비표준 버전 몇 가지는 내장된 변환 규칙에 프로그래머가 스스로 변환 방식을 추가할 수 있게 되어 있다. 출력 형식 변환이 필요한 다른 데이터 타입이 있다면 매우 편리한 기능이다. 예를 들어 어떤 컴파일러는 줄 번호와 파일 이름에 %L을 쓸 수도 있다. 어떤 그래픽 시스템은 좌표에 %P, 사각형에는 %R을 사용할 수도 있을 것이다. 4장에서 살펴본 주식 시황 정보를 꺼내오는 문자와 숫자로 이루어진 암호 같은 문자열도 똑같은 성격으로, 주식 데이터의 조합을 가지런히 배열하는 압축적인 표기법이다.

C와 C++에서 비슷한 예들을 합쳐 볼 수 있다. 한 시스템에서 다른 시스템으로 다양한 데이터 타입의 조합을 담은 패킷을 전송한다고 생각해 보자. 8장에서 본 것처럼 가장 깔끔한 방법은 텍스트 표현형식으로 변환하는 것일 테다. 하지만 표준 네트워크 프로토콜에는 효율성이나 크기 면에서 볼 때 바이너리 형식이 적당할 가능성이 높다. 호환 가능하고 효율적이면서도, 사용하기 쉬운 패킷 처리 코드를 어떻게 만들어야 할까?

구체적으로 논하기 위해, 시스템에서 시스템으로 8비트, 16비트, 32비트 데이터 항목의 패킷을 보내려고 한다고 가정하겠다. ANSI C 표준은 char 타입에 최소한 8비트, short 타입에 16비트, long 타입에 32비트를 써야 한다고 규정한다. 따라서 이 데이터 타입들로 값을 표현하도록 하겠다. 패킷 타입도 여러 가지가 될 수 있다. 패킷 타입 1은 다음 그림처럼 타입 표시자 1바이트, 횟수 2바이트, 값 1바이트, 데이터 항목 4바이트다.

0x01	cnt_1	cnt_0	val	$data_3$	$data_2$	$data_1$	$data_0$

패킷 타입 2는 short 타입 데이터 하나와 long 타입 데이터 2개를 포함한다.

0x02	cnt_1	cnt_0	$dw1_3$	$dw1_2$	$dw1_1$	$dw1_0$	$dw2_3$	$dw2_2$	$dw2_1$	$dw2_0$

각 패킷 타입을 묶고 푸는 함수를 작성하는 방식은 다음과 같다.

```c
int pack_type1(unsigned char *buf, unsigned short count,
    unsigned char val, unsigned long data)
{
    unsigned char *bp;

    bp = buf;
    *bp++ = 0x01;
    *bp++ = count >> 8;
    *bp++ = count;
    *bp++ = val;
    *bp++ = data >> 24;
    *bp++ = data >> 16;
    *bp++ = data >> 8;
    *bp++ = data;
    return bp - buf;
}
```

현실 세계의 네트워크 프로토콜이라면 이런 함수의 종류가 같은 주제로만 해도 몇십 개는 될 것이다. 기본 데이터 타입(short, long 등...)을 처리하는 함수나 매크로를 써서 단순화할 수는 있겠지만, 그래도 이런 반복적인 코드는 틀리기 쉽고, 읽기 어렵고, 유지보수하기도 어렵다.

이 코드의 태생적인 반복 특성은 표기법이 도움이 될 수 있다는 실마리가 된다. printf에서 아이디어를 빌려 조그만 명세형 언어를 정의해서 각 패킷을 그 레이아웃을 표현한 간단한 문자열로 기술할 수 있다. 패킷 내 연속적인 원소를 8비트 문자는 c, 16비트 short 타입 정수는 s, 32비트 long 타입 정수는 l로 인코딩한다. 예를 들어 위에서 보인 패킷 타입 1이 원래 가정한 레이아웃이라면, 형식화 문자열 cscl로 기술할 수 있을 것이다. 이제 하나의 pack 함수로 모든 타입의 패킷을 생성할 수 있다. 예로 든 패킷은 다음처럼 생성하면 된다.

```c
pack(buf, "cscl", 0x01, count, val, data);
```

여기에서 쓴 형식화 문자열은 데이터 정의만 담기 때문에, printf에서 쓴 % 문자가 필요없다.

실전에서는 패킷 첫 부분의 정보가 수신 측에게 나머지 부분을 어떻게 디코딩할지를 알려 줄 수 있겠으나, 여기에서는 패킷의 첫 바이트가 레이아웃 결정에 쓰인다고 가정하겠다. 송신 측이 데이터를 이런 형식으로 인코딩한 후 전송하면, 수신 측이 이 패킷을 읽고 첫 바이트를 골라 내어 그 이후 나오는 내용을 디코딩하는 데 사용한다.

pack 함수를 구현한 내용을 여기에 하나 소개한다. 이 함수는 주어진 형식화 문자열(fmt)에 맞는 형식으로 인자를 인코딩하여 buf에 채운다. 부호 확장 문제를 피하려고 패킷 버퍼에 있는 바이트까지 합해 모든 값을 부호 없는 값으로 처리했다. 그리고 선언부를 짧게 유지하게 위해서 typedef를 다음과 같이 관례적으로 활용했다.

```c
typedef unsigned char uchar;
typedef unsigned short ushort;
typedef unsigned long ulong;
```

sprintf, strcpy나 그 비슷한 함수들처럼, pack 함수는 버퍼가 결과를 담기에 충분한 크기라고 전제한다. 이에 대한 책임은 호출자의 몫이다. 그리고 형식화 문자열과 인자 리스트의 불일치 검사 시도도 하지 않는다.

```c
#include <stdarg.h>

/* pack: 바이너리 형식 항목들을 buf에 묶어넣고, 그 길이를 리턴한다. */
int pack(uchar *buf, char *fmt, ...)
{
    va_list args;
    char *p;
    uchar *bp;
    ushort s;
    ulong l;

    bp = buf;
    va_start(args, fmt);
    for (p = fmt; *p != '\0'; p++) {
        switch (*p) {
        case 'c':    /* char 타입 */
            *bp++ = va_arg(args, int);
            break;
        case 's':    /* short 타입 */
            s = va_arg(args, int);
            *bp++ = s >> 8;
            *bp++ = s;
            break;
        case 'l':    /* long 타입 */
            l = va_arg(args, ulong);
            *bp++ = l >> 24;
            *bp++ = l >> 16;
            *bp++ = l >> 8;
            *bp++ = l;
            break;
```

```
        default:       /* 잘못된 타입 문자 */
            va_end(args);
            return -1;
        }
    }
    va_end(args);
    return bp - buf;
}
```

이 pack 루틴은 4장에서 eprintf가 했던 것보다 더 광범위하게 stdarg.h 헤더를 활용한다. va_arg 매크로에, va_start를 호출하여 초기화한 va_list 타입 변수를 첫 번째 피연산자로 넣고, 그 인자의 '타입'(va_arg가 함수가 아니라 매크로인 이유다)을 두 번째 피연산자로 넣어서 연속적으로 인자들을 추출해낸다. 처리가 끝나면 va_end가 호출되어야만 한다. 'c'와 's' 인자는 char 타입과 short 타입 값을 표현하긴 하지만 int 타입으로 추출해야만 하는데, 그 이유는 C 언어에서 char 타입과 short 타입 인자는 매개변수를 비워서 표현했을 때 int로 자동변환되기 때문이다.

이제 각 pack_type 루틴은 인자들을 정리해서 pack 함수 호출에 밀어넣는 한 줄짜리 함수가 된다.

```
/* pack_type1: 타입1 패킷을 묶는다 */
int pack_type1(uchar *buf, ushort count, uchar val, ulong data)
{
    return pack(buf, "cscl", 0x01, count, val, data);
}
```

묶은 것을 풀 때도 똑같이 하면 된다. 각 패킷 형식을 깨기 위해 별도로 코드를 작성하기보다는, 형식화 문자열로 단일 unpack 함수를 호출한다. 이렇게 하면 변환이 일어나는 부분을 한군데로 모을 수 있다.

```
/* unpack: buf에서 묶인 항목들을 풀고 그 길이를 리턴한다 */
int unpack(uchar *buf, char *fmt, ...)
{
    va_list args;
    char *p;
    uchar *bp, *pc;
    ushort *ps;
    ulong *pl;

    bp = buf;
    va_start(args, fmt);
    for (p = fmt; *p != '\0'; p++) {
```

```
        switch (*p) {
        case 'c':    /* char 타입 */
            pc = va_arg(args, uchar*);
            *pc = *bp++;
            break;
        case 's':    /* short 타입 */
            ps = va_arg(args, ushort*);
            *ps = *bp++ << 8;
            *ps |= *bp++;
            break;
        case 'l':    /* long 타입 */
            pl = va_arg(args, ulong*);
            *pl = *bp++ << 24;
            *pl |= *bp++ << 16;
            *pl |= *bp++ << 8;
            *pl |= *bp++;
            break;
        default:        /* 잘못된 타입 문자 */
            va_end(args);
            return -1;
        }
    }
    va_end(args);
    return bp - buf;
}
```

scanf처럼 unpack 함수도 한번에 여러 값을 호출자에게 리턴해야 하기 때문에, 그 결과값이 저장될 변수들에 대한 포인터가 인자가 된다. 그리고 함수값은 그 패킷에 있는 바이트 수가 되며, 이 값은 에러 검사에 쓴다.

값에 부호가 없고 ANSI C에서 정의한 데이터 타입의 크기 안에서 움직이기 때문에, 이 코드는 short 타입과 long 타입에 다른 크기를 사용하는 서로 다른 시스템 간에도 호환성 있게 데이터를 전송한다. pack 함수를 사용하는 프로그램이 (예를 들어) 32비트로 표현할 수 없는 값을 long 타입으로 전송하려고 하지 않는 한, 그 값은 제대로 수신될 것이다. 이 경우 사실상 그 값에서 낮은 32비트만 전송하는 셈이다. 더 큰 값을 전송해야 한다면 다른 형식을 정의해야 한다.

unpack 함수를 호출하는 특정 타입용 풀기 루틴은 간단하다.

```c
/*unpack_type2: 타입2의 패킷을 풀고 처리한다. */
int unpack_type2(int n, uchar *buf)
{
    uchar c;
    ushort count;
    ulong dw1, dw2;

    if (unpack(buf, "csll", &c, &count, &dw1, &dw2) != n)
        return -1;
    assert(c == 0x02);
    return process_type2(count, dw1, dw2);
}
```

unpack_type2를 호출하려면 먼저 타입2 패킷을 다루고 있다는 것을 인식해야
한다. 즉 다음 코드처럼 생긴 수신 측 루프가 있음을 의미한다.

```c
while ((n = readpacket(network, buf, BUFSIZ)) > 0) {
    switch (buf[0]) {
    default:
        eprintf("bad packet type 0x%x", buf[0]);
        break;
    case 1:
        unpack_type1(n, buf);
        break;
    case 2:
        unpack_type2(n, buf);
        break;
    ...
    }
}
```

이런 프로그래밍 스타일은 자칫 길고 지루해질 수 있다. 더 깔끔하고 압축적인
방식은 함수 포인터의 테이블을 정의해서 그 안에 타입으로 찾을 수 있는 각각의
풀기(unpack) 루틴을 넣는 것이다.

```c
int (*unpackfn[])(int, uchar *) = {
    unpack_type0,
    unpack_type1,
    unpack_type2,
};
```

이 테이블 내부의 각 함수는 패킷을 해석하고, 결과를 검사하고, 추가적인 패킷
처리를 시작하게 한다. 이런 테이블을 만들면 수신 측이 해야 할 일이 단순해진다.

```
/*receive: 네트워크에서 패킷을 읽어 처리한다. */
void receive(int network)
{
    uchar type, buf[BUFSIZ];
    int n;

    while ((n = readpacket(network, buf, BUFSIZ)) > 0) {
        type = buf[0];
        if (type >= NELEMS(unpackfn))
            eprintf("bad packet type 0x%x", type);
        if ((*unpackfn[type])(n, buf) < 0)
            eprintf("protocol error, type %x length %d",
                type, n);
    }
}
```

각 패킷을 처리하는 코드가 압축적이고 한군데 모여있기 때문에 유지보수하기도 쉽다. 수신 측은 프로토콜에 대해 독립성이 커지며, 깔끔하고 빠르기까지 하다.

이 예는 어떤 상용 네트워크 프로토콜의 실제 코드에 기반한다. 필자가 일단 이 접근방식이 통할 거라고 깨닫자마자, 몇천 줄 정도 되던 반복적이고 에러가 생기기 쉬웠던 코드가, 유지보수하기 쉬운 몇백 줄 정도로 줄어들었다. 표기법이 혼란을 확 잠재운 것이다.

연습문제 9-1. pack과 unpack을 수정해서 다른 크기의 short 타입과 long 타입을 사용하는 서로 다른 시스템 간에도 부호 있는 값을 제대로 전송하게 하라. 부호 있는 데이터 항목을 지정하기 위해 어떤 식으로 형식화 문자열을 수정해야 하겠는가? 코드를 어떻게 테스트할까? 예를 들어 32비트 long 타입을 쓰는 한 컴퓨터에서 64비트 long 타입을 쓰는 다른 컴퓨터로 -1을 제대로 전송하는지 어떻게 확인할까?

연습문제 9-2. 문자열을 처리할 수 있도록 pack과 unpack을 확장하라. 한 가지 방법은 형식화 문자열에 문자열 길이를 포함시키는 것이다. 반복되는 항목은 반복횟수를 세서 처리할 수 있게 확장하라. 문자열 형식 인코딩은 어떻게 처리할 수 있을까?

연습문제 9-3. 위에서 본 C 프로그램의 함수 포인터 테이블은 C++ virtual 함수 메

커니즘의 핵심이다. pack, unpack, receive를 C++로 다시 작성해서 이런 편한 표기
법의 덕을 보도록 하자.

연습문제 9-4. 두 번째 인자를 포함한 그 이후 인자들을 첫 인자에 주어진 형식대
로 출력하는 printf 함수의 명령줄(command-line) 버전을 작성하라. 몇몇 셸은 이
미 이런 함수를 내장형으로 제공한다.

연습문제 9-5. 스프레드시트 프로그램이나 자바의 DecimalFormat 클래스에서 볼
수 있는 형식 명세화 방식을 구현하는 프로그램을 작성하라. 필수 자리수와 선택
자리수, 소수점과 콤마 기호의 자리 등을 표시하는 패턴에 따라 숫자를 출력하는
방식이다. 예를 들어 설명하면, 다음 형식은

       `##,##0.00`

소수점 둘째 자리까지 있으며, 적어도 소수점 앞에 한 자리가 있고, 천 단위 자리
다음에 콤마가 붙고, 만 단위 자리까지 공백으로 채우는 숫자를 의미한다.
12345.67나 12,345.67 또는 .4나 _____0.40(밑줄기호로 공백을 표시)이 될 수도
있겠다. 이런 명세화 방식에 대한 완벽한 설명을 보고 싶으면 DecimalFormat 클래
스나 스프레드시트 프로그램의 정의를 참고하기 바란다.

9.2 정규 표현식

pack과 unpack 함수의 형식 지정자는 패킷 레이아웃을 정의하기 위한 매우 단순
한 표기법이다. 다음 주제는 조금 더 복잡하지만 훨씬 더 표현력이 뛰어난 표기법
인 정규 표현식(regular expression)으로, 텍스트의 패턴을 지정한다. 이미 이 책 곳
곳에서 별도로 명확히 정의하지 않은 채로 가끔 정규 표현식을 쓰기도 했다. 별 설
명 없이도 이해할 수 있을 만큼 이미 익숙한 것이다. 정규 표현식은 Unix 프로그래
밍 환경에는 널리 퍼져 있지만, 다른 시스템에서는 그만큼 널리 쓰이지 않는다. 그
러므로 이 절에서는 그 위력 중 일부를 보일 것이다. 여러분에게 편리한 정규 표현
식 라이브러리가 없을 경우를 대비해 기초적인 구현도 함께 보인다.

정규 표현식에는 여러 종류가 있지만 본질적으로는 모두 동일하다. 문자 상수

및 숫자나 영문자 같은 문자 계열을 나타내는 약어, 대체기호, 반복적 표현들의 패턴을 기술하는 방법인 것이다. 사람들에게 익숙한 사례 중 하나는 파일 이름의 패턴을 맞추기 위해 명령줄 프로세서나 셸에서 사용하는 '와일드카드(wildcards)'라 불리는 기능일 것이다. 일반적으로 *은 '문자로 구성된 모든 문자열'의 의미로 받아들여지고, 따라서 다음과 같은 명령은

```
C:\> del *.exe
```

'.exe'로 끝나는 문자열로 구성된 이름을 가진 모든 파일과 일치하는 패턴이다. 흔히 있는 일이지만 세부적인 사항은 시스템마다 다르고, 프로그램마다 또 다르다.

다양한 프로그램의 변덕스런 작동 방식 탓에 정규 표현식이 1대 1로 적용하는 '특수한' 메커니즘으로 비칠 수도 있겠지만, 실상은 각 표현방식마다 명확한 의미와 공식 문법이 정해져 있는 언어의 일종이다. 게다가 제대로 구현하기만 하면 매우 빨리 돌아간다. 이렇게 이론과 실전 엔지니어링의 만남은 많은 차이를 낳으며, 2장에서 슬쩍 언급했던 특수 알고리즘의 혜택이 드러나는 한 예가 된다.

정규 표현식은 일치하는 문자열 집합을 정의하는 문자의 나열 형태다. 대다수의 문자는 그냥 자기 자신과만 일치하지만, 정규 표현식 abc는 이 영문으로 이루어진 문자열이 나올 때마다 일치하는 것으로 취급된다. 그리고 메타문자[1](metacharacter) 몇 개로 반복, 묶음, 위치를 표시한다. 전통적인 Unix 정규 표현식에서 ^는 문자열의 시작, $는 끝을 상징하며 따라서 ^x는 문자열 처음에 있는 x에 대해서만 일치한다. x$는 문자열 끝에 있는 x에 대해서만 일치하고, ^x$는 그 문자열에서 유일한 문자가 x일 때만 일치하며, ^$는 빈 문자열과 일치한다.

'.' 은 문자 한 개와 일치한다. 따라서 x.y는 xay, x2y 등과 일치하지만, xy나 xaby는 아니다. 그리고 ^.$는 임의의 문자 한 개만 있는 문자열과 일치한다.

대괄호 [] 안에 있는 문자 집합은 그 안에 포함된 문자 중 하나와 일치한다. 따라서 [0123456789]는 숫자 하나와 일치하며, [0-9]로 줄여 쓸 수 있다.

또 이런 요소들과 결합할 수 있는 메타문자로 묶음에 괄호, 선택에 |, 0번 이상 등장에 *, 1번 이상 등장에 +, 0번이나 1번 등장에 ?를 쓸 수 있다. 마지막으로, \를

---

1 메타문자(metacharacter) : 표현식에서 원 문자 그대로의 의미가 아닌 특수한 의미로 사용되는 문자.

메타문자의 접두어로 붙여서 그 특수 의미를 비활성화한다. *는 문자 *를, \\는 역슬래시(\) 문자를 의미한다.

  가장 잘 알려진 정규 표현식 툴은 이미 이 책에서도 몇 번 언급한 grep 프로그램이다. 이 프로그램은 표기법의 가치를 여실히 보여주는 우수한 사례다. 정규 표현식을 입력 파일의 각 줄에 적용하고 일치하는 문자열을 포함한 줄을 골라 출력한다. 이 간단한 기능 명세에 정규 표현식의 위력이 더해져서 많은 일상 작업을 해결할 수 있는 힘을 부여했다. 다음에 나오는 예에서 grep의 인자로 쓴 정규 표현식 문법이 어떤 파일들의 이름을 지정하기 위해 쓰는 와일드카드와는 다르다는 점에 주목하자. 이 차이는 쓰임새가 다름을 반영하는 것이다.

어떤 소스 파일에서 Regexp 클래스를 사용하는가?

```
% grep Regexp *.java
```

어떤 파일이 이것을 구현하는가?

```
% grep 'class.*Regexp' *.java
```

Bob이 보낸 메일을 어디에 저장했더라?

```
% grep '^From:.* bob@' mail/*
```

이 프로그램 소스 중 공백이 아닌 줄은 몇 줄이나 될까?

```
% grep '.' *.c++ | wc
```

옵션을 주면 일치하는 줄의 줄 번호, 일치 횟수를 출력하거나, 대소문자에 상관없이 찾고, 의미를 반전시키는(패턴에 일치하지 않는 줄을 선택) 등 다양한 기본적인 동작들을 수행해 주기 때문에 grep은 툴 기반 프로그래밍의 고전적 사례가됐을 정도로 널리 사용된다.

  안타깝게도 모든 시스템에 grep이나 이와 비슷한 프로그램이 있는 것은 아니다. 몇몇 시스템에는 보통 regex 또는 regexp라고 부르는 정규 표현식 라이브러리가 있는데, 이 라이브러리로 직접 grep을 만들 수 있다. 이것도 안 된다면 완전한 정규 표현식 언어에서 적당히 일부 부분집합만 취해 구현하는 편이 쉽다. 여기에서는 정규 표현식의 일부와 그에 따르는 grep 프로그램을 구현한 사례를 선보일 것이다. 과제를 간단하게 하고자, 메타문자는 ^, $, ., *만 쓰도록 하겠다. *는 이전에 나온 마침표 하나 혹은 리터럴 문자의 반복을 의미한다. 이 부분집합은 범용 표현식을 구현하는 데 필요한 프로그래밍 복잡성의 극히 일부만으로도 상당한 수준의 위력을 발휘한다.

match 함수부터 시작하자. 이 함수의 역할은 텍스트 문자열이 정규 표현식과 일치하는지 판단하는 것이다.

```c
/*match : 텍스트에 regexp가 나오는지 찾는다*/
int match(char *regexp, char *text)
{
    if (regexp[0] == '^')
        return matchhere(regexp+1, text);
    do {    /* 문자열이 비었어도 확인해야 한다 */
        if (matchhere(regexp, text);
            return 1;
    } while (*text++ != '\0');
    return 0;
}
```

만약 정규 표현식이 ^로 시작하면, 텍스트는 시작할 때 그 표현식의 나머지 부분과 일치해야 한다. 그렇지 않다면 텍스트를 따라 가면서 matchhere 함수를 호출해 그 텍스트 어느 부분에서인가 일치가 일어나는지 확인한다. 그리고 일치하는 부분을 찾자마자 종료한다. 여기에서 do-while 루프의 사용법에 주목하자. 표현식은 빈 둔자열과도 일치(예를 들어 $는 텍스트 끝의 빈 문자열과 일치하고, *는 어떤 문자 개수와도 일치하며 이는 0개를 포함한다)할 수 있으므로, 텍스트가 빈 문자열이어도 matchhere를 호출해야만 한다.

재귀함수인 matchhere가 대부분의 일을 처리한다.

```c
/*matchhere: 텍스트 시작 부분에서 regexp를 찾는다*/
int matchhere(char *regexp, char *text)
{
    if (regexp[0] == '\0')
        return 1;
    if (regexp[1] == '*')
        return matchstar(regexp[0], regexp+2, text);
    if (regexp[0] == '$' && regexp[1] == '\0')
        return *text == '\0';
    if (*text!='\0' && (regexp[0]=='.' || regexp[0]==*text))
        return matchhere(regexp+1, text+1);
    return 0;
}
```

만약 정규 표현식이 비어있다면, 끝에 도달했으므로 일치하는 부분을 찾은 것이다. 정규 표현식이 $로 끝난다면, 텍스트도 끝 부분이어야만 일치한다고 할 수 있다. 정규 표현식이 마침표로 시작한다면 어떤 문자와도 일치한다. 전부 아니라면 이 정규 표현식은 일반 문자로 시작하는 것이며 텍스트에서 그 문자와 일치하는지 찾으면 된다. 정규 표현식의 중간에 나오는 ^나 $ 문자는 메타문자가 아니라 그냥 리터럴 문자로 취급된다.

matchhere 함수는 패턴의 한 문자와 문자열을 비교해 본 다음 자신을 다시 호출하기 때문에, 재귀의 깊이가 패턴의 길이만큼 깊어질 수 있다는 사실에 주의하자.

까탈스런 경우 하나가 바로 정규 표현식이 별문자(*)가 붙은 문자로 시작할 때, 예를 들면 x*로 시작할 때다. 이런 경우에는 matchstar 함수에 별문자의 피연산자인 x를 첫 인자로 넣고, 별문자 뒤의 표현식 패턴과 텍스트를 후속 인자들로 넣어 호출한다.

```c
/*matchstar: 텍스트 시작 부분에서 C*regexp를 찾는다*/
int matchstar(int c, char *regexp, char *text)
{
    do {    /* 0번 이상 일치한다 */
        if (matchhere(regexp, text))
            return 1;
    } while (*text != '\0' && (*text++ == c || c == '.'));
    return 0;
}
```

여기에도 또 do-while 루프가 나오는데, 역시 정규 표현식 x*는 문자가 0번 나오는 경우에도 일치해야 한다는 조건 때문에 넣은 것이다. 이 루프는 텍스트가 나머지 정규 표현식과 일치하는지 확인하며, 첫 문자가 별문자의 피연산자와 일치하는 한 텍스트의 각 위치에서 계속 시도한다.

인정하건대 분명 단순한 구현방식이긴 하지만, 어쨌건 잘 돌아가는 데다 코드도 서른 줄이 안 된다. 이것은 정규 표현식을 쓰기 위해 반드시 고급 기법을 사용할 필요는 없다는 사실을 보여준다.

곧 이 코드를 확장하기 위한 몇 가지 개념을 보이겠지만, 지금은 match 함수를 사용하는 grep을 작성해 보자. 다음은 main 루틴이다.

```c
/* grep main: 파일에서 regexp를 찾는다 */
int main(int argc, char *argv[])
{
    int i, nmatch;
    FILE *f;

    setprogname("grep");
    if (argc < 2)
        eprintf("usage: grep regexp [file ...]");
    nmatch = 0;
    if (argc == 2) {
        if (grep(argv[1], stdin, NULL))
            nmatch++;
    } else {
        for (i = 2; i < argc; i++) {
            f = fopen(argv[i], "r");
            if (f == NULL) {
                weprintf("can't open %s: ", argv[i]);
                continue;
            }
            if (grep(argv[1], f, argc>3 ? argv[i] : NULL) > 0)
                nmatch++;
            fclose(f);
        }
    }
    return nmatch == 0;
}
```

C 프로그램은 성공했을 때 0, 실패했을 때 0이 아닌 값을 리턴하는 게 관례다. 여기서 작성한 grep은 Unix 버전처럼 일치하는 줄을 찾는 것으로 성공 여부를 정의하기 때문에, 한 번이라도 일치하면 0을, 하나도 일치하지 않으면 1, 에러가 발생하면 2를(eprintf를 통해) 리턴한다. 이런 상황 정보는 셸과 같은 다른 프로그램에서 테스트에 쓸 수 있다.

grep 함수는 파일 하나를 읽어 검사하면서 각 줄에 대해 match 함수를 호출한다.

```c
/*grep: 파일에서 regexp를 검색한다 */
int grep(char *regexp, FILE *f, char *name)
{
    int n, nmatch;
    char buf[BUFSIZ];

    nmatch = 0;
    while (fgets(buf, sizeof buf, f) != NULL) {
        n = strlen(buf);
        if (n > 0 && buf[n-1] == '\n')
```

```
                buf[n-1] = '\0';
            if (match(regexp, buf)) {
                nmatch++;
                if (name != NULL)
                    printf("%s:", name);
                printf("%s\n", buf);
            }
        }
        return nmatch;
    }
```

main 함수의 내용을 보면 파일을 여는 데 실패해도 거기에서 종료하지 않는다. 이런 설계를 선택한 것은 다음과 같이 명령을 내리고 나서,

```
% grep herpolhode *.*
```

그 디렉터리의 파일 중 하나를 읽을 수 없는 경우가 흔하기 때문이다. grep은 문제가 생겼을 때 중도 포기하고 사용자로 하여금 문제되는 파일을 제외한 파일 목록을 직접 쳐 넣게 하기보다는 문제를 보고한 뒤 계속 진행하는 편이 낫다. 그리고 grep은 일치하는 줄과 함께 파일 이름을 출력하지만, 표준 입력이나 파일 하나만 읽어 들일 때는 그 이름을 생략한다는 점에 주목하라. 괴상한 설계처럼 보일 수도 있으나 이것은 경험에 근거한 사용방식을 염두에 둔 관용적인 설계 방법이다. 하나의 입력만 주어졌을 때, grep의 일은 보통 그 내용을 선택하는 것이 되고, 파일 이름까지 출력하면 결과가 혼잡해 보인다. 하지만 많은 파일을 검색하는 경우라면 grep의 일은 대부분 어떤 것이 등장하는 부분을 전체 파일에서 찾는 것이고, 파일 이름도 유용한 정보가 된다. 다음 명령과

```
% strings markov.exe | grep 'DOS mode'
```

다음 명령을 비교해 보자.

```
% grep grammer chapter*.txt
```

이런 세밀한 마감이 grep을 이렇게 유명하게 만든 부분이며, 자연스럽고 효과적인 툴을 만들기 위해서는 인간 공학을 활용해 표기법을 꾸려야 함을 여실히 드러내준다.

우리가 구현한 match 함수는 일치하는 부분을 찾자마자 리턴한다. grep만 보면 괜찮은 기본방식이다. 하지만 텍스트 에디터의 바꾸기(찾기, 그리고 대체하기) 기

능을 구현할 때는 '왼쪽으로 가장 긴' 일치가 더 적합하다. 예를 들어, "aaaaa"란 텍스트가 주어졌을 때, 패턴 a*는 이 텍스트 처음에 나오는 널 문자열과 일치하지만, 전체 a 다섯 개와 일치시키는 편이 더 자연스러워 보인다. match 함수가 왼쪽으로 가장 긴 문자열을 찾게 하려면, matchstar를 재작성해서 탐욕스럽게(greedy) 만들어야 한다. 왼쪽에서 오른쪽으로 텍스트의 각 문자를 보는 것이 아니라, 별문자가 붙은 피연산자와 일치하는 가장 긴 문자열을 뛰어넘다가, 나머지 문자열 부분이 나머지 패턴 부분과 일치하지 않으면 다시 되돌아 올라온다. 다시 말해 오른쪽에서 왼쪽으로 실행되어야 한다. 다음은 왼쪽으로 가장 긴 일치 방법을 따르는 matchstar 함수다.

```c
/*matchstar: c*regexp와 왼쪽으로 가장 긴 일치 부분을 찾는다 */
int matchstar(int c, char *regexp, char *text)
{
    char *t;

    for (t = text; *t != '\0' && (*t == c || c == '.'); t++)
        ;
    do {    /* 0개 이상과 일치한다 */
        if (matchhere(regexp, t))
            return 1;
    } while (t-- > text);
    return 0;
}
```

grep이 어떤 식의 일치 판단 방법을 쓰느냐는 중요하지 않다. 그냥 일치하는 부분이 있는지 검사하고 전체 줄을 출력할 뿐이기 때문이다. 따라서 왼쪽으로 가장 긴 일치 방식은 부수적으로 더 일을 하는 셈이며 grep에는 필요하지 않지만, 바꾸기 기능에는 필수적이다.

정규 표현식을 고려하지 않더라도 이 grep 프로그램은 시스템에서 제공하는 버전과 경쟁할 만하다. 입력으로 aaaaaaaaac가 들어왔을 때 a*a*a*a*a*b 같이 급격히 연산이 불어나는(지수함수적인) 작동을 야기할 수 있는 독소 표현식이 존재하긴 하지만, 이런 작동은 몇몇 상용 버전에도 똑같이 존재한다. Unix에서 쓸 수 있는 grep의 변종으로 egrep이라는 프로그램이 있는데, 더 정교한 일치 알고리즘을 사용하여 부분 일치 시도가 실패했을 때 되돌아 올라오는 부분을 제거함으로써 선형적(일차함수적인) 성능을 보장한다.

match 함수가 전체 정규 표현식을 처리할 수 있게 해보면 어떨까? 그러기 위해서는 [a-zA-Z] 같은 문자 계열(character class)을 영문자와 일치시키는 기능, 메타문자를 평범한 문자로 처리하는 기능(예를 들면 마침표 문자를 찾는 경우), 구분을 위해 괄호로 묶는 기능, 선택 기능(abc or def) 등을 구현해야 한다. 그 첫 단계는 match 함수의 짐을 덜어주기 위해 이 함수가 검색하기 쉬운 표현 방식으로 패턴을 번역하는 작업이다. 문자 계열을 문자와 비교할 때마다 매번 해석하는 건 가동비용이 비싼 작업이기 때문에, 미리 비트 벡터 기반 표현 방식으로 바꿔 두면 문자 계열 처리가 훨씬 효율적으로 될 것이다. 괄호 묶음 처리와 선택 기능까지 들어간 전체 정규 표현식을 구현하려면 프로그램이 훨씬 복잡해질 게 틀림없지만 뒤에서 이야기할 기법 몇 가지를 활용할 수 있을 터이다.

연습문제 9-6. 일반 텍스트를 검색할 때 strstr과 비교하면 match의 성능은 어떨까?

연습문제 9-7. matchhere 함수의 비재귀 버전을 작성하고 재귀 버전과 그 성능을 비교하라.

연습문제 9-8. grep에 옵션 몇 개를 추가하라. 유명한 것으로 일치의 의미를 반전시키는 -v, 영문자의 대소문자를 구분하여 찾는 -i, 출력에 줄 번호를 포함하는 -n이 있다. 줄 번호는 어떻게 출력해야 할까? 일치하는 텍스트와 동일한 줄에 출력되어야 할까?

연습문제 9-9. match에 + (1개 이상)와 ? (0개 또는 1개) 연산자를 추가하라. a+bb? 패턴은 1개 이상의 a 다음에 1개 또는 2개의 b가 오는 텍스트와 일치한다.

연습문제 9-10. 현재 match 함수 구현방식에서는 ^와 $가 표현식의 처음과 끝에 오지 않으면 특수 의미를 비활성화하고, *가 리터럴 문자나 마침표 바로 다음에 오지 않는 경우도 마찬가지다. 더 일반적으로 써온 설계 방식은 메타문자 앞에 역슬래시 기호를 붙여서 비활성화하는 것이다. 역슬래시를 이런 식으로 처리하도록 match 함수를 수정하라.

연습문제 9-11. match에 문자 계열을 추가하라. 문자 계열은 대괄호 안에 있는 어느 문자 하나라도 일치하는 경우를 지정한다. 소문자 중 하나와 일치하는 경우 [a-z]처럼 범위 표현 방식을 추가하고, 숫자를 '제외한' 어떤 문자와도 일치하는 경우 [^0-9]처럼 의미를 반전시키는 표현 방식을 추가하면 더 편하게 쓸 수 있다.

연습문제 9-12. match가 왼쪽으로 가장 긴 일치 방식을 사용하는 matchstar를 사용하게 변경하고, 일치하는 텍스트 부분의 시작 위치와 끝 위치를 리턴하게 수정하라. 이를 활용해 grep과 비슷하지만 다음과 같이 패턴에 일치하는 텍스트를 새 텍스트로 바꾼 다음 입력 줄을 출력하는 gres 프로그램을 구축하라.

```
% gres 'homoiousian' 'homoousian' mission.stmt
```

연습문제 9-13. 유니코드 문자로 구성된 UTF-8 방식 문자열을 처리하도록 match와 grep을 수정하라. UTF-8과 유니코드는 ASCII를 포함하는 집합이기 때문에 이 변경은 더 큰 범위를 다루게 되어 상향 호환성이 있다. 정규 표현식도 검색 대상 텍스트와 마찬가지로 UTF-8 방식을 제대로 처리해야 한다. 문자 계열은 어떻게 구현해야 하겠는가?

연습문제 9-14. 정규 표현식을 테스트하기 위해 테스트 표현식과 검색할 문자열을 생성하는 자동 테스트 프로그램을 작성하라. 가능하다면 기존 라이브러리를 참고용으로 활용하라. 아마 그 안에서도 버그를 찾을 수 있을 것이다.

9.3 프로그래밍 툴

특수 목적용 언어와 관련해 주변을 든든히 떠받치는 많은 툴이 존재한다. grep 프로그램은 프로그래밍 관련 문제를 해결하기 위해 정규 표현식이나 그 외 언어를 이용하는 도구 중 하나일 뿐이다.

초기 사례 중 하나는 명령 해석기 또는 작업 제어 언어였다. 일련의 일반적인 명령들을 파일 하나에 모아 넣고, 그 파일을 명령 해석기나 셸의 인스턴스에 입력으로 주어 실행할 수 있다는 것은 일찌감치 확인되었다. 그리고 거기서부터 한 발짝씩 매개변수, 조건문, 루프, 변수 및 그 외 전통적인 프로그래밍 언어의 요소들을 추가해 온 것이다. 지금과 제일 다른 것은 그 때는 데이터 타입이 단 하나(문자열) 밖에 없었고, 셸 프로그램의 연산자가, 목적한 계산을 수행하는 온전한 프로그램 자체가 되는 경향이 있었다는 것이다. 비록 셸 프로그래밍은 이제 명령줄 환경의 펄 언어나 그래픽 사용자 인터페이스 환경에서 버튼을 누르는 것과 같은 대체 수단에 자리를 내주고 주류에서 멀어지긴 했지만, 지금도 상대적으로 단순한 부분들을 모아 복잡한 연산을 구축하는 효과적인 방법 중 하나다.

Awk도 프로그래밍 툴의 일종이며, 입력 스트림의 변환과 선택에 집중한 소규모 특수 패턴 동작 언어다. 3장에서 봤듯이, Awk는 입력 파일을 자동으로 읽어 각 줄을 $1부터 $NF까지의 필드로 구분한다. 여기에서 NF는 그 줄의 필드 개수를 의미한다. 일반적인 많은 작업에 대해 기본 작동 방식을 제공함으로써, 한 줄만으로도 유용한 프로그램을 짤 수 있다. 예를 들면 다음과 같은 완전한 Awk 프로그램은

```awk
# split.awk: 입력을 분리하여 한 줄에 한 단어씩 출력한다.
{ for (i = 1; i <= NF; i++) print $i }
```

각 입력 줄에서 '단어'를 뽑아 한 줄에 한 단어씩 출력한다. 다음은 다른 방향을 취하여 fmt 프로그램을 구현한 것이며 출력 줄을 한 줄에 최대 60개의 문자까지 단어들을 채운다. 빈 줄이 나오면 문단이 끝난다.

```awk
# fmt.awk : 한 줄에 60문자씩 있는 형식으로 바꾼다.
/./     { for (i = 1; i <= NF; i++) addword($i) } # 빈 줄 아님
/^$/    { printline(); print "" }                 # 빈 줄
END     { printline() }

function addword(w) {
    if (length(line) + 1 + length(w) > 60)
        printline()
    if (length(line) == 0)
        line = w
    else
        line = line " " w
}
function printline() {
    if (length(line) > 0) {
        print line
        line = ""
    }
}
```

필자들은 자주 이 fmt를 써서 메일 메시지나 다른 짧은 문서들의 단락을 재정렬했다. 또 3장의 마르코프 프로그램에서 출력 형식을 지정할 때 쓰기도 했다.

프로그래밍 툴은 좁은 영역의 문제에 대한 해결책을 자연스럽게 표현하기 위해 설계된 작은 언어에 기원한 경우가 많다. 멋진 예 하나가 바로 Unix 툴인 eqn인데, 수학 공식을 형식에 맞게 표현하는 프로그램이다. 이 툴의 입력 언어는 수학자들이 수학 공식을 소리내어 읽는 것과 비슷하다고 할 만하다. $\frac{\pi}{2}$ 는 pi over 2로 쓴다. TEX도 이런 방식을 따르는데, 이 공식의 표기법은 \pi \over 2다. 만약 자신이 풀고 있는 문제를 다루는 익숙하거나 자연스러운 표기법이 있다면, 스크래치(scratch)부터 시작하지 말고 그것을 쓰거나 적절히 변형해서 사용하라.

Awk는 전화 통화 흐름에서 정규 표현식을 써서 비정상적인 데이터를 식별하는 프로그램에서 영감을 얻었지만 변수, 표현식, 루프 등을 포함하면서 진짜 프로그래밍 언어가 되었다. 펄과 Tcl은 처음에는 큰 언어의 능력과 작은 언어의 편의성, 표현력을 결합하려는 목적으로 출발했다. 이런 언어들은 진짜 범용 언어다. 비록 대부분 텍스트 처리에 사용되고 있긴 하지만 말이다.

이런 툴을 가리키는 포괄적인 이름은 스크립트 언어(scripting language)이며, 프로그래밍 능력이 정해진 '스크립트'를 실행하는 것으로 제한됐던 초기 명령 해석기에서 유래했기 때문에 붙여진 이름이다. 스크립트 언어는 창의적인 정규 표현식 활용을 가능하게 했으며, 그 범위는 패턴 일치(특정 패턴이 나오는 것을 인식함)만이 아니라 변환할 텍스트 영역을 식별하는 일까지 이른다. 이는 뒤에 나올 Tcl 프로그램의 regsub(정규 표현식 대체 regular expression substitution) 명령 2개가 보여줄 것이다. 이 프로그램은 4장에서 보였던 주식 현황을 꺼내와 출력하는 프로그램을 조금 일반화한 것으로, 첫 인자로 주어진 URL을 꺼내온다. 첫 대체 명령은 http://문자열이 있을 때 이를 제거하며, 두 번째 대체 명령은 처음 나오는 /를 공백으로 처리하여 인자를 2개의 필드로 분리한다. lindex 명령은 문자열에서(0위치에서 시작하여) 필드를 꺼내온다. []기호로 둘러싼 텍스트는 Tcl 명령으로서 실행되며 그 실행결과 텍스트로 대체된다. $x는 변수 x의 값으로 대체된다.

```
# geturl.tcl: URL에서 문서를 꺼내온다.
# 입력의 형태는 [http://]abc.def.com[/whatever...] 형식이 된다.

regsub "http://" $argv "" argv   ;# http:// 가 존재하면 제거한다.
regsub "/" $argv " " argv         ;# 첫 /를 공백문자로 대체한다.

set so [socket [lindex $argv 0] 80] ;# 네트워크에 접속한다.
set q "/[lindex $argv 1]"

puts $so "GET $q HTTP/1.0\n\n"   ;# 요청을 보낸다.
flush $so
while {[gets $so line] >= 0 && $line != ""} {} ;# 헤더 부분을 넘긴다
puts [read $so]                      ;# 전체 응답내용을 읽고 출력한다.
```

이 스크립트는 보통 꽤 양이 많은 출력을 내놓는데, 그 대부분은 <와 >로 둘러싸인 HTML 태그다. 펄이 텍스트 대체 작업에 뛰어나므로, 다음으로 써볼 툴은 이 태그들을 없애기 위해 정규 표현식과 대체 연산을 활용하는 펄 스크립트가 되겠다.

```
# unhtml.pl : HTML 태그를 제거한다.

while (<>) {              # 모든 입력을 하나의 문자열로 묶는다
    $str .= $_;           # 입력 줄을 이어붙이는 부분
}

$str =~ s/<[^>]*>//g;   # <...>을 제거한다.
$str =~ s/ / /g;   #  를 공백문자로 대체한다.
$str =~ s/\s+/\n/g;      # 공백 부분을 압축한다.
print $str;
```

이 예는 펄을 모르는 사람에게 암호처럼 보일 것이다. 다음 명령은

```
$str =~ s/regexp/repl/g
```

str에서 정규 표현식 regexp와 일치하는 텍스트를 문자열 repl로 대체한다. 끝에 붙은 g는 'global'을 의미하며 해당 문자열에서 처음 일치하는 부분만이 아니라 모든 일치 부분에 대해 수행해야 한다는 뜻이다. 메타문자인 \s는 공백 부분(공백, 탭, 개행문자 등)을 의미하는 약어이며, \n은 개행문자다. 문자열 " "는 HTML 코드로, 2장에서 나온 것처럼 줄바꿈할 수 없는 스페이스 문자(non-breakable space)를 의미한다.

이 모든 내용을 모은 결과, 다소 멍청하지만 제 기능을 하는 웹 브라우저가 탄생했다. 한 줄짜리 셸 스크립트로 구현한 것이다.

```
# web: 웹 페이지 내용을 꺼내와 HTML을 제외하고 텍스트 내용만 나오게 형식을 바꾼다.
geturl.tcl $1 | unhtml.pl | fmt.awk
```

이 스크립트는 웹 페이지 내용을 꺼내와서 모든 제어 및 형식 정보를 제거하고 지정한 규칙에 따라 텍스트 내용을 형식화한다. 웹에서 텍스트 페이지 내용을 추출하는 아주 빠른 방법이다.

다양한 언어를 차곡차곡 연결해서 사용한 부분에 주목하자. Tcl, Perl, Awk, 내부에서 쓴 정규 표현식에 이르기까지 각 언어는 특정 과제에 적합한 특징을 갖고 있다. 표기법의 위력은 각 문제에 맞는 언어를 취하는 데서 나온다. Tcl은 네트워크에서 텍스트를 추출하는 데 특히 뛰어나고, 펄과 Awk는 텍스트를 편집하고 수정하는 데 탁월하다. 이런 언어들을 함께 쓰면 따로 독립적으로 쓰는 것보다 훨씬 강력하다. 한 작업을 부분으로 분해해서 딱 맞는 표기법을 각각 활용할 수만 있다면 그럴 가치가 있다.

9.4 해석기, 컴파일러, 가상머신

프로그램은 어떻게 소스코드 형태를 실행할까? 언어가 충분히 단순하다면, 예를 들어 printf나 우리가 만들었던 가장 단순한 정규 표현식처럼 단순하다면, 소스에서 직접 실행할 수 있다. 매우 쉽고도 빨리 프로그램을 시작하는 방법이다.

준비 시간과 실행 속도 사이에는 하나를 취하면 하나를 잃어야 하는 관계(trade-off)가 성립한다. 만약 언어가 더 복잡하다면, 일반적으로 실행하기에 더 편하고 효율적인 내부 표현 방식으로 변환하는 게 바람직하다. 소스를 처리하는 데 시간이 좀 걸리지만, 실행할 때 더 빨라지므로 보상이 된다. 이 변환과 실행을 하나의 프로그램으로 결합해 소스코드를 읽고, 그것을 변환하고, 또 실행하는 프로그램을 해석기(interpreter)라고 부른다. Awk와 펄도 다른 많은 스크립트 언어나 특수 목적용 언어와 마찬가지로 해석 방식으로 실행된다.

세 번째로 가능한 방식은 그 프로그램을 실행할 특정 컴퓨터에 맞는 명령어들을 생성하는 것이다. 컴파일러가 수행하는 방식이다. 가장 많은 사전준비 시간과 노력이 들지만 실행에서는 가장 빠르다.

다른 조합도 존재한다. 이 절에서 배울 한 가지 방법은 프로그램을 컴파일하여 실제 컴퓨터를 시뮬레이션할 수 있는 가상의 컴퓨터(가상머신)에 맞는 명령어로 바꾸는 방법이다. 가상머신은 전통적인 해석과 컴파일 방식의 장점들을 상당수 취하였다.

언어가 단순하다면 프로그램 구조를 추론하고 그것을 내부 형식으로 변환하는 데 그다지 많은 작업이 필요하지 않다. 하지만 언어가 어느 정도 복잡하다면(선언, 중첩 구조, 재귀적으로 정의된 명령문이나 표현식, 우선순위가 있는 연산자 등), 이 입력을 파싱해서 구조를 결정하는 건 더 복잡한 문제가 된다.

파서(parser)는 대개 yacc이나 bison처럼 자동 파서 생성기 또는 컴파일러-컴파일러라고 부르는 툴을 이용해 작성한다. 이런 프로그램이 언어의 기술, 즉 문법(grammar)이라고 부르는 내용을 번역하여 (일반적으로) C나 C++ 프로그램으로 옮겨두면, 그 다음에는 컴파일만 하면 해당 언어로 된 명령문을 내부 표현 방식으로 번역할 수 있다. 물론 문법을 보고 파서를 직접 만드는 것도 좋은 표기법의 위력을 보여주는 멋진 시연이 될 것이다.

파서로 생성한 표현 방식은 보통 트리 형태이며, 내부 노드는 연산자를 포함하고 잎은 피연산자를 포함한다. 다음과 같은 명령문은

```
a = max(b, c/2);
```

다음과 같은 파싱(문법) 트리를 생성한다.

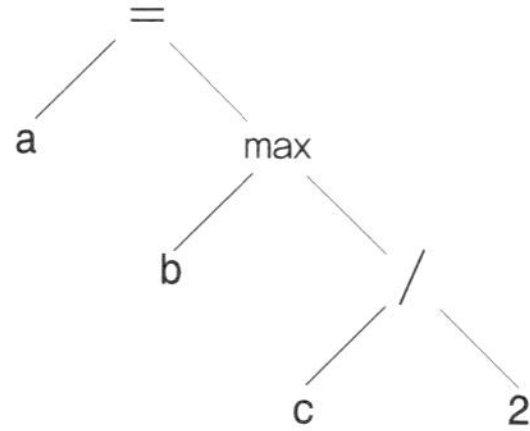

2장에서 설명한 트리 알고리즘 중 다수가 파싱 트리를 구축하고 처리하는 데 이용될 수 있다.

일단 트리를 구축하면 그 이후 단계는 여러 가지가 있을 수 있다. 가장 직접적인 방법은 Awk에서 사용하는 방법으로, 트리를 직접 따라가면서 노드를 계산하는 것이다. 정수 기반 표현을 쓰는 언어의 계산 루틴을 단순화한 버전에는 다음과 같은 후위식(post-order) 순회가 들어갈 수 있다.

```c
typedef struct Symbol Symbol;
typedef struct Tree Tree;

struct Symbol {
    int     value;
    char    *name;
};

struct Tree {
    int     op;             /* 연산 코드 */
    int     value;          /* 숫자라면 그 값 */
    Symbol  *symbol;        /* 변수라면 기호 항목 */
    Tree    *left;
    Tree    *right;
};

/* eval: 버전 1: 트리 표현식을 계산한다 */
int eval(Tree *t)
{
    int left, right;

    switch (t->op) {
    case NUMBER:
        return t->value;
    case VARIABLE:
        return t->symbol->value;
    case ADD:
        return eval(t->left) + eval(t->right);
    case DIVIDE:
        left = eval(t->left);
        right = eval(t->right);
        if (right == 0)
            eprintf("divide %d by zero", left);
        return left / right;
    case MAX:
        left = eval(t->left);
        right = eval(t->right);
        return left>right ? left : right;
    case ASSIGN:
        t->left->symbol->value = eval(t->right);
        return t->left->symbol->value;
    /* ... */
    }
}
```

처음의 몇 case 부분은 상수나 값처럼 단순한 표현을 계산하고, 그 뒤에 나오는 부분은 산술 표현을 계산하고, 나머지는 특수 처리, 조건문, 루프 등을 계산할 것이다. 여기에는 나오지 않았지만 제어 구조를 구현하려면 이 트리에는 그 제어 흐름을 표현하는 별도 정보가 필요하다.

  pack과 unpack에서처럼, 이런 명시적인 switch문을 함수 포인터의 테이블로 대체할 수 있다. 각 연산자는 switch문에 나온 것과 거의 비슷하다.

```
/* addop: 두 트리 표현식의 합을 리턴한다 */
int addop(Tree *t)
{
    return eval(t->left) + eval(t->right);
}
```

다음 함수 포인터 테이블은 연산자와 그 연산을 수행하는 함수를 연결한다.

```
enum {   /* 연산자들, Tree.op */
    NUMBER,
    VARIABLE,
    ADD,
    DIVIDE,
    /* ... */
};

/* optab: 연산 함수의 테이블 */
int (*optab[])(Tree *) = {
    pushop,      /* NUMBER */
    pushsymop,   /* VARIABLE */
    addop,       /* ADD */
    divop,       /* DIVIDE */
    /* ... */
};
```

  이런 연산자로 함수 포인터의 테이블을 찾아 들어가 적합한 함수를 호출함으로써 계산이 이루어진다. 다음 eval 버전은 다른 함수들을 재귀적으로 호출할 것이다.

```
/* eval: 버전 2: 연산자 테이블을 써서 트리를 계산한다. */
int eval(Tree *t)
{
    return (*optab[t->op])(t);
}
```

  eval의 두 버전은 모두 재귀함수다. 재귀 부분을 제거하는 방법도 있다. 그 중 하나는 콜 스택을 완전히 납작하게 펴 버리는 '코드 이어붙이기(스레디드 코드, threaded code)'라는 영리한 기법이다. 이와 가장 비슷한 방법은 함수들을 한 배열에 저장하고 순차적으로 따라가며 프로그램을 실행하여, 재귀 부분을 통째로 없애 버리는 것이다. 이 배열은 작은 특수 목적 시스템이 실행하는 일련의 명령어가 된다.

그래도 계산과정에서 일부 계산이 끝난 값을 표현하기 위해 스택이 필요하므로, 함수 형식이 바뀌지만 변환과정은 이해하기 쉽다. 사실상 스택 머신(stack machine)을 발명하여, 명령어를 매우 작은 함수로 만들고 피연산자는 별도 피연산자 스택에 저장하는 셈이다. 이는 진짜 머신이나 시스템은 아니지만, 그런 것처럼 생각하고 프로그래밍할 수 있고, 또 해석기 형태로 쉽게 구현할 수 있다.

트리를 따라가며 계산을 직접 하는 대신, 따라가며 프로그램을 실행하기 위한 함수의 배열을 생성한다. 이 배열은 명령어들이 사용하는 데이터 값, 즉 상수나 변수(기호) 등을 포함할 것이고, 따라서 배열의 원소 타입은 다음과 같은 공용체가 되어야 한다.

```c
typedef union Code Code;
union Code {
    void (*op)(void);   /* 연산자일 때 함수 */
    int value;          /* 숫자일 때 값 */
    Symbol *symbol;     /* 변수일 때 기호 항목 */
};
```

다음은 함수 포인터를 생성하여 위의 항목들로 이루어진 code 공용체의 배열에 넣는 루틴이다. generate의 리턴값은 표현식의 값(생성된 코드를 실행할 때 계산될 값임)이 아니고 다음에 생성할 연산이 들어갈 code 인덱스값이 된다.

```c
/* generate: 트리를 따라가면서 명령어를 생성한다 */
int generate(int codep, Tree *t)
{
    switch (t->op) {
    case NUMBER:
        code[codep++].op = pushop;
        code[codep++].value = t->value;
        return codep;
    case VARIABLE:
        code[codep++].op = pushsymop;
        code[codep++].symbol = t->symbol;
        return codep;
    case ADD:
        codep = generate(codep, t->left);
        codep = generate(codep, t->right);
        code[codep++].op = addop;
        return codep;
    case DIVIDE:
        codep = generate(codep, t->left);
        codep = generate(codep, t->right);
```

```
            code[codep++].op = divop;
            return codep;
        case MAX:
            /* ... */
        }
    }
```

명령문 a = max(b, c/2) 에서 생성된 코드는 다음과 비슷할 것이다.

```
pushsymop
b
pushsymop
c
pushop
2
divop
maxop
storesymop
a
```

연산자 함수는 피연산자를 꺼내고(pop) 결과를 넣으면서(push) 스택을 조작한다.

해석기는 프로그램 카운터를 따라 함수 포인터의 배열을 도는 루프다.

```
Code code[NCODE];
int stack[NSTACK];
int stackp;
int pc; /* 프로그램 카운터 */

/* eval: 버전 3: 생성된 코드(code)에서 표현식을 계산한다 */
int eval(Tree *t)
{
    pc = generate(0, t);
    code[pc].op = NULL;

    stackp = 0;
    pc = 0;
    while (code[pc].op != NULL)
        (*code[pc++].op)();
    return stack[0];
}
```

이 루프는 진짜 시스템의 하드웨어에서 일어나는 일을 우리가 창조한 스택 머신
의 소프트웨어로 시뮬레이션한 것이다. 대표적인 연산자 두 개를 소개한다.

```c
/* pushop: 숫자를 넣는다(push). value는 code 스트림에 나오는 값이다. */
void pushop(void)
{
    stack[stackp++] = code[pc++].value;
}

/* divop: 두 표현식의 비율을 계산한다. */
void divop(void)
{
    int left, right;

    right = stack[--stackp];
    left = stack[--stackp];
    if (right == 0)
        eprintf("divide %d by zero\n", left);
    stack[stackp++] = left / right;
}
```

0으로 나누는 경우에 대한 검사는 generate가 아니라 divop에 등장한다는 사실에 주목하자.

조건적 실행, 분기, 루프는 연산자 함수에서 프로그램 카운터를 수정하여 그 함수의 배열에서 다른 위치로 분기해 나가는 식으로 작동한다. 예를 들면 goto 연산자는 항상 pc 변수의 값을 쓰는 반면, 조건적 분기는 그 조건이 참일 때만 pc 값을 쓴다.

물론 code 배열은 해석기 내부에 존재하는 것이지만, 생성된 프로그램을 파일에 저장하고 싶다고 생각해 보자. 만약 함수 주소를 적는다면 그 결과는 호환 불가능하고 망가지기도 쉬울 것이다. 그 대신 그 함수를 표현하는 상수를 적을 수는 있다. addop에 1000, pushop에 1001 식으로 지정하고, 해석하기 위해 이 프로그램을 읽을 때 다시 함수 포인터로 번역하면 된다.

이런 식으로 생성한 파일을 들여다 보면, 우리가 만든 작은 언어의 기본 연산자를 구현한 가상머신의 명령어 스트림처럼 보일 것이고, generate 함수는 사실상 이 언어를 가상머신으로 번역하는 일종의 컴파일러다. 가상머신은 오래된 근사한 개념이자, 최근에 자바언어와 자바 가상머신(Java Virtual Machine, JVM)에 의해 다시 인기를 끌고 있다. 고수준 언어로 작성된 프로그램을 호환 가능하고 효율적인 표현 방식으로 바꾸는 쉬운 방법을 제공한다.

9.5 프로그램을 작성하는 프로그램

generate 함수에서 가장 눈에 띄는 점은 아마 이것이 프로그램을 작성하는 프로그램이라는 점일 것이다. 이 함수의 출력은 다른 (가상)시스템을 위한 실행 가능한 명령어 스트림이 된다. 컴파일러도 항상 이런 식으로 소스코드를 기계 명령어로 번역하기 때문에 분명 친숙한 개념이다. 사실 프로그램을 작성하는 프로그램은 여러 형태로 나타난다.

흔한 예가 바로 웹페이지의 HTML 동적 생성이다. HTML은 제한된 언어이긴 하지만 그래도 언어의 일종이고, 자바스크립트 코드를 포함할 수 있다. 종종 웹페이지는 들어오는 요청에 의해 결정되는 특정 내용(예를 들면 검색 결과나 특정 대상 광고)을 펄이나 C 프로그램으로 즉시 생성해낸다. 이 책에서도 특수한 언어로 그래프, 그림, 표, 수학 표현식, 목차 등을 생성했다. 또 다른 예로 포스트스크립트를 들 수 있는데, 워드 프로세서, 그리기 프로그램, 그 외 다양한 곳에서 생성 가능한 프로그래밍 언어다. 이 책은 출판 직전에 57,000줄의 포스트스크립트로 프로그램되었다.

문서는 정적인 프로그램이지만, 어떤 문제 영역에서든 프로그래밍 언어를 표기법으로 활용한다는 개념은 아주 강력하다. 오래 전에, 프로그래머들은 자신을 위해 모든 프로그램을 작성해주는 컴퓨터를 꿈꿨다. 분명 꿈은 꿈으로 끝나겠지만, 오늘날 컴퓨터는 일상적으로 우리를 위해 프로그램을 작성해주며, 종종 예전에는 프로그램이라고도 생각하지 않던 것들을 표현해 준다.

가장 일반적인 프로그램을 작성하는 프로그램은 고수준 언어를 기계어로 번역하는 컴파일러다. 하지만 때로는 코드를 주류 프로그래밍 언어로 번역하는 것도 꽤 유용하다. 앞 절에서 파서 생성기가 언어의 문법정의를 (그 언어를 파싱하는) C 프로그램으로 변환한다는 것을 언급한 바가 있다. C 언어는 종종 이런 식으로, '고수준 어셈블리어'의 일종처럼 사용된다. Modula-3과 C++는 초기 컴파일러가 C 코드를 생성한 다음, 표준 C 컴파일러로 컴파일하는 방식의 범용 언어다. 이런 접근방식에는 몇 가지 장점이 있는데, 효율성(원칙적으로 프로그램이 C 프로그램만큼 빨리 실행될 수 있다) 및 호환성(C 컴파일러가 있는 시스템이면 어디든 컴파일러를 옮길 수 있다)도 그 중 하나다. 이것은 이 언어들이 초기에 확산되는 데 지

대한 공헌을 했던 특징들이다.

또 다른 예로, 비주얼 베이식의 그래픽 인터페이스는 사용자가 메뉴에서 선택한 객체나 화면에서 마우스를 올린 객체를 초기화하는 비주얼 베이식 할당문을 생성한다. 다른 여러 언어에도 '시각적인' 개발 시스템이나 마우스 클릭으로 사용자 인터페이스 코드를 만들어내는 '마법사' 기능이 있다.

프로그램 생성기의 위력에도 불구하고, 그리고 좋은 사례가 많이 존재함에도 불구하고, 이 개념은 충분히 높이 평가받지 못하며 프로그래머들이 각자 개별적으로 가끔씩만 사용하는 정도다. 하지만 프로그램으로 코드를 생성할 수 있는 작은 기회들은 널려 있기 때문에, 스스로 이를 어느 정도 이용할 수는 있을 것이다. C와 C++ 코드를 생성하는 예를 몇 가지 선보이겠다.

Plan 9 운영체제는 이름과 주석이 들어간 헤더 파일에서 에러 메시지를 생성한다. 주석은 따옴표를 붙인 문자열로 기계적 변환되어 배열에 들어가고, 번호가 붙어 그 배열에서 찾을 수 있다. 다음 코드 조각은 이 헤더 파일의 구조를 보여 준다.

```
/* errors.h: 표준 에러 메시지 */

enum {
    Eperm,          /* Permission denied[2] */
    Eio,            /* I/O error[3] */
    Efile,          /* File does not exist[4] */
    Emem,           /* Memory limit reached[5] */
    Espace,         /* Out of file space[6] */
    Egreg           /* It's all Greg's fault[7] */
};
```

이 입력을 받아 간단한 프로그램으로 다음과 같은 에러 메시지 선언 집합을 생성할 수 있다.

---

2 권한거부

3 입출력 에러

4 파일이 존재하지 않음

5 메모리 경계를 넘었음

6 파일 공간을 넘었음

7 전부 그렉의 실수임

```
/* 프로그램으로 자동 생성되었음. 편집하지 말 것 */

char *errs[] = {
    "Permission denied",  /* Eperm */
    "I/O error",  /* Eio */
    "File does not exist",  /* Efile */
    "Memory limit reached",  /* Emem */
    "Out of file space",  /* Espace */
    "It's all Greg's fault",  /* Egreg */
};
```

이런 접근 방식을 취하면 몇 가지 이득이 있다. 첫째로 enum의 값과 이것이 표현하는 문자열은 말 그대로 자기 문서화(self-documenting)의 관계이며, 뜻을 나타내는 자연 언어에의 의존성을 줄이기 쉽다. 게다가 이 정보는 오직 한 번, 다른 코드가 생성되는 '유일한 진실의 샘'[8]에만 나오기 때문에 정보를 최신으로 갱신하는 것도 한 곳에서만 하면 된다. 만약 고칠 데가 여러 곳이라면 언젠가는 어긋날 일을 피할 수 없을 것이다. 마지막으로, 헤더 파일을 변경할 때마다 .c 파일을 재생성하고 재컴파일하도록 처리하기가 쉽다. 에러 메시지를 변경해야 할 때는, 헤더 파일을 수정하고 이 Plan 9 운영체제를 컴파일하기만 하면 된다. 메시지는 자동으로 갱신된다.

생성기 프로그램은 어떤 언어로든 작성할 수 있다. 펄 같은 문자열 처리 언어를 쓰면 쉬울 것이다.

```
# enum.pl: enum+주석에서 에러 문자열을 생성한다.

print "/* 프로그램으로 자동 생성되었음. 편집하지 말 것 */\n\n";
print "char *errs[] = {\n";

while (<>) {
    chop;                                   # 개행문자 제거
    if (/^\s*(E[a-z0-9]+),?/) {              # 첫 단어가 E...
        $name = $1;                         # 이름을 저장
        s/.*\/\* *//;                       # /*까지 제거함
        s/ *\*\///;                         # */을 제거함
        print "\t\"$_\", /* $name */\n";
    }
}
```

---

8 유일한 진실의 샘(Single Point Of Truth) : SPOT 규칙으로 알려져 있으며 프로그래밍 영역을 넘어 경영학에서도 많이 회자되는 개념으로 정보의 원천과 기준을 하나로 모아 관리할 것을 강조한다.

```
    print "};\n";
```

정규 표현식이 다시 힘을 발휘한다. 첫 필드가 식별자처럼 생겼고 뒤에 콤마 기호가 붙은 줄을 선택한다. 첫 번째 대체 명령문은 주석에서 처음으로 공백이 아닌 문자가 나올 때까지 다 제거하고, 두 번째 대체 명령문은 주석을 닫는 기호 및 그 전의 공백을 제거한다.

컴파일러를 테스트하려는 노력의 일환으로, 앤드류 쾨니히(Andy Koenig)는 컴파일러가 프로그램 에러를 잡아냈는지 확인하는 C++ 코드를 작성하기 편리한 방법을 개발했다. 컴파일러 진단을 요하는 코드 조각 부분을, 기대하는 메시지를 기술하는 마법의 주석으로 장식한다. 각 줄마다 ///(일반 주석과 구별함)로 시작하는 주석이 있고, 그 줄의 진단결과와 일치하는 정규 표현식이 있다. 예를 들어 다음 두 코드 조각은 진단 결과를 생성해야 한다.

```
int f() {}
    /// warning.* non-void function .* should return a value

void g() {return 1;}
    /// error.* void function may not return a value
```

두 번째 테스트를 C++ 컴파일러에서 돌리면 기대한 메시지를 출력하고, 그 메시지는 마법의 주석에 있는 정규 표현식과 일치한다.

```
% CC x.c
"x.c", line 1: error(321): void function may not return a value
```

이런 식으로 각 코드 조각을 컴파일러에 주고, 그 출력을 기대한 진단결과와 비교한다. 셸이나 Awk 프로그램의 조합으로 이런 프로세스를 관리한다. 만약 불일치가 일어나면 그 테스트 부분에서 컴파일러 출력과 기대한 것이 달랐다는 사실을 나타내는 것이다. 주석의 내용이 출력에 어느 정도 차이를 허용하는 정규 표현식이기 때문에 필요에 따라 조금씩 허용도를 조절할 수 있다.

이런 의미가 있는 주석의 개념은 새로운 것이 아니다. 포스트스크립트에도 등장하는데, 여기에서 일반적인 주석은 %로 시작한다. %%로 시작하는 주석은 관례에 따라 페이지 번호, 제한 영역, 글꼴 이름 등과 같은 추가 정보를 담을 수 있다.

```
%%PageBoundingBox: 126 307 492 768
%%Pages: 14
%%DocumentFonts: Helvetica Times-Italic Times-Roman
           LucidaSans-Typewriter
```

자바에서 /**로 시작하고 */로 끝나는 주석은 그 뒤에 나오는 클래스 정의를 문서화하기 위한 기호다. 자기 문서화 코드의 규모를 확대한 버전이 문학적 프로그래밍(literate programming)으로, 프로그램과 그 문서화를 통합해서, 한 프로세스로는 읽기에 자연스러운 순서로 출력하고 다른 프로세스로는 컴파일에 어울리는 순서로 내용을 정렬한다.

위의 모든 사례에서 표기법의 역할, 언어 혼합 사용, 툴 활용 방법을 잘 관찰하는 게 중요하다. 이런 조합은 개별 요소의 능력을 극대화한다.

연습문제 9-15. 컴퓨터 업계에서 꾸준히 회자되는 주제 중 하나가 바로 실행됐을 때 자신을 소스 형태로 재생하는 프로그램을 작성하는 문제다. 이것이야말로 프로그램을 작성하는 프로그램의 특수한 경우에 해당한다. 여러분이 좋아하는 언어로 한번 시도해 보기 바란다.

9.6 매크로로 코드 생성하기

몇 단계 내려가서, 매크로를 통해 컴파일시에 코드를 작성하는 일도 가능하다. 이 책 전반에 걸쳐, 우리는 매크로와 조건 컴파일 사용을 주의하라고 경고했다. 문제 투성이 프로그래밍 스타일을 부추길 가능성이 높기 때문이다. 하지만 이것들도 설 자리가 분명 존재한다. 가끔은 텍스트 자체를 대체하는 게 어떤 문제에 대한 정확한 해답이 된다. 한 가지 예는 C/C++ 전처리기를 활용해서 일정한 양식으로 된 반복적인 프로그램 조각들을 조립하는 것이다.

예를 들어 7장에서 기본 언어 구성요소의 속도를 추정하는 프로그램은, C 전처리기를 써서 테스트를 상투적인 코드 안에 감싸넣어 조립한다. 이 테스트의 정수(精髓)는 타이머를 시작하고, 그 조각을 여러 번 실행하고, 타이머를 멈추고, 결과를 보고하는 코드 조각을 캡슐화하여 루프에 넣는 데 있다. 반복 코드는 전부 몇 개의 매크로 안에 들어가며, 실행시간을 잴 대상 코드는 인자로 넘긴다. 기본 매크로는 다음과 같은 형식이다.

```
#define LOOP(CODE) {                            \
    t0 = clock();                              \
    for (i = 0; i < n; i++) { CODE; }     \
    printf("%7d ", clock() - t0);         \
}
```

역슬래시 기호로 매크로 본문을 여러 줄에 걸쳐 쓸 수 있다. 이 매크로는 일반적으로 다음과 같이 생긴 '명령문'으로 사용된다.

```
LOOP(f1 = f2)
LOOP(f1 = f2 + f3)
LOOP(f1 = f2 - f3)
```

초기화를 위해 다른 명령어들을 사용하는 경우도 있지만, 기본이 되는 이 시간 재기 부분은 이런 식의 인자 하나가 들어가는 코드 조각으로 표현되어 코드의 상당 부분을 차지한다.

매크로 처리는 상품 코드를 생성할 때 사용할 수도 있다. 바트 로칸티(Bart Locanthi)는 효율적인 2차원 그래픽 연산자를 작성한 적이 있다. bitblt나 rasterop 라고 하는 이 연산자는 복잡한 방식으로 결합하는 인자들이 너무 많았기 때문에 빨리 실행하기가 어려웠다. 로칸티는 주의깊게 각 경우를 분석하여 각 조합을 따로 최적화가 가능한 개별 루프로 줄였다. 그리고 각 경우를 매크로 대체 방식으로 만들었는데, 위에 나온 성능 테스트 사례와 유사하게 모든 변형 형태를 하나의 큰 switch 문에 펼쳐놓은 것이었다. 원 소스코드는 몇백 줄 밖에 안 되지만, 매크로 처리 결과는 몇천 줄에 이르렀다. 이런 매크로 확장 코드가 최선의 방식은 아니지만 문제의 난이도를 고려하면 실용적이고도 상품으로 생산하기 쉬운 방식이었다. 게다가 고성능 코드끼리 비교하면 상대적으로 호환성도 높았다.

연습문제 9-16. 연습문제 7-7에는 C++ 언어로 다양한 연산의 가동비용을 측정하는 프로그램 작성 문제가 포함되어 있다. 이 절에서 나온 개념들을 이용해 다른 버전을 작성해 보라.

연습문제 9-17. 연습문제 7-8은 자바 언어로 비용 모델을 구축하는 문제인데, 매크로 처리 기능은 없었다. 이 문제를 해결하기 위해 아무 언어 하나(또는 여러 개)

를 선택해서 자바 모델을 작성하고 자동으로 시간을 재는 프로그램을 작성하라.

9.7 동적 컴파일하기

앞 절에서 프로그램을 작성하는 프로그램에 대해 이야기했다. 각 예에서 생성한 프로그램은 소스 형태였고, 따라서 실행하기 위해서는 역시 컴파일이나 해석을 해야 했다. 하지만 소스가 아니라 기계 명령어를 생성해서, 즉시 실행할 준비가 된 코드를 만드는 것도 가능하다. 이는 '동적으로(on the fly)' 또는 '적시에(just in time)' 컴파일하는 방법으로 알려져 있다. 전자의 용어가 더 오래됐지만, 후자 쪽이 머릿글자를 딴 JIT를 포함해 더 유명하다.

컴파일한 코드는 어쩔 수 없이 호환 불가능한 코드가 되지만(한 종류의 프로세서에서만 실행된다), 속도는 아주 빨라질 수 있다. 다음 표현식을 보자.

```
max(b, c/2)
```

이 계산은 c를 계산하고, 2로 나누고, 그 결과를 b와 비교하고, 더 큰 쪽을 선택한다. 이 장 초반에 간략히 소개했던 가상머신을 이용해 이 표현식을 계산한다면, divop에 포함된 0으로 나누는 경우에 대한 검사를 제외할 수 있을 것이다. 2가 0이 될 리는 없기 때문에, 이 검사는 무의미하다. 하지만 가상머신을 구현하기 위해 이미 짜놓은 설계 방식 중 어떤 것을 취하든지, 이 검사를 제외할 방법이 없다. 나누기 연산이면 전부, 나누는 수(제수)를 0과 비교한다.

여기가 바로 동적 코드 생성이 도움을 줄 수 있는 부분이다. 표현식에 대해 사전 정의된 연산들을 줄세우지 않고 직접 코드를 구축하면, 0이 아닌 값이라고 알려진 나누는 수에 대해 0으로 나누는 경우의 검사를 생략할 수 있다. 사실 한 발짝 더 나아갈 수도 있다. 전체 표현식이 max(3*3, 4/2)처럼 상수값이 된다면, 코드를 생성할 때 한 번만 계산해서 아예 상수값 9로 대체할 수도 있을 것이다. 만약 이 표현식이 루프에 나온다면 루프를 한 번 돌 때마다 시간을 절약할 수 있고, 충분히 여러 번 반복되는 루프라면 표현식을 분석하고 그에 맞는 코드를 생성하는 데 드는 오버헤드를 갚고도 남을 것이다.

핵심은 표기법이 문제를 표현하는 범용 수단을 제공하지만, 그 표기법을 위한 컴파일러로 특정 계산의 세부사항에 맞게 코드를 커스터마이징할 수 있다는 것이다. 예를 들어 정규 표현식을 위한 가상머신에는 아마 리터럴 문자와 일치하는 텍스트를 찾는 연산자가 있을 것이다.

```c
int matchchar(int literal, char *text)
{
    return *text == literal;
}
```

하지만 특정 패턴에 대한 코드를 생성할 때, 주어진 literal 값은 고정돼 있기 때문에('x' 라 하자), 대신 다음과 같은 연산자를 쓸 수도 있다.

```c
int matchx(char *text)
{
    return *text == 'x';
}
```

그리고 각 리터럴 문자 값에 대해 특수 연산자를 사전에 정의하기보다는, 현재 표현식에 정말 필요한 연산자에 대한 코드만 생성하는 방식을 통해 일을 단순하게 처리한다. 이런 식으로 전체 연산에 대한 개념을 일반화하면, 현재 정규 표현식을 그 표현식에 대해 최적화된 특수 코드로 번역하는 동적 컴파일러를 작성할 수 있다.

1967년 켄 톰슨(Ken Thompson)은 IBM 7094 시스템의 정규 표현식을 구현할 때 이와 동일한 일을 했다. 그가 만든 정규 표현식은 그 표현식의 다양한 연산을 위해 7094 바이너리 명령어들로 작은 블록을 생성하고, 그 블록을 짜맞춘 다음, 결과 프로그램을 호출하여 실행한다. 마치 일반적인 함수처럼 말이다. 비슷한 기법을 그래픽 시스템에서 화면 갱신을 수행하는 특수 명령어 순열을 생성할 때도 적용할 수 있다. 이런 경우는 특수 상황이 너무 많기 때문에 전부 미리 작성해 놓거나 더 일반적인 코드에 조건 테스트를 포함하거나 하는 것보다, 상황이 발생할 때마다 동적으로 코드를 생성하는 편이 더 효율적이다.

진짜 동적 컴파일러를 구축하는 일을 시연하려면 특정 명령어 집합의 세부사항을 지나치게 파고 들게 되겠지만, 어느 정도는 이런 시스템이 어떻게 돌아가는지 봐둬도 나쁘지 않을 것이다. 이 절 나머지 부분은 아이디어와 영감에 주목하면서 읽도 구체적인 구현 부분에는 신경쓰지 않아도 좋다.

돌이켜 보면 앞에서 가상머신을 다음과 같은 구조로 만드는 데까지 수행했다.

```c
Code code[NCODE];
int stack[NSTACK];
int stackp;
int pc; /* program counter */
    ...
Tree *t;

t = parse();
pc = generate(0, t);
code[pc].op = NULL;

stackp = 0;
pc = 0;
while (code[pc].op != NULL)
    (*code[pc++].op)();
return stack[0];
```

이 코드를 동적 컴파일 구조로 바꾸려면 몇 부분을 변경해야만 한다. 먼저 code 배열은 함수 포인터의 배열이 아니라, 실행 가능한 명령어의 배열이다. 이 명령어가 char, int, long 타입 중 어느 것일지는 컴파일을 수행하는 대상 프로세서에 달려 있으며, 여기에서는 int로 가정하겠다. 일단 코드를 생성하고 나면 그것을 함수라고 부른다. 이제 프로세서 자체의 실행 사이클에 맞춰 code를 따라가기 때문에 가짜 프로그램 카운터는 존재하지 않는다. 그리고 일단 계산이 끝나면 일반 함수처럼 리턴한다. 하나 더, 이 가상머신을 위한 별도 피연산자 스택을 유지할 수도 있고, 프로세서 자체의 스택을 사용할 수도 있다. 각각 나름대로 장점이 있으나 여기에서는 별도 스택 유지를 택하고 코드 자체의 세부사항에 집중하도록 하겠다. 그 결과, 구현한 내용은 다음과 같다.

```c
typedef int Code;
Code code[NCODE];
int codep;
int stack[NSTACK];
int stackp;
    ...
Tree *t;
void (*fn)(void);
int pc;

t = parse();
pc = generate(0, t);
```

```
genreturn(pc);        /* 함수 리턴 부분을 생성 */
stackp = 0;
flushcaches();        /* 메모리와 프로세서의 동기화 */
fn = (void(*)(void)) code;    /* 포인터에서 함수로 배열 타입 캐스트 */
(*fn)();              /* 함수 호출 */
return stack[0];
```

genreturn은 generate가 완료된 후, 생성된 코드가 eval에 제어흐름을 돌려주게 하는 명령어들을 배치한다.

flushcaches 함수는 새로 생성한 코드를 실행하기 위해 프로세서에서 준비해야 하는 단계들을 대표한다. 오늘날 컴퓨터는 명령어와 데이터를 저장하는 캐시(cache)와 연속적인 많은 명령어를 중첩해서 실행하는 내부 파이프라인(pipeline)이 있기 때문에 부분적으로 매우 빨리 코드를 실행할 수 있다. 이런 캐시와 파이프라인 입장에서 보면 명령어 스트림은 정적이어야 한다. 즉, 실행 직전에 코드를 생성하면 프로세서가 헷갈릴 수 있다. CPU는 새로 생성한 명령어를 실행하기 전에 파이프라인에서 명령어를 뽑아내고, 캐시를 비워야 한다. 이는 시스템에 매우 의존성이 높은 연산이기 때문에 flushcaches의 실제 구현은 각 컴퓨터 종류에 따라 다를 것이다.

눈에 띄는 표현인 (void(*)(void)) code는 생성된 명령어를 담은 배열의 주소를 함수 포인터로 변환하며, 이 값은 code를 함수처럼 호출하는 데 이용할 수 있다.

기술적으로 말하자면 코드 자체를 생성하는 것은 그리 어렵지 않다. 효율적으로 생성하기 위해서는 상당한 엔지니어링 기술과 노력이 필요하지만 말이다. 기초가 될 세부 항목 몇 가지부터 시작하자. 앞에서처럼 code 배열과 그 배열을 찾는 인덱스는 컴파일하는 동안 유지된다. 단순하게 풀기 위해서, 예전에 그랬던 것처럼 둘 다 전역변수로 지정하겠다. 그러면 다음과 같이 명령어를 배치하는 함수를 작성할 수 있다.

```
/* emit: 명령어를 코드 스트림에 이어붙인다 */
void emit(Code inst)
{
    code[codep++] = inst;
}
```

명령어 자체는 프로세서에 맞는 매크로나 명령어의 각 필드를 채워서 명령어를 만드는 작은 함수를 통해 정의할 수 있다. 가상적으로 어떤 값을 스택에서 꺼내 프로세서 레지스터에 저장하는 코드를 생성하는 popreg라는 함수, 레지스터에 저장된 값을 꺼내 스택에 넣는 코드를 생성하는 pushreg라는 함수를 생각할 수 있을 것이다. 명령어를 기술하는 사전 정의된 상수(ADDINST 등)와 명령어의 레이아웃(그 형식을 정의하는 다양한 SHIFT 위치 관계)이 주어지면, 이 두 함수를 addop 함수 개정판에서 활용할 수 있다.

```
/* addop: ADD 명령어를 생성함 */
void addop(void)
{
    Code inst;

    popreg(2);      /* 스택에서 꺼내 레지스터 2에 저장 */
    popreg(1);      /* 스택에서 꺼내 레지스터 1에 저장 */
    inst = ADDINST << INSTSHIFT;
    inst |= (R1) << OP1SHIFT;
    inst |= (R2) << OP2SHIFT;
    emit(inst);      /* ADD 명령어를 R1, R2에 emit로 집어넣는다 */
    pushreg(2); /* 레지스터2의 값을 스택에 넣는다 */
}
```

이건 시작일 뿐이다. 진짜 동적 컴파일러를 작성한다면 최적화 단계도 수행해야 할 것이다. 상수를 더하는 연산이라면 그 상수를 스택에 넣고, 꺼내고, 더할 필요가 없다. 그냥 바로 더하면 된다. 비슷한 사고 과정에 의해 오버헤드를 더 줄일 수 있다. 하지만 addop를 이대로 놔둬도 예전에 작성했던 버전보다는 훨씬 빨리 실행될 것이다. 함수 호출을 통해 여러 연산자를 이어 붙이지 않기 때문이다. 그 대신 이 연산자들을 실행할 코드를 명령어 블록으로 만들어 메모리에 배치해놓으면, 실제 프로세서의 프로그램 카운터가 이 블록들을 이어 붙여 준다.

generate 함수가 하는 일은 가상머신 구현에서 봤던 것과 굉장히 비슷하게 보인다. 그러나 이번에는 사전 정의된 함수에 대한 포인터 대신 진짜 기계어를 배치한다. 그리고 효율적인 코드를 생성하기 위해 제거할 상수 및 다른 최적화 기회를 찾는 데 어느 정도 공을 들인다.

정신 없이 코드 생성의 세계를 둘러봤지만 진짜 컴파일러가 사용하는 기법의 극히 일부만 보았을 뿐이고 확실히 많은 것을 놓쳤다. 게다가 오늘날 CPU의 복잡성 때문에 발생하는 많은 문제를 제껴놓기까지 했다. 하지만 프로그램이 어떻게 문제를 분석해서 그 문제를 해결하기 위한 특수 목적 코드를 생성할 수 있는지를 대략적으로 보였다. 이런 개념을 활용해서 눈 돌아가게 빠른 grep을 만들 수도 있고, 스스로 고안한 작은 언어를 구현할 수도 있고, 특수 계산에 최적화된 가상머신을 설계하고 구축하거나, 더 나아가 조금만 도움을 받으면 관심이 가는 언어를 위한 컴파일러까지도 만들 수 있을 것이다.

정규 표현식은 C++ 프로그램과 많은 차이가 있지만, 둘 다 본질적으로는 문제를 해결하기 위한 표기법일 뿐이다. 알맞은 표기법을 사용하면 많은 문제가 쉬워진다. 거다가 표기법을 설계하고 구현하는 작업은 엄청 재미있다.

연습문제 9-18. 동적 컴파일러는 max(3*3, 4/2)처럼 상수만 포함한 표현식을 그 값으로 대체할 수 있다면 더 빠른 코드를 생성한다. 일단 이런 표현식을 인식했다면, 어떻게 그 값을 계산해야 할까?

연습문제 9-19. 동적 컴파일러를 어떻게 테스트하겠는가?

보충자료

브라이언 커니핸과 롭 파이크가 쓴 『The Unix Programming Environment』 (Prentice Hall, 1984)는 Unix 환경이 잘 지원하는 툴 기반 작업에 대해 한 발짝 더 나아간 논의를 담고 있다. 이 책의 8장은 간단한 프로그래밍 언어를 yacc 문법부터 실행 가능한 코드까지 완벽히 구현한 내용을 선사한다.

도널드 커누스가 쓴 『TEX: The Program』(Addison-Wesley, 1986)은 복잡한 문서 형식화 프로그램을 파스칼 언어로 구현한 약 13,000줄에 이르는 전체 코드로 제공한다. 이 코드는 프로그램 텍스트와 설명을 결합하고 프로그램을 활용해 문서화 형식을 적용, 컴파일할 수 있는 코드를 추출하는 '문학적 프로그래밍(literate program-ming)' 방식으로 작성되었다. 크리스 프레이저(Chris Fraser)와 데이비드 핸슨(David Hanson)의 『Retargetable C Compiler: Design and Implementation』(Addison-Wesley, 1995)도 ANSI C 컴파일러에 대해 똑같은 작업을 수행했다.

자바 가상머신은 팀 린드홈(Tim Lindholm)과 프랭크 옐린(Frank Yellin)의 『The Java Virtual Machine Specification, 2nd Edition』(Addison-Wesley, 1999)에서 설명

하고 있다.

켄 톰슨의 알고리즘(최초의 소프트웨어 특허 중 하나였음)은 「Regular Expression Search Algorithm」(『Communications of the ACM, 11, 6, pp. 419~422, 1968』)에 기술되었다. 제프리 E.F. 프리델의 『Mastering Regular Expressions』[9](O' Reilly 1997)은 이 주제를 더 광범위하게 다루고 있다.

2차원 그래픽 연산을 위한 동적 컴파일러는 롭 파이크, 바트 로칸티, 존 라이저(John Reiser)가 기고한 글인 「Hardware/Software Tradeoffs for Bitmap Graphics on the Blit」(『Software-Practice and Experience, 15, 2, February 1985』)에 기술되어 있다.

---

9 2판의 번역서로 『정규표현식 완전 해부와 실습(개정판)』(한빛미디어, 2003)이 있다.

The Practice of Programming

후기

> 인간이 역사를 통해 배울 수 있다면, 역사는 우리에게 얼마나 많은 것을 가르치는가!
> 하지만 격정과 파벌이 우리의 눈을 가려,
> 경험이 비추는 빛은 배 뒷머리 등불로 우리 뒤에 일렁이는 물결만을 빛내는구나!
>
> - 사무엘 테일러 콜러리지(Samuel Taylor Coleridge), Recollections

컴퓨터 세계는 항상 바뀌고 있는데, 그 속도도 점점 빨라지는 것 같다. 프로그래머들은 새 언어, 새 툴, 새 시스템은 물론 예전 것들에 대해 호환성이 없는 변경까지도 모두 처리해야 한다. 프로그램은 더 커지고, 인터페이스는 더 복잡해지고, 마감 시한은 더 짧아지고 있다.

하지만 변하지 않는 것도 있고, 안정적인 요소도 있다. 이런 부분에서는 과거에서 얻은 교훈과 영감이 미래에 도움을 줄 수 있다. 이 책의 기저에 깔린 주제도 이런 영속적인 개념에 기반하고 있다.

단순성(Simplicity)과 명확성(Clarity)은 최우선이자 가장 중요하다. 나머지는 대부분 이런 특징을 따라 나오기 때문이다. 제대로 작동하면서도 제일 단순한 일을 수행하라. 충분히 빨리 돌아갈 것으로 예상하는 가장 단순한 알고리즘과 그 일을 수행할 가장 단순한 데이터 구조를 선택하고, 이 둘을 명확하고 깔끔한 코드로 결합한다. 성능 측정 결과 엔지니어링이 더 필요하다고 드러나지 않는 한, 괜히 내용을 복잡하게 만들지 않는다. 최소한 추가하는 복잡성에 비해 얻는 혜택이 이득이라는 강력한 증거가 생길 때까지 인터페이스는 간결하고 가볍게 유지해야 한다.

일반성(Generality)은 대개 단순성에 따라 나오는데, 그 이유는 개별적인 상황마다 매번 반복해서 문제를 해결하기보다 한 문제를 한번에 영원히 해결해버릴 수 있기 때문이다. 호환성 관점에서도 대개 적합한 접근방식이기도 하다. 시스템 간 차이를 극대화하기보다는 각 시스템에서 돌아가는 범용 단일 해결책을 찾는 것이다.

진화(Evolution)는 그 다음에 나타난다. 처음부터 완벽한 프로그램을 창조하는 건 불가능하다. 올바른 해결책을 찾는 데 필요한 영감은 생각과 경험의 조합에서만 나올 수 있다. 머리 속으로 생각만 하거나, 생각없이 냅다 행동만 한다고 해서 훌륭한 시스템을 만들지는 못한다. 사용자의 반응도 시스템을 크게 좌우한다. 프로토타입을 만들고, 실험하고, 사용자의 피드백을 받고, 더 다듬어 나가는 순환주기 방식이 가장 효과적이다. 스스로 구축한 프로그램은 대개 충분히 진화하지 못하는 반면, 다른 데서 구매한 큰 프로그램은 뚜렷한 개선없이도 지나칠 정도로 빨리 변화한다.

인터페이스(Interface)는 프로그래밍에서 최대 격전지 가운데 하나이며, 많은 곳에서 인터페이스 관련 쟁점이 드러난다. 라이브러리가 가장 분명한 경우이긴 하지만, 프로그램 간 인터페이스, 사용자와 프로그램 간 인터페이스도 있다. 단순성과 일반성을 원하는 마음은 인터페이스 설계에 특히 강하게 반영된다. 인터페이스를 익히고 사용하기 쉽도록 일관성 있게 유지해야 한다. 그러므로 인터페이스를 더 붙일 때는 꼼꼼하고 세심하게 주의를 기울인다. 추상화가 효과적인 기법이다. 완벽한 구성요소, 라이브러리, 프로그램 등을 상상하고, 이런 이상에 가능한 가깝게 일치하도록 인터페이스를 구성하고, 세부 구현사항은 안전하게 경계선 뒤에 숨긴다.

자동화(Automation)는 그 가치가 잘 알려져 있지 않다. 직접 손으로 작업을 하는 것보다는 컴퓨터가 그 일을 하게 하는 편이 훨씬 효과적이다. 앞에서 테스트, 디버깅, 성능 분석, 특히 코드 작성에서 여러 사례들을 살펴 봤는데, 적합한 문제 영역에 대해서라면 프로그램은 사람이 작성하기엔 어려운 다른 프로그램을 만들어 낼 수 있다.

표기법(Notation)도 또한 그 가치가 잘 알려져 있지 않고, 프로그래머들이 컴퓨터에 일을 시키는 방법 이상으로는 더더욱 잘 인식되어 있지 않다. 표기법은 광범위하게 사용되는 툴을 구현할 수 있는 체계적인 프레임워크를 제공하면서, 동시에 프로그램을 작성하는 프로그램 구조의 지표가 된다. 사람들은 모두 프로그래밍 대다수를 차지하는 대형 범용 언어를 편안하게 여긴다. 하지만 과제의 초점을 잘 맞추고, 제대로 이해해서 거의 기계적으로 프로그래밍할 수 있다고 느낄 정도가 된다면, 그 과제를 자연스럽게 표현하는 표기법과 이를 구현하는 언어를 창안할 적기인지도 모른다. 정규 표현식은 우리가 좋아하는 사례 중 하나일 뿐, 특수한 애플리케이션을 위한 작은 언어를 창제할 기회는 셀 수 없이 많다. 아주 복잡하고 정교하지 않아도 그 혜택은 모두 누릴 수 있다.

개인 프로그래머로서 떠맡겨진 언어와 시스템, 툴을 사용하고, 과제를 수행하면서 큰 시스템 안의 작은 톱니바퀴 같다는 느낌이 들기 십상이다. 하지만 장기적으로 보면, 정말 중요한 것은 우리가 가지고 있는 것으로 얼마나 일을 잘 해내느냐이다. 이 책에 소개된 몇 가지 아이디어들을 적용하면 코드를 다루기가 더 쉬워지고, 디버깅 과정이 덜 고통스러워지고, 프로그래밍에도 더 자신감이 붙을 것이다. 필자들은 이 책이 여러분의 프로그래밍을 더 생산적이고 더 보람찬 일로 만들어 줄 무언가를 제공했기를 소망한다.

부록 : 원칙 일람

내가 발견한 모든 진실은 그 뒤에 이어진 다른 발견을 도운 원칙이 되었다.

- 르네 데카르트(René Descartes), *Le Discours de la Methode*[1]

본문의 몇몇 장은 그 내용을 요약한 원칙과 지표를 담고 있다. 그 원칙들을 찾아보기 쉽게 여기에 모았다. 각 원칙이 그 목적과 적용 가능성을 나타내는 문맥에서 나온 것임을 유의하라.

스타일

- 전역변수에는 서술적인 이름을, 지역변수에는 짧은 이름을 붙이라.
- 일관성을 지키라.
- 함수 이름에는 능동형을 쓰라.
- 정확한 이름을 쓰라.
- 들여쓰기로 구조를 알아보기 쉽게 하라.
- 표현식을 자연스럽게 쓰라.

---

1 Le Discours de la Methode : 『방법서설』이란 제목으로 알려져 있으며 근대 합리주의 철학의 기반을 세운 프랑스 철학자 데카르트의 사상적 자서전이라 할 수 있다.

- 괄호를 써서 애매함을 해소하라.

- 복잡한 표현은 잘게 쪼개라.

- 명료하게 쓰라.

- 부수효과를 조심하라.

- 들여쓰기와 중괄호 '{}'를 쓰는 스타일에서는 일관성을 지키라.

- 일관성을 위해 관용 표현을 사용하라.

- 다중결정이 필요할 때는 else-if를 사용하라.

- 매크로 함수를 멀리하라.

- 매크로 전체와 각 인자를 괄호로 묶어라.

- 매직넘버에 이름을 달아주라.

- 숫자는 매크로로 쓰지 말고 상수로 정의하라.

- 아스키 문자는 숫자 코드 말고 문자 상수로 쓰라.

- 언어에서 제공하는 것을 써서 객체의 크기를 계산하라.

- 명확한 코드에는 주석을 달지 말라.

- 함수와 전역 데이터에 주석을 달아라.

- 나쁜 코드에 대해 설명하지 말고 코드를 새로 짜라.

- 주석과 코드가 모순되게 하지 말라.

- 혼란스럽게 하지 말고, 명확하게 하라.

인터페이스

- 구현의 세부 사항을 숨겨라.

- 서로 겹치지 않게 기본 항목들을 선택하라.

- 사용자가 모르는 곳에서 일을 꾸미지 말라.

- 어디서나 같은 일은 같은 방식으로 처리하라.

- 자원을 결자해지(結者解之)하라.

- 에러는 저수준에서 잡고, 고수준에서 처리하라.

- 예외적 상황에서만 예외 처리를 하라.

디버깅

- 자주 나오는 패턴을 찾으라.
- 가장 최근에 변경한 부분을 검사하라.
- 같은 실수를 두 번 반복하지 말라.
- 오늘 할 디버깅을 내일로 미루지 말라.
- 스택 추적값을 확인하라.
- 작성하기 전에 읽으라.
- 코드를 다른 사람에게 설명하라.
- 버그를 재현할 수 있게 하라.
- 각개격파하라.
- 수(數)가 의미하는 바를 연구하라.
- 결과를 출력해서 탐색 범위를 좁혀라.
- 자가검증 코드를 작성하라.
- 로그 파일을 작성하라.
- 그림을 그려라.
- 도구를 사용하라.
- 기록하라.

테스트

- 경계에서 테스트하라.
- 사전·사후 조건을 테스트하라.
- 단정문을 사용하라.
- 방어적으로 프로그래밍하라.
- 리턴값을 검사하라.
- 점층적으로 테스트하라.
- 단순한 부분을 먼저 테스트하라.
- 어떤 결과가 나와야 하는지 알라.
- 보존 속성을 검증하라.

- 독립적인 구현 버전을 비교하라.

- 테스트 범위를 측정하라.

- 회귀 테스트를 자동화하라.

- 자급자족형 테스트를 창조하라.

성능

- 시간 측정을 자동화하라.

- 프로파일러를 사용하라.

- 과열지역에 집중하라.

- 그림을 그려보라.

- 더 나은 알고리즘이나 데이터 구조를 사용하라.

- 컴파일러의 최적화 기능을 켜라.

- 코드를 미세조정(tune)하라.

- 중요하지 않은 것을 최적화하지 말라.

- 공통된 부분 표현식을 하나로 모으라.

- 비싼 연산을 싼 연산으로 대체하라.

- 루프를 펼치거나 제거하라.

- 빈번히 사용되는 값을 캐싱하라.

- 특수한 메모리 할당 함수를 작성하라.

- 입력과 출력을 버퍼링하라.

- 특수한 경우를 따로 처리하라.

- 결과를 사전계산하라.

- 근사값을 사용하라.

- 저수준 언어로 재작성하라.

- 최소 데이터 타입을 사용해서 공간을 절약하라.

- 쉽게 재계산할 수 있는 값을 저장하지 말라.

호환성

- 표준을 유지하라.
- 주류를 따라 프로그래밍하라.
- 언어의 골칫거리 부분을 인식하라.
- 여러 컴파일러로 시도하라.
- 표준 라이브러리를 사용하라.
- 어디서나 쓸 수 있는 기능만 사용하라.
- 조건 컴파일을 지양하라.
- 시스템 의존성을 별도 파일에 지역화해 담아라.
- 시스템 의존성을 인터페이스 뒤에 숨겨라.
- 데이터 교환에는 텍스트를 사용하라.
- 데이터를 교환할 때 고정된 바이트 순서를 사용하라.
- 명세를 바꾼다면 이름도 바꾸라.
- 기존 프로그램 및 데이터와 호환성을 유지하라.
- ASCII라고 전제하지 말라.
- 영어라고 전제하지 말라.

찾아보기

여인 : 우리 이모 미니가 여기 있나요?

드리프트우드 : 글쎄? 네가 원한다면 들어와서 뒤져봐도 좋아. 그녀가 여
기 없다고 해도, 그만큼 좋은 누군가를 찾게될 테니까.

- 막스 형제, 『A Night at the Opera』

ㅋ

캐리지 리턴, \r 123, 133, 284~285
캐싱(caching) 248, 337
캡슐화 143
컨테이너
    맵(map) 98, 104, 111
    클래스 98, 104
    해시 104, 111
    deque 104, 111
    list 111
    pair 타입 154
    vector 104, 138
컴파일 시의 제어 흐름 279
컴파일러
    최적화 242, 258
    테스팅 202, 331
    JIT 컴파일러 111, 334
컴파일러-컴파일러
    bison 322
    yacc 322, 339
케빈 뮬렛 160
켄 아놀드 ix, 115
켄 톰슨 ix
코드 미세조정 243, 245~252
코드 이어붙이기 324
퀵소트
    기준 원소 44~46
    다이어그램 45
    분석 46
    알고리즘 43
    자바 50~53
크기
    자바 데이터 타입 269
    해시 테이블 76~80, 89
    C/C++ 데이터 타입 268, 301
크기가 커지는 배열 56~60, 81, 127, 132, 134, 219
크리스 프레이저 339
클래스
    마르코프 99
    자바 Chain (마르코프) 99
    자바 Date 237

자바 DecimalFormat 308
자바 Hashtable 98
자바 Prefix (마르코프) 98
자바 Random 53
자바 StreamTokenizer 99
자바 Vector 98
컨테이너 98, 104
C++ string 14
CSV 138
키, 검색 49, 75, 106

ㅌ

타이머 표시 단위(CLOCKS-PER-SEC) 236
타입
    불투명 143
    파생된 52
    size-t 269, 277
테스트
    기록 209
    데이터 파일 218
    범위 204
    베타 릴리스 221
    스크립트 205, 222
    자급자족형 207
    작업발판 122, 135, 201, 206, 209~214
    집합, 성능 231
    집합, 펄(Perl) 225
    통계적 224
    프로그램 버그 178
    Awk 207
    memset 210~211
테스트 프로그램, 마르코프 223
테스팅
    경계 조건 192~194, 210, 219~220
    독립적인 구현 버전 204
    마르코프 프로그램 222~224
    보존 속성 203, 223
    부하 214~218, 315
    블랙박스 테스트 220
    언어 207
    이진 검색 200